北京大学“双一流”建设成果
方李邦琴北京大学人文学科文库出版基金资助

北 京 大 学 人文学科文库 | 北大考古学 研 究 丛 书

# 旧石器时代动物考古研究

Zooarchaeology of the Paleolithic

曲彤丽 著

**图书在版编目（CIP）数据**

旧石器时代动物考古研究 / 曲彤丽著.—北京：北京大学出版社，2023.7

（北京大学人文学科文库. 北大考古学研究丛书）

ISBN 978-7-301-34109-4

Ⅰ. ①旧… Ⅱ. ①曲… Ⅲ. ①古动物学 Ⅳ. ①Q915

中国国家版本馆CIP数据核字（2023）第106234号

| | |
|---|---|
| 书　　名 | 旧石器时代动物考古研究<br>JIUSHIQI SHIDAI DONGWU KAOGU YANJIU |
| 著作责任者 | 曲彤丽 著 |
| 责 任 编 辑 | 方哲君 |
| 标 准 书 号 | ISBN 978-7-301-34109-4 |
| 出 版 发 行 | 北京大学出版社 |
| 地　　址 | 北京市海淀区成府路 205 号　100871 |
| 网　　址 | http://www. pup. cn　　新浪微博: @ 北京大学出版社 |
| 编辑部邮箱 | dj@pup.cn |
| 总编室邮箱 | zpup@pup.cn |
| 电　　话 | 邮购部 010-62752015　发行部 010-62750672<br>编辑部 010-62756694 |
| 印 刷 者 | 北京中科印刷有限公司 |
| 经 销 者 | 新华书店<br>650 毫米 ×980 毫米　16 开本　26.25 印张　362 千字<br>2023 年 7 月第 1 版　2023 年 7 月第 1 次印刷 |
| 定　　价 | 110. 00 元 |

# 总　序

袁行霈

人文学科是北京大学的传统优势学科。早在京师大学堂建立之初，就设立了经学科、文学科，预科学生必须在五种外语中选修一种。京师大学堂于1912年改为现名，1917年，蔡元培先生出任北京大学校长，他“循思想自由原则，取兼容并包主义”，促进了思想解放和学术繁荣。1921年北大成立了四个全校性的研究所，下设自然科学、社会科学、国学和外国文学四门，人文学科仍然居于重要地位，广受社会的关注。这个传统一直沿袭下来，中华人民共和国成立后，1952年北京大学与清华大学、燕京大学三校的文、理科合并为现在的北京大学，大师云集，人文荟萃，成果斐然。改革开放后，北京大学的历史翻开了新的一页。

近十几年来，人文学科在学科建设、人才培养、师资队伍建设、教学科研等各方面改善了条件，取得了显著成绩。北大的人文学科门类齐全，在国内整体上居于优势地位，在世界上也占有引人瞩目的地位，相继出版了《中华文明史》《世界文明史》《世界现代化历程》《中国儒学史》《中国美学通史》《欧洲文学史》等高水平的著作，并主持了许多重大的考古项目，这些成果发挥着引领学术前进的作用。目前北大还承担着《儒藏》《中华文明探源》《北京大学藏西汉竹书》的整理与研究工作，以及《新编新注十三经》等重要项目。

与此同时，我们也清醒地看到：北大人文学科整体的绝对优势正在减弱，有的学科只具备相对优势了；有的成果规模优势明显，高度优势还有待提升。北大出了许多成果，但还要出思想，要产生影响人类命运和前途的思想理论。我们距离理想的目标还有相当长的距离，需要人文学科的老师和同学们加倍努力。

我曾经说过：与自然科学或社会科学相比，人文学科的成果，难以直接转化为生产力，给社会带来财富，人们或以为无用。其实，人文学科力求揭示人生的意义和价值，塑造理想的人格，指点人生趋向完美的境地。它能丰富人的精神，美化人的心灵，提升人的品德，协调人和自然的关系以及人和人的关系，促使人把自己掌握的知识和技术用到造福于人类的正道上来，这是人文无用之大用！试想，如果我们的心灵中没有诗意，我们的记忆中没有历史，我们的思考中没有哲理，我们的生活将成为什么样子？国家的强盛与否，将来不仅要看经济实力、国防实力，也要看国民的精神世界是否丰富，活得充实不充实，愉快不愉快，自在不自在，美不美。

一个民族，如果从根本上丧失了对人文学科的热情，丧失了对人文精神的追求和坚守，这个民族就丧失了进步的精神源泉。文化是一个民族的标志，是一个民族的根，在经济全球化的大趋势中，拥有几千年文化传统的中华民族，必须自觉维护自己的根，并以开放的态度吸取世界上其他民族的优秀文化，以跟上世界的潮流。站在这样的高度看待人文学科，我们深感责任之重大与紧迫。

北大人文学科的老师们蕴藏着巨大的潜力和创造性。我相信，只要使老师们的潜力充分发挥出来，北大人文学科便能克服种种障碍，在国内外开辟出一片新天地。

人文学科的研究主要是著书立说，以个体撰写著作为一大特点。除了需要协同研究的集体大项目外，我们还希望为教师独立探索，撰写、出版专著搭建平台，形成既具个体思想，又汇聚集体智能的系列研究成果。为此，北京大学人文学部决定编辑出版“北京大学人文学科文库”，旨在汇集新时代北大人文学科的优秀成果，弘扬北大人文学科的学术传统，展示北大人文学科的整体实力和研究特色，为推动北大世界一流大学建设、促进人文学术发展做出贡献。

我们需要努力营造宽松的学术环境、浓厚的研究气氛。既要提倡教师根据国家的需要选择研究课题，集中人力物力进行研究，也鼓励教师按照自己的兴趣自由地选择课题。鼓励自由选题是“北京大学人文学科文库”的一个特点。

我们不可满足于泛泛的议论，也不可追求热闹，而应沉潜下来，认真钻研，将切实的成果贡献给社会。学术质量是“北京大学人文学科文库”的一大追求。文库的撰稿者会力求通过自己潜心研究、多年积累而成的优秀成果，来展示自己的学术水平。

我们要保持优良的学风，进一步突出北大的个性与特色。北大人要有大志气、大眼光、大手笔、大格局、大气象，做一些符合北大地位的事，做一些开风气之先的事。北大不能随波逐流，不能甘于平庸，不能跟在别人后面小打小闹。北大的学者要有与北大相称的气质、气节、气派、气势、气宇、气度、气韵和气象。北大的学者要致力于弘扬民族精神和时代精神，以提升国民的人文素质为己任。而承担这样的使命，首先要有谦逊的态度，向人民群众学习，向兄弟院校学习。切不可妄自尊大，目空一切。这也是“北京大学人文学科文库”力求展现的北大的人文素质。

这个文库目前有以下17套丛书：

“北大中国文学研究丛书”（陈平原 主编）

“北大中国语言学研究丛书”（王洪君 郭锐 主编）

“北大比较文学与世界文学研究丛书”（张辉 主编）

“北大中国史研究丛书”（荣新江 张帆 主编）

“北大世界史研究丛书”（高毅 主编）

“北大考古学研究丛书”（沈睿文 主编）

"北大马克思主义哲学研究丛书"（丰子义 主编）

"北大中国哲学研究丛书"（王博 主编）

"北大外国哲学研究丛书"（韩水法 主编）

"北大东方文学研究丛书"（王邦维 主编）

"北大欧美文学研究丛书"（申丹 主编）

"北大外国语言学研究丛书"（宁琦 高一虹 主编）

"北大艺术学研究丛书"（彭锋 主编）

"北大对外汉语研究丛书"（赵杨 主编）

"北大古典学研究丛书"（李四龙 彭小瑜 廖可斌 主编）

"北大人文学古今融通研究丛书"（陈晓明 彭锋 主编）

"北大人文跨学科研究丛书"（申丹 李四龙 王奇生 廖可斌主编）[①]

这17套丛书仅收入学术新作，涵盖了北大人文学科的多个领域，它们的推出有利于读者整体了解当下北大人文学者的科研动态、学术实力和研究特色。这一文库将持续编辑出版，我们相信通过老中青学者的不断努力，其影响会越来越大，并将对北大人文学科的建设和北大创建世界一流大学起到积极作用，进而引起国际学术界的瞩目。

①本文库中获得国家社科基金后期资助或入选国家社科基金成果文库的专著，因出版设计另有要求，因此加星号注标，在文库中存目。

# “北大考古学研究丛书”序

赵　辉

和历史、哲学、文学等学科相比，考古在人文学科中是个年轻的学科。在西方，考古学自诞生以来到今天仅一百五六十年。在中国，新文化运动启发了中国学术界对传统上古史体系深深的怀疑，从而提出重建上古史的任务。于是，考古学这门产生于西方的学问始为中国学术界接受，并被视为摆脱重建历史时缺少材料的窘境的主要办法，被寄予厚望。从那个时候始算，中国考古学发展至今刚刚接近百年。

当人们还在四处寻觅重建历史的办法时，常领风气之先的北京大学在1922年就在国学门下成立了考古学研究室。这是中国第一个考古学研究机构。自此，北大考古学人在动荡时局中，尽其所能地开展考古活动，择其要者，如1927年与斯文赫定博士共组“中瑞西北科学考察团”，在新疆开展了深入的考古历史考察。又如1944年与中央研究院历史语言研究所等四单位共组西北科学考察团，于甘肃各地开展史前和诸历史时期的田野考古，收获甚丰。如此等等。1946年起，北大史学系由裴文中先生首开考古学课程，招收研究生，建立博物馆，志在建设一个完备的考古学大学教育研究机构。

然而，真正系统的学科建设则是晚至1952年才开始的。是年，北大历史系成立了考古专业，著名考古学者苏秉琦先生出任专业第一任主任，宿白先生担任副主任，延揽群贤，筚路蓝缕，开启山林。前途虽然远非平坦，但几代学人风雨同舟，群策群力，艰苦奋斗，终于将考古专业发展成为学科门类齐全、专业领域覆盖完整的考古文博学院。一时之间，北大考古名师荟萃，人才济济，学术拔群，为全国高校之牛耳，中国考古之重镇，在国际上也有极大的影响力。

北大考古学的历史和中国考古学的历史一样长，中国考古学的每次重大进展，都有北大考古人的贡献，北大考古学的发展可谓是中国考古学术发展的代表和缩影。1954年起，北大考古陆续编写出各时段的中国考古学教材，广为传播，被国内其他高校采用或摹写，教材架构的中国历史的考古体系，也深植学界之中，成为共识。邹衡先生构建的三代考古学文化的基本体系，以及严文明先生有关新石器的分期和区系体系等，皆为该时段历史文化的基本框架，沿用至今，并由苏秉琦先生集大成为中国考古学区系类型学说。根据这个学说，考古学首次总括提出上古中国文化发展为多元或多元一体式格局的认识，从根本上改变了中国历史以黄河流域为中心的传统认识。1973年，在极端困难的情况下，北大继社科院考古所之后建立起全国高校中第一座第四纪地质与考古年代学实验室，立即在考古资料的年代学研究上发挥了重要作用，并以实验室为依托，开展了多项现代自然科学技术应用于考古学的尝试，为日后自然科学技术大量引入考古学研究做了前瞻性积累。20世纪80年代初，北大考古学人即敏锐洞察到学科即将发生的从物质文化史研究向全面复原古代社会研究的深刻转型，持续开展聚落考古。到今天，北大考古学人通过聚落形态研究古代社会，取得了一系列重要成绩。其在长期聚落考古实践中摸索形成的田野考古技术方法和理念，业已转化为国家文物局指导新时期全国考古工作的规范标准。

根植于深厚的学术传统，当前的北大考古学研究欣欣向荣，在传统领域不断深耕细作，在前沿领域不断开拓创新，在现代人及其文化的产生、新石器至青铜时代早期的精确年代测定、植物考古和农业起源及其发展、聚落演变和早期文明、新石器和青铜时代欧亚草原上的文化交流、冶金技术的起源和中国冶金技术体系的形成与发展、周原聚落与西周国家形态、基于材料分析的古代手工业体系分布和产品流通研究、丝绸之路上的文化与社会、考古所见汉唐制度、古代瓷业及产品的海外贸易等一系列前沿课题上取得和正在取得重要研究成果。凭借这些厚重的学术成果，北大考古学继续扮演着学术引领者的角色。

2016年，北京大学人文学部筹划了“北京大学人文学科文库”建设计划，“北大考古学研究丛书”是这个文库的一个组成部分。丛书为刊布北大考古研究成果提供了一个极好的平台，尤其得到当前活跃在学术一线的北大考古学人的重视，以把自己最得意的研究成果发表在这个平台上为荣。所以，“北大考古学研究丛书”势将成为一个引起国内外学术界广为关注、高质量的学术园地。对此，我满怀信心！

2017年6月25日于桂林榕湖

# 目　录

# 绪 言

动物考古是考古学研究的重要领域，是通过研究考古遗址中出土的动物遗存认识古代人类与动物关系的学科。1865年卢伯克（John Lubbock）在他的著作《史前时代》中首次使用了“Zoological-archaeologist”这一表达，后来派生出了多个有关研究出土动物遗存而获取人类行为与文化信息的术语，其中就包括“Zooarchaeology”（动物考古学），该词此后成为常用的术语①。

早期对出土动物骨骼的关注和研究的目的主要在于证明史前时期的存在、建立史前年代序列。十八世纪末至十九世纪初，英国发现了燧石工具与大型动物骨骼的共存，弗立尔（Frere）由此提出人类历史可能追溯至一个很遥远的时期。后来欧洲很多国家都发现了石器和灭绝动物共存于古老地层的证据，证明了人类在史前时期的存在。十九世纪后半期，法国学者根据动物群，将史前时期分为河马期、洞熊期、猛犸象-披毛犀期、驯鹿期、野牛期。早期的研究内容还包括：（1）通过动物群对古气候环境进行复原，其理论基础是均变论；（2）从埋藏过程的角度分析出土动物遗存的特点和形成原因，比如十九世纪至二十世纪初，欧洲学者观察鬣狗对动物骨骼的啃咬和破坏过程，把

---

①［美］瑞兹（Reitz, E. J.）、［美］维恩（Wing, E. S.）：《动物考古学》，中国社会科学院考古研究所译，科学出版社，2013年，第1—5页。

现代实验标本与出土的史前标本进行对比，探讨地质作用对动物遗存分布的影响、食肉动物对骨头造成破坏的特点[①]；（3）对家养动物和野生动物进行区分等[②]。

二十世纪上半期，格拉厄姆·克拉克（J. G. D. Clark）指出考古学应当“研究人类过去是如何生活的，考古学家应当尽可能重建经济、社会和政治结构以及宗教信仰和价值观体系来了解人类在史前时期的生活，并力图了解文化的不同方面是如何作为功能系统的组成部分而彼此关联的”[③]。与此同时，生态因素被认为在史前人类经济活动、聚落形态和文化变迁中发挥重要作用，生态学理论与方法受到格外关注。1955年斯图尔特（Julian Steward）提出文化生态学，强调人类与环境的适应关系，认为人类对其生存环境（挑战、威胁或机遇）的适应和应对是文化变迁的主要原因。人类如何生活、如何在环境（包括自然环境与社会人口环境）变化的情况下做出适应性选择是文化生态学的主要研究内容[④]。尽管文化生态学在考古材料和文化行为的解读中存在局限，但很多考古学与民族学研究显示，直到今天，生态学依然是探讨史前人类获取和利用资源的策略、技术、栖居与社会变迁的非常重要的视角。

二十世纪六十年代，过程考古学出现，促使考古学在多方面发生了重要转变。过程考古学认为考古学的主要目标是阐释文化演变的规律，该学派将文化视为由技术、经济、社会、政治与意识形态相互关联与影

---

①Lyman, R. L., *Vertebrate taphonomy*, Cambridge: Cambridge University Press, 1994.

②Lyman, R. L., *Vertebrate taphonomy*.

③［加］布鲁斯·特里格（Bruce G. Trigger）：《考古学思想史》（第2版），陈淳译，中国人民大学出版社，2010年，第355页。

④Butzer, K. W., *Archaeology as human ecology: Method and theory for a contextual approach*, Cambridge: Cambridge University Press, 1982.

响的系统，同时强调文化生态学在解释文化系统改变中的重要意义[①]。对于文化变化的阐释，过程考古学强调必须依据经过检验的考古学材料，也就是说需要对考古材料的形成过程给予充分的分析。自此，埋藏学研究进入了全面、系统发展的时期，引发学术界对诸多考古问题的热烈讨论。在研究方法上，过程考古学提倡实验考古与民族考古，由此在物质文化遗存与人类行为之间建立联系，帮助我们准确判断遗存的形成过程，为解读过去人类的技术、生计活动、流动与栖居模式以及文化的变迁提供重要参考。尽管与此同时及此后还存在着其他理论学派，并指出了过程考古学在阐释文化的视角和方法中存在的问题，但无疑很多考古研究受到了过程考古学的重要影响，该理论在当今的考古学中依然占据重要地位。

考古学理论与方法的变化对考古遗址出土动物遗存的研究自然也产生了极大影响。二十世纪中期起，动物考古进一步以人类与动物的关系为目标，加强了通过动物遗存复原远古人类生计策略、复原史前经济与社会生存系统的研究。随着新考古学所提倡的“形成过程”研究，以及实验考古与民族考古方法成为动物遗存研究的有机组成，动物考古的研究体系在这一转变过程中确立。出土动物遗存研究的重要转变也促进了二十世纪中期以来考古学多学科研究特点的形成。狩猎行为的出现与发展，动物的驯化及其对当时生计方式与社会变化的影响自此成为被广泛关注和讨论的问题。随着研究方法的完善以及更多研究方法的应用，研究者可以从动物遗存中全面地提取信息，对于古代人类肉食资源的获取和利用、古代技术、仪式活动、复杂社会的出现和发展、人群关系等有了不断细化和深入的认识。

---

① [英]科林·伦福儒、[英]保罗·巴恩主编：《考古学：关键概念》，陈胜前译，中国人民大学出版社，2012年，第213—220页。

旧石器时代是人类历史的最早阶段，人类与动物共存于自然界中，二者关系尤为密切，可以说这一时期动物在人类社会中的角色远远超过今天。对旧石器时代人类与动物关系的探讨与动物考古学最初的发展密切相关，并且随着动物考古研究体系的建立和完善，为认识人类演化、人类适应生存行为、社会关系的发展变化提供了尤为重要的视角。下面将简要回顾旧石器时代动物考古研究的发展特点。首先，必须谈一谈动物骨骼埋藏研究的重要性及其发展。二十世纪五十年代达特（R. Dart）对南非马卡潘斯盖特（Makapansgat）洞穴进行了分析。该遗址出土了南方古猿化石和丰富的动物化石。达特认为洞穴中的动物骨骼堆积是人类活动形成的，南方古猿使用动物的骨头、角、牙齿杀死猎物，甚至杀死同伴，由此提出早期人科是强悍的猎人①并且存在“骨牙角器文化”的观点②。这一观点引发了热烈讨论，推动了埋藏学的发展。后来，布瑞恩（C. K. Brain）结合洞穴发育和环境演变过程、出土骨头的破裂模式、痕迹特征，以及对猎豹、猫头鹰、鬣狗捕食消费行为的观察和人工实验对南非斯特尔克方丹（Sterkfontein）、斯瓦特克朗（Swartkrans）、克罗姆德莱（Kromdraai）洞穴遗址做了详细的埋藏学分析，发现动物活动是这些遗址中骨骼堆积的动力③。他的研究推翻了此前达特的结论，指出马卡潘斯盖特等遗址不是南方古猿生活的场所，而是他们被食肉动物吃掉的地方。这项研究为很多旧石器时代遗址的分析以及早期人科与动物关系的解读发出了警示。

---

①Dart, R. A., *Makapansgat australopithecine osteodontokeratic culture*, Pan-African Congress, 1955.

②Dart, R. A., *The osteodontokeratic culture of Australopithecus prometheus*, Pretoria: Transvaal Museum Memoir 10, 1957.

③Brain, C. K., *The hunters or the hunted?: An introduction to African cave taphonomy*, Chicago: University of Chicago Press, 1981.

随着二十世纪中期以来埋藏学的推广和进一步发展，学术界认识到动物骨骼堆积的成因与堆积过程直接影响着我们对早期人类获取肉食的方式、狩猎行为的出现、早期人类与文化演化等问题的认识[①②③]。在旧石器时代遗址中，动物骨头与石器经常共存，这种现象往往被当作人类狩猎、屠宰-消费动物、制作工具的证据，遗址则被视为营地[④]。然而，民族考古与实验考古分析显示：骨骼堆积的形成存在多种可能原因以及复杂过程[⑤⑥]，动物骨头与石器的共存也可以在多种不同的作用过程中形成，包括非人为作用。在考虑到这些因素的基础上，宾福德（L. R. Binford）提出早更新世人类主要通过挑拣食肉动物吃剩的部分而获得少量肉食（主要是骨髓和脑子）[⑦]，他的观点也得到当时其他一些研究的支持[⑧⑨]。二十世纪七八十年代以来，围绕着因骨骼堆积形成

---

①Binford, L. R., “Butchering, sharing, and the archaeological record,” *Journal of Anthropological Archaeology* 3.3(1984), pp. 235–257.

②Bunn, H. T., Kroll, E. M., “Systematic butchery by Plio/Pleistocene hominids at Olduvai Gorge, Tanzania,” *Current Anthropology* 27(1986), pp. 431–452.

③Potts, R., *Early hominid activities at Olduvai*, New York: Aldine de Gruyter, 1988.

④Isaac, G., “The food-sharing behavior of protohuman hominids,” *Scientific American* 238.4(1978), pp. 90–109.

⑤Binford, L. R., *Nunamiut Ethnoarchaeology,* New York: Academic Press, 1978.

⑥Binford, L. R., *Bones: Ancient men and modern myths*, New York: Academic Press, 1981.

⑦Binford, L. R., *Bones: Ancient men and modern myths.*

⑧Blumenschine, R. J., “Percussion marks, tooth marks, and experimental determinations of the timing of hominid and carnivore access to long bones at FLK Zinjanthropus, Olduvai Gorge, Tanzania,” *Journal of Human Evolution* 29.1(1995), pp. 21–51.

⑨Blumenschine, R. J., Bunn, H. T., Geist, V., et al., “Characteristics of an early hominid scavenging niche,” *Current Anthropology* 28.4(1987), pp. 383–407.

过程所产生的对早期人类演化和人类生计方式的争论①②③，学术界开展了更多的研究，包括在实验观察、动物行为观察与比较研究基础上总结出骨骼上多种改造痕迹的规律性特征，为骨骼改造痕迹的准确识别和骨骼堆积成因分析提供可靠的证据；对不同种类动物的骨骼密度进行测定，分析骨密度对骨骼保存以及骨骼部位构成的影响；参考现代狩猎采集部落的资料，分析出土动物遗存骨骼部位构成特点的可能成因，进而提取人类获取、搬运、屠宰与利用动物资源行为的信息，等等。二十世纪九十年代，利曼（R. L. Lyman）出版*Vertebrate taphonomy*，非常系统地介绍了动物骨骼埋藏研究的视角和方法，对于出土动物遗存的分析具有重要指导意义。上述这一时期围绕动物遗存形成过程展开的工作为准确解读旧石器时代人类与动物关系、人类行为与文化发

---

①Domínguez-Rodrigo, M., Pickering, T. R., "Early hominid hunting and scavenging: A zooarcheological review," *Evolutionary Anthropology* 12.6(2003), pp. 275–282.

②Bunn, H. T., "Archaeological evidence for meat-eating by Plio-Pleistocene hominids from Koobi Fora and Olduvai Gorge," *Nature* 291.5816(1981), pp. 574–577.

③Blumenschine, R. J., "Hominid carnivory and foraging strategies, and the socio-economic function of early archaeological sites," *Philosophical Transactions of the Royal Society of London Series B-Biological Sciences* 334.1270(1991), pp. 211–221.

展变化奠定了重要基础[①②③④⑤⑥]。

在埋藏研究发展的同时，以探索人类与动物关系为主要目标的旧石器时代动物考古研究重点围绕人类的生计策略、技术、栖居模式等问题而展开，并形成了特有的研究方法体系，不断推动我们对旧石器时代人类演化、文化多样性以及史前早期社会发展的认识逐渐深入。狩猎行为的出现以及食肉和狩猎在早期人类演化中的意义是几十年以来学术界的热点问题[⑦⑧]，也是旧石器时代动物考古研究的主要内容。艾萨克（G. Isaac）[⑨]曾提出包括直立行走、语言、食物分享、家庭营地和狩猎大型动物在内的行为方式是人和猿分开的重要标志。他认为距

---

①Lupo, K. D., "Butchering marks and carcass acquisition strategies: Distinguishing hunting from scavenging in archaeological contexts," *Journal of Archaeological Science* 21.6(1994), pp. 827–837.

②Lupo, K. D., "Archaeological skeletal part profiles and differential transport: Ethnoarchaeological example from Hadza bone assemblages," *Journal of Anthropological Archaeology* 20(2001), pp. 361–378.

③O'Connell, J. F., Hawkes, K., Jones, N. B., "Hadza hunting, butchering and bone transport and their archaeological implications," *Journal of Anthropological Research* 44.2(1988), pp. 113–161.

④Domínguez-Rodrigo, M., "Meat-eating by early hominids at the FLK 22 Zinjanthropussite, Olduvai Gorge (Tanzania): An experimental approach using cutmark data," *Journal of Human Evolution* 33.6(1997), pp. 669–690.

⑤Domínguez-Rodrigo, M., Yravedra, J., Organista, E., et al., "A new methodological approach to the taphonomic study of paleontological and archaeological faunal assemblages: A preliminary case study from Olduvai Gorge (Tanzania)," *Journal of Archaeological Science* 59(2015), pp. 35–53.

⑥Stiner, M. C., *The faunas of Hayonim Cave (Israel): A 200,000-year record of Paleolithic diet, demography and society*, Cambridge: Peabody Museum of Archaeology and Ethnology, Harvard University Press, 2005.

⑦Lee, R., DeVore, I. (eds.), *Man the Hunter*, Chicago: Aldine, 1968.

⑧Speth, J. D., "Early hominid hunting and scavenging: The role of meat as an energy source," *Journal of Human Evolution* 18.4(1989), pp. 329–343.

⑨Isaac, G., "The food-sharing behavior of protohuman hominids."

今约200万年前的人类已经是狩猎采集者，他们拥有营地并分享食物。后来，学术界产生了有关早期人类获取肉食的多种假说。有观点认为早期人类主要是通过拣食食肉动物吃剩的肉食，并且主要是骨髓。即使存在狩猎活动，也仅是猎得小型动物或者幼年动物。经常性的狩猎大型动物的行为在旧石器时代晚期才出现[①②]。另一种观点认为距今5万—4万年前人类脑神经的突变促进了技术和社会的改变，从这时起人类才具备了高效、复杂的狩猎行为，开始更多地狩猎水牛、野猪这类比较凶猛的动物[③]，而此前人类尽管可以狩猎，但他们的狩猎行为还不熟练，尚未成为高效、强有力的狩猎者，狩猎的对象主要是比较温顺的动物[④]。还有观点认为早期人类可能采取狩猎与拣剩并用的灵活获取策略，而且先于现代人出现的古老人群已经具有有效狩猎大型动物的能力，并且经常通过狩猎获取较为充分的肉食[⑤]。近二十年来的动物考古研究表明：上新世晚期到更新世早、中期，人类可以通过狩猎行为或者在食肉动物食用猎物之前将其驱赶走的方式获得动物资源（起初主要是中型和小型动物，后来也包括大型动物）、屠宰动物尸体、获取充分的肉和骨髓。从人类演化的角度看，在直立人演化阶段，人类的大脑和

---

①Binford, L. R., “Human ancestors: Changing views of their behavior,” *Journal of Anthropological Archaeology* 4.4(1985), pp. 292–327.

②Blumenschine, R. J., “Characteristics of an early hominid scavenging niche,” *Current Anthropology* 28.4(1987), pp. 383–407.

③Klein, R. G., “Anatomy, behavior, and modern human origins,” *Journal of World Prehistory* 9.2(1995), pp. 167–198.

④Klein, R. G., Cruz-Uribe, K., “Exploitation of large bovids and seals at Middle and Later Stone Age sites in South Africa,” *Journal of Human Evolution* 31.4(1996), pp. 315–334.

⑤Villa, P., Lenoir, M., “Hunting and hunting weapons of the Lower and Middle Paleolithic of Europe,” In: Hublin, J., Richards, M. P. (eds.), *The evolution of hominin diets (Vertebrate paleobiology and paleoanthropology series),* Dordrecht: Springer 2009, pp. 59–85.

体型显著增加，这需要高能量、营养丰富的食物作为支撑。大脑作为高耗器官，其发育和增大尤其需要充分的、高质量的食物，而脑部增大以后，又需要耗费更多的能量。这是拣剩所无法满足的。解剖结构的研究还发现直立人的躯干骨骼已适合奔跑和长时间直立行走，为狩猎采集活动创造了条件[①]。通过狩猎获得肉食往往需要合作，这促进了消费模式的改变，即分享的发展，分享又进一步促进合作。总之，狩猎行为对于早期人群的生存繁衍、体质演化乃至社会关系的维系和发展具有至关重要的意义[②③④⑤]。

旧石器时代动物考古学还为现代人与现代行为出现这一热点学术问题的探讨提供了重要视角和依据。现代人的出现是人类演化史上的重大转变，现代人成功繁衍生存、遍布全球，是人属中唯一存留的种。关于现代人如何起源，学术界存在着争论。目前存在两个主要假说——非洲起源说和多地区起源说。前者认为现在世界各地的现代人群拥有着共同的祖先，这个祖先最早出现在非洲，后来扩散到旧大陆其他地区，成为“主人”。这个假说还包括一些推论，主要与现代人扩散到各地之后与当地古老人群的关系有关，比如现代人取代了当地

---

①Lieberman, D., *The story of the human body: Evolution, health, and disease*, New York: Vintage Books, 2014.

②Domínguez-Rodrigo, M., “Hunting and scavenging by early humans: The state of the debate,” *Journal of World Prehistory* 16.1(2002), pp. 1–54.

③Lieberman, D., *The story of the human body: Evolution, health, and disease.*

④Domínguez-Rodrigo, M., Barba, R., “New estimates of tooth mark and percussion mark frequencies at the FLK Zinj site: The carnivore-hominid-carnivore hypothesis falsified,” *Journal of Human Evolution* 50.2(2006), pp. 170–194.

⑤Domínguez-Rodrigo, M., Bunn, H. T., Yravedra, J., “A critical re-evaluation of bone surface modification models for inferring fossil hominin and carnivore interactions through a multivariate approach: Application to the FLK Zinj archaeofaunal assemblage (Olduvai Gorge, Tanzania),” *Quaternary International* 322–323(2014), pp. 32–43.

的古老人群，或者按照新近的研究结果，现代人与古老人群发生了融合（但现代人与古老人群的基因交流对现代人演化的贡献比较小）[①]。“多地区起源说”主张现代人起源地不只限于非洲，东亚等地区也是起源地，旧大陆各地区的现代人是本地区古老人群连续进化而出现的，但不排除少量的基因交流[②③]。人类化石是现代人起源研究的直接证据，但是考古学材料所包含的人类行为信息也是探讨这一问题不可或缺的。旧大陆西部的考古发现与研究显示：非洲中更新世晚期至晚更新世早期，人类行为在很多方面发生了变化，包括使用新的石器技术、石器工业类型显著多样化、远距离运输或交换、使用刮-磨制骨器技术、出现象征行为、狩猎大型危险动物以及拓宽食谱、用火强度增加且利用方式多样化、居住空间具有功能分区、清理和维护生活空间，等等[④]。有观点认为这些行为特征与现代人的出现直接相关，是现代人在非洲出现后文化演化的结果。也有观点认为现代行为是人类大脑神经系统突变的结果，刺激了人类心智思维和交流能力的飞跃[⑤]，为距今约5万—4万年前现代人的辐射扩散奠定了基础。

动物考古研究发现，经常性狩猎大型动物并不能作为区分现代人行为与古老人群行为的标志。现代人与古老人群在生计策略上的区别更多地体现在狩猎技术、动物种类的丰富性，以及使用动物资源的多样

①Smith, F. H., Ahern, J. C. M., Janković, I., et al., “The assimilation model of modern human origins in light of current genetic and genomic knowledge,” *Quaternary International* 450(2017), pp. 126–136.

②高星、彭菲、付巧妹等：《中国地区现代人起源问题研究进展》，《中国科学：地球科学》2018年第1期，第30—41页。

③吴新智：《中国古人类进化连续性新辩》，《人类学学报》2006年第1期，第17—25页。

④McBrearty, S., Brooks, A. S., “The revolution that wasn't: A new interpretation of the origin of modern human behavior,” *Journal of Human Evolution*, 39.5(2000), pp. 453–563.

⑤Klein, R. G., “Out of Africa and evolution of human behavior,” *Evolutionary Anthropology* 17(2008), pp. 267–281.

性，例如是否提取骨头中的油脂、储藏肉和脂肪等来获取更多的食物和营养，是否延长食物和营养的可利用时间以更有效地缓解、度过危机或应对特殊时期①。然而，使用动物骨头制作形态规范的工具，利用动物资源制作装饰品，使用动物骨头和牙齿制作乐器、雕塑，在动物骨头上刻画抽象或具体的图案，以及通过洞穴壁画表现人类对动物资源的新认识与新利用，却都是现代人行为的重要特征。同时，在旧大陆不同地区的考古研究显示，现代行为的出现可能具有地区多样性，并不是所有现代行为特征都源自非洲，有些是现代人进入新的地区后在不同自然和社会环境中为适应生存而创造的，例如欧洲现代人与当地尼安德特人在生计策略、象征行为、空间利用上存在显著差异，最终现代人在人口和社会关系方面取得竞争优势②。东亚地区现代人行为特点与旧大陆西部也并不完全一致③，可能反映了不同的现代行为出现与变化的原因和过程。

迄今为止，国际动物考古学者在旧石器时代中、晚期人类生计行为的历时性变化和区域特征、骨器制作技术以及骨器所反映的人群文化与人类适应行为等方面开展了很多研究工作，为旧石器时代中、晚期过渡和现代人出现的探讨提供了重要依据。此外，还有大量动物考古研究关注了现代人发展阶段，特别是旧石器时代晚期晚阶段人类生计的变化以及导致变化发生的原因，例如旧大陆西部很多地区在这一时

---

①Marean, C. W., Assefa, Z., “Zooarcheological evidence for the faunal exploitation behavior of Neandertals and early modern humans,” *Evolutionary Anthropology: Issues, News, and Reviews* 8.1 (1999), pp. 22–37.

②Conard, N. J., “An overview of the patterns of behavioural change in Africa and Eurasia during the Middle and Late Pleistocene,” In: d’Errico, F., Backwell, L. (eds.), *From tools to symbols: From early hominids to modern humans,* Johanesburg: Witwatersrand University press, 2005, pp.294–332.

③Qu, T. L, Bar-Yosef, O., Wang, Y. P., et al., “The Chinese Upper Paleolithic: Geography, chronology, and techno-typology,” *Journal of Archaeological Research* 21(2013), pp. 1–73.

期出现了资源的强化开发利用，这种生计特点对技术、栖居模式以及社会关系变化产生影响，为探讨旧石器-新石器时代过渡阶段的变化以及农业的发生等问题奠定了基础①。

综上，自二十世纪中期以来，世界旧石器时代遗址出土动物遗存的研究突破了复原气候环境、通过动物群组合判断遗址相对年代的内容，研究重点在于将实验考古、民族考古、埋藏学、动物考古、解剖学以及微观研究手段（例如同位素分析、古DNA分析、红外光谱分析）等结合起来，全方位、多角度地提取动物遗存所包含的信息，为研究人类演化、人类行为与技术的发展、人群文化提供证据。在我国旧石器时代考古的早期研究中，动物遗存分析也占据了重要地位，动物种属鉴定以及动物群所反映的年代与古气候环境成为遗址发掘报告和相关研究的重要组成部分。后来，与骨骼破裂成因和人类利用动物资源行为有关的实验考古也得到一定程度的开展②，反映了这一时期我国旧石器时代动物考古研究内容的突破。然而，总体来看，在我国，从行为生态等视角对不同时间和空间中的动物遗存组合的分析与解读，以及对旧石器时代人类与动物关系的讨论还比较有限。近些年，系统的旧石器时代动物考古研究有所增加，比如有以灵井遗址、许家窑遗址、马鞍山遗址、

①Yeshurun, R., Bar-Oz, G., Weinstein-Evron, M., "Intensification and sedentism in the terminal Pleistocene Natufian sequence of el-Wad Terrace (Israel)," *Journal of Human Evolution* 70.1(2014), pp. 16-35.

②吕遵谔、黄蕴平：《大型食肉类动物啃咬骨骼和敲骨取髓破碎骨片的特征》，北京大学考古系编《纪念北京大学考古专业三十周年论文集》，文物出版社，1990年，第4—39页。

老奶奶庙遗址、水洞沟遗址等为材料的研究[①②③④⑤]，还有结合实验对骨角器技术、装饰品技术的探讨，以辽宁小孤山[⑥]、宁夏水洞沟[⑦]和山西柿子滩等遗址[⑧]的工作为代表。这些研究为探讨史前时期人类对动物资源的开发利用奠定了重要基础。我国旧石器时代动物考古研究的推进为我们认识旧大陆不同地区人类的适应行为的特点、人群与社会的发展变化提供了新的材料和视角，并使旧大陆东西方旧石器时代人类行为与文化的比较研究逐渐成为可能。

动物考古研究是探讨人与动物关系的基本依据。本书在旧石器时代动物考古学理论与方法（第一章）的基础上，根据旧大陆不同地区的考古材料，在更新世到早全新世人类演化与社会文化发展的背景（第二章）之中，对旧石器时代人类与动物关系的发展变化进行了探讨。人类是动物界的一员，曾在距今约700万年前与动物分离，走上独立的演化道路，形成了特有的身体结构、行为方式、语言与文化。在人类漫长的演化历程中，动物始终与人类相伴，是与之紧密相联的一部分。动物

①张双权、高星、张乐等：《灵井动物群的埋藏学分析及中国北方旧石器时代中期狩猎-屠宰遗址的首次记录》，《科学通报》2011年第35期，第2988—2995页。

②栗静舒：《许家窑遗址马科动物的死亡年龄与季节研究》，中国科学院古脊椎动物与古人类研究所博士学位论文，2016年。

③张乐、王春雪、张双权等：《马鞍山旧石器时代遗址古人类行为的动物考古学研究》，《中国科学：地球科学》2009年第9期，第1256—1265页。

④Qu, T. L., Chen, Y. C., Bar-Yosef, O., et al., “Late Middle Palaeolithic subsistence in the central plain of China: A zooarchaeological view from the Laonainaimiao Site, Henan Province,” *Asian Perspectives* 57.2(2018), pp. 210–221.

⑤张乐、张双权、徐欣等：《中国更新世末全新世初广谱革命的新视角：水洞沟第12地点的动物考古学研究》，《中国科学：地球科学》2013年第4期，第628—633页。

⑥黄蕴平：《小孤山骨针的制作和使用研究》，《考古》1993年第3期，第260—268页。

⑦宁夏回族自治区文物考古研究所、中国科学院古脊椎动物与古人类研究所编，高星、王惠民、裴树文等著：《水洞沟：2003~2007年度考古发掘与研究报告》，科学出版社，2013年。

⑧宋艳花、石金鸣：《山西吉县柿子滩旧石器时代遗址出土装饰品研究》，《考古》2013年第8期，第46—57页。

塑造了人类的生存环境，人类的生存与演化离不开对肉食资源的获取和利用。人属出现后，肉食在人类食谱中所占比例增加，并逐渐成为重要内容，促进了人类身体和大脑的演化，以及人类社会很多方面的改变，狩猎-采集文化也在这个过程中形成。在此后的时间长河中，人类的身份都是狩猎-采集者。直到距今1万年左右，人类开始栽培植物、饲养动物，生计方式发生重大改变，其身份才逐渐改变（本书暂不对农业出现后的人类生计情况进行讨论）。当然，狩猎、采集作为主要或非常重要的生计策略在很多地区的新石器时代仍然延续，甚至一直到更晚的时期。随着人类认知和行为能力的发展，动物与人类的关系进一步拓广、加深，为人类技术的发展、生活条件的改善、在多种环境中的适应生存提供了原材料，也为人类情感表达、信息传递、人群的交流创造了条件，成为人类认识自然环境，表达对自然界的敬畏、期待和想象的重要媒介。总之，自旧石器时代起，动物与人类的文化生活融为一体，不仅在人类生计活动中扮演重要角色，还具有社会与文化意义，且其意义随着人类社会复杂程度的增加而加深。

本书从肉食资源的获取和利用、骨器生产以及象征行为三个方面观察旧石器时代人类与动物的关系，进而探讨旧石器时代人类生计行为[①]、技术以及史前社会的发展变化。狩猎、采集是旧石器时代人类获取食物的方式，人类的生存和生活状态与自然环境及其中的动物资源息息相关。人类获取和利用肉食资源的策略、技术方法在不同地理空间中存在差异，并随着人类自身的演化（包括身体结构的演化和行为的演化）而有所变化。气候环境、动物迁移、资源分布变化在很大程度上影响着人类的食物构成与生计活动。同时，人类还在技术、人口、流动性、社会关系变化的背景下对生计方式或策略做出选择与改变。第三

①生计行为涉及人类生活中的很多方面，这里重点指人类获取和利用食物资源的方式、方法和策略。

章根据旧大陆不同地区旧石器时代遗址出土动物遗存及相关文化遗存的分析解读人类生计策略的历时性变化与区域特点，以及变化给人类演化和生存带来的影响。人类对动物资源的开发利用不断超越获取肉食的范围。将动物骨骼作为工具，或将其修理加工成工具的开发利用方式随着人类演化的进程不断发展变化，在不同地区既有共性，也有差异。骨质工具的发展变化为解读现代行为的出现、现代人的迁徙和交流、文化选择，以及史前经济和社会的发展提供重要依据。

第四章探讨骨质工具在旧大陆的出现和早期变化过程。象征性物品在信息传递、思想沟通上发挥作用，对动物资源象征意义或社会意义的开发利用，对于探讨史前人类与动物关系的重要改变以及社会关系的复杂化发展具有重要意义。

第五章对旧石器时代装饰品和雕塑的特征、出现背景、时空特征进行综合观察研究。需要指出的是，新石器时代骨器技术和象征行为所反映的人类与动物关系是在旧石器时代的基础上发展的，为认识史前人类文化行为与社会的延续发展和人群交流提供重要视角。因此，书中部分章节的讨论还将涉及新石器时代的考古材料。

# 第一章　研究理论与研究方法

## 一、研究理论

### （一）动物分类学与解剖学

动物的分类与命名是生物学，也是动物考古学研究的基础。统一标准的动物系统分类与命名方法是考古工作者准确鉴定和认识出土动物遗存的前提，并使得不同动物遗存组合的比较研究以及学术交流成为可能[①]。

动物分类法是基于动物本身的构造、发育及演化，根据动物种类之间的亲缘关系、相同相异程度进行排列的[②]。现代分类系统中主要的分类单位是界（Kingdom）、门（Phylum）、纲（Class）、目（Order）、科（Family）、属（Genus）、种（Species）。对于这些分类等级之间不容易区分的，还可根据亚级单位，比如亚纲、亚目、亚科[③]进行分类。种是动物分类系统中最基本的单位。种是自然界能够交配、产生可育后代，并与其他种存在生殖隔离的群体。

动物分类命名采取瑞典生物学家林奈（Carl von Linné）创立的双名法，即任何一种生物都有且仅有一个正确命名，这个学名由该动物

---

①瑞兹、维恩：《动物考古学》，第25—30页。

②郑作新编著：《脊椎动物分类学》，农业出版社，1964年，第2页。

③袁靖：《中国动物考古学》，文物出版社，2015年，第37—38页。

的属名和种名组成。在对动物遗存进行鉴定时，如果我们可以鉴定出“属”，而不确定“种”，则可以在属名后边加“sp.”或“spp.”（可能是两个或多个种）来表示。

解剖学是鉴定与研究考古遗址出土动物遗存的根本依据。无脊椎动物中数目和种类众多且遗址中最常见的是软体动物。软体动物身体柔软、不分节，由头、足、内脏团和外套膜（硬壳）构成。考古遗址中常见的软体动物种类是腹足纲和双壳纲。腹足纲（例如蜗牛、螺等）的特征是具有不分隔的螺旋外壳，由许多螺环组成（图1-1）；双壳纲（例如蚶、海扇等）的绝大多数具有两个大小一致、对称的壳[①]（图1-2）。软体动物外壳的主要成分为碳酸盐，在埋藏过程中容易发生溶解。

脊椎动物分为鱼类、两栖类、爬行类、鸟类、哺乳类。旧石器时代遗址中最常见的是哺乳类，其次为鸟类、硬骨鱼纲、爬行类等。脊椎动物的名称由组成脊柱的脊椎骨得来。脊椎动物的身体由软组织和硬组织构成。软组织包括肌肉、韧带、肌腱和皮，由角蛋白和胶原蛋白构成。软组织非常容易分解，在考古遗址中很难保存。硬组织包括硬骨、软骨和牙齿，共同构成骨架。硬组织是身体运动的杠杆，具有支持躯体、保护体内器官等作用，例如头骨保护脑，脊柱保护脊髓，胸廓保护内脏等。硬组织是遗址中最为常见的一类遗存，是动物考古非常重要的研究对象。硬骨具有不同的形成方式，一类为软骨替换骨，即硬骨是由胚胎时期的软骨逐渐骨化而形成的；另一类为膜成骨，即硬骨在皮肤的深部直接形成[②]。

骨骼由无机物（60%—70%）、有机物以及水组成，相对容易保存。与骨骼相比，牙釉质中无机物所占比例更高，可达95%，是最坚硬、最致

---

①童金南、殷鸿富主编：《古生物学》，高等教育出版社，2007年，第74—90页。

②童金南、殷鸿富：《古生物学》，第133—136页。

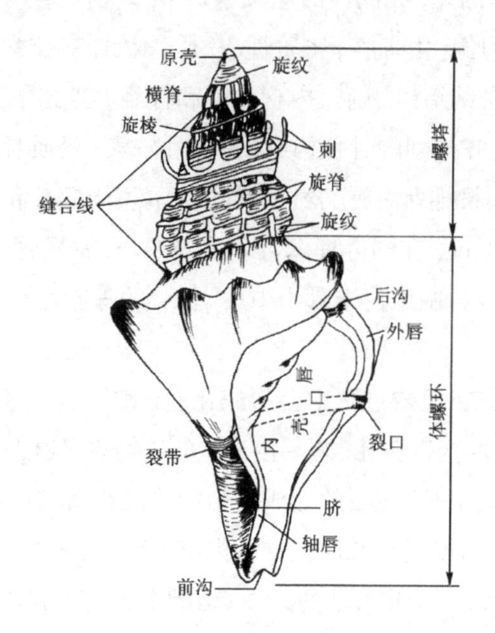


图1-1　腹足纲基本结构示意图[①]

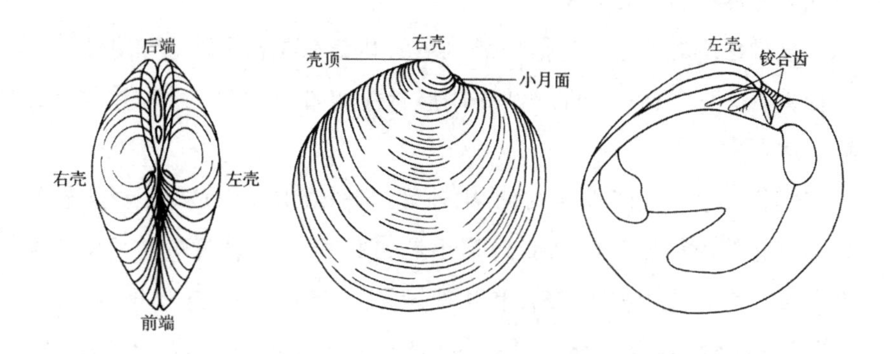


图1-2　双壳纲基本构造示意图[②]

①童金南、殷鸿富：《古生物学》，第76页。
②袁靖：《中国动物考古学》，第40页。

密的硬组织。因此，在同样的埋藏条件下，牙齿更容易得到保存。骨骼结构以长骨为例，由骨膜、密质骨、松质骨和骨髓腔构成。骨膜为骨表面的一层致密结缔组织膜，内含血管和神经。密质骨是表层致密坚实的骨质，由整齐排列的骨板构成，耐压性较大；松质骨呈海绵状，由相互交织的骨小梁排列而成。松质骨构成长骨两端骺部和短骨的大部分。从结构密度上说，在同等埋藏环境和条件下，密质骨相对更容易得到（较好）保存。骨髓腔位于骨干中央。长骨的骨髓腔和松质骨的间隙中充满了骨髓①。

有些骨骼在埋藏过程中会形成化石，其基本原理是：骨骼中的有机质消失，骨骼变得多孔，之后溶于水的矿物质充填进骨骼的孔隙中，骨骼由此变成化石。化石的形成与生物体死亡后的埋藏环境、是否被迅速掩埋、是否经过很长时期的石化作用等因素有关②。尽管旧石器时代遗址年代久远，但也并非遗址中所出动物遗存都形成了化石。

脊椎动物的骨架由中轴骨和附肢骨组成，中轴骨包括头骨、脊柱、肋骨与胸骨，附肢骨包括肢骨与肢带。下面介绍考古遗址中比较常见的脊椎动物种类的骨架构成。

硬骨鱼纲的外骨骼包括鱼鳞、鳍条，内骨骼包括中轴骨和附肢骨。中轴骨由头骨、脊柱、肋骨组成；附肢骨由胸鳍、腹鳍、背鳍、尾鳍、臀鳍组成（图1–3）。

爬行类动物的骨骼由头骨、中轴骨、带骨和肢骨组成（龟鳖目无胸骨而具有背甲和腹甲）。头骨包括颅骨和下颌骨；中轴骨包括颈椎、胸椎和腰椎、荐椎和尾椎；带骨和肢骨分为肩带（肩胛骨、乌喙骨、锁骨）与前肢（肱骨、桡骨、尺骨、掌骨、趾骨）、腰带（髂骨、坐骨和耻骨）与后肢（股骨、胫骨、腓骨、跖骨、趾骨）③（图1–4）。

①杨安峰编著：《脊椎动物学》，北京大学出版社，1992年，第353页。

②童金南、殷鸿富：《古生物学》，第4—6页。

③袁靖：《中国动物考古学》，第41—42页。

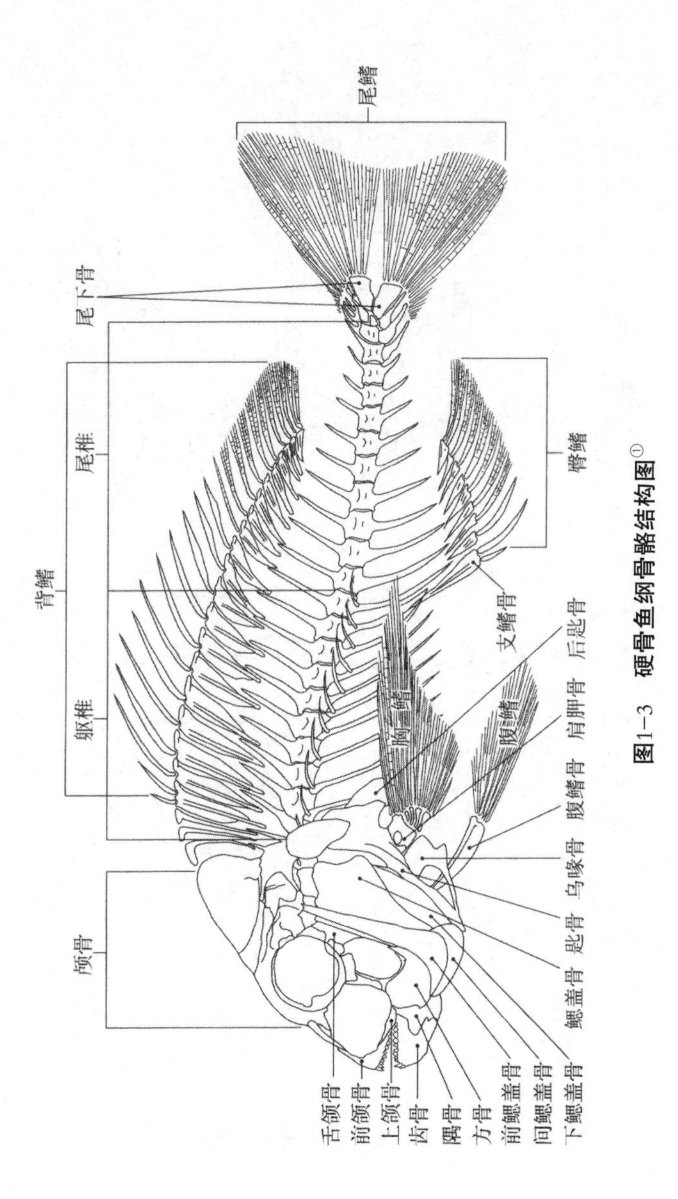


**图1–3　硬骨鱼纲骨骼结构图**[①]

①袁靖：《中国动物考古学》，第40页。

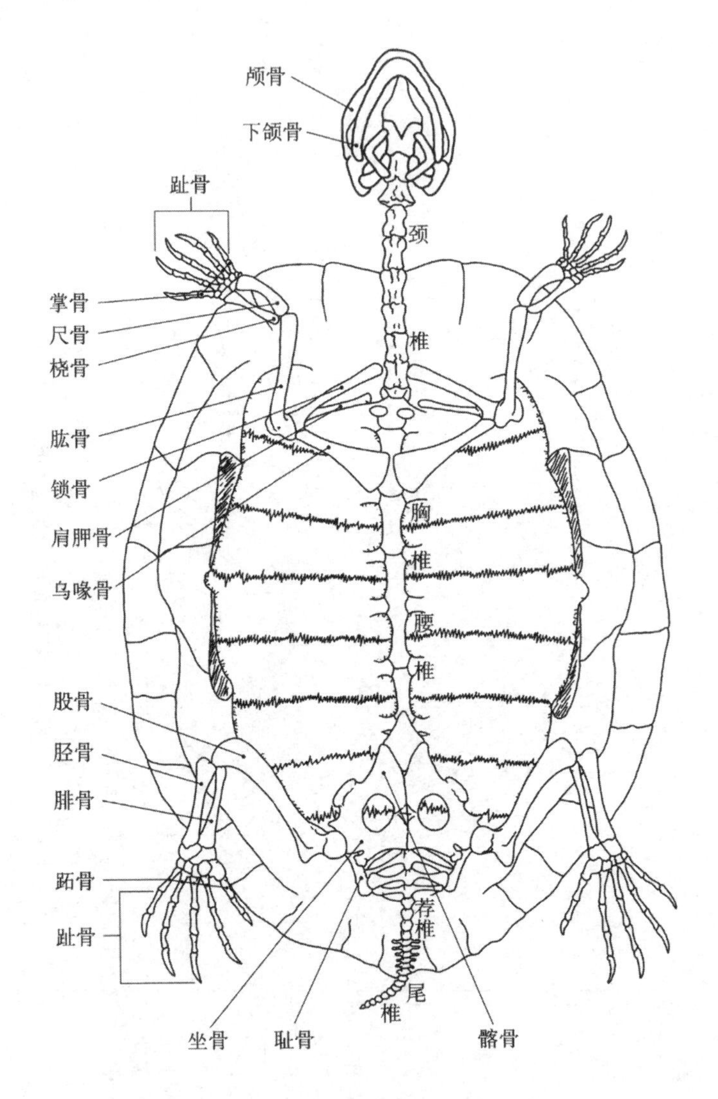


**图1-4　爬行类骨骼结构图**[①]

①袁靖:《中国动物考古学》,第41页。

鸟类是体表被覆羽毛、有翼、恒温、卵生的高等脊椎动物。鸟类骨骼包括头骨、脊柱与胸骨、带骨与肢骨。鸟的头骨愈合程度高、仅有一个枕髁，眼眶大。鸟类颈椎数目多，绝大多数鸟类的胸骨具有龙骨突，供发达的胸肌附着。带骨与肢骨分为肩带（包括肩胛骨、锁骨、乌喙骨）与翼（肱骨、桡骨-尺骨、腕骨、腕掌骨、掌骨、指骨），以及腰带（由髂骨、坐骨和耻骨愈合而成）与腿（股骨、胫骨、腓骨、跗跖骨、趾骨）（图1-5）。

哺乳动物是旧石器时代考古遗址中最常见的动物种类，其骨架由中轴骨（包括头骨、脊柱、胸骨和肋骨）和附肢骨（包括肩带、前肢、腰带和后肢）组成（图1-6）。有些哺乳动物长角，角分为三种类型：鹿角、洞角、表皮角[①]。鹿角见于鹿类，一般雄性长角，雌性不长角，但驯鹿是雌性和雄性都长角。此外，獐和麝不长角。不同种类的鹿角的形态和内部结构存在差异，是种属鉴定的重要依据。鹿角的生长原理是：鹿的额骨上形成骨质生长区，长成角柄，角柄上形成角盘，角盘上长出角干，鹿角生长过程中骨外全部覆有鹿茸，随着鹿角不断生长和骨化，鹿茸干裂、脱落，只剩下光滑的骨质角，最后角盘和角柄分离，鹿角脱落。鹿角具有季节性生长和脱落的特点，但需要注意不同种类的鹿角的生长和脱落季节不同[②]（图1-7）。鹿角是旧石器时代遗址动物遗存中非常多见的部位。在不同成因的堆积中，鹿角的完整-破裂度可能有很大差异。即使破裂程度严重，由于其特殊结构，鹿角也是相对容易被鉴定发现的。洞角见于牛科动物，由角心和角鞘构成。角心是骨质的，角鞘由角蛋白构成，包在角心外面，可以和角心分离。洞角是终生生长的。牛科不同种类的角的形态存在区别，例如水牛角弯；黄牛角较直、角伸向后外

---

①古脊椎动物研究所高等脊椎动物研究室编：《中国脊椎动物化石手册（哺乳动物部分）》，科学出版社，1960年，第4页。

②Schmid, E., *Atlas of animal bones,* Amsterdam: Elsevier Publishing Company, 1972, p. 90.

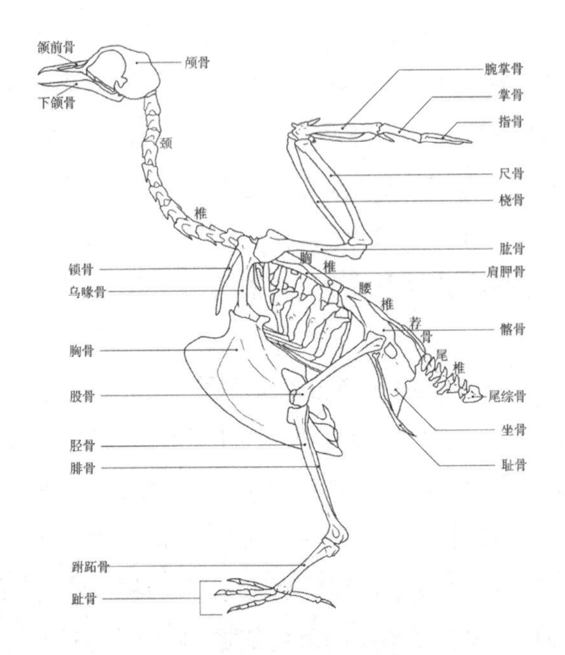


**图1-5　鸟类骨骼结构图**[①]

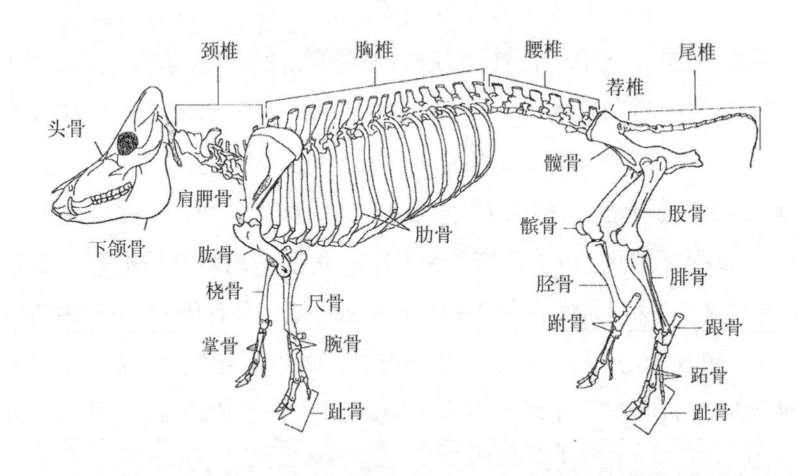


**图1-6　哺乳动物骨骼结构图（以猪为例）**[②]

---

①袁靖：《中国动物考古学》，第42页。

②Davis, S. J. M., *The archaeology of animals,* London: Batsford, 1987.

侧，角尖向内；羚羊角向后向上直伸；岩羊角先向上直升，然后向外弯，再微微向后，内侧有长棱①。表皮角是犀科所特有的，生长在额部的中线上，无角心，完全由表皮角质层的毛状角质纤维组成。双角犀的两角是前后排列的。

哺乳动物的牙齿具有捕食、咬住食物、切割并磨碎食物的功能，由牙釉质、牙本质、少量牙骨质和牙髓组成。哺乳动物的牙齿生长在颌骨的齿槽中；大多数哺乳动物具有双出齿，即一套乳齿和一套恒齿②。先生长的是乳齿，随着年龄增加，乳齿被恒齿取代。齿列由结构和功能不同的牙齿组成，分为门齿（I）、犬齿（C）、前臼齿（P）和臼齿（M），其中前臼齿和臼齿统称颊齿。不同种类的哺乳动物的牙齿数量不同，由齿式③表达出来，比如马科齿式为 $\frac{3\cdot0-1\cdot3-4\cdot3}{3\cdot0-1\cdot3\cdot3}$ ；鹿科齿式为 $\frac{0\cdot0\cdot3\cdot3}{3\cdot1\cdot3\cdot3}$。

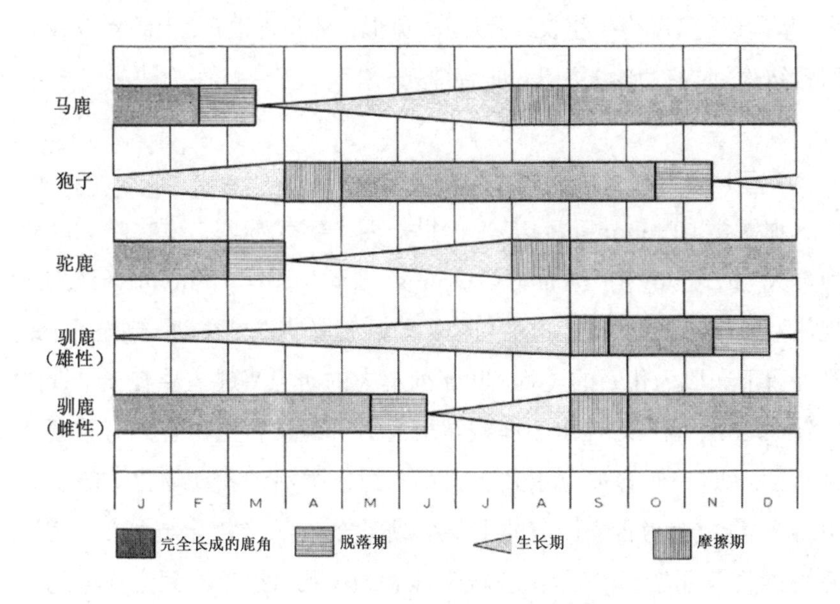


图1–7　鹿角的季节性生长和脱落时间④

①张孟闻编著：《脊椎动物比较解剖学》，高等教育出版社，1986年，第104页。
②Hillson, S., *Teeth,* Cambridge: Cambridge University Press, 2005.
③表示每侧上、下颌各齿型牙齿的数量。
④Schmid, E., *Atlas of animal bones,* p. 90.

旧石器时代遗址中常见哺乳动物类群的主要解剖特征简要介绍如下[①]：

食肉目是以捕食其他动物为食的动物，很多种类奔跑快速、身体灵活，有锋利的爪。牙齿特化——犬齿发达、$P^4$与$M_1$构成锋利裂齿。有蹄类动物为善奔驰、趾端有典型蹄的类群，典型解剖特征为：颊齿大、咬合面复杂，能够切断植物，利于消化，有些种类前臼齿臼齿化；肢骨具有适应于快速奔跑的特征，比如四肢骨长、掌跖骨长、锁骨消失或缩小。有蹄类动物包括奇蹄目和偶蹄目。奇蹄目在进化过程中第三趾得到优势发展，其他各趾退化或缺失；偶蹄目具有同等发达的第三趾和第四趾，第一趾缺失，第二、五趾有不同程度退化。啮齿目与兔形目是适应能力和繁殖能力很强的哺乳动物，它们共同的解剖特征是：门齿强大、呈凿形，门齿终生生长，无犬齿。兔形目的头骨很轻，上颌骨有较多网孔结构，具有两对上门齿，前后排列。

### （二）埋藏学

埋藏学（Taphonomy）是二十世纪四十年代苏联古生物学家叶菲列莫夫（Efremov）根据希腊语taphos（埋葬、墓葬）和nomos（法则、规律）创造出来的术语，指生物体死亡后经历改造、移动、被掩埋、最终保留下来成为化石的过程。叶菲列莫夫的研究兴趣主要在于早期陆生脊椎动物，他当时提出的埋藏学概念对于地质古生物学具有重要意义[②]。此后这一概念被应用到有关第四纪人类活动和动物化石的研究中，并逐渐成为考古学研究的重要组成部分，为人类演化与人类行为研究提供关键证据。事实上，埋藏学理念的出现可以追溯到十九世纪至二十世纪初期，例如观察现代鬣对动物骨骼的啃咬和破坏过程；通过

---

①盛和林、王培潮、陆厚基等编著：《哺乳动物学概论》，华东师范大学出版社，1985年。

②尤玉柱：《史前考古埋藏学概论》，文物出版社，1989年。

实验观察地质作用对遗物的改造，并把实验标本与出土的史前标本进行比对；注意到骨密度对于骨骼的保存有所影响；依据民族学资料比较食肉动物和人类活动对骨头造成破坏的差异，等等[①]。因此，埋藏学的出现与动物遗存研究有密切关系。尽管后来埋藏学的含义和研究内容有所扩展，但动物骨骼堆积的形成和埋藏的过程仍然是当今埋藏学研究的主要内容。

旧石器时代的骨骼堆积的形成过程非常复杂，是地质作用、动物活动、人类活动等多种因素的交织，在很多情况下自然作用甚至占据主导。食肉动物活动、人类活动（包括狩猎或拣剩、搬运与屠宰利用）都是常见的骨骼堆积作用力。例如，动物骨头可能是食肉动物消费猎物后留下的，也有可能是人类狩猎—处理—消费猎物所留下，或者是食肉动物先捕获和消费动物而后被人类拣食留下的。骨骼堆积形成之后，还经常受到来自自然作用或者人类再次活动的多种形式的改造[②]，包括骨骼数量总体减少、骨骼发生破裂或破碎、骨骼消失、空间分布格局发生变化，等等。

因此，对于动物考古研究的直接对象——动物遗存，我们首先需要分析它们的形成原因和埋藏历史，然后发现并提取它们与人类活动之间关系的信息，为解读人类获取、搬运、屠宰、利用动物资源行为奠定基础。动物种属构成、骨骼保存状况、骨骼破裂程度和破裂特征、改造痕迹及其分布位置、不同类型改造痕迹的出现率、骨骼部位构成、动物死亡年龄结构等是对骨骼堆积进行埋藏学分析的重要视角，同时还需要关注遗址中地质作用堆积物的特征和遗址埋藏环境。

考古工作者的发掘策略，以及选择性收集会造成考古材料的进一步减少或“消失”，导致我们对骨骼所含信息的提取不完整或者带有偏

①Lyman, R. L., *Vertebrate taphonomy.*

②Domínguez-Rodrigo, M., “Hunting and scavenging by early humans: The state of the debate.”

差，进而影响我们对骨骼堆积内涵的认识（图1-8）。因此，动物考古研究人员应当参与现场发掘，把动物遗存与遗址环境及其他考古材料进行关联思考，从多种视角中寻找复原骨骼堆积形成过程的证据。同时，尽可能全面地收集考古材料并且详细准确地记录其出土环境，尤其不要忽略非常破碎的、微小的骨骼，细碎的物质遗存对于认识遗存的埋藏历史、分析遗址空间结构和遗址功能、解读人类生计行为具有不容忽视的价值。我们可以通过干筛、水选、浮选的方法收集这些物质并把它们纳入研究体系之中，把非常破碎的骨骼按照尺寸、重量、类型（例如密质骨或松质骨）、破裂特点和改造痕迹进行归类，并结合其他动物遗存的特征与埋藏环境进行分析[①]。

### （三）行为生态学

行为生态学是从生态学视角对动物行为特征及其与环境的关系进行研究，其基本假设是：（1）生物的行为和表型是自然选择的结果，个体的行为方式总是寻求获得繁殖成功，并且使广义适合度[②]最大化。（2）生物在生态系统中可利用的时间和能量有限，因此它们会根据时间和能量选择最合适的策略[③]。人类行为生态学主要是分析环境与生态因素如何导致人类行为差异，为我们研究狩猎采集人群开发利用动物资源的行为或者适应生存策略提供重要视角。

行为生态学中发展出的觅食理论在近几十年受到重视，越来越多地被应用到旧石器时代动物考古研究之中。该理论帮助我们理解有关史前狩猎采集人群觅食行为的很多方面，例如人类吃什么、去哪觅食、

---

①Outram, A. K., “A new approach to identifying bone marrow and grease exploitation: why the ‘indeterminate’ fragments should not be ignored,” *Journal of Archaeological Science* 28.4(2001), pp. 401–410.

②广义适合度指个体在后代中传播自身基因的能力。

③陈勇：《人类生态学原理》，科学出版社，2012年，第10—11页。

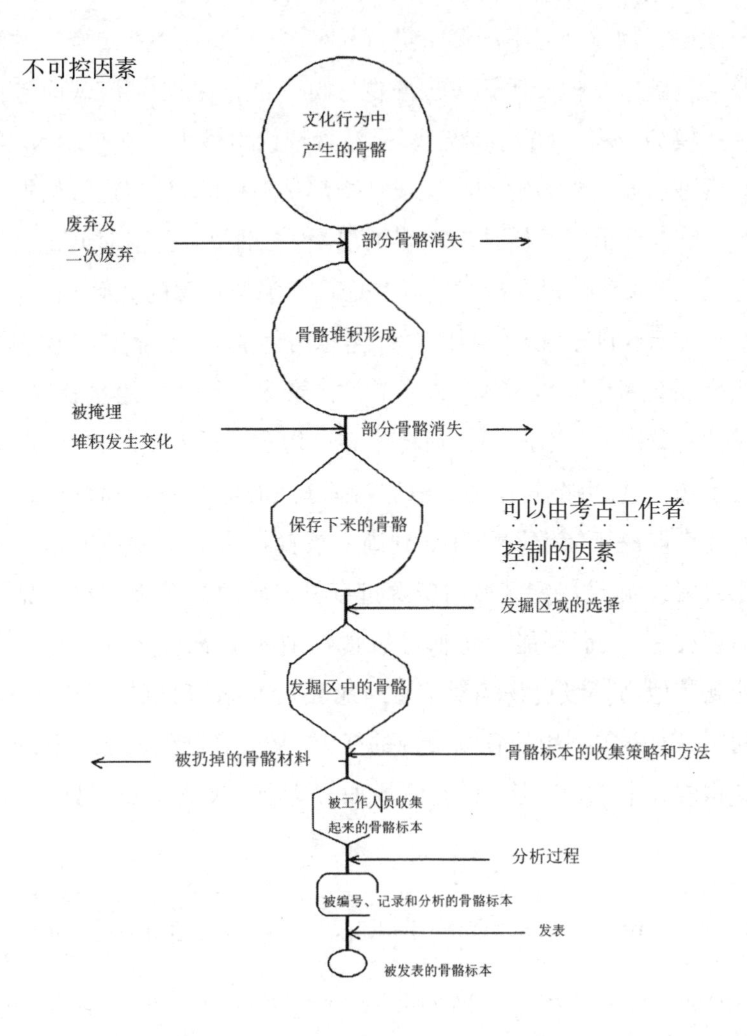


**图1-8　动物骨骼堆积形成过程示意图**①

①Meadow, R. H., "Animal bones: Problems for the archaeologist together with some possible solutions," *Paléorient* 6(1980), pp. 65–77.

何时离开一个斑块、如何搬运食物以及何时在何地处理猎物尸体[①]。旧石器时代动物遗存分析中主要应用的是最佳觅食理论。最佳觅食理论假设生物体会对不同策略进行权衡，将开发利用特定资源的潜在收益与追求另一种资源而失去的更好机会进行比较[②]。该理论包括猎物选择模型或者食谱宽度模型，是觅食理论中最为广泛应用的。猎物选择模型假设觅食者遇到和发现猎物都是随机的，他们通常根据效益（指每单位狩猎时间所能够获得的热量。在这里，狩猎时间包含发现或遇见、获取动物资源的时间以及处理和消费资源的时间）认定资源的重要性（不同等级）。当然，除了考虑时间成本，觅食者对食物资源的选择还会考虑其他成本。人类总试图最大化长期的能量获取，以获得成功的繁衍。无论何时遇到高等级食物（比如寻找成本低、遇见率高的动物），总会将其作为目标进行捕获，而低等级食物资源是否被纳入食谱取决于能够发现和遇到高等级食物的机会[③]。在环境与人口变化或者人类对特定区域内资源过度开发导致高等级食物遇见率下降的情况下，人们可能会将低等级食物纳入食谱之中[④]（人群也可能迁徙到其他高等级食物相对丰富的地区），或者新的技术赋予人类开发利用以前不曾利用的食物资源的能力，又或者降低获取与利用低等级食物的成本，从而使食谱宽度增加[⑤]。然而，民族学资料显示：人类

---

①Lupo, K. D., "Evolutionary foraging models in zooarchaeological analysis: Recent applications and future challenges," *Journal of Archaeological Research* 15.2(2007), pp. 143–189.

②Stephens, D. W., Krebs, J. R., *Foraging theory*, Princeton: Princeton University Press, 1986, p. 11.

③Smith, E. A., "Anthropological applications of optimal foraging theory: A critical review," *Current Anthropology* 24(1983), pp. 625–651.

④Jones, E. L., "Dietary evenness, prey choice, and human-environment interactions," *Journal of Archaeological Science* 31.3(2004), pp. 307–317.

⑤Lupo, K. D., "Evolutionary foraging models in zooarchaeological analysis: Recent applications and future challenges."

的食物选择获取策略还可能考虑肉食分享为人口繁衍所带来的好处、社会利益、政治利益[1]，也可能受到狩猎情境、成员组成等其他因素的影响。因此，尽管猎物选择模型是解读人类肉食获取策略的基本理论，但它所呈现的是理想化的模型，人类选择的真实情况可能会复杂得多。

最佳觅食理论所包含的另一个模型是中心营地觅食模型，指的是发现和获取猎物的地点与营地的距离越远，狩猎者越倾向于对大型猎物或者营养价值高的猎物进行选择性搬运。有些狩猎人群经常在狩猎地点进行尸体的处理，把肉食含量高的骨骼部位上的肉割下来带回营地，而把骨头废弃。随着猎杀地点与营地之间距离的增加，人类搬运回营地的动物尸骨的数量呈下降趋势。搬运策略取决于人们在狩猎地点处理猎物和搬运猎物的成本，以及在有限时间里最大化地将食物与营养带回营地的收益。除了“距离”，成本和收益还与狩猎队伍的规模、动物的种类或体型大小、人类猎取动物时的处境等因素有关。当然，有些情况下搬运策略也可能受到文化传统的影响[2]。

## 二、研究方法

动物考古学的研究体系由材料的发现与收集、鉴定与观测、数据统计、特征整合分析以及对材料及其中所含信息的解读组成。不同时期和文化背景中的动物遗存的形成过程和埋藏特点有所不同，人类与动物的关系有所不同，我们从动物遗存中提取到的信息以及对动物遗存

①Hawkes, K., “Showing off: Tests of a hypothesis about men’s foraging goals,” *Ethology and Sociobiology* 12(1991), pp. 29–54.

②O’Connell, J. F., Hawkes, K., Jones, N. B., “Reanalysis of large mammal body part transport among the Hadza,” *Journal of Archaeological Science* 17.3(1990), pp. 301–316.

的解读也就不同。因此，对人类文化发展不同阶段的动物遗存的研究存在不同的方法和特点。本书将重点谈及旧石器时代动物考古研究的方法。

### （一）动物考古材料的发现与收集

旧石器时代遗址发掘通常按照1m×1m布设探方，每个探方进一步划分成4个50cm×50cm的小区。发掘时在地层堆积单位的基础上按照水平层（厚度一般为5—10cm甚至更薄）整体发掘和揭露。每个水平层出土的遗存需要进行原地清理、拍照、绘图和测量。同时，对遗存的出土背景（包括出土单位、肉眼可观察到的出土单位的堆积物构成与特征以及空间关系等）、出土时的状态进行详细记录。收集标本时应用水选或干筛、浮选等方法进行全面收集（图1-9），以确保不同尺寸动物的遗存、不同类型与不同破碎程度的遗存都具有同等被发现的机会。如果不采用筛选或浮选的方法，很多遗物有可能遗失，特别是小型、微小型动物的骨头或者一些特别破碎的骨头，导致我们无法认识动物遗存组合的全貌。在旧石器时代遗址发掘中，大于20mm的标本通常要进行编号，并测量其三维坐标，对于非常碎小的标本则通常按照发掘单位——具体到特定地层中的某个水平层，以及遗存所在的探方小区进行统一收集。收集起来的动物遗存应当与其他类型的遗存分开存放，一方面防止动物遗存发生破损，另一方面有利于接下来整理工作的开展。

### （二）观测

在观测出土动物遗存之前，首先需要对其进行清理，包括清洗、晾干，以及初步拼接（主要是将出土后发生破裂的骨骼标本进行拼接）。对于按发掘单位统一收集的未编号标本——通常是破碎严重的标本，我们需要对其进行挑选和分类（研究者自己选定分类依据，可以按照动

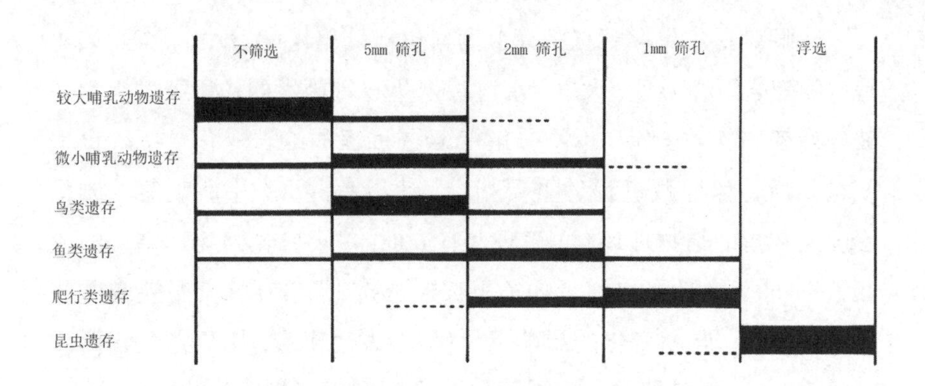


**图1-9　使用不同大小筛孔的筛子进行筛选或使用浮选法所能够收集到的不同种类动物遗存的大致比例**①

物分类单元，比如软体动物、脊椎动物［鱼类、两栖类、爬行类、鸟类、哺乳类］；也可以按照标本尺寸等进行分类），并按照分类进行统一称重。在这个过程中，如果发现具有鲜明特征或者可以鉴定的标本，可以将其挑出进行单独鉴定和测量。

标本的观察和鉴定内容包括：1. 观察并记录骨骼的保存状况。保存状况取决于很多方面，包括动物的死亡原因、尸体暴露的时间、骨骼的破裂或破碎程度、埋藏环境的pH值、堆积动力等。流水的搬运和冲刷、动物啃咬和踩踏等可以使骨头发生破损或磨圆、位移。酸性环境会加速骨头的溶解，在含有碳酸钙的渗流环境中，骨头会发生石化等情况。总之，埋藏过程中的物理作用与化学作用会对骨骼造成破坏，使其尺寸、形状、结构、密度、成分发生改变②，甚至造成动物遗存的消失。

①Meadow, R. H., "Animal bones: Problems for the archaeologist together with some possible solution."

②Lyman, R. L., *Vertebrate taphonomy.*

肉眼对骨骼保存状况的评判通常包括风化程度、磨损特征。风化是矿物和岩石在温度、大气、水溶液及生物等因素的作用下发生物理破碎崩解、化学分解和生物分解等复杂过程的综合变化①②。风化程度是判断骨骼埋藏过程的重要指标。动物考古研究中所观察的风化程度通常指的是物理风化，表现为骨表面的开裂、骨骼物理结构的改变③。如果动物骨骼在露天环境下长期暴露，那么在日夜温差或季节性温度变化、湿度变化的影响下，骨骼会发生干裂，甚至完全解体。Behrensmeyer把骨骼的风化程度分为6级。0级：骨骼无风化，骨表没有开裂和起片现象，骨骼仍含有油脂，有时骨表带有皮、肌肉、韧带；1级：骨表开始出现细裂纹，软组织可能存在；2级：骨表最外层伴随着裂纹开始出现起片现象，裂纹的边缘棱角分明，在起片的最初阶段，薄片的一个边缘或几个边缘仍与骨骼连在一起，此后起片向更深、更广的方向发展，软组织可能仍然存在；3级：骨表最外层消失，骨密质暴露，骨骼出现纤维质地，风化的深度不超过1—1.5mm，软组织基本不存在；4级：骨表为粗糙的纤维质地，风化深入骨骼内部，裂纹加深，形成大的或小的裂片，裂片可能会与骨骼分离；5级：骨骼非常脆弱，解体成大的裂片，骨骼的原始形状可能难以识别④⑤。从0级到5级，骨骼裂纹的数量、开裂的程度、骨表的粗糙程度逐渐增加。骨骼风化的程度与暴露时间密切相关。一般来说，暴露在地表的时间越长，骨骼风化程度越高。需要注意的是：这6个等级的特征主要适用于大、中型哺乳动物骨骼风化状况的判断，小型哺乳动物以及其他种类动物

---

①Behrensmeyer, A. K., "Taphonomic and ecologic information from bone weathering," *Paleobiology* 4.2(1978), pp. 150–162.

②Lyman, R. L., *Vertebrate taphonomy*.

③Lyman, R. L., *Vertebrate taphonomy*.

④Behrensmeyer, A. K., "Taphonomic and ecologic information from bone weathering."

⑤Lyman, R. L., *Vertebrate taphonomy*.

骨骼的风化特征可能会有所不同。此外，牙齿的风化与牙齿萌出和磨损的情况、牙釉质与牙本质的比例以及牙齿的整体形状都有关系，不容易发现其风化特征的规律性变化[①]。

如果出土动物骨骼的风化程度基本一致，那么这些骨骼有可能反映动物的灾难性死亡，或者说明某些环境因素阻止了后来不断增加的骨骼堆积的风化，亦或者反映相对短期的人类活动。如果遗址中各个风化等级的动物骨骼的比例相当，则说明骨骼堆积的形成可能经历了较长的时间，或者反映人类对遗址长时间的占用。当然，也可能说明不同时期的骨头或不同事件后被废弃的骨头由于某种原因共同出现在遗址上。对此，我们可以结合不同风化等级的骨骼的空间分布、骨骼的其他埋藏特征做进一步分析。对于磨损特征，我们通常观察骨骼在自然作用下出现的磨圆。这一特征可以帮助判断动物骨骼在堆积与堆积后过程中是否受到水流作用的改造或搬运，以及程度如何。

成岩作用是影响骨骼保存的重要因素。成岩作用的发生由一系列复杂过程组成，与微生物活动、埋藏环境、有机物和无机物的分解与再结晶密切相关。真菌和细菌可以使骨胶原分解，骨头变得非常多孔、易碎，骨骼晶体因此更多地暴露在水环境中，更容易与水发生反应，也更难以得到较好保存。在非常干燥的环境中，或冻土、永冻土环境中，抑或在稳定的水体环境中，骨骼有可能被较好地保存下来。然而，如果骨头埋藏在变化的、动力比较强的水流环境中，骨头中的矿物就会遗失，成岩作用更容易发生[②]。环境pH值处于7.6—8.2之间为最佳，能使骨骼得以保存。在酸性堆积环境中，骨骼中的矿物会发生溶解。在中性或碱性环境中，矿物则会保存下来，并可以在很长的时间里不发生改变。含

①Lyman, R. L., *Vertebrate taphonomy.*

②Berna, F., Matthews, A., Weiner, S., “Solubilities of bone mineral from archaeological sites: The recrystallization window,” *Journal of Archaeological Science* 31.7(2004), pp. 867–882.

有较多碳酸盐的堆积环境往往有利于骨骼的保存[①②]。因此，在较好地保存了贝壳、螺壳的遗址环境，或者保存了完全或部分由原始方解石构成的灰烬的遗址中，骨头是可以得到较好保存的。如果在这些堆积环境中没有发现骨头，则说明该环境中曾经没有存在过骨头。洞穴中有机酸的释放、鸟粪的氧化可以导致环境的pH值较低，从而使骨骼发生溶解，更稳定的磷酸盐在遗址中形成，骨骼被废弃时的原始空间分布格局也就随之发生变化[③]。因此，如果遗址中有的区域骨骼堆积丰富，有的区域骨骼缺失，空间分布差异显著，我们需要谨慎判断这种分布特点是不是由于不同埋藏环境导致骨骼的不同保存状况而产生的。如果骨头的"缺失"是因为它们在成岩作用下溶解了，那么缺乏骨骼的堆积单位或堆积环境中应当缺少碳酸羟基磷灰石和方解石，但包含更加稳定的矿物[④]。

2. 动物种属与骨骼部位。鉴定可以通过比对现生动物骨骼标本和能够明确动物种属的具有鲜明鉴定特征的考古标本来进行，鉴定过程中通常也需要参考动物骨骼图谱。鉴定的原则是不过度鉴定。

动物种类鉴定应详细鉴定到种，如果无法鉴定出种，则鉴定到属或更高一级的分类单元。对于无法鉴定具体种类的哺乳动物标本，可以按照动物体重等级进行分类，包括超大型哺乳动物（大于1000kg）、大型哺乳动物（约300—1000kg）、中型哺乳动物（约120—300kg）、小

---

①Weiner, S., Goldberg, P., Bar-Yosef, O., "Bone preservation in Kebara Cave, Israel using on-site Fourier transform infrared spectrometry," *Journal of Archaeological Science* 20.6(1993), pp. 613–627.

②Weiner, S., *Microarchaeology: Beyond the visible archaeological record,* New York: Cambridge University Press, 2010.

③Berna, F., Matthews, A., Weiner, S., "Solubilities of bone mineral from archaeological sites: The recrystallization window."

④Stiner, M. C., Kuhn, S. L., Surovell, T. A., et al., "Bone preservation in Hayonim Cave (Israel): A macroscopic and mineralogical study," *Journal of Archaeological Science* 28.6(2001), pp. 643–659.

型哺乳动物（约20—120kg）以及非常小型哺乳动物（小于20g）[①]。旧石器时代遗址出土动物遗存种属鉴定的特点与难点在于已绝灭动物的鉴定。对此，可以参考《脊椎动物鉴定手册（哺乳动物部分）》（古脊椎动物研究所高等脊椎动物研究室编）。

鉴定出骨骼部位后，还需要进一步记录骨骼属于特定部位的哪个具体位置，比如肱骨的近端、股骨的远端、胫骨靠近近端的骨干部分等。旧石器时代遗址出土的动物骨骼的破裂通常比较严重，导致很难鉴定出详细的骨骼部位，在这种情况下，我们可以按照头骨、下颌、牙齿、脊椎骨、肋骨、肢骨进行分类。鉴定骨骼部位的过程中，需要观察记录骨骼部位属于左边还是右边，骨骼部位的愈合情况（未愈合、愈合中以及愈合）。就牙齿而言，需要记录牙齿的萌出和磨耗情况。

3. 根据骨骼的愈合、牙齿的萌出和磨耗程度、齿冠高度，我们可以鉴定动物死亡年龄。根据具体的死亡年龄可将动物遗存进行分组并做进一步分析，包括幼年、壮年、老年。不同学者对年龄组的划分边界有不同看法，比如有的将最大预期寿命值的65%作为壮年和老年的界线[②]，最大预期寿命值的10%—65%为壮年个体，有的则将最大预期寿命值的10%—40%或50%定义为壮年个体[③]。鉴定动物死亡年龄有很多方法，其中最为常用的是骨骺的愈合以及牙齿的萌出与磨耗。

哺乳动物骨骺的愈合存在稳定的顺序，但是不同种类动物的愈合

---

①Bunn, H. T., Bartram, L. E., Kroll, E. M., "Variability in bone assemblage formation from Hadza hunting, scavenging, and carcass processing," *Journal of Anthropological Archaeology* 7(1988), pp. 412–457.

②Stiner, M. C., *The faunas of Hayonim Cave (Israel): A 200,000-year record of Paleolithic diet, demography and society*, pp. 200–201.

③Klein, R. G., "Patterns of ungulate mortality and ungulate mortality profiles from Langebaanweg (Early Pliocene) and Elandsfontein (Middle Pleistocene), south-western Cape Province, South Africa," *Annals of the South African Museum* 90.2(1982), pp. 49–64.

顺序和愈合年龄存在差异。例如，马肢骨的愈合顺序与大致年龄为：尺骨远端愈合（出生前）、掌骨近端愈合（出生前）、第一节趾骨远端愈合（出生前）、第二节趾骨远端愈合（出生前）[①]、跖骨近端愈合（出生前）；第二节趾骨近端愈合（9—12个月）；第一节趾骨近端愈合（13—15个月）；肱骨远端愈合（15—18个月）、桡骨近端愈合（15—18个月）、掌骨远端愈合（15—18个月）；跖骨远端愈合（16—20个月）；胫骨远端愈合（20—24个月）；腓骨近端愈合（可能在2—3岁）；跟骨结节愈合（3岁）；肱骨近端愈合（3—3.5岁）、股骨近端愈合以及远端愈合（3—3.5岁）、胫骨近端愈合（3—3.5岁）；桡骨远端愈合（3.5岁）、尺骨鹰嘴愈合（3.5岁）[②③]。羊肢骨的愈合顺序与年龄为：掌骨近端愈合（出生前）、第一节和第二节趾骨近端愈合（出生前）、跖骨近端愈合（出生前）；肱骨远端愈合（10个月）、桡骨近端愈合（10个月）；第一节和第二节趾骨远端愈合（13—16个月）；胫骨远端愈合（1.5—2岁）；掌骨远端愈合（18—24个月）；跖骨远端愈合（20—28个月）；尺骨鹰嘴愈合以及远端愈合（2.5岁）；股骨近端愈合（2.5—3岁）、跟骨结节愈合（2.5—3岁）；桡骨远端愈合（3岁）；肱骨近端愈合（3—3.5岁）、股骨远端愈合（3—3.5岁）、胫骨近端愈合（3–3.5岁）[④]。

旧石器时代遗址出土的动物骨骼通常是破裂的，而且很多破裂程度比较高，骨骺的保留经常有限，没有愈合的骨骺更不容易得到保存。即使有些骨骺保存下来，但如果是愈合的，也无法对动物进行准确的年龄分组。因此，很多时候难以利用骨骺愈合进行有效的死亡年龄鉴定与死亡年龄结构复原。旧石器时代动物考古研究更多地是根据牙齿

①注：第三节趾骨不存在真正的骨骺。

②Silver, I., “The ageing of domestic animals,” In: Brothwell, D., Higgs, E. (eds.), *Science in Archaeology* (2nd edn.), London: Thames, 1969, pp. 283–302.

③注：该研究结果是根据驯化动物得出的。

④Silver, I., “The ageing of domestic animals,” pp. 285–286.

特征进行死亡年龄鉴定。与骨骺的愈合相似，哺乳动物恒齿的萌出也存在一定的顺序，但不同种类动物之间存在差别。以马为例，根据Silver的研究，恒齿的萌出顺序是M1（变异大，7—14个月）；M2（2—2.5岁）；P1、P2、P3（约2.5岁）；I1（2.5—3岁）；P4（3.5岁）；I2（3.5—4岁）；M3（3.5—4.5岁）；C（4—5岁）；I3（4.5—5岁）①。

对于偶蹄目动物来说，dP4—P4的萌出与磨耗是区分幼年、壮年、老年个体时常用的依据，如图1-10所示。幼年指的是早于dP4脱落被P4取代的年龄。壮年指的是从乳前臼齿被恒前臼齿替代直到动物最大预期寿命的65%的年龄范围。老年的标志则是一半以上的齿冠被磨耗了。

对于高冠齿食草动物来说，可以根据齿冠高度进行年龄鉴定（图1-11）。有学者提出了根据齿冠高度计算马科动物年龄的公式：$Y=Y0[1-(T/N)]^{1/2}$，其中Y为动物牙齿的齿冠高；Y0为该类牙齿未磨耗时的高度；T为牙齿在Y高度时的动物年龄；N为动物齿冠高为0时的年龄，即动物的最大预期寿命②。此外，我们还可以根据门齿和下颌骨形态、门齿方向判断马科动物的死亡年龄③（图1-12；图1-13）。

4. 骨骼的破裂程度、破裂形态、破裂角度和破裂面特征、骨骼的改造痕迹或改造特征及其分布位置。骨骼破裂程度的评判主要依据长骨骨干周长的保存比例，包括几个等级：(1) 骨干的保留部分小于完整骨骼横截面周长的50%；(2) 骨干的保留部分是完整骨骼横截面周长的50%—100%；(3) 骨干周长完整④。骨干破裂形态包括螺旋状破裂、

---

①Silver, I., “The ageing of domestic animals,” p. 291.

②转引自张双权：《河南许昌灵井动物群的埋藏学研究》，中国科学院研究生院博士学位论文，2009年，第94页。

③Habermehl, K-H., *Die Altersbestimmung bei Haus-und Labortieren,* Berlin und Hamburg: Verlag Paul Parey, 1975.

④Bunn, H. T., “Meat-eating and human evolution: Studies on the diet and subsistence patterns of Plio-Pleistocene hominids in East Africa,” unpublished Ph.D thesis, University of California, Berkeley, 1982.

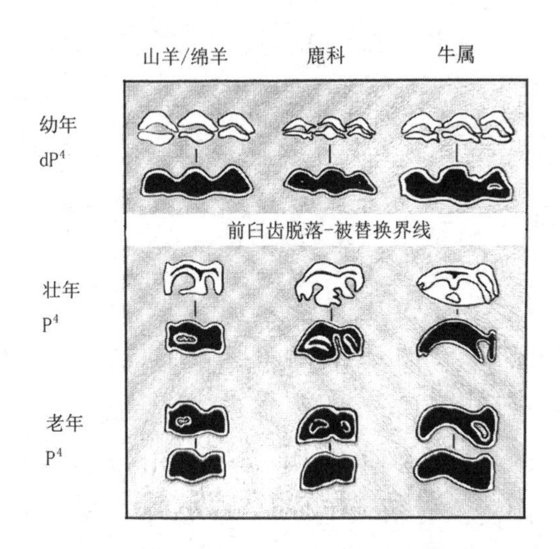


**图1-10　山羊/绵羊、鹿、牛的第四前臼齿萌出与磨耗所对应的不同年龄段**[①]**（据Stiner 2005，稍有修改）**

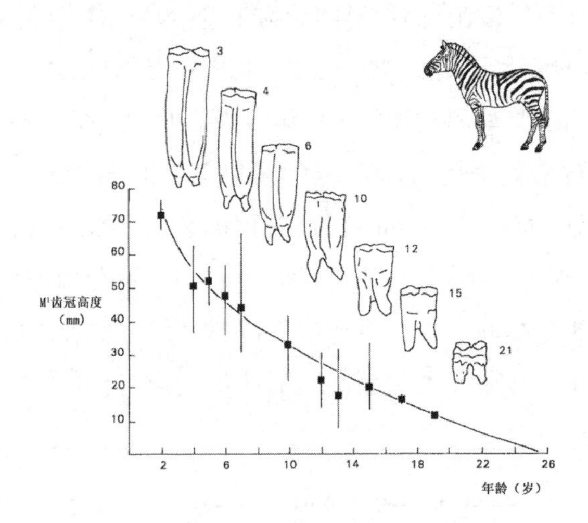


**图1-11　斑马M1齿冠高度随年龄增加的变化**[②]

①Stiner, M. C., *The faunas of Hayonim Cave (Israel): A 200,000-year record of Paleolithic diet, demography and society*, p. 201.

②Davis, S. J. M., *The archaeology of animals*, p. 43.

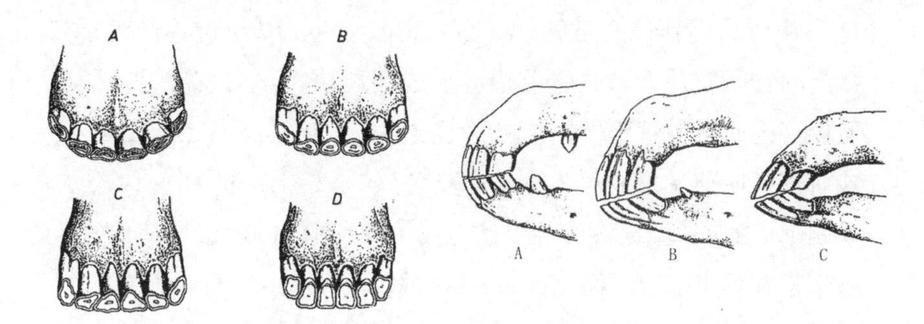


**图1-12　马下颌门齿形态变化**
A.11岁；B.11—17岁；C. 17—23岁；D.大于23岁

**图1-13　马门齿方向的变化**
A. 8岁以下；B. 15岁以下；C.超过15岁

纵向破裂和横向破裂（图1-14）。破裂角度指破裂面与骨骼表面的夹角是斜角或直角，或者同一件骨头上出现这两种情况；破裂面特征分为平齐和凹凸不平两类①。

骨骼的改造痕迹包括动物啃咬痕和踩踏痕、植物和真菌作用痕迹、人工改造痕迹、烧骨等。对改造痕迹的观察可以借助手持放大镜、体视显微镜、扫描电镜来进行。

食肉动物的啃咬是造成骨骼发生改变的常见因素，可以造成骨骼破损或者严重破坏。斑鬣狗尤其擅长粉碎骨头，它们可以把动物的头骨咬成碎块，把长骨和富含骨髓的下颌骨咬碎②。鬣狗吃过的骨头上有些会带有胃酸腐蚀形成的凹坑或洞状痕③。食肉动物对肢骨的破坏一般始于对骨骺的啃咬，然后向骨干推进④，造成长骨边缘出现锯齿状凹

①Villa, P., Mahieu, E., "Breakage patterns of human long bones," *Journal of Human Evolution* 21.1(1991), pp. 27–48.

②Brain, C. K., *The hunters or the hunted?: An introduction to African cave taphonomy.*

③Cruz-Uribe, K., "Distinguishing hyena from hominid bone accumulations," *Journal of Field Archaeology* 18.4(1991), pp. 467–486.

④Haynes, G., "Evidence of carnivore gnawing on Pleistocene and Recent mammalian bones," *Paleobiology* 6(1980), pp. 341–351.

口[①]。啃咬肩胛骨骨板等密度较低的部位，也会形成锯齿状破裂形态。食肉动物啃咬还会造成骨骼边缘形成破裂缺口或"破裂疤"，与人类使用石锤或重型石器敲骨取髓所形成的破裂疤具有一定相似性，但实验研究表明前者形成的凹缺通常较窄、较小（图1–15；图1–19），人类砍砸形成的破裂凹缺和破裂疤是宽大的[②]（图1–19）。食肉动物的啃咬还经常在骨头上留下横截面为U形的划痕、坑点痕、洞状痕等痕迹[③④]（图1–16）。啃咬形成的划痕与真菌腐蚀痕迹存在某些相似性，容易混淆，鉴定时需对这两种痕迹加以区分，否则会造成对骨骼堆积成因的误判。真菌腐蚀痕迹形状不规则，轮廓弯曲，而食肉动物齿痕是直线形的。腐蚀痕迹常与骨头的长轴或主轴平行分布，相比之下，动物咬痕往往垂直于骨头的长轴，或者与长轴斜交[⑤]。腐蚀还会造成骨头表面的片状剥落，但这种剥落的分布是比较随机的。

啮齿动物的啃咬也是骨骼改造的重要因素[⑥]，具有一定风化特征、缺少油脂的骨头相对更容易受啮齿动物的改造，留下啃咬痕迹。啮齿动物的咬痕是一组紧密排列的、平行的、较宽的浅凹痕迹[⑦]，比较容易与其他类型的改造痕迹区分。

---

①Bunn, H. T., "Archaeological evidence for meat-eating by Plio-Pleistocene hominids from Koobi Fora and Olduvai Gorge."

②Capaldo, S. D., Blumenschine, R. J., "A quantitative diagnosis of notches made by hammerstone percussion and carnivore gnawing on bovid long bones," *American Antiquity* 59.4(1994), pp. 724–748.

③Lyman, R. L., *Vertebrate taphonomy.*

④Binford, L. R., *Bones: Ancient men and modern myths.*

⑤Domínguez-Rodrigo, M., Barba, R., "New estimates of tooth mark and percussion mark frequencies at the FLK Zinj site: The carnivore-hominid-carnivore hypothesis falsified."

⑥Brain, C. K., "Some criteria for the recognition of bone-collecting agencies in African caves," In: Behrensmeyer, A. K., Hill, A. P. (eds.), *Fossils in the Making*, Chicago: University of Chicago Press, 1980, pp. 107–130.

⑦Lyman, R. L., *Vertebrate taphonomy.*

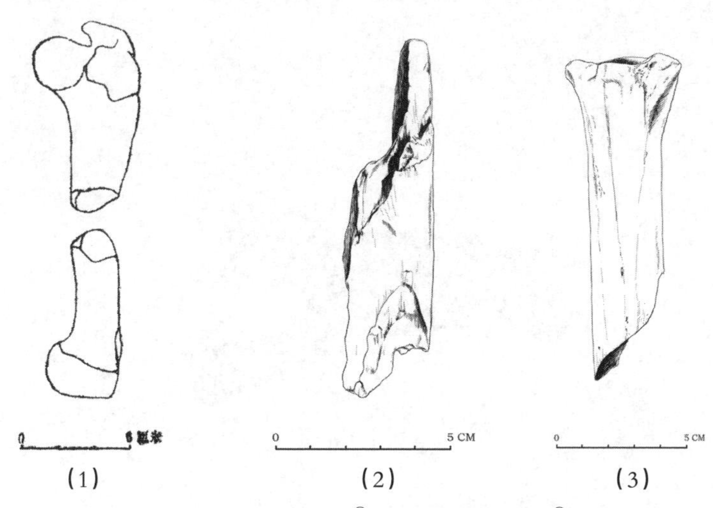


**图1-14　长骨的横向破裂[①]（1）与螺旋状破裂[②]（2、3）**

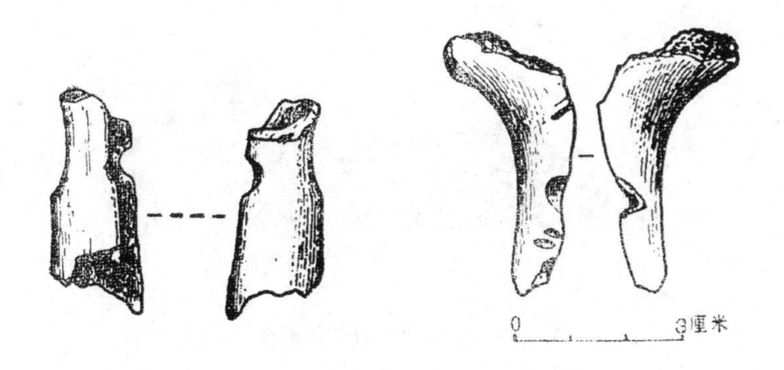


**图1-15　食肉动物啃咬形成的破裂凹缺[③]**

①吕遵谔、黄蕴平：《大型食肉类动物啃咬骨骼和敲骨取髓破碎骨片的特征》。
②照片标本来源：河南老奶奶庙遗址出土标本。
③吕遵谔、黄蕴平：《大型食肉类动物啃咬骨骼和敲骨取髓破碎骨片的特征》。

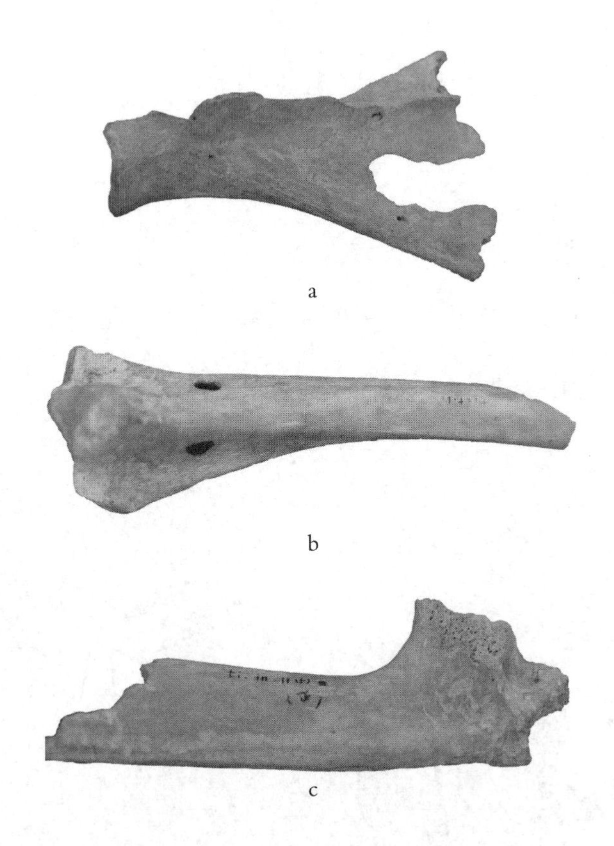

**图1-16　食肉动物对骨头的啃咬破坏**[①]

a. **连续的凹缺破裂**；b. **洞状痕**；c. **坑点痕**

①照片标本来源：北京大学考古文博学院动物考古实验室所藏实验标本。

踩踏能够造成遗物，特别是结构比较脆弱的骨骼的破损、断裂。在经过几年时间的风化后，即使是比较致密的骨头在踩踏作用下也会发生破损。踩踏还可以在骨头上留下痕迹，也能够改变遗物的平面分布和纵向分布[①②]。踩踏作用在骨表留下的痕迹是遗址中较为常见或相对容易识别的现象。踩踏痕迹的形成与踩踏强度密切相关。实验表明，在经过几秒钟的踩踏后，骨头上就可以出现很细、很浅的擦痕，擦痕在骨表分布广泛，它们之间斜着交叉。如果踩踏时间长、强度大，骨骼上还会出现光泽，痕迹数量显著增加，并且出现凹坑或剥片现象，骨骼破裂边缘出现磨圆[③]。在经过强大力量的踩踏后，骨骼甚至会发生凹陷和变形[④]。踩踏痕的形成与基质沉积物类型也存在关系：沉积物颗粒越粗，踩踏痕的数量可能越多；沉积物的可穿透性越小，骨骼越有可能发生破损。踩踏痕容易与切割痕混淆，但是相比于切割痕，大多数踩踏痕的轨迹是弯曲的，缺少崩片现象、痕迹凹槽底部较宽，内壁边缘较为光滑，不像切割痕那样存在很多平行的条痕[⑤]（图1–17）。

---

①Olsen, S. L., Shipman, P., "Surface modification on bone: trampling versus butchery," *Journal of Archaeological Science* 15.5(1988), pp. 535–553.

②Gifford-Gonzalez, D. P., Damrosch, D. B., Damrosch, D. R., et al., "The third dimension in site structure: An experiment in trampling and vertical dispersal," *American Antiquity* 50.4(1985), pp. 803–818.

③Domínguez-Rodrigo, M., De Juana, S., Galan, A. B., et al., "A new protocol to differentiate trampling marks from butchery cut marks," *Journal of Archaeological Science* 36.12(2009), pp. 2643–2654.

④Villa, P., Soto, E., Santonja, M., et al., "New data from Ambrona: Closing the hunting versus scavenging debate," *Quaternary International* 126(2005), pp. 223–250.

⑤Domínguez-Rodrigo, M., De Juana, S., Galan, A. B., et al., "A new protocol to differentiate trampling marks from butchery cut marks."

人类活动可以在骨头上留下多种类型的改造痕迹，包括切割痕、刮痕、砍砸痕、磨光痕、钻孔痕、使用痕迹等。切割痕是人类屠宰动物过程中使用带有切割刃缘的石器与动物骨头接触所形成的痕迹，是出土动物骨骼表面最常见的改造痕迹之一，是人类利用动物资源的直接证据。切割痕的形态特点是：直的、窄长线状痕，横截面多呈V形[①]，痕迹尾端变细变弱（图1-18）。痕迹内壁边缘通常含有多条与痕迹长轴平行的擦痕。痕迹两侧有时伴随出现偏离主线状痕且有时与主线状痕平行的较短痕迹[②]。切割痕有时成组出现，包含若干条相互平行或近平行的痕迹[③]，是人类在骨骼上某个区域反复切割的结果。切割痕的形态受到石器切割刃缘形状、手拿工具的角度、工具作用在骨头上的力度、屠宰过程中骨膜或其他软组织的附着情况等因素的影响[④]。

刮痕是刮骨头表面时产生的多条相互间隔很小的平行或近平行的窄长线状痕迹[⑤]，这种痕迹相对于切割痕来说是比较浅的。一般在砍砸骨头之前要进行刮骨，这样砍砸的动作能够得到更好的控制。砍砸痕是敲骨取髓所留下的痕迹，通常指用石锤砍砸骨头时在骨头内壁边缘形成的较宽大的贝壳状破裂疤（一般“顺髓腔面弧形平缓伸展，呈浅平

---

①注：使用未修理石片产生的切割痕通常比食肉动物啃咬痕窄且深。

②Shipman, P., Rose, J., “Early hominid hunting, butchering, and carcass-processing behaviors: Approaches to the fossil record,” *Journal of Anthropological Archaeology* 2.1(1983), pp. 57–98.

③Domínguez-Rodrigo, M., “Hunting and scavenging by early humans: The state of the debate.”

④Shipman, P., Rose, J., “Early hominid hunting, butchering, and carcass-processing behaviors: Approaches to the fossil record.”

⑤Potts, R., Shipman, P., “Cutmarks made by stone tools on bones from Olduvai Gorge, Tanzania,” *Nature* 291.5816(1981), pp. 577–580.

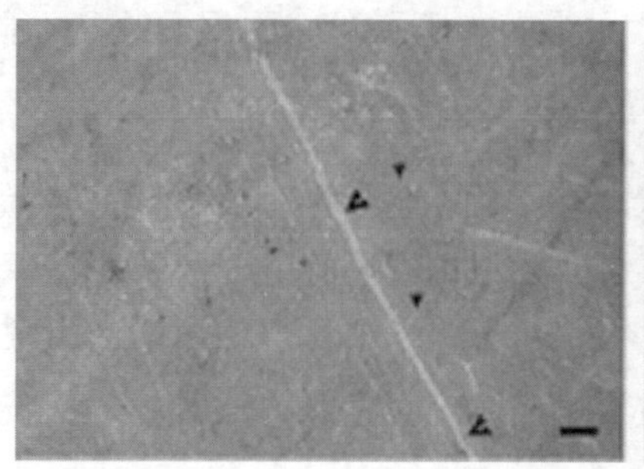
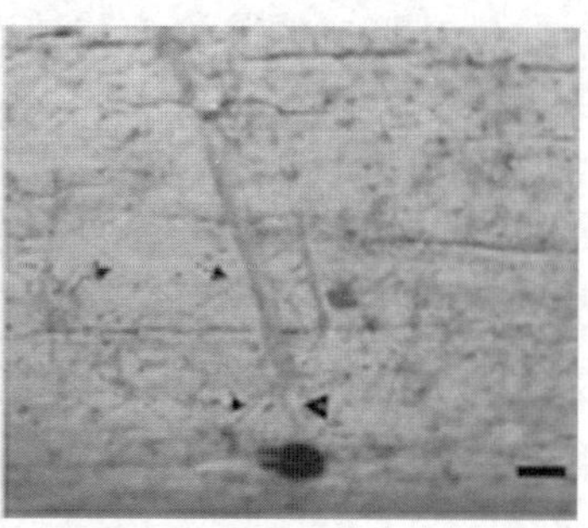

图1–17 踩踏痕[①]
（大箭头标示痕迹较宽的特征以及弯曲的轨迹；
小箭头标示与主要踩踏痕斜交的细微条痕）

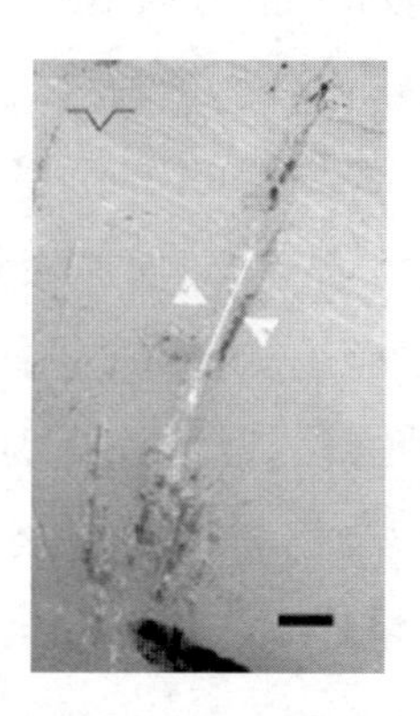

图1–18 使用简单石片切割形成的一系列切割痕
（比例尺=500微米）[②]

①Domínguez-Rodrigo, M., De Juana, S., Galan, A. B., et al., "A new protocol to differentiate trampling marks from butchery cut marks."

②Domínguez-Rodrigo, M., De Juana, S., Galan, A. B., et al., "A new protocol to differentiate trampling marks from butchery cut marks."

或层状”[①])（图1–19）。砍砸骨头还会产生骨片[②]（砍砸疤和骨片比食肉动物啃咬形成的破裂疤与骨片大得多[③]，骨片的台面角呈钝角，通常大于食肉动物啃咬形成的骨片的台面角[④]）（图1–20）。

制作骨器可以在骨表留下刮痕、刻划痕、磨光痕、钻孔痕等，也可能产生打击疤痕（图1–21）。痕迹特点取决于制作技术，例如打击制作、修理，或者刮–磨制作[⑤]。在开料取坯过程中骨骼还可能会出现规律性的破裂模式。使用骨头或骨器则可以产生擦痕、磨圆、光泽、破损疤等痕迹。

骨骼的改造还包括火烧。我们可以通过观察骨头的颜色和质地结构，结合微形态和傅里叶红外光谱等对烧骨进行鉴定。与火的直接接触可以引起骨骼颜色、骨骼表面和骨骼结构的变化，变化的程度跟燃烧时间、燃烧温度、骨骼与火的接触方式有关。实验研究显示：随着燃烧程度的增加，在300—800℃或1000℃的环境下骨骼的颜色会出现从原始的米黄色逐渐到深褐色、黑色（骨胶原炭化）、灰白色，最终到白色的变化[⑥]。如果燃烧温度没有超过650℃，烧骨通常呈现深褐色或黑色。假如一个出土单位中的动物骨骼大部分都是黑色炭化的，则说明它们是在低温环境下燃烧的[⑦]。当然，只有去掉肉的骨头的各个位置有可能在烧过后都变成黑色，如果骨头上有肉，带肉位置的骨头颜色不容易发

---

①吕遵谔、黄蕴平：《大型食肉类动物啃咬骨骼和敲骨取髓破碎骨片的特征》。

②Capaldo, S. D., Blumenschine, R. J., “A quantitative diagnosis of notches made by hammerstone percussion and carnivore gnawing on bovid long bones.”

③Bunn, H. T., “Archaeological evidence for meat-eating by Plio-Pleistocene hominids from Koobi Fora and Olduvai Gorge.”

④Domínguez-Rodrigo, M., Barba, R., Egeland, C. P., *Deconstructing Olduvai: A taphonomic study of the Bed I sites,* Dordrecht: Springer, 2007.

⑤曲彤丽、Nicholas J. Conard：《德国旧石器时代晚期骨角器研究及启示》，《人类学学报》2013年第2期，第169—181页。

⑥Lyman, R. L., *Vertebrate taphonomy*, p. 386.

⑦Lyman, R. L., *Vertebrate taphonomy*, p. 386.

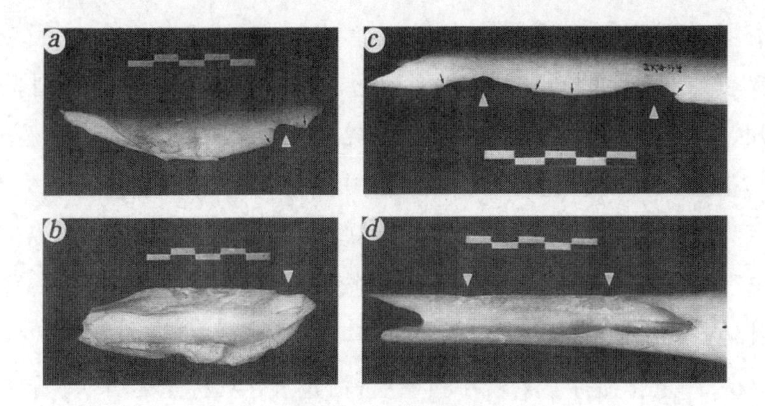


图1-19　砍砸破裂与食肉动物破裂对比
（a和b是食肉动物啃咬形成；c和d是砍砸形成。
白色箭头指示破裂凹缺的中间点，黑色箭头指示破裂凹缺的宽度）[①]

图1-20　砍砸骨头过程中产生的骨片[②]

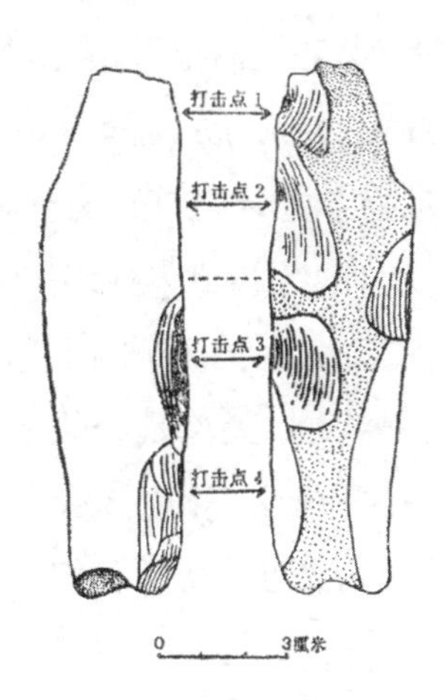


图1-21　对骨骼侧边的连续打击修理，疤痕位于髓腔面[③]

---

①Capaldo, S. D., Blumenschine, R. J., "A quantitative diagnosis of notches made by hammerstone percussion and carnivore gnawing on bovid long bones."

②照片标本来源：河南老奶奶庙遗址出土标本。

③吕遵谔、黄蕴平：《大型食肉类动物啃咬骨骼和敲骨取髓破碎骨片的特征》。

生变化。烧过的牙齿也会呈现出与烧骨相似的颜色变化特征，并且更容易爆裂为许多小的不规则碎块①。低温环境下燃烧还可以造成骨骼表面开裂、表皮剥落，最终导致原始骨骼表面的消失②。在高温环境下燃烧（超过650℃或超过800℃），骨骼中的有机质和水分会全部流失，骨骼变为白色，最终变成酥粉结构③。总之，经过燃烧，骨头变得易碎。燃烧程度越高，骨头就越脆弱，因而越容易受到各种作用力（例如踩踏或其他挤压作用）的破坏变成更小的碎块或粉末④。

5. 测量骨骼标本的尺寸和重量。测量尺寸和称重是真实、详细地记录动物考古材料的组成内容，也为动物遗存的鉴定和研究提供参考。尺寸数据可以帮助我们进行种属鉴定或者动物体型大小的判定、性别鉴定以及人类对动物资源（例如贝类）的开发利用强度等方面的研究。目前学术界以Angela von den Driesch 的著作*A guide to the measurement of animal bones from archaeological sites*作为统一测量标准。

动物考古研究中的测量对象通常是完整的骨骼标本，比如头骨、长骨、短骨、牙齿或齿列，这些标本应当是成年动物的骨骼并且没有被烧过。然而，对于旧石器时代遗址出土的动物遗存，无论是完整的还是破裂、破碎的，无论是否烧过，都需要进行最大长、宽和厚的测量。特别要关注小于20mm或30mm的骨头，分析其在出土动物遗存中所占比例，这个信息可以帮助我们判断在堆积后过程中遗存是否经过显著搬

---

①Stiner, M. C., *The faunas of Hayonim Cave (Israel): A 200,000-year record of Paleolithic diet, demography and society*, p. 48.

②Schmidt, C., Symes, S., *The analysis of burned human remains*, London: Academic Press, 2008.

③Shipman, P., Foster, G., Schoeninger, M., "Burnt bones and teeth: An experimental study of color, morphology, crystal structure and shrinkage," *Journal of Archaeological Science* 11.4(1984), pp. 307–325.

④Schiegl, S., Goldberg, P., Pfretzschner, H., et al., "Paleolithic burnt bone horizons from the Swabian Jura: Distinguishing between in situ fireplaces and dumping areas," *Geoarchaeology* 18.5(2003), pp. 541–565.

运和改造，也能够为骨骼破裂程度的判断提供依据，对于解读旧石器时代人类开发利用动物资源的行为特点和策略具有重要意义。

称重的对象通常是可鉴定种类和部位的标本。有些研究通过某个种类动物某个骨骼部位的重量与该部位预期重量的比值，判断出土的该种类动物骨骼部位的构成特点；用某一个种属的标本重量除以可鉴定标本数而得到平均重量，可以判断不同种属的破碎情况。也有研究通过标本重量估算某个种类的动物为人类提供肉量的多少，或结合其他统计数据判断生计方式或食物主要来源。然而，根据标本重量进行考古学分析存在一定的问题，因为动物骨骼可能经历复杂的埋藏过程，骨骼重量在这一过程中可能发生变化[①]。尽管如此，对于旧石器时代遗址出土的动物遗存组合，出于对原始考古资料记录的目的，我们还是应当对可鉴定与无法鉴定的碎骨都进行称重。后者可以单独称重，也可按照出土单位和分类进行统一称重。

### （三）分析与解读

1. 统计

在完成标本的观察、鉴定和基本数据的记录之后，我们需要对观察鉴定结果进行统计，主要包括：（1）统计可鉴定标本数（NISP），即每个分类单元（亚种、种、属、科或更高级的分类单元）中可以鉴定出骨骼部位的标本数量。可鉴定标本数是最基本的动物骨骼观察单元，能够用来估计不同种类动物在动物群组合中的地位。同一动物分类单元中的不同年龄个体有时以NISP为单位进行统计，不同类型骨骼改造痕迹数量和所占比例也可以以NISP为单位进行统计。（2）统计最小骨骼部位数（MNE）——出土动物遗存中，一个动物分类单元中某个骨骼

①Reiz, E. J., Wing, E. S., *Zooarchaeology* (2nd edn.), Cambridge: Cambridge University Press, 2008, p. 146.

部位的最小数。MNE是根据重叠的解剖学标志特征的出现来计算破碎的骨骼至少代表了多少个基本骨骼部位。最小骨骼部位数展现了各骨骼部位出现的数量，反映骨骼部位构成特点。(3) 统计最小动物单元数（MAU）或最小个体数（MNI）。MAU通过将最小骨骼部位数除以一个完整骨架中该骨骼部位的数量而得出[①]；MNI通常是根据脊椎动物和许多软体动物的对称性而统计的。(4) 统计%MAU。通过将某个动物分类中的每个骨骼部位的MAU值除以最大的MAU值（标准值）然后乘以100而得出，可以反映骨骼部位的出现率，并用来对比不同的动物遗存组合[②]。以上是对动物遗存进行的基本统计，在此基础上可以衍生出更多的统计，从而对骨骼部位构成、动物种类构成、动物死亡年龄结构、骨骼的改造特征进行综合分析，为解读骨骼堆积的形成过程以及人类开发利用动物资源的行为提供依据。例如，通过可鉴定标本数与最小骨骼部位数或最小个体数的比值来评估骨骼破碎程度；根据完整的跟骨、距骨和趾骨的MNE与这些部位的MNE的比值得到骨骼完整度指标，用以分析人类对骨髓的开发利用特点[③]；通过将可鉴定标本数与最小个体数的比值与效用指数进行相关性检验，判断食物的利用特点；统计带有不同改造痕迹特征的标本的NISP，用于骨骼堆积成因或人类屠宰行为的分析；统计属于不同年龄分组的标本的NISP，用于死亡年龄结构的分析。此外，还可以通过%MAU与骨密度的相关性检验分析骨骼部位构成特点的形成原因，通过%MAU与效用指数的相关性检验分析人类对猎物的处理和搬运策略等。需要注意的是，很多统计方法都存在局限，我们对于统计结果的解读需要谨慎，在对某些问题

---

①Reiz, E. J., Wing, E. S., *Zooarchaeology* (2nd edn.), p. 146.

②张乐、Christopher J. Norton、张双权等：《量化单元在马鞍山遗址动物骨骼研究中的运用》，《人类学学报》2008年第1期，第79—90页。

③Munro, N. D., Bar-Oz, G., "Gazelle bone fat processing in the Levantine Epipalaeolithic," *Journal of Archaeological Science* 32.2(2005), pp. 223–239.

进行回答时可以结合不同的统计方法，例如可以将NISP、MNI以及标本重量的统计结果综合在一起分析不同种类动物资源在人类生计中的地位①。

2. 种属构成分析

我国已发现的大量化石材料及其所属的地质地层堆积与地理分布显示：早更新世时期，我国北方地区的动物群以泥河湾动物群（长鼻三趾马–真马动物群）和公王岭动物群为代表，前者包括长鼻三趾马、板齿犀、梅氏犀、泥河湾剑齿虎、桑氏鬣狗、三门马、狼、熊、羚羊等，后者包括爪兽、丽牛、丁氏鼢鼠、大熊猫、剑齿象、马来貘、毛冠鹿、水鹿等。中更新世时期，北方地区以陈家窝子动物群、周口店动物群（中国猿人–肿骨鹿动物群）为代表，前者主要包括葛氏斑鹿、大角鹿、李氏野猪、獾、象、虎、啮齿类等，后者包括肿骨大角鹿、剑齿虎、中华缟鬣狗、裴氏转角羚羊、三门马、洞熊、葛氏斑鹿、德氏水牛、披毛犀、李氏野猪、獾、貉、豹等②。晚更新世时期，北方地区典型的动物群包括河套大角鹿、原始牛、披毛犀、野马、普氏羚羊等，东北地区的动物群组合中除了北方地区的种类，还包括猛犸象和野牛③。在更新世期间，我国南方地区的哺乳动物群没有明显变化，较为稳定，为大熊猫–剑齿象动物群④。旧石器时代动物群组合的特点是存在绝灭种，比如三趾马、桑氏鬣狗、中国鬣狗、剑齿虎、肿骨大角鹿、猛犸象、披毛犀等，根据绝灭种的存在，绝灭种和现生种所占比例以及哺乳动物的演化特征，我们可以推断遗址或堆积单位的相对年代。

---

①Reiz, E. J., Wing, E. S., *Zooarchaeology* (2nd edn.).

②林圣龙：《周口店第一地点的大型哺乳动物化石和北京猿人的狩猎行为》，吴汝康、任美锷、朱显谟等《北京猿人遗址综合研究》，科学出版社，1985年，第95—101页。

③古脊椎动物研究所高等脊椎动物研究室编：《中国脊椎动物化石手册（哺乳动物部分）》，第206—207页。

④夏正楷：《环境考古学——理论与实践》，北京大学出版社，2012年，第127页。

动物总是选择最适宜的环境生存，不同种类的适应能力存在差异，不适宜的环境往往限制动物生存和分布[①]。森林环境中主要为小型、择食性、流动性的食叶动物；林地环境中主要为中、小型食草动物，杂食动物，领地性动物；稀树草原环境中主要为中到大型的流动性食草动物、杂食动物、群居动物、领地性动物；草原环境中主要为中到大型食草动物、杂食动物、群居性动物[②]。例如，热带草原地带的食草类和食肉类动物、啮齿类、地栖鸟类种类丰富、数量多，包括羚羊、斑马、长颈鹿、犀牛、象、狮、豹、鬣狗、豺、蜜獾以及鸵鸟等。欧亚温带草原动物群主要由啮齿类、有蹄类和食肉类组成，例如黄鼠、草原旱獭、草原鼢鼠、草原田鼠和仓鼠、黄羊、高鼻羚羊等。亚洲温带荒漠草原动物群包括蒙古野驴、鹅喉羚、高鼻羚羊、双峰驼、沙鼠、跳鼠等，荒漠中的绿洲地区分布着野猪、狼、野猫等动物。苔原地带的典型哺乳动物包括北极狐、北极兔、北极熊、驯鹿、麝牛等，啮齿类种类较少[③]。根据“均变论”，考古学者假定动物的适应行为和占据的生态位与现生动物存在相似性，古今大体一致，因此对比现生动物或者对比动物遗存所代表种类的现代近亲的生存环境，可以帮助我们复原古气候、重建古生态环境[④⑤]。英国威尔士南部区域距今12万年前的动物群为河马、鬣狗、大象、犀牛等，反映了比较温暖的、与非洲相似的环境景观，而同一地区距今2万年前的动物群组合变为驯鹿、旅鼠等，反映了气候、景观的显著变化[⑥]。我国晚更新世早期河南灵井遗址的动物群由马、原始牛、大角鹿、马鹿、披毛犀、李氏野猪、普氏原羚等组成，显示出以开阔草原

---

①陈鹏主编：《动物地理学》，高等教育出版社，1986年，第6页。

②［英］克里斯·斯特林奇（Chris Stringer）、［英］彼得·安德鲁（Peter Andrew）：《人类通史》，李大伟、王传超译，王重阳校，北京大学出版社，2017年，第59页。

③陈鹏主编：《动物地理学》，第53—120页。

④袁靖：《中国动物考古学》，第46页。

⑤陈鹏主编：《动物地理学》。

⑥克里斯·斯特林奇、彼得·安德鲁：《人类通史》，第63页。

为主，镶嵌森林的生态环境[1]。在晚更新世萨拉乌苏动物群中，啮齿类和有蹄类占据绝对优势，几乎都是可以在干旱、半干旱条件下生存的种类[2]，反映出当时我国北方地区较为干旱的气候条件。

有些哺乳动物对气候变化非常敏感，它们的遗存被视为气候环境变化的指示物。比如普氏野马是一种严格适应干燥寒冷气候环境、栖息于荒漠的动物，对气候变化敏感[3]。啮齿类的很多种群对栖息环境的选择具有强烈依附性，对于生态环境的变化比较敏感[4]，例如竹鼠指示存在竹林资源的环境，布氏田鼠指示温带干旱草原环境[5]。然而，很多大型哺乳动物适应的生存环境比较广，可能出现在多种差异较大的环境中。因此，我们应当注意根据动物群复原古气候环境的局限性，注意结合从其他环境分析手段，比如黄土–古土壤序列、粒度曲线或磁化率变化、孢粉分析等中提取的信息，进行综合分析；同时，注意非常小型的哺乳动物的种类构成。

在种属构成分析中，注意观察是否存在迁徙性动物。很多动物都具有迁移行为，是对气候环境变化的一种适应。某些种类的动物为了获取食物会进行季节性迁徙，比如野马、山羊、鹿等。有的种类迁移距离很远，比如驯鹿（迁移距离可达480公里）等[6]。动物（群）迁移可以对人类生存产生影响，因为它们改变了人类能够开发利用的动物的种类和数量。因此，对迁徙性动物遗存的分析能够为我们解读狩猎–

---

①李占扬、董为：《河南许昌灵井旧石器遗址哺乳动物群的性质及时代探讨》，《人类学学报》2007年第4期，第345—360页。

②祁国琴：《内蒙古萨拉乌苏河流域第四纪哺乳动物化石》，《古脊椎动物与古人类》1975年第4期，第239—249页。

③邓涛、薛祥煦：《中国的真马化石及其生活环境》，海洋出版社，1999年，第104页。

④Brain, C. K., *The hunters or the hunted?: An introduction to African cave taphonomy.*

⑤武仙竹、Drozdov NI：《试论动物考古中的小哺乳动物研究》，《人类学学报》2016年第3期，第418—430页。

⑥尚玉昌编著：《动物行为学》，北京大学出版社，2005年，第253页。

采集人群的生计策略及其变化，甚至为人类的迁移与栖居模式提供重要依据。

种属构成还能够为旧石器时代骨骼堆积成因分析提供依据，比如同一堆积单位中食肉类动物所占比例相对于食草类动物较高，则堆积形成于大型食肉动物的活动的可能性很高，因为与人类相比，食肉动物更多地以其他食肉动物为食。周口店遗址第一地点下洞中发现有大量食肉类动物化石，“包括中国鬣狗、剑齿虎、狼、貉、犬科、棕熊、獾、鼬等18种食肉动物，中国鬣狗多为完整骨架”[①]，其中有很多幼年和老年个体，同时还发现有丰富的食肉动物粪化石。因此，这部分堆积应当是食肉动物活动所形成的。相比之下，在该遗址含有大量古人类活动堆积物的层位中，食肉动物的遗存稀少[②]。此外，猫头鹰经常栖息在洞穴顶部，以爬行类、鸟类、非常小型的哺乳动物为食，它们可以把动物整个吞下，再把骨头、毛发吐出来。遗址中若发现大量成层的微小型哺乳动物或鸟类的骨骼堆积，则需要考虑该堆积是由猫头鹰活动形成的可能[③④]。

根据种属构成，我们还可以获得有关人类食谱以及人类开发利用动物资源策略的信息。在确定出土动物遗存是人类活动所形成的基础上，根据不同种类动物所占比例的统计，我们可以判断哪个或哪些种类是人类食物的主要来源，进而分析人类食谱宽度、人类通过怎样的方式或方法获取动物、难度如何，等等。如果人类偏好或重点获取某个或某些种类动物，原因是什么？同一遗址不同时期堆积中特定种类动物所占比例的变化，则能够为探讨人类取食策略的改变以及改变原因提供线索。

---

①贾兰坡：《中国猿人（北京人）》，龙门联合书局，1950年，第22页。

②林圣龙：《周口店第一地点的大型哺乳动物化石和北京猿人的狩猎行为》。

③Weissbrod, L., Dayan, T., Kaufman, D., “Micromammal taphonomy of el-Wad Terrace, Mount Carmel, Israel: Distinguishing cultural from natural depositional agents in the Late Natufian,” *Journal of Archaeological Science* 32.1(2005), pp. 1–17.

④Davis, S. J. M., *The archaeology of animals,* p. 25.

根据出土动物遗存分类单元的鉴定，以及对大型动物遗存在所有大型动物和小型动物遗存中所占比例的分析，我们可以对动物资源利用丰度、狩猎收益率以及人类取食选择或策略进行分析与解读。猎物体型大小和回馈率通常被认为存在正相关关系（具有相同体型大小以及骨骼部位比例的猎物可以被归为同一“等级”）。当动物个体被单独捕获时，通常大型动物的等级要高于小型动物[①]，比如体型较大的有蹄类的等级要高于兔子等小型猎物。需要注意的是，这种区分并不是绝对的，比如处理超大型动物的成本格外高，这使得超大型动物的等级下降[②]。当然，很多研究发现，猎物等级的划分不应只考虑动物体型的大小，还应注意获取成本、搬运与处理加工成本。成本的高低又与狩猎情境、狩猎技术以及限制狩猎者发现和获取的动物自身的生理和行为特征等因素有关[③]。有研究发现，获取成本在对较小型动物进行等级区分时更有意义[④⑤]。

狩猎者遇到高等级猎物（这里指相对获取成本来说收益较高的猎物）一定会获取。如果能够遇到和获取这种动物的概率降低，他们可能会拓宽食谱，将低等级猎物（指需要付出更多劳动或消耗更大成本才能获得，或者收益相对少、质量较低的动物资源）也纳入食谱中。拓宽

---

①Hawkes, K., Hill, K., O'Connell, J. F., “Why hunters gather-optimal foraging and the Ache of eastern Paraguay,” *American Ethnologist* 9(1982), pp. 379–398.

②Jones, E. L., “Dietary evenness, prey choice, and human-environment interactions.”

③Lupo, K. D., “Evolutionary foraging models in zooarchaeological analysis: Recent applications and future challenges.”

④Stiner, M. C., Munro, N. D., Surovell, T. A., “The tortoise and the hare: Small-game use, the broad-spectrum revolution, and Paleolithic demography,” *Current Anthropology* 41.1(2000), pp. 39–73.

⑤Stiner, M. C., Munro, N. D., Surovell, T. A., et al., “Paleolithic population growth pulses evidenced by small animal exploitation,” *Science* 283.5399(1999), pp. 190–194.

食谱被视为人类应对食物压力首先会采取的方式[①]。因此，出土动物遗存中高等级猎物与低等级猎物的比例或者出土动物遗存中动物种类均衡度可以作为评判取食策略的指标。一般来说，当高等级猎物的遗存异常丰富时，可能反映了人们对这些种类的偏好，食谱的宽度比较窄。如果低等级猎物也占有相当比例，且不同种类动物的出现是比较均衡的[②]，则可能反映人类为了保证收益而扩展了食谱。

3. 骨骼部位构成分析

骨骼部位构成是分析堆积形成过程的重要依据，也是认识人类如何获得动物资源、屠宰、搬运和消费利用的重要窗口。不同动力作用形成的骨骼部位构成的特点不同。食肉动物消费地点常见以头骨和下部肢骨或趾骨为绝对主体的骨骼堆积，而骨密度较低且含肉多的部位十分缺乏[③④]。食肉动物喜爱啃咬长骨关节部位，会使得骨骺部位或者靠近骨骺部位的骨干从骨骼堆积组合中消失，只剩下破裂的骨干。因此，长骨骨骺部位与骨干部位的比例可以为判断骨骼堆积原因提供依据。实验资料显示：在只有食肉类消费的模型中，肢骨骨干所占比例高于90%[⑤⑥]。在人类拣剩的情况下，人类能够获得的、可以消费的尸骨

---

①Kaplan, H., Hill, K., “The evolutionary ecology of food acquisition,” In: Smith, E., Winterhalder, B. (eds.), *Evolutionary ecology and human behavior*, Hawthorne, NY: Aldine, 1992, pp. 167–201.

②Stiner, M. C., *The faunas of Hayonim Cave (Israel): A 200,000-year record of Paleolithic diet, demography and society.*

③Binford, L. R., *Bones: Ancient men and modern myths.*

④Domínguez-Rodrigo, M., “Hunting and scavenging by early humans: The state of the debate.”

⑤Blumenschine, R. J., “An experimental model of the timing of hominid and carnivore influence on archaeological bone assemblages,” *Journal of Archaeological Science* 15.5(1988), pp. 483–502.

⑥Marean, C. W., Abe, Y., Frey, C. J., et al., “Zooarchaeological and taphonomic analysis of the Die Kelders Cave 1 layers 10 and 11 middle stone age larger mammal fauna,” *Journal of Human Evolution* 38.1(2000), pp. 197–233.

有限。狮子吃剩的猎物的肱骨和股骨上几乎不会留下肉，有时胫骨、尺骨-桡骨上会保留一些皮，靠近远端骨骺的位置上残留少量的肉。因此，拣剩活动地点所保留的往往也是头骨、下部肢骨等含肉和油脂量少的骨头，上部肢骨、脊椎骨、骨骺等食物含量高的部位比较缺乏，甚至缺失[①]。对于具有上述构成特点的骨骼堆积，我们需要判断是否与人类行为有关。当然，即使与人类行为有关，也不一定是拣剩行为的结果，还需考虑狩猎动物之后人类对动物尸体进行选择性搬运和利用的可能性。

假如人类通过狩猎得到动物资源，或者在食肉动物得到猎物但还未充分消费前将食肉动物驱赶走，那么骨骼部位会出现与上述不同的构成特点。在人类狩猎的情况下，屠宰遗址或营地遗址中的骨骼部位构成也不一定完整，骨骼部位的出现率也不一定均衡，因为狩猎人群可能对猎物采取选择性处理和搬运的策略。搬运策略会受到猎获地点与营地的距离、猎物的大小、狩猎队伍的规模、不同骨骼部位的价值、人群的文化选择等某个或多个因素的影响。根据搬运策略模型（Schlepp effect），动物体型越大、被猎杀的地点距离营地消费点越远，那么被带回营地的部位越少[②]。如果获取动物的地点就在营地附近，那么动物被整体或几乎整体地带回营地进行屠宰和加工的可能性相对较大。在很多情况下，狩猎者需要对猎物在狩猎地点进行初步屠宰处理，然后挑选一些部位带回营地。含肉、骨髓和油脂较多的部位或者经济价值较高的部位更有可能被运回营地，而经济价值低的部位有可能被弃置在狩猎-屠宰地点。宾福德（Binford）对北极地区努那缪特（Nunamiut）人群的民族学观察发现：被搬运频率最高的驯鹿骨骼部位是经济价值最高的部位，而经济

①Domínguez-Rodrigo, M., “Hunting and scavenging by early humans: The state of the debate.”

②Daly, P., “Approaches to faunal analysis in archaeology,” *American Antiquity* 34(1969), pp. 146–153.

价值低的部位被搬运的频率较低。这表明该人群可能对驯鹿骨骼部位有很好的认识，并能够做出合理的搬运选择[①]。还有一种情形是：为了减轻搬运重量，人们可能会把肱骨、股骨、肋骨等部位上面的肉剥离下来，把肉运回营地，而骨头被留在屠宰地点。这样一来，营地遗址中的骨骼部位比较有限，特别是缺少经济价值高的部位。

宾福德创立了效用指数[②]，包括肉食效用指数、骨髓效用指数、油脂效用指数，以揭示某些种类动物各个骨骼部位的价值。由于人类屠宰和搬运动物尸体的决策实际上同时与这三类食物有关，因此后来又综合上述三个指数建立了一般效用指数（GUI）。后来宾福德发现，人类屠宰动物时并不总是将它们按照独立的骨骼部位进行分割（一般效用指数就是按照每个单独骨骼部位进行计算的），有时效用值低的部位会与效用值较高的相邻部位连在一起被屠宰和搬运。由此，他对一般效用指数进行了修正，建立了校正的一般效用指数（MGUI）（表1-1）。需要注意的是，宾福德的效用指数是根据北美驯鹿和家养羊建立的。然而，不同环境中动物的身体尺寸和构成存在差异，因此应当对不同环境中的动物种类建立效用指数[③]。有学者后来建立了野牛、马等其他种类动物的效用指数。梅特卡夫（Metcalfe）和琼斯（Jones）简化了校正的一般效用指数，提出了食物效用指数的概念——通过某个骨骼部位的总重量（骨、肉、骨髓和油脂的重量）减去该部位的干骨重量而得出，其结果与宾福德的一般效用指数相同[④]。

根据某种动物的效用指数与骨骼部位出现率的相关性检验，我们可以判断人类根据骨骼部位的经济价值而对尸骨的搬运做出选择的可

---

①Binford, L. R., *Nunamiut ethnoarchaeology*, p. 453.

②Binford, L. R., *Nunamiut ethnoarchaeology*, p. 453.

③瑞兹、维恩：《动物考古学》，第184页。

④Outram,A., Rowley-Conwy, P., "Meat and marrow utility indices for horse (Equus)," *Journal of Archaeological Science* 25.9(1998), pp. 839–849.

表1-1　宾福德根据家养绵羊和驯鹿建立的效用指数[1]

| 骨骼部位 | 绵羊 | | | | | 驯鹿 | | | | |
|---|---|---|---|---|---|---|---|---|---|---|
| | 肉 | 骨髓 | 油脂 | GUI | MGUI | 肉 | 骨髓 | 油脂 | GUI | MGUI |
| antler/horn | | 1.0 | | | 1.03 | | 1.0 | | | 1.02 |
| skull | 12.86 | 1.0 | — | 25.74 | 12.87 | 9.05 | 1.0 | — | 17.49 | 8.74 |
| mandible | | | | | | | | | | |
| w/tongue | 43.36 | 10.35 | 11.75 | 43.50 | 43.6 | 31.1 | 5.74 | 12.51 | 30.26 | 30.26 |
| w/out tongue | 14.12 | 10.35 | 11.75 | 11.65 | 11.65 | 11.4 | 5.74 | 12.51 | 13.89 | 13.89 |
| atlas | 18.65 | 1.0 | 7.19 | 18.68 | 18.68 | 10.1 | 1.0 | 13.11 | 9.79 | 9.79 |
| axis | 18.65 | 1.0 | 9.47 | 18.68 | 18.68 | 10.1 | 1.0 | 12.93 | 9.79 | 9.79 |
| cervical | 55.32 | 1.0 | 15.00 | 55.33 | 55.33 | 37.0 | 1.0 | 17.46 | 35.71 | 35.71 |
| thoracic | 46.47 | 1.0 | 9.82 | 46.49 | 46.49 | 47.2 | 1.0 | 12.26 | 45.53 | 45.53 |
| lumbar | 38.88 | 1.0 | 14.74 | 38.90 | 38.90 | 33.2 | 1.0 | 14.82 | 32.05 | 32.05 |
| rib | 100.0 | 1.0 | 9.30 | 100.0 | 100.0 | 51.6 | 1.0 | 7.50 | 49.77 | 49.77 |
| sternum | 90.52 | 1.0 | 11.05 | 90.52 | 90.52 | 66.5 | 1.0 | 26.00 | 64.13 | 64.13 |
| scapula | 44.89 | 6.23 | 3.85 | 45.06 | 45.06 | 44.7 | 6.40 | 7.69 | 43.47 | 43.47 |
| P humerus | 28.24 | 28.26 | 56.67 | 29.50 | 37.28 | 28.9 | 29.69 | 75.46 | 30.23 | 43.47 |
| D humerus | 28.24 | 41.21 | 9.38 | 29.31 | 32.79 | 28.9 | 28.33 | 27.84 | 29.58 | 36.52 |
| P radius | 14.01 | 35.40 | 32.54 | 15.18 | 24.30 | 14.7 | 43.64 | 37.56 | 16.77 | 26.64 |
| D radius | 14.01 | 68.98 | 18.77 | 15.81 | 20.06 | 14.7 | 66.11 | 32.70 | 17.82 | 22.23 |
| carpals | 4.74 | 1.0 | 22.98 | 5.00 | 13.43 | 5.2 | 1.0 | 36.47 | 5.51 | 15.53 |
| P metacarpal | 4.74 | 62.93 | 13.24 | 6.37 | 10.11 | 5.2 | 61.68 | 16.71 | 8.24 | 12.18 |
| D metacarpal | 4.74 | 71.85 | 33.59 | 6.79 | 8.45 | 5.2 | 67.08 | 42.47 | 8.83 | 10.50 |
| pelvis | 81.30 | 9.57 | 34.65 | 81.51 | 81.50 | 49.3 | 7.85 | 29.26 | 47.89 | 47.89 |
| P femur | 78.24 | 38.62 | 23.68 | 79.38 | 80.58 | 100.0 | 33.51 | 26.90 | 98.32 | 100.0 |
| D femur | 78.24 | 56.05 | 100.0 | 80.58 | 80.58 | 100.0 | 49.41 | 100.00 | 100.0 | 100.0 |
| P tibia | 20.76 | 57.84 | 56.40 | 22.71 | 51.99 | 25.5 | 43.78 | 69.37 | 27.57 | 64.73 |
| D tibia | 20.76 | 100.0 | 26.84 | 23.41 | 37.70 | 25.5 | 92.90 | 26.05 | 29.46 | 47.09 |
| astragalus | 6.37 | 1.0 | 24.38 | 6.64 | 23.08 | 11.2 | 1.0 | 32.47 | 11.23 | 31.66 |
| calcaneum | 6.37 | 23.11 | 34.38 | 7.27 | 23.08 | 11.2 | 21.19 | 46.96 | 12.40 | 31.66 |
| P metatarsal | 6.37 | 64.16 | 12.37 | 8.02 | 15.77 | 11.2 | 81.74 | 17.88 | 15.03 | 29.93 |
| D metatarsal | 6.37 | 73.52 | 33.33 | 8.46 | 12.11 | 11.2 | 100.0 | 43.13 | 16.24 | 23.93 |
| first phalanx | 3.37 | 33.77 | 15.70 | 4.33 | 8.22 | 1.7 | 30.00 | 33.27 | 3.52 | 13.72 |
| second phalanx | 3.37 | 25.11 | 13.33 | 4.10 | 8.22 | 1.7 | 22.15 | 24.77 | 3.03 | 13.72 |
| third phalanx | 3.37 | 1.0 | 9.82 | 3.49 | 8.22 | 1.7 | 1.0 | 13.59 | 1.85 | 13.72 |

①Lyman, R. L., *Vertebrate taphonomy*, p. 226.

能性。如果二者具有正相关关系，则表明人类有可能根据骨骼上所含食物量进行了选择性搬运利用。如果二者具有负相关关系，即经济价值高的骨骼部位在遗址中的出现率低，那么，一种可能是人类通过拣剩得到动物资源，另一种可能是遗址曾是一处营地，经济价值高的骨骼部位上的肉被带了回来，而骨头被废弃在狩猎–屠宰地点。如果骨骼部位出现率与效用指数没有显著相关关系，则说明人类可能没有根据食物量的多少做出选择，而是受其他因素的左右对动物尸骨进行选择搬运，或者动物尸体被较为完整地运回了营地。

在根据骨骼部位的构成特点对人类狩猎行为进行解读时，还特别要考虑骨密度差异导致的骨骼保存状况差异。骨密度在很大程度上影响着骨骼的破坏状况和保存情况，可以使动物遗存组合在从堆积形成到被考古工作人员发现、研究的过程中发生扭曲或改变[①②]。在埋藏环境相同的情况下，比较致密的骨骼被保存下来的几率更大或者更有可能得到良好保存。肢骨骨干（例如肱骨、股骨、胫骨、掌跖骨等骨干）以及头骨的一些部位由大面积的密质骨组成，它们的骨密度相对较高。有些骨骼部位，例如脊椎骨的关节突和肋骨近端的骨密度也较高，但低于大部分肢骨[③]。同一肢骨上骨干部位的骨密度一般要高于骨骺部位[④]。低密度骨骼，例如肢骨骨骺[⑤]、脊椎骨（脊椎骨的绝大部分是由松质骨构成的，因此脊椎骨通常是密度最低的骨骼部位。但是有些动物的寰椎

①Brain, C., *The hunters or the hunted?: An introduction to African cave taphonomy.*

②Binford, L. R., *Bones: Ancient men and modern myths.*

③Stiner, M. C., "On *in situ* attrition and vertebrate body part profiles," *Journal of Archaeological Science* 29.9(2002), pp. 979–991.

④Lam, Y. M., Chen, X., Pearson, O. M., "Intertaxonomic variability in patterns of bone density and the differential representation of Bovid, Cervid, and Equid elements in the archaeological record," *American Antiquity* 64.2(1999), pp. 343–362.

⑤注：并不是所有肢骨骨骺的密度都较低、不结实，肱骨和胫骨远端、桡骨近端和掌跖骨近端的骨密度相对较高，这些部位比较结实。

与枢椎的骨密度例外，例如野牛）在埋藏过程中更容易受到成岩作用、生物活动、流水以及人类对骨头的砍砸、烧煮的影响而难以得到保存或识别[①]（注：在考虑动物体型大小的情况下，低密度骨骼部位有时可能会比高密度骨骼部位保存得更好[②③]）。因此，骨密度差异可能会对出土动物骨骼部位构成造成影响。如果我们在统计骨骼部位数量时不考虑肢骨骨干，只根据特征比较鲜明、容易鉴定的骨骺进行计算，那么就会低估肢骨的数量，因为肢骨骨干比骨骺致密，更有可能被保存下来。此外，有的肢骨骨骺比其他肢骨骨骺致密得多，如果只根据骨骺计算骨骼数量，那么会导致我们高估前者所代表的肢骨的数量[④]。总之，如果不考虑骨密度差异所带来的影响，我们对人类获取动物的方式和搬运动物尸体的策略的解读就很可能会出现偏差或错误。

有学者通过光子测密度法[⑤]、CT[⑥]等方法测定了若干种动物每个骨骼部位上不同位置的密度（图1–22），建立起骨密度参考标尺（表1–2）。相比之下，光子测密度法由于不能准确判断骨横截面的形状，可能会导致不准确的计算结果，而使用CT扫描的方法能够获得更加准确的骨密度值[⑦]（表1–3）。然而，CT测定所应用的动物种类和骨骼部位比较有

①Munro, N. D., Bar-Oz, G., “Gazelle bone fat processing in the Levantine Epipalaeolithic.”

②Conard, N. J., Walker, S. J., Kandel, A. W., “How heating and cooling and wetting and drying can destroy dense faunal elements and lead to differential preservation,” *Palaeogeography, Palaeoclimatology, Palaeoecology* 266.3–4(2008), pp. 236–245.

③Lyman, R. L., Houghton, L. E., Chambers, A. L., “The effect of structural density on marmot skeletal part representation in archaeological sites,” *Journal of Archaeological Science* 19.5(1992), pp. 557–573.

④林彦文：《埋藏过程对考古出土动物遗存量化的影响》，河南省文物考古研究所编《动物考古（第1辑）》，文物出版社，2010年，第212—217页。

⑤Lyman, R. L., *Vertebrate taphonomy.*

⑥林彦文：《埋藏过程对考古出土动物遗存量化的影响》。

⑦林彦文：《埋藏过程对考古出土动物遗存量化的影响》。

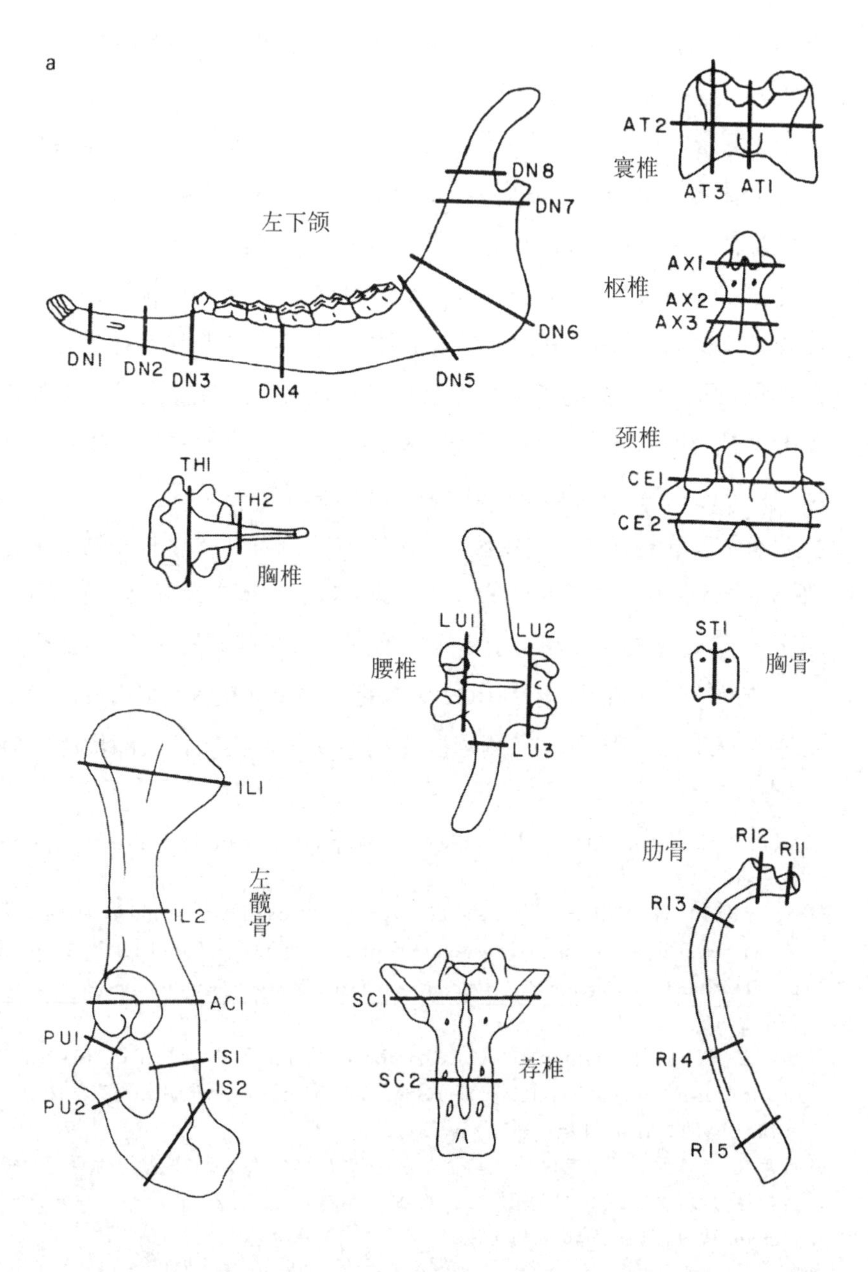
a
左下颌
DN1
DN2
DN3
DN4
DN5
DN6
DN7
DN8
寰椎
AT1
AT2
AT3
枢椎
AX1
AX2
AX3
颈椎
CE1
CE2
胸椎
TH1
TH2
腰椎
LU1
LU2
LU3
胸骨
ST1
左髋骨
IL1
IL2
AC1
PU1
PU2
IS1
IS2
荐椎
SC1
SC2
肋骨
R11
R12
R13
R14
R15

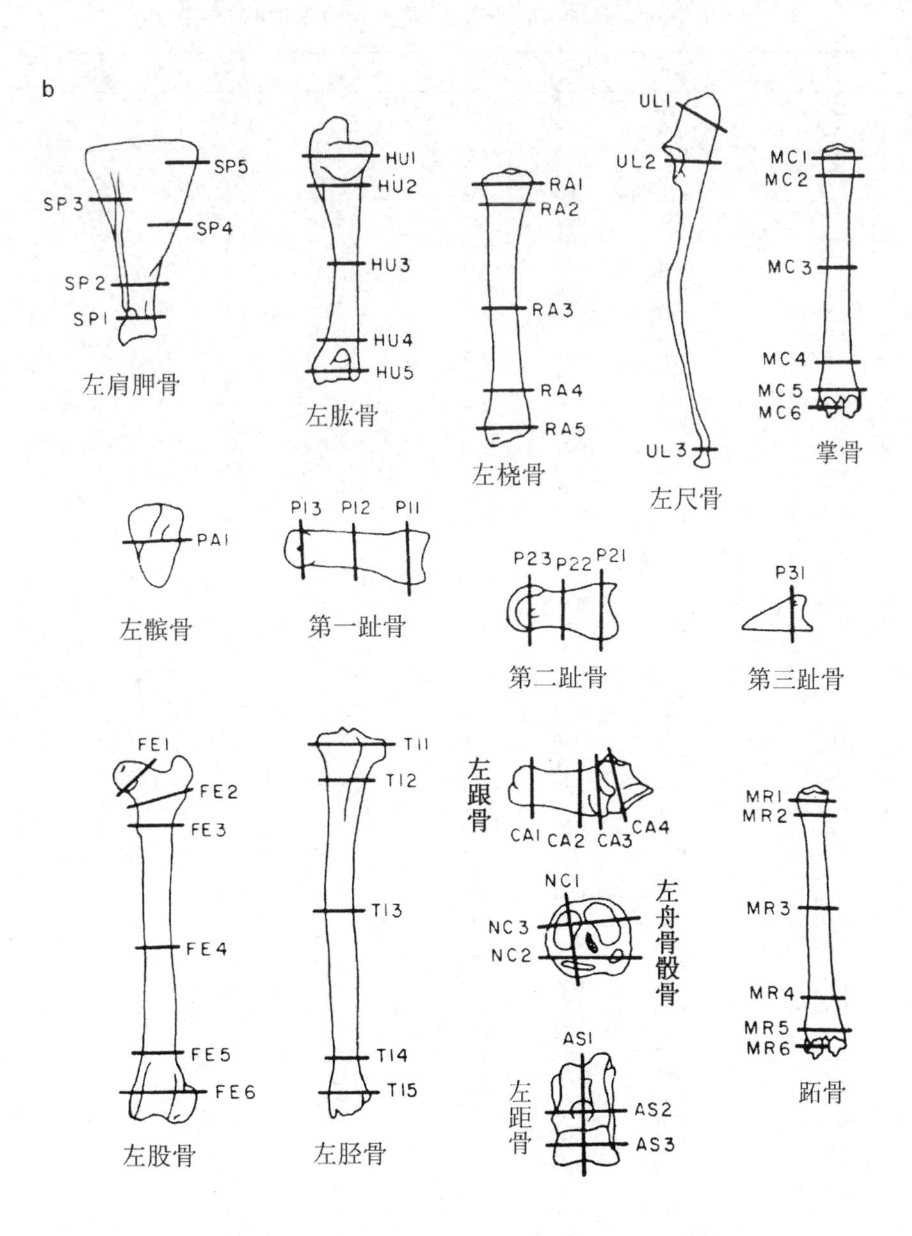


**图1–22　不同骨骼部位上不同位置的骨密度测量**

**表1–2 野牛、鹿、美洲羚羊、绵羊、大羊驼、小羊驼的平均骨密度值**[①]

| 扫描位点 | 野牛 | 鹿 | 美洲羚羊 | 绵羊 | 大羊驼 | 小羊驼 |
|---|---|---|---|---|---|---|
| 2&3CP | 0.50 | | | | | |
| 5MC | 0.62 | | | | | |
| AC1 | 0.53 | 0.27 | 0.14 | 0.26 | 0.22 | 0.18 |
| AS1 | 0.72 | 0.47 | 0.39 | 0.54 | 0.65 | 0.55 |
| AS2 | 0.62 | 0.59 | 0.48 | 0.63 | | |
| AS3 | 0.60 | 0.61 | 0.57 | 0.60 | | |
| AT1 | 0.52 | 0.13 | 0.12 | 0.07 | 0.17 | 0.18 |
| AT2 | 0.91 | 0.15 | 0.13 | 0.11 | | |
| AT3 | 0.34 | 0.26 | 0.32 | | | |
| AX1 | 0.65 | 0.16 | 0.13 | 0.13 | 0.17 | 0.16 |
| AX2 | 0.38 | 0.10 | 0.11 | 0.14 | | |
| AX3 | 0.97 | 0.16 | 0.17 | | | |
| CA1 | 0.46 | 0.41 | 0.29 | 0.43 | | |
| CA2 | 0.80 | 0.64 | 0.55 | 0.58 | 0.66 | 0.49 |
| CA3 | 0.49 | 0.57 | 0.50 | 0.56 | | |
| CA4 | 0.66 | 0.33 | 0.20 | 0.43 | | |
| CE1 | 0.37 | 0.19 | 0.12 | 0.12 | 0.24 | 0.23 |
| CE2 | 0.62 | 0.15 | 0.12 | 0.13 | | |
| CUNEIF | 0.43 | 0.72 | 0.64 | | | |
| DN1 | 0.53 | 0.55 | | | | |
| DN2 | 0.61 | 0.57 | | | | |
| DN3 | 0.62 | 0.55 | | | | |
| DN4 | 0.53 | 0.57 | | | 0.62 | |
| DN5 | 0.53 | 0.57 | | | | |
| DN6 | 0.57 | 0.31 | | | | |
| DN7 | 0.49 | 0.36 | | | | |
| DN8 | 0.79 | 0.61 | | | | |
| FE1 | 0.31 | 0.41 | 0.16 | 0.28 | | |
| FE2 | 0.34 | 0.36 | 0.20 | 0.16 | 0.37 | 0.37 |
| FE3 | 0.34 | 0.33 | 0.21 | 0.20 | | |
| FE4 | 0.45 | 0.57 | 0.33 | 0.36 | | |
| FE5 | 0.36 | 0.37 | 0.30 | 0.24 | | |
| FE6 | 0.26 | 0.28 | 0.27 | 0.22 | 0.29 | 0.23 |
| FE7 | 0.22 | | | | | |
| LATMAL | 0.56 | 0.52 | 0.63 | | | |
| HU1 | 0.24 | 0.24 | 0.06 | 0.13 | 0.28 | 0.23 |
| HU2 | 0.25 | 0.25 | 0.12 | 0.22 | | |
| HU3 | 0.45 | 0.53 | 0.25 | 0.42 | | |
| HU4 | 0.48 | 0.63 | 0.44 | 0.37 | | |
| HU5 | 0.38 | 0.39 | 0.33 | 0.34 | 0.40 | 0.34 |
| HYOID | 0.36 | | | | | |
| IL1 | 0.22 | 0.20 | 0.16 | 0.23 | | |
| IL2 | 0.52 | 0.49 | 0.33 | 0.47 | | |
| IS1 | 0.50 | 0.41 | 0.28 | 0.49 | | |
| IS2 | 0.19 | 0.16 | 0.32 | 0.11 | | |
| LU1 | 0.31 | 0.29 | 0.15 | 0.26 | 0.26 | 0.19 |
| LU2 | 0.11 | 0.30 | 0.11 | 0.22 | | |
| LU3 | 0.39 | 0.29 | 0.10 | | | |
| LUNAR | 0.35 | 0.83 | 0.66 | | | |
| MC1 | 0.59 | 0.56 | 0.33 | 0.40 | 0.60 | 0.54 |

①Lyman, R. L., *Vertebrate taphonomy.*

续表

| 扫描位点 | 野牛 | 鹿 | 美洲羚羊 | 绵羊 | 大羊驼 | 小羊驼 |
|---|---|---|---|---|---|---|
| MC2 | 0.63 | 0.69 | 0.41 | 0.55 | | |
| MC3 | 0.69 | 0.72 | 0.57 | 0.67 | | |
| MC4 | 0.60 | 0.58 | 0.45 | 0.54 | | |
| MR1 | 0.52 | 0.55 | 0.47 | 0.43 | 0.59 | 0.50 |
| MR2 | 0.59 | 0.65 | 0.45 | 0.53 | | |
| MR3 | 0.67 | 0.74 | 0.57 | 0.68 | | |
| MR4 | 0.51 | 0.57 | 0.43 | 0.51 | | |
| MR5 | 0.40 | 0.46 | 0.39 | 0.31 | 0.43 | 0.38 |
| MR6 | 0.48 | 0.50 | 0.44 | 0.39 | | |
| NC1 | 0.48 | 0.39 | 0.26 | | 0.59 | 0.42 |
| NC2 | 0.64 | 0.33 | 0.26 | | | |
| NC3 | 0.77 | 0.62 | | | | |
| PA1 | | 0.31 | 0.39 | 0.44 | | |
| P11 | 0.48 | 0.36 | 0.24 | 0.43 | | |
| P12 | 0.46 | 0.42 | 0.38 | 0.40 | 0.65 | 0.53 |
| P13 | 0.48 | 0.57 | 0.45 | 0.55 | | |
| P21 | 0.41 | 0.28 | 0.23 | 0.34 | | |
| P22 | | 0.25 | 0.24 | 0.39 | 0.55 | 0.40 |
| P23 | 0.46 | 0.35 | 0.30 | 0.42 | | |
| P31 | 0.32 | 0.25 | 0.25 | 0.30 | 0.39 | 0.17 |
| PU1 | 0.55 | 0.46 | 0.34 | 0.45 | | |
| PU2 | 0.39 | 0.24 | | 0.25 | | |
| RA1 | 0.48 | 0.42 | 0.26 | 0.35 | 0.41 | 0.40 |
| RA2 | 0.56 | 0. 62 | 0.25 | 0.36 | | |
| RA3 | 0.62 | 0.68 | 0.57 | 0.52 | | |
| RA4 | 0.42 | 0.38 | 0.30 | 0.19 | | |
| RA5 | 0.35 | 0.43 | 0.34 | 0.21 | 0.37 | 0.38 |
| RI1 | 0.27 | 0.26 | | | | |
| RI2 | 0.35 | 0.25 | | | | |
| RI3 | 0.57 | 0.40 | | | 0.37 | 0.31 |
| RI4 | 0.55 | 0.24 | | | | |
| RI5 | 0.33 | 0.14 | | | | |
| SC1 | 0.27 | 0.19 | 0.11 | 0.20 | 0.20 | 0.20 |
| SC2 | 0.26 | 0.16 | 0.25 | 0.16 | | |
| SCAPHOID | 0.42 | 0.98 | 0.68 | | | |
| SP1 | 0.50 | 0.36 | 0.27 | 0.25 | 0.38 | 0.30 |
| SP2 | 0.48 | 0.49 | 0.10 | 0.33 | | |
| SP3 | 0.28 | 0.23 | 0.30 | 0.19 | | |
| SP4 | 0.43 | 0.34 | 0.15 | 0.32 | | |
| SP5 | 0.17 | 0.28 | 0.21 | | | |
| ST1 | | 0.22 | | | | |
| TH1 | 0.42 | 0.24 | | 0.24 | 0.14 | 0.19 |
| TH2 | 0.38 | 0.27 | | 0.19 | | |
| TI1 | 0.41 | 0.30 | 0.18 | 0.16 | 0.33 | 0.26 |
| TI2 | 0.58 | 0.32 | 0.26 | 0.20 | | |
| TI3 | 0.76 | 0.74 | 0.48 | 0.59 | | |
| TI4 | 0.44 | 0.51 | 0.40 | 0.36 | | |
| TI5 | 0.41 | 0.50 | 0.29 | 0.28 | 0.51 | 0.42 |
| TRAPMAG | 0.52 | 0.74 | 0.65 | | | |
| UL1 | 0.34 | 0.30 | 0.28 | 0.18 | | |
| UL2 | 0.69 | 0.45 | 0.26 | 0.26 | | |
| UL3 | | 0.44 | | | | |
| UNCIF | 0.44 | 0.78 | 0.70 | | | |

**表1-3 CT测量和光子测密度的羊的骨密度排序以及对比①**

| CT 测量 | | | 光子密度测量 | | |
|---|---|---|---|---|---|
| 等级排序 | 扫描位点 | 密度 | 等级排序 | 扫描位点 | 密度 |
| 1 | FE4* | 1·327 | 1 | MR3* | 0·68 |
| 2 | TI3* | 1·238 | 2 | MC3* | 0·67 |
| 3 | RA3* | 1·169 | 3 | TI3* | 0·59 |
| 4 | HU3* | 1·152 | 4 | MC2 | 0·55 |
| 5 | MR2 | 1·142 | 5 | MC4 | 0·54 |
| 6 | MR3* | 1·133 | 6 | MR2 | 0·53 |
| 7 | MC3* | 1·057 | 7 | RA3* | 0·52 |
| 8 | MC2 | 1·044 | 8 | MR4 | 0·51 |
| 9 | TI4 | 1·035 | 9 | MC6† | 0·50 |
| 10 | RA2 | 1·032 | 10 | MR1† | 0·43 |
| 11 | HU4 | 0·982 | 11 | HU3* | 0·42 |
| 12 | MR4 | 0·895 | 12 | MC1† | 0·40 |
| 13 | RA4 | 0·862 | 13 | MR6† | 0·39 |
| 14 | MRI† | 0·854 | 14 | MC5 | 0·38 |
| 15 | MC4 | 0·830 | 15 | HU4 | 0·37 |
| 16 | TI2 | 0·757 | 16 | TI4 | 0·36 |
| 17 | MC1† | 0·745 | 17 | FE4* | 0·36 |
| 18 | RA1† | 0·662 | 18 | RA2 | 0·36 |
| 19 | FE3 | 0·655 | 19 | RA1† | 0·35 |
| 20 | MR6† | 0·630 | 20 | HU5† | 0·34 |
| 21 | FE2 | 0·614 | 21 | MR5 | 0·31 |
| 22 | MC6† | 0·607 | 22 | TI5 | 0·28 |
| 23 | TI5† | 0·601 | 23 | FE1† | 0·28 |
| 24 | FE1† | 0·597 | 24 | FE5 | 0·24 |
| 25 | HU5† | 0·559 | 25 | FE6† | 0·22 |
| 26 | FE5 | 0·557 | 26 | HU2 | 0·22 |
| 27 | RA5† | 0·515 | 27 | RA5† | 0·21 |
| 28 | FE6† | 0·497 | 28 | TI2 | 0·20 |
| 29 | MC5 | 0·482 | 29 | FE3 | 0·20 |
| 30 | MR5 | 0·472 | 30 | RA4 | 0·19 |
| 31 | TI1† | 0·410 | 31 | TI1† | 0·16 |
| 32 | HU2 | 0·341 | 32 | FE2 | 0·16 |
| 33 | HU1† | 0·300 | 33 | HU1† | 0·13 |

* 骨干中间部位
† 骨骺部位

①Lam, Y. M., Chen, X., Marean, C. W., et al., "Bone Density and Long Bone Representation in Archaeological Faunas: Comparing Results from CT and Photon Densitometry," *Journal of Archaeological Science* 25.6(1998), pp. 559–570.

限，还没有建立起较大的数据库，目前在动物遗存分析中研究者更多地采用利曼（1994）建立的骨密度数据作为参考。在骨骼部位构成分析中，可以采用检验骨骼部位出现率与骨密度相关性的方法，判断骨密度对骨骼部位构成的影响。如果二者存在显著的正相关关系，我们则需要考虑骨密度造成的骨骼保存状况差异，然后进一步分析是什么原因或作用力导致骨密度低的部位出现率低，是地质作用、动物扰动破坏，还是人类活动（例如，敲骨取髓、把富含骨油的部位打碎用来提取油脂）等。

4. 死亡年龄结构分析

在死亡年龄鉴定基础上，对某个分类单元的动物按照幼年、壮年、老年进行分组或者按具体的年龄段进行分组，并对它们的数量和所占比例进行统计，进而分析动物的死亡年龄结构。死亡年龄结构可以为分析动物死亡原因——自然死亡、被食肉动物捕杀、被人类狩猎等，人类获取动物资源的方式以及人类栖居的季节性提供依据。在旧石器时代，动物死亡年龄结构存在以下几种类型：灾难型、磨耗型、壮年居优型、幼年居优型、老年居优型。在动物考古研究中，通常使用直方图或三角图来直观地表示死亡年龄结构（图1–23；图1–24）。灾难型结构（也称L形年龄分布）指动物群中的动物个体数随年龄段的递增而逐渐下降，反映的是生存状态下的动物群体年龄结构。突发的灾难如大洪水、火山喷发、恶性疾病等造成动物集体性死亡，食肉动物伏击捕食、人类偶遇式狩猎和对某个种群的驱赶捕猎都可以形成这种死亡年龄结构[①]。磨耗型结构（也称U形年龄分布）中老年和幼年个体占优势，缺少壮年个体。幼年和老年属于弱势群体，在环境改变、疾病、营养缺乏或被追击的情况下，死亡的几率更高[②]。远距离追踪捕食行为会形成磨耗

①Klein, R. G., Cruz-Uribe, K., *The analysis of animal bones from archaeological sites,* Chicago: University of Chicago Press, 1984.

②Stiner, M. C., "The use of mortality patterns in archaeological studies of hominid predatory adaptations," *Journal of Anthropological Archaeology* 9.4(1990), pp. 305–351.

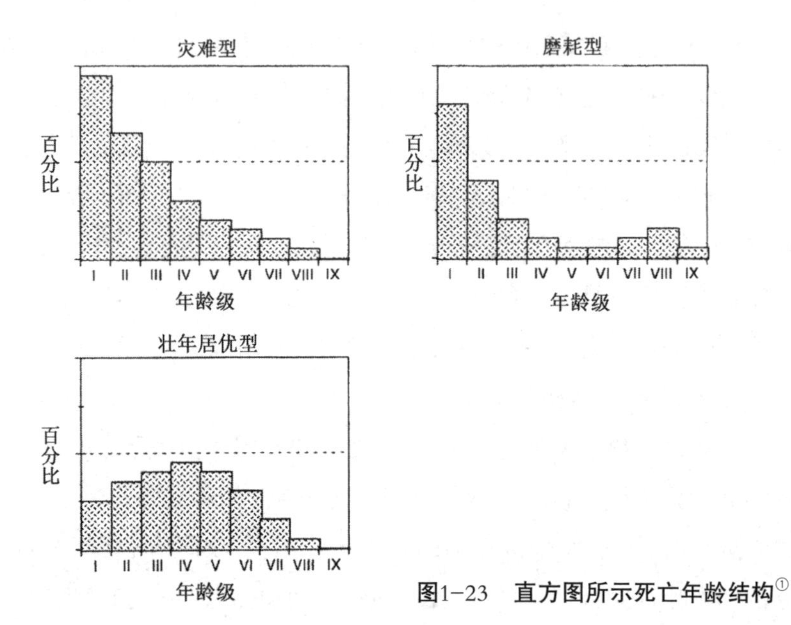


图1-23 直方图所示死亡年龄结构①

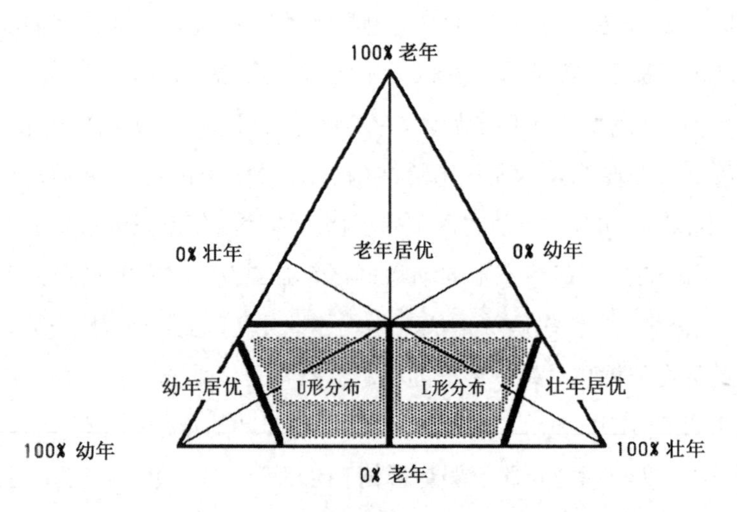


图1-24 三角图所示死亡年龄结构②

①Lubinski, P. M., "A comparison of methods for evaluating ungulate mortality distributions," *Archaeozoologia* XI(2000), pp. 121–134.

②Lyman, R. L., *Vertebrate taphonomy*, p.129.

型结构。大多数捕食者所造成的动物死亡会形成与磨耗型或灾难型相似的结构。壮年居优型结构中壮年个体数量占绝对优势，这种结构几乎只有在人类狩猎的情况下才会稳定出现。食肉动物捕食和人类拣剩的情况下很难形成这种结构[①]。与伏击捕猎的食肉动物相比，在很多情况下人类通过伏击方式对那些体重大、肉量多、脂肪与瘦肉比例高的成年个体进行选择性获取，从而达到最大化资源获取的目的[②]。当然，对于有些种类动物，例如马群，或者特定季节中对某种动物群体的无选择性狩猎，也会形成壮年居优型结构[③]。这种狩猎方式是人类熟知动物行为和生存环境、行为模式，具有计划性和协作性，以及能够有效应用狩猎工具的反映。壮年居优型结构还反映了较低的狩猎压力。如果狩猎采集人群的遗址中某种动物的幼年个体占有绝对优势，即表现为幼年居优型，那么可能是人类强化开发利用资源的结果[④]，是人类应对严峻的、长期的食物压力所采取的一种策略。老年居优型结构有可能是人类拣剩所形成的，因为无论是伏击捕食还是追击捕食，壮年更容易逃脱，而幼年个体很容易被食肉类充分啃咬而没有得到保存[⑤]。

在通过死亡年龄结构判断动物死亡原因并分析堆积形成过程时需要注意：大多数有蹄类群体存活时的年龄结构是有差异的，某个种类的存活年龄结构可能随季节变化而变化[⑥]。此外，幼年动物个体的牙

---

①Lubinski, P. M., “A comparison of methods for evaluating ungulate mortality distributions.”

②Munro, N. D., “Zooarchaeological measures of hunting pressure and occupation intensity in the Natufian: Implications for agricultural origins,” *Current Anthropology* 45(2004), pp. S5–S34.

③栗静舒：《许家窑遗址马科动物的死亡年龄与季节研究》。

④Speth, J. D., Clark, J. L., “Hunting and overhunting in the Levantine late Middle Paleolithic,” *Before Farming* 3(2006), pp. 1–42.

⑤Lyman, R. L., *Vertebrate taphonomy*, p. 129.

⑥Lubinski, P. M., “A comparison of methods for evaluating ungulate mortality distributions.”

齿和骨骼在埋藏过程中更容易受到破坏，很难被保存或识别，会导致遗址中幼年个体所占比例与实际情况不符。

动物死亡年龄分析还能够提供狩猎活动或遗址占用的季节信息。根据出土动物遗存所反映的某种动物的具体死亡年龄，和现代该种动物的行为特点以及交配、怀孕、产仔的季节，我们可以判断人类获取动物资源的季节。例如，雌性和雄性驯鹿、雌性和雄性高加索山羊平时是分开生活的，它们只有在发情期（一般是秋冬季）才聚在一起生活一至两个月。高加索山羊每年在11—1月期间怀孕，在5—6月份产仔（通常1个或2个幼仔）；现代驯鹿也是在每年5月产仔。因此如果遗址中发现了4个月和16个月的高加索山羊或驯鹿乳齿，那么我们可以推测当时人类获取动物的时间是在9月份左右[①②]。

5. 骨骼改造特征分析

出土动物遗存的改造特征为认识堆积的成因和埋藏历史以及解读人类的生计活动与技术提供了关键证据。骨骼的破裂形态、破裂角度以及破裂面特征都能够反映骨头在什么情况下发生破裂。实验表明，这些破裂特征与骨头破裂时的新鲜程度有关[③]，也与砍砸力量、石锤和石砧与骨体接触面积、骨头形状等因素有关[④]。比如新鲜骨骼（指骨骼中含有骨髓和油脂）的破裂形态多见螺旋状，破裂面比较平齐并且与骨骼表面之间是锐角；新鲜度较差或者干燥的骨骼更容易形成诸多纵向和横向的破裂，且破裂面和边缘比较凹凸不平[⑤]。如果砍砸时“长骨没

①米歇尔·余莲、孙建民：《旧石器时代社会的民族学研究试探——以潘色旺遗址的营地为例》，《华夏考古》2002年第3期，第89—99页。

②Adler, D., Bar-Oz, G., Belfer-Cohen, A., et al., "Ahead of the game: Middle and Upper Palaeolithic hunting behaviors in the southern Caucasus," *Current Anthropology* 47.1(2006), pp. 89–118.

③Villa, P., Mahieu, E., "Breakage patterns of human long bones."

④吕遵谔、黄蕴平：《大型食肉类动物啃咬骨骼和敲骨取髓破碎骨片的特征》。

⑤Morlan, R. E., "Toward the definition of criteria for the recognition of artificial bone alterations," *Quaternary Research* 22.2(1984), pp. 160–171.

有紧贴砧面或者一次砍砸力量正好达到断裂极限”，那么可能会导致横向断裂。“将长骨的一面紧贴砧面，沿其长轴连续敲击”，则可以产生螺旋状或纵向断裂[①]。不同破裂形态和破裂面特征的骨骼所占的比例，对于判断骨骼破裂的原因和骨骼堆积过程，例如在人类或食肉动物活动下破裂，或者在堆积后过程是否受到踩踏、崩塌等作用的改造，具有重要的指示意义。对骨骼破裂程度的观察和统计（NISP：MNE的值越高，说明骨骼的破碎程度越高）能够帮助我们分析人类对动物骨头的利用方式和利用程度。如果动物骨骼是人类活动所形成的原地堆积，那么很高的破裂程度就能够反映人类对骨头中所含食物与营养的充分获取。对不同骨骼部位或者不同经济价值部位的破裂程度的比较则可以提供资源强化利用或食物压力方面的线索，例如，人类会根据食物量对动物尸骨的利用方式与程度做出决定。有些骨骼部位如肢骨骨干中骨髓含量相对较高，有些部位如趾骨、髋骨、下颌骨中骨髓含量较少。相比于大型动物而言，小型动物骨骼中的骨髓含量较少。因此，骨髓效用高的部位破裂或破碎程度越高，反映人类敲骨取髓的行为越充分。如果骨髓含量低的部位或者小型动物的骨骼也有很高程度的破裂，则可能表明资源得到强化利用。

食肉动物活动是旧石器时代动物骨骼堆积形成与改变的常见因素。除了上述动物种属构成（食肉动物遗存与食草动物遗存的比例关系）、骨骼部位构成以外，啃咬痕也是判断食肉动物活动的重要依据。在鬣狗捕食和进食猎物的实验中，被捕动物70%的附肢骨上带有咬痕[②③]（有的实

①吕遵谔、黄蕴平：《大型食肉类动物啃咬骨骼和敲骨取髓破碎骨片的特征》。

②Capaldo, S. D., “Inferring hominid and carnivore behavior from dual-patterned archaeological assemblages,” Ph.D. thesis, Rutgers University, New Brunswick, 1995.

③Domínguez-rodrigo, M., “Are all Oldowan sites palimpsests? If so, what can they tell us about hominid carnivory?,” In: Delson, E., Macphee, R. D. E. (eds.), *Interdisciplinary approaches to the Oldowan,* Dordrecht: Spinger, 2009, pp. 129–147.

验结果为84%[1])。在被豹子捕食的动物尸骨中,带有啃咬痕迹的骨头可高达90%[2]。当然,由于行为的差异以及生存环境的不同,不同种属的食肉动物对骨骼的破坏、改造情况会有所不同[3],上述实验数据并不能作为绝对的参考。总的来说,若食肉动物啃咬痕多,则说明食肉动物在骨骼堆积形成过程中起到重要作用。

在人类拣剩的情况下,动物骨骼上应当也会存在较高比例的啃咬痕或啃咬破裂,有时还可能出现啃咬痕与人工改造痕迹共存的现象[4]。例如,周口店第一地点的野马、水牛、鹿的骨骼上同时存在动物啃咬痕迹与人工痕迹,并且后者叠压于前者之上[5][6]。德国薛宁根(Schöningen)遗址的一件大型有蹄类动物骨骼上发现啃咬痕叠压在切割痕之上[7],说明动物尸体先被人类获取和利用,之后再被食肉动物啃咬破坏。有研究指出,如果动物首先被人类获取利用,废弃后被食肉动物啃咬破坏,那么平均只有5%—15%的肢骨骨干上会存在啃咬痕[8]。当然,这取决于人类消费

①Blumenschine, R. J., "An experimental model of the timing of hominid and carnivore influence on archaeological bone assemblages," *Journal of Archaeological Science* 15.5(1988), pp. 483–502.

②Cavallo, J. A., "A re-examination of Isaac's central-place foraging hypothesis," Ph.D. thesis, Rutgers University, New Brunswick, 1998.

③张双权:《河南许昌灵井动物群的埋藏学研究》,第135页。

④Potts, R., Shipman, P., "Cutmarks made by stone tools on bones from Olduvai Gorge, Tanzania."

⑤Binford, L. R., Ho, C. K., Aigner, J. S., et al., "Taphonomy at a distance: Zhoukoudian, 'The Cave Home of Beijing Man'?," *Current Anthropology* 26.4(1985), pp. 413–442.

⑥Binford, L. R., Stone, N. M., Aigner, J. S., et al., "Zhoukoudian: A closer look," *Current Anthropology* 27.5(1986), pp. 453–475.

⑦Starkovich, B. M., Conard, N. J., "Bone taphonomy of the Schöningen 'Spear Horizon South' and its implications for site formation and hominin meat provisioning," *Journal of Human Evolution* 89(2015), pp. 154–171.

⑧Blumenschine, R. J., "An experimental model of the timing of hominid and carnivore influence on archaeological bone assemblages."

之后可供食肉动物啃咬的肉和油脂还剩多少。食肉动物对人类废弃骨骼的啃咬可能会破坏掉之前人类屠宰动物时留下的痕迹，遗址中切割痕的比例也会相应减少。需要注意的是，即使啃咬痕所占比例很低，也不一定说明食肉动物在骨骼堆积过程中的作用很有限，这还取决于被食肉动物啃咬过的骨骼部位的保存状况以及食肉动物的消费习惯。

总之，旧石器时代遗址或堆积单位中常见带有食肉动物啃咬痕和人工痕迹的动物遗存，这些痕迹所占的比例和它们的共存关系，包括在不同骨骼部位上的分布情况以及在同一骨骼部位上的出现顺序，是判断人类与食肉动物在骨骼堆积形成过程中所扮演的角色的重要依据。啃咬痕的大小与食肉动物的尺寸和啃咬行为有关，因此通过对啃咬痕大小的观测，我们可以进一步判断动物骨骼曾经受到过哪些种类食肉动物的改造①，从而揭示一处地点被占用的过程。德国霍菲尔（Hohle Fels）洞穴遗址出土动物骨骼上食肉类动物咬痕的测量统计显示：旧石器时代中期动物遗存上的咬痕主要来自大型食肉类动物，例如洞熊、鬣狗、狮子；旧石器时代晚期动物遗存上的咬痕则主要来自大型到中型的食肉类动物；而旧石器时代末期骨骼上的咬痕仅来自小型食肉类动物，例如狐狸等。这说明不同时期不同种类的食肉动物在洞穴中活动，并反映出人类与食肉类动物关系的变化②。

人工改造痕迹的存在及所占比例、痕迹类型以及分布位置为判断骨骼堆积的性质、复原人类利用动物资源的方式、利用程度提供证据。切割痕在骨骼上的分布位置或在特定位置上的出现率能够反映具体的

①Domínguez-Rodrigo, M., Piqueras, A., "The use of tooth pits to identify carnivore taxa in tooth-marked archaeofaunas and their relevance to reconstruct hominid carcass processing behaviours", *Journal of Archaeological Science* 30.11(2003), pp. 1385–1391.

②Camarós, E., Münzel, S. C., Cueto, M., et al., "The evolution of Paleolithic hominin-carnivore interaction written in teeth: Stories from the Swabian Jura (Germany)," *Journal of Archaeological Science: Reports* 6(2016), pp. 798–809.

屠宰行为，例如剥皮、取出脏器、肢解、割肉等。剥皮通常在角的底部，头骨上、下颌前端，掌跖骨靠近近端和远端关节的部位以及趾骨上留下痕迹[①]。这些部位上的皮与骨骼紧密依附，很难在不切割到骨头的情况下将皮剥下来[②]。取出脏器可能会在肋骨的腹面和脊椎骨上留下切割痕。取出舌头可能会在下颌支的舌面留下切割痕。肢解往往会在长骨骨骺或靠近骨骺的部位、腕骨和跗骨、脊椎骨上留下切割痕[③]。从骨盆上割肉会在耻骨和髂骨上留下切割痕。从肩胛骨上割肉会在肩胛板上形成与骨骼长轴平行的切割痕。切割痕是判断人类获取动物方式——狩猎或拣剩，以及某个地点发生过动物屠宰活动的重要证据。总的来说，如果人类先于大型食肉动物发现并利用了动物资源，那么经济价值较高的上、中部肢骨上的切割痕较多；如果人类拣剩的话，那么下部肢骨上的切割痕可能相对较多[④⑤]。因此，对不同骨骼部位上切割痕数量的比较，能够揭示人类获取动物资源的方式。然而，民族学观察和人工实验表明，在很多情况下，人类可以不留下任何痕迹或者留下很少痕迹地完成对动物尸体的剥皮、肢解、割肉工作[⑥⑦]。因此，缺乏切割痕并不意味着骨骼堆积过程一定没有人类参与，很少量的屠宰痕迹也不一定就

①Binford, L. R., *Bones: Ancient men and modern myths*, p. 107.

②Reiz, E. J., Wing, E. S., *Zooarchaeology* (2nd edn.), p. 102.

③Binford, L. R., *Bones: Ancient men and modern myths*, p. 134.

④Domínguez-Rodrigo, M., "Meat-eating by early hominids at the FLK 22 Zinjanthropus site, Olduvai Gorge (Tanzania): An experimental approach using cut-mark data."

⑤Domínguez-Rodrigo, M., Barba, R., "New estimates of tooth mark and per-cussion mark frequencies at the FLK Zinj site: The carnivore-hominid-carnivore hypothesis falsified."

⑥Gifford-Gonzalez, D., "Ethnographic analogues for interpreting modified bones: Some cases from East Africa," *Bone Modification* (1989), pp. 179–246.

⑦Crader, D., "Recent single-carcass bone scatters and the problem of 'butchery' sites in the archaeological record," In: Clutton-Brock, J., Grigson, C. (eds.), *Animals and archaeology: Hunters and their prey*, BAR International Series 163, 1983, pp. 107–141.

只反映人类的拣剩行为。

定量分析表明：切割痕出现率的差异可能与骨骼部位构成，特别是长骨的出现率最直接相关。长骨的破裂影响着长骨的出现率，而食肉动物啃咬是造成长骨破裂的重要因素，因而骨骼的破裂以及食肉动物啃咬痕的出现率也是影响切割痕出现率的重要变量。此外，切割痕的多少还与动物尸体大小、屠宰工具类型、屠宰人员的技能、使用工具的力度、动物死亡时的状态、屠宰尸体时骨骼表面的暴露情况（指人类在狩猎或拣剩时肉食的区别）、骨膜或其他软组织的厚度、对动物尸体开发利用的程度等因素有关[①②③④⑤]。

砍砸痕也是旧石器时代动物遗存中常见的人工改造痕迹。砍砸痕的多少及其在不同骨骼部位上的分布，能够反映屠宰和敲骨取髓的方式、技术，以及利用动物资源的程度。对于长骨来说，一般可以在骨干的中间部位进行砍砸，但有些动物，比如斑马肢骨中的骨髓，只有少量可以比较容易地从髓腔中脱离出来，大部分则卡在松质骨里边[⑥]。因

①Domínguez-Rodrigo, M., Yravedra, J., "Why are cut mark frequencies in archaeofaunal assemblages so variable? A multivariate analysis," *Journal of Archaeological Science* 36.3(2009), pp. 884–894.

②Fisher, J. W., "Bone surface modifications in zooarchaeology," *Journal of Archaeological Method and Theory* 2.1(1995), pp. 7–68.

③Lupo, K. D., O'Connell, J. F., "Cut and tooth mark distributions on large animal bones: Ethnoarchaeological data from the Hadza and their implications for current ideas about early human carnivory," *Journal of Archaeological Science* 29.1(2002), pp. 85–109.

④Lupo, K. D., "What explains the carcass field processing and transport decisions of contemporary hunter-gatherers? Measures of economic anatomy and zooarchaeological skeletal part representation," *Journal of Archaeological Method and Theory* 13.1(2006), pp. 19–66.

⑤Binford, L. R., *Nunamiut: Ethnoarchaeology*.

⑥Sisson, S., Grossman, J. D., *The anatomy of the domestic animal* (4th edn.), Philadelphia: W. B. Saunders Company, 1953, p. 21.

此，人们通常把已经砸开的肢骨进一步砸碎[①]，这种做法会使得有些骨骼部位难以得到保存，而有些部位，特别是肢骨的骨干难以得到鉴定。在肢解过程中，有些骨骼部位之间的韧带不容易被切断，如果人类使用的是大型、重型工具，那么可能会通过砍砸的方式分离骨头（例如股骨和髋骨之间，肱骨和肩胛骨之间）[②③④]。如果骨髓含量少的部位也存在较多砍砸痕或者砍砸破裂较为严重，则反映了面对食物压力时人类对骨髓的强化获取和利用。

制作骨器、使用骨头或骨器所产生的痕迹，在结合骨头原始形态、破裂特点的情况下能够为我们认识旧石器时代人类的技术和生计行为增添证据，为探讨人类认知的演变以及社会文化的发展变化和相互影响奠定基础。对带有制作痕迹的动物遗存或者与制作工具相关的破裂骨骼应从操作链的角度对生产技术进行系统分析，例如，对于刮−磨制骨器而言，应复原开料取坯、修理整形、局部深入加工、装饰等工序。使用骨器（广义的骨器）或形状合适的骨头可以在骨表产生微痕，包括条痕、磨圆、磨平和光泽等特征。不同的使用方式以及不同的接触对象会导致不同特征痕迹的形成。根据使用痕迹特征，我们可以判断人类在遗址上从事的活动，并将使用痕迹与其他出土遗存的信息结合起来，对人类技术行为特点以及占用遗址的特点做进一步分析。通过改造痕迹和破裂特征分析骨器的制作技术和使用方式时，还应当参考实验和民族学资料。

---

①Leechman, D., “Bone grease,” *American Antiquity* 16.4(1951), pp. 355−356.

②Domínguez-Rodrigo, M., “Meat-eating by early hominids at the FLK 22 Zinjanthropussite, Olduvai Gorge (Tanzania): An experimental approach using cutmark data.”

③White, T. E., “Observations on the butchering technique of some aboriginal peoples: I,” *American Antiquity* 17.4(1952), pp. 337−338.

④注：如果人类使用的是小型石片或石片工具，便可以切断一些骨头之间的韧带，在骨头不发生破裂、破碎的情况下，将它们分离。

烧骨也是旧石器时代动物骨骼受到改造的常见形式。烧骨的形成存在几种可能的情形，比如在烧烤食物过程中骨头受到熏烤；骨头被用作燃料；扔在火塘周围的碎骨被意外或附带燃烧；在人类反复利用和活动的空间中，曾经被废弃且已掩埋起来的骨头（掩埋的深度小于10cm），在后来用火的影响之下成为烧骨①；骨头被废弃后，在自然燃烧事件中形成等。根据鉴定出的烧骨，我们可以根据烧骨的颜色、尺寸与空间分布、烧骨与没有烧过的骨头之间的空间关系、不同燃烧程度的烧骨的比例关系等信息，对烧骨形成的原因、烧骨堆积的过程（比如烧骨在流水或其他地质作用下堆积，烧骨形成后由于人类清扫垃圾而被重新堆积在新的区域等）以及人类用火行为与空间利用行为做进一步分析和讨论。

6. 空间分析

民族学资料显示：狩猎采集者会围在火塘一侧聊天、消费食物、从事手工业活动，形成半圆形的空间结构，与之相对的一侧通常是不开展活动的区域，这个区域的位置取决于风向。从遗存的分布来看，火塘外围可以分成遗物高密度区，包括位于工作区域原地的由小型和非常小型的遗物组成的“掉落区”，以及距离火塘较远的由较大的石制品和大块动物骨骼集中分布形成的“丢弃区”②（图1–25）。火塘周围还会存在低密度区或空白区。低密度区或空白区可能形成于人们对生活空间的维护和清理，也可能是睡眠休息区。如果人类在一个地点生活较长时间，便会对生活垃圾进行清理，那么原来分布在火塘周围或附近的动物遗存，特别是较大块的遗物会被扔到中心活动区以外的地方堆放起来，形成垃圾区。不包含火塘的活动区域也可能出现空白区，例如人类屠宰

---

①Stiner, M., *The faunas of Hayonim Cave (Israel): A 200,000-year record of Paleolithic diet, demography and society.*

②Binford, L. R., “Dimensional analysis of behavior and site structure: Learning from an Eskimo huntingstand,” *American Antiquity* 43.3(1978), pp. 330–361.

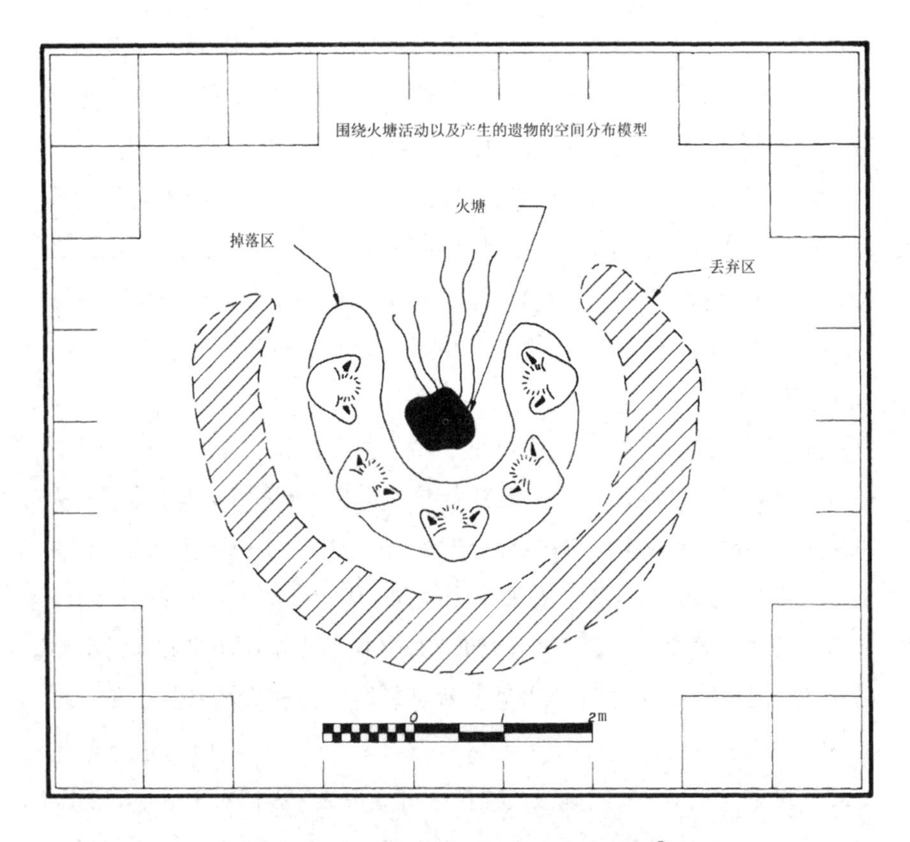


**图1–25　人类围绕火塘活动的空间模型**[①]

①Binford, L. R., "Dimensional analysis of behavior and site structure: Learning from an Eskimo huntingstand."

动物时需要将动物尸体放在一块干净的地方，屠宰场地的边缘则形成既包含动物遗存，也可能包含屠宰所用工具的废弃物堆积[1]。

旧石器时代遗址经常缺乏明确或保存较好的遗迹。在这种情况下，我们可以参考民族考古中所观察到的遗存分布模式和形成过程，通过对动物遗存或其他类型遗存的空间信息与空间分布特征进行分析，获得认识遗址功能、人类空间利用行为以及栖居模式的重要线索[2]。需要注意的是，上面提到的是理想化的模型，遗址中遗物分布的情况与成因则要复杂得多，应当结合埋藏学进行分析。

利用遗存空间分布模式对人类行为进行解读时，必须甄别遗存的空间位置或空间分布在埋藏过程中是否发生过以及发生了怎样的改变。例如，若食肉动物对人类废弃的骨骼又进行了进一步消费的话，那么骨骼被废弃时的分布位置会发生改变，可能被挪动到遗址边缘甚至被带出遗址，动物骨骼与石器等其他遗存的空间关系也会发生改变，可能变得相对独立或关系不甚紧密。实验表明：所有被鬣狗啃咬过的骨头都会离开它们被废弃时的原始位置，但是较小的骨骼碎片或碎块与石器的空间关系可能不会有太大的变化，通常会保留在原地[3]。再有，遗址中特定区域包含的动物遗存可能在成岩作用下溶解消失，我们发掘所揭露的情况便不能够代表骨头被废弃时的空间格局。

进行空间分析时，我们可以通过堆积物构成与堆积物结构分析遗址的埋藏环境，分析遗址在堆积后过程中发生的变化及其对动物遗存保存状况和空间分布的影响；通过拼合的方法判断出土遗存的整体

---

①Binford, L. R., *In pursuit of the past: Decoding the archaeological record,* California: University of California Press, 2002.

②Clark, A. E., "Time and space in the middle paleolithic: Spatial structure and occupation dynamics of seven open-air sites," *Evolutionary Anthropology* 25(2016), pp. 153–163.

③Binford, L. R., *Debating archaeology (Studies in archaeology),* San Diego: Academic Press, 1989, p. 369.

性，以及遗存在埋藏过程中受到扰动、发生位移的情况[①②]。同时，对空间信息的人类学解读需要充分考虑遗存分布格局（指不同类型动物遗存之间的分布关系，以及动物遗存与其他遗存的空间关系）、分布密度、遗址内特定区域堆积的厚度等方面。

7. 多学科视角

动物考古研究需要多学科、多种方法的应用。动物地理学研究现代动物的分布及其生态地理规律，能够提供特定地理区域现生动物群分布的信息，为我们鉴定出土动物遗存所代表的种属以及复原古环境提供线索。但同时需要考虑到更新世期间气候周期性波动显著，环境不断发生变化，特别是欧亚大陆北部区域，动物群的更迭和迁移多有发生。DNA分析则有助于出土动物遗存的种属鉴定，是判断动物演化亲缘关系的重要方法。微形态、矿物学是判断动物遗存结构特征、保存状况，进而分析骨骼堆积形成与变化过程的重要方法。实验考古和民族学为鉴定因特定技术与行为而产生的动物遗存特征——包括骨骼部位构成、骨骼破裂模式和改造痕迹、空间分布特点，提供参考依据，是发现和解读动物遗存与史前人类行为之间关系的重要途径。此外，骨骼中碳、氮、锶同位素分析方法为了解动物的食物来源、动物的营养状况、动物的迁徙范围以及人类食谱特

---

①Villa, P., "Conjoinable pieces and site formation processes," *American Antiquity* 47. 2(1982), pp. 276–290.

②Hofman, J. L., Enloe, J. G., *Piecing together the past: Applications of refitting studies in archaeology*, BAR International Series 578, 1992.

征与食物获取策略等方面提供信息[①②③]。这些方法的综合运用对于探讨史前人群生存的环境背景、人类与动物的关系以及人类文化的发展变化具有重要意义。

①马萧林:《西方动物考古学简要回顾》,《中国文物报》2007年10月12日,第007版。

②Richards, M. P., Pettitt, P. B., Stiner, M. C., et al., "Stable isotope evidence for increasing dietary breadth in the European mid-Upper Paleolithic," *PNAS* 98.11(2001), pp. 6528–6532.

③Niven, L., Steele, T. E., Rendu, W., et al., "Neandertal mobility and large-game hunting: The exploitation of reindeer during the Quina Mousterian at Chez-Pinaud Jonzac (Charente-Maritime, France)," *Journal of Human Evolution* 63.4(2012), pp. 624–635.

# 第二章　时代背景

## 一、旧石器时代早期

人类作为高等动物，在距今700万—600多万年前从动物世界中“脱颖而出”。人类化石、分子生物学研究以及人类近亲——黑猩猩的地理分布表明最早的人类出现在非洲。这一时期由于气候显著变冷、变干，非洲大陆上潮湿茂密的雨林萎缩，林地或稀树草原扩大，原本丰富的植物性食物资源减少并变得分散。在这一背景下，原来的树栖猿类不得不到树下获取食物，直立行走的运动方式可能是在这个过程中演化出来的。直立行走改变了古猿的身体结构、运动方式、获取食物的方式和栖居习惯，是人类进化史上的一次飞跃[①]。距今400多万年前，非洲演化出多支属于纤细类型的南方古猿。距今200多万年前，南方古猿中的一支演化成粗壮类型的南方古猿，这类南方古猿在距今100多万年前灭绝了。南方古猿牙齿化石的形态和磨损特点表明他们的主要食物来源是植物，如水果、树叶、坚果等，其食物构成中的纤维和糖分含量较高。尽管早期的研究认为南方古猿能够使用武器（例如动物的牙齿、下颌、骨头、角）狩猎动物而获得肉食[②]，但是后

①Lieberman, D., *The story of the human body: Evolution, health, and disease.*

②Dart, R., *The osteodontokeratic culture of Australopithecus prometheus.*

来遗址的埋藏学研究否定了这种观点[1]。虽然南方古猿能够在地面上直立行走以获取更多的植物性食物，但他们仍然保持了树栖的运动方式。此时人类还没有能力去获取和处理动物资源。南方古猿中有一支演化成了最早的人属——能人。能人能够打制和使用石器，他们创造了奥杜威文化，以简单石核-石片工业为特征。从共存的动物骨骼上的切割痕和砍砸痕来看，人类曾使用这些石器消费肉食和骨髓[2]。此外，石片工具也用来切割一些植物资源。打制石器的技术拓展了早期人类处理资源、获取高质量食物——肉和骨髓的能力，这对于早期人类大脑的演化来说至关重要[3]。

距今约190万年前，非洲的人属演化出了直立人，是人类演化史上的里程碑事件。直立人脑量、体重和身高明显增加，上肢和下肢的比例亦有明显变化，向着更接近现代人的比例发展，且性二型性减小。直立人的身体结构具有适合远距离行走和奔跑的特征。他们的技术和生计行为也发生了显著变化。直立人发明了新的石器技术——制作手斧、薄刃斧等形态规范的大型切割类工具。与更早期的石核砍砸器技术相比，这种技术更加复杂，并具有较为稳定的技术工序，是早期人类认知发展的重要标志。在直立人的食谱中，肉食开始占据重要地位，他们通过狩猎、拣剩等方式获得肉食。与此同时，直立人掌握了火的使用。然而，旧大陆各地区旧石器时代早期经常性、控制性用火的证据都非常有限，人类控制性用火行为是否可以追溯到距今100万年以前是存在争议和不确定性的。从目前的考古证据看，人类对火的控制使用和加强使用主要出现在旧石器时代中期及以后的时期。火能够把生的食物

---

①Brain, C. K., *The hunters or the hunted?: An introduction to African cave taphonomy.*

②De Heinzelin, J., Clark, J. D., White, T., et al., "Environment and behavior of 2.5-million-year-old Bouri hominids," *Science* 284.5414(1999), pp. 625–629.

③Ambrose, S. H., "Paleolithic technology and human evolution," *Science* 291.5509(2001), pp. 1748–1753.

转变为熟食，使食物易于咀嚼、消化和吸收，可以减少或消除食物的毒性，因此用火加热食物一方面扩大了人类的食谱，另一方面能够为人类身体的演化和脑的发育提供更充足的热量与营养，为早期人类的繁衍生存以及向非洲以外地区的扩散，特别是到达中高纬度较寒冷地区提供有力条件[①]。火的使用改变了人类获取和利用资源的方式，代表人类适应环境的新行为方式。因此，人类开始用火的时间有可能比较早，但有待更充分的考古材料的证明。

伴随着身体结构的变化、技术和行为能力的发展，在多种可能影响因素下，例如更新世早期气候变化及其导致的环境资源压力、大型动物群的迁徙、疾病的传播等[②]，直立人向非洲以外的地区扩散，到达了西亚、欧洲、东亚、东南亚，人类生存的空间范围显著扩大[③]。直立人被普遍认为是最早扩散到旧大陆各地区的人种。此后，直立人便开始适应和应对不同于非洲的多种新气候和环境。距今约60万年前，非洲直立人（或匠人）中的一支演化出海德堡人，并向非洲以外地区扩散，海德堡人的生计行为和技术进一步发展。

不同地区的旧石器时代早期人群在行为和文化上表现出了差异，旧大陆东西方人群的差异尤为显著。非洲早期人群在距今约176万年前创造了阿舍利技术，该技术广泛分布在非洲、西亚、欧洲、东亚，在此后直至约20多万年前，甚至到几万年前[④]，对人类生活产生了重要影响。阿舍利石器工业以两面器技术为主要特征，典型的工具为手斧和薄刃斧，这些工具与简单、权宜性的石核–石片工具相比，具有长且

---

①Alperson-Afil, N., Goren-Inbar, N., "Out of Africa and into Eurasia with controlled use of fire: Evidence from Gesher Benot Ya'aqov, Israel," *Archaeology, Ethnology and Anthropology of Eurasia* 28.4(2006), pp. 63–78.

②Bar-Yosef, O., Belfer-Cohen, A., "From Africa to Eurasia–Early dispersals," *Quaternary International* 75.1(2001), pp. 19–28.

③Ambrose, S. H., "Paleolithic technology and human evolution."

④Ambrose, S. H., "Paleolithic technology and human evolution."

直的刃缘和规范、对称的形态。实验和微痕分析表明这些工具是多功能的，特别适用于大型动物的屠宰和木材处理加工，而手斧也可能用于投掷狩猎。在旧石器时代早期晚段、距今约50万年前，非洲出现了新的石器技术——勒瓦娄哇技术和石叶技术；距今40万年前，西亚也出现了石叶技术[①]。旧大陆西部在旧石器时代早期发生了多次技术的变化，然而，同时期的旧大陆东部的技术变化没有西部那样频繁和显著，最主要的变化是距今80万年前在广西百色盆地出现了手斧，后来还在洛南盆地、丹江口水库以及朝鲜半岛出现。近些年来，东亚地区手斧的发现呈增加趋势，其制作技术与旧大陆西部手斧呈相似或一致性，有些地区例如陕西洛南盆地的薄刃斧处于旧大陆西部大多数薄刃斧的形态变异范围之内。然而，旧大陆东西部手斧的形态和技术也显示出差异，通常表现在厚度、修理精致程度等方面[②]，同时，东亚不同区域的手斧存在显著的形态差异。有观点认为掌握阿舍利技术的人群从旧大陆西部扩散到东亚[③]，可能与当地人群发生融合[④]。然而，阿舍利石器工业在东亚的发现目前总体上仍然很有限，在东亚有些地区延续到较晚的时期。这些现象所反映的人群迁徙模式或人群关系，以及人群在不同环境中对这种技术的态度或选择利用仍有待探讨。旧石器时代早期，我国绝大部分地区以简单的石核-石片工业为主，但同时存在区域差异。北方地区以小型石片石器为主体，而南方（秦岭-淮

①Shimelmitz, R., Barkai, R., Gopher, A., "Systematic blade production at Late Lower Paleolithic (400–200 kyr) Qesem Cave, Israel," *Journal of Human Evolution* 61.4(2011), pp. 458–479.

②Norton, C. J., Bae, K., Harris, J. W., et al., "Middle Pleistocene handaxes from the Korean peninsula," *Journal of Human Evolution* 51.5(2006), pp. 527–536.

③Petraglia, M. D., Shipton, C., "Large cutting tool variation west and east of the Movius Line," *Journal of Human Evolution* 55.6(2008), pp. 962–966.

④Kuman, K., Li, C., Li, H., "Large cutting tools in the Danjiangkou Reservoir Region, central China," *Journal of Human Evolution* 76.C(2014), pp. 129–153.

河以南）地区常见大型、重型砾石石器。我国北方地区处于温带或寒温带，多为草原、疏林草原或荒漠草原环境，小型石片工具可能更适于在这种环境中的狩猎活动。南方地区在多数时期则处于亚热带和热带，森林面积比较大，拥有丰富的竹木资源，重型工具比较适于木材资源的获取和处理加工。实验表明，砍断竹子，并进一步制作成锋利的竹片，便可以获得能有效处理加工动物资源的工具[①]。旧大陆东西方之间以及东亚内部在旧石器时代早期石器工业主体面貌上的差异与地理格局、环境、文化传统有关。青藏高原的隆升造成气流动力和热力作用的改变，导致亚洲季风形成[②]。随着青藏高原的不断隆升，东亚内陆加速变干[③]，产生明显的环境效应。有学者由此提出东亚形成了独立的自然地理单元，对该地区独特的文化面貌与文化发展轨迹的形成产生了重要影响[④]。人群长期处于相对孤立或者交流有限的状态下，会形成较为稳定的文化传统，从而形成具有区域特色的文化。但另一方面，从总体上看手斧在旧大陆东西方都较为普遍，一定程度上反映了旧石器时代早期东西方人群存在交流，尽管交流的程度和频率可能有限。

## 二、旧石器时代中期

根据旧大陆西部石器技术模式的发展变化和年代序列，旧石器时代中期指距今约25万年前至距今约5万年或4万年前。距今约30万—20万

---

①Bar-Yosef, O., Eren, M. I., Yuan, J., et al. "Were bamboo tools made in prehistoric Southeast Asia?: An experimental view from South China," *Quaternary International* 269(2012), pp. 9–21.

②夏正楷编著：《第四纪环境学》，北京大学出版社，1997年。

③施雅风、李吉均、李炳元等：《晚新生代青藏高原的隆升与东亚环境变化》，《地理学报》1999年第1期，第10—20页。

④王幼平：《更新世环境与中国南方旧石器文化发展》，北京大学出版社，1997年。

年前非洲出现了现代人，以北非摩洛哥Jebel Irhoud遗址、东非Herto遗址和Omo Kibish遗址发现的人类化石为代表①②。距今约20万—10万年前，现代人扩散至西亚，以以色列Misliya遗址、卡夫泽（Qafzeh）遗址和斯虎尔（Skhul）遗址为代表③④⑤。在西亚，早期现代人与尼安德特人共存了一段时间，但西亚与欧洲在旧石器时代中期主要是由尼安德特人占据的。旧石器时代中期在我国是不是在文化上具有意义的考古学时期还存在着争议⑥⑦⑧。近些年来的新发现表明，中更新世晚期或晚更新世初期我国的人群、技术和适应行为发生了重要变化，并且与旧大陆西部旧石器时代中期的人群和文化存在一定关联，因此，本书将中更新世晚期或晚更新世初期直到距今约4万或3.5万年前视为我国旧石器时代中期。当然，目前从时代、人群和文化上看，我国与旧大陆西部的旧石器时代中期也是存在明显差异的。

我国旧石器时代中期存在着不同人群共存的现象。南方地区至

---

①McDougall, I., Brown, F. H., Fleagle, J. G. "Stratigraphic placement and age of modern humans from Kibish, Ethiopia," *Nature* 433.7027(2005), pp. 733–736.

②Hublin, J. J., Ben-Ncer, A., Bailey, S. E., et al., "New fossils from Jebel Irhoud, Morocco and the pan-African origin of Homo sapiens," *Nature* 546.7657(2017), pp. 289–292.

③Stringer, C., Galway-Witham, J. "When did modern humans leave Africa?," *Science* 359.6374(2018), pp. 389–390.

④Schwarcz, H. P., Grün, R., Vandermeersch, B., et al., "ESR dates for the hominid burial site of Qafzeh in Israel," *Journal of Human Evolution* 17.8(1988), pp. 733–737.

⑤Mercier, N., Valladas, H., Bar-Yosef, O., et al., "Thermoluminescence date for the Mousterian burial site of Es-Skhul, Mt. Carmel," *Journal of Archaeological Science* 20.2(1993), pp. 169–174.

⑥Gao, X., Norton, C. J., "A critique of the Chinese 'Middle Palaeolithic'," *Antiquity* 76.292(2002), pp. 397–412.

⑦Yee, M. K., "The Middle Palaeolithic in China: A review of current interpretations," *Antiquity* 86.333(2012), pp. 619–626.

⑧Li, F., "Fact or fiction: The Middle Palaeolithic in China," *Antiquity* 88.342(2014), pp. 1303–1309.

少在距今10万年前出现了现代人，以广西智人洞[①]为代表。与此同时，北方地区则被本地的古老人群、丹尼索瓦人占据，前者以河南许昌灵井遗址和山西许家窑遗址的人类化石为代表，可能存在着与尼安德特人的基因交流，并且许昌人具有古老人群与早期现代人混合的特征[②③]；后者以甘肃夏河遗址的发现为代表[④]。从目前的考古材料看，北方地区在距今约4万—3.5万年前出现现代人，以北京田园洞人（距今约4万年）和山顶洞人（早于3.3万年，有可能距今3.8万年至3.5万年）化石为代表。年代学、人类化石、分子生物学以及考古学等多学科的证据表明，现代人在我国的扩散和交流存在着南方和北方两条路线[⑤]。然而，现代人在我国的出现过程及其与古老人群的关系仍是未解之题。

从技术发展方面看，旧石器时代中期非洲出现了一系列新的技术和行为特征，通常被视为现代人行为的标志，比如出现新的石器技术且石器技术具有显著多样性，包括勒瓦娄哇技术、盘状石核技术、大型两面器技术和石叶技术、使用黏合剂制作复合工具（投射器）[⑥]；制作和佩戴贝壳装饰品；在赭石或鸵鸟蛋壳上刻画纹样；使用红色赭石；通

---

①Liu, W., Jin, C. Z., Zhang, Y. Q., et al., "Human remains from Zhirendong, South China, and modern human emergence in East Asia," *PNAS* 107.45(2010), pp. 19201–19206.

②Wu, X. J., Trinkaus, E., "The Xujiayao 14 mandibular ramus and Pleistocene Homo mandibular variation," *Comptes Rendus Palevol* 13.4(2014), pp. 333–341.

③Li, Z. Y., Wu, X. J., Zhou, L. P., et al., "Late Pleistocene archaic human crania from Xuchang, China," *Science* 355.6328(2017), pp. 969–972.

④Chen, F., Welker, F., Shen, C. C., et al., "A late middle pleistocene denisovan mandible from the tibetan plateau," *Nature* 569.7756(2019), pp. 409–412.

⑤李锋、高星：《东亚现代人来源的考古学思考：证据与解释》，《人类学学报》2018年第2期，第176—191页。

⑥Wadley, L., Hodgskiss, T., Grant, M., "Implications for complex cognition from the hafting of tools with compound adhesives in the Middle Stone Age, South Africa," *PNAS* 106.24(2009), pp. 9590–9594.

过刮–磨技术制作骨器等[①②③④]。欧亚大陆旧石器时代中期，特别是较晚阶段（晚更新世早、中期），勒瓦娄哇技术广泛见于欧洲和西亚，并繁荣发展；西南亚、南亚、中亚、西伯利亚和东亚北部也有所发现[⑤]。勒瓦娄哇技术是一种从预制台面和预制剥片工作面的两面体石核上生产可以控制形状的石片的预制剥片技术[⑥]。这是一种复杂的剥片技术，需要长时间的培训、学习、练习才能够掌握，是特定人群文化特征的重要反映。勒瓦娄哇技术模式的典型石制品组合为勒瓦娄哇石核、盘状石核、勒瓦娄哇石片、勒瓦娄哇尖状器、刮削器。勒瓦娄哇尖状器可以制作成复合工具，在人类生计活动中扮演重要角色。

我国广大地区在旧石器时代中期仍然以简单的石核石片技术为主体，北方主要为小石片工业，但是盘状石核明显增加[⑦]；工具类型具有多样化趋势，尽管修理石片或刮削器仍然为工具组合的主体，但锯齿刃器、凹缺刮器、雕刻器、尖状器和钻的出现率明显增加，成为重要的工具组成部分。另外，北方地区在距今4.5万—4万年前出现了勒瓦娄哇技术和莫斯特石器工业，以新疆通天洞遗址和内蒙古金斯泰遗址为代

①McBrearty, S., Brooks, A. S., “The revolution that wasn’t: A new interpretation of the origin of modern human behavior.”

②Lombard, M., “Thinking through the Middle Stone Age of sub-Saharan Africa,” *Quaternary International* 270(2012), pp. 140–155.

③Wurz, S., “Modern behaviour at Klasies River,” *South African Archaeological Society Goodwin Series* 10(2008), pp.150–156.

④Bar-Yosef, O., “The Upper Paleolithic revolution,” *Annual Review of Anthropology* 31.1(2002), pp. 363–393.

⑤Petraglia, M. D., Alsharekh, A., “The Middle Palaeolithic of Arabia: Implications for modern human origins, behaviour and dispersals,” *Antiquity* 77.298(2003), pp. 671–684.

⑥陈宥成、曲彤丽：《“勒瓦娄哇技术”源流管窥》，《考古》2015年第2期，第71—78页。

⑦陈宥成、曲彤丽：《盘状石核相关问题探讨》，《考古》2016年第2期，第88—94页。

表[1][2]，暗示了欧亚大陆东西方人群的交流。长江中下游地区出现了中小型石片石器为主的工业，以湖北鸡公山、湖南条头岗等遗址为代表，改变了此前大型砾石石器占主导的局面。当然，传统的手镐、砍砸器等重型工具仍有保留[3][4]。

旧石器时代中期人类的狩猎能力进一步发展，狩猎大型动物并有意选择其成年个体是主要的生计策略，并且非洲和欧亚大陆广泛空间里的人群在这方面存在相似性。然而，人群的狩猎策略因环境特点、环境变化、有蹄类动物总量的变化，特别是迁徙的大型食草动物丰富程度的变化而存在地区差异[5]。与此同时，有些地区例如非洲南部还出现了食谱拓宽、水生动物资源利用增加的生计特点。

旧大陆西部含有丰富用火遗存，或反复用火遗存的遗址数量在这一时期明显增加，反映了人类对火的掌控和使用的加强。人群的流动性随着季节变化、资源分布和丰富程度的变化而改变，在旧石器时代中期较晚阶段有计划的流动模式得到进一步发展[6]。总体来看，旧石器时代

---

①新疆文物考古研究所、北京大学考古文博学院：《新疆吉木乃县通天洞遗址》，《考古》2018年第7期，第3—14页。

②Li, F., Kuhn, S. L., Chen, F., et al., "The easternmost middle paleolithic (Mousterian) from Jinsitai cave, north China," *Journal of Human Evolution* 114(2018), pp. 76–84.

③刘德银、王幼平：《鸡公山遗址发掘初步报告》，《人类学学报》2001年第2期，第102—114页。

④李意愿：《石器工业与适应行为：澧水流域晚更新世古人类文化研究》，上海古籍出版社，2020年，第267页。

⑤Delagnes, A., Rendu, W., "Shifts in Neandertal mobility, technology and subsistence strategies in western France," *Journal of Archaeological Science* 38.8(2011), pp.1771–1783.

⑥Meignen, L., Bar-Yosef, O., Speth, J. D., et al., "Middle Paleolithic settlement patterns in the Levant," In: Hovers, E., Kuhn, S. L. (eds.), *Transitions before the transition: Evolution and stability in the Middle Paleolithic and Middle Stone Age (Interdisciplinary contributions to archaeology)*, New York: Springer, 2006, pp. 149–169.

中期人群（特别是尼安德特人）的流动性较高，很多地区的遗址占用时间比较短、占据间隔较大[①]，但有些区域，例如黎凡特地区反复占用和高强度占用的遗址数量在中期较晚阶段有所增加[②]。旧石器时代中期人群的活动范围或人群关系所波及的地域范围相对较小，但非洲和西亚早期现代人群体中出现了远距离交换或运输物品的行为。总之，遗址占用特点和流动、栖居模式会受到人群、环境与资源、人口与社会等因素的影响，从而导致区域差异出现。

我国旧石器时代中期遗址数量有所增加，主要分布在北方地区，但距今10万—4.5万年的遗址仍然比较少。目前考古材料所揭示出的遗址占用模式显示，这一时期总体上人口较少、人群栖居流动性高。石制品原料产地则暗示人群的活动范围和流动范围比较小，但同时遗址占用和人群流动模式也存在区域差异。由于缺乏遗址内部结构的系统研究资料，对当时栖居模式、人口与社会关系的探讨还有待深入。南方地区虽然已经出现现代人，但现有的考古材料没有显示出技术和行为上的显著变化。另外，由于南方地区具有可靠年代序列的考古材料比较缺乏，并且受到埋藏环境的影响，动物遗存的发现非常有限，因此我们对于南方广泛地区中的人类行为和文化的认识还存在很多空白。

## 三、旧石器时代晚期

旧石器时代晚期指距今5万—4万年至距今约1万年前的时期。在这

---

①Yravedra, J., “New Contributions on Subsistence Practices during the Middle-Upper Paleolithic in northern Spain,” In: Clark, J. L., Speth, J. D. (eds.), *Zooarchaeology and modern human origins: Human hunting behavior during the Later Pleistocene,* Dordrecht: Springer, 2013, pp. 77–95.

②Wallace, I. J., Shea, J. J., “Mobility patterns and core technologies in the Middle Paleolithic of the Levant,” *Journal of Archaeological Science* 33.9(2006), pp. 1293–1309.

个时期的较早阶段，现代人在旧大陆普遍出现，此后迅速扩散，在旧石器时代晚期较晚阶段成为地球的唯一主人。现代人的认知、技术和行为在这一时期得到显著发展，石叶和小石叶技术、刮–磨制骨器以及象征性物品普遍出现并发展，社会中存在着远距离运输或交换的网络[①]，人类对火的控制使用显著加强，多种形式的火塘特别是带有围石的结构性火塘在旧石器时代晚期明显增加[②]，人类生计活动所反映的策略和技术与旧石器时代早、中期古老人群不同。生计行为的变化在很多地区旧石器时代晚期的初始阶段并不明显或者并没有发生，在旧石器时代晚期较晚阶段则越来越显著。

现代人扩散到欧洲后显示出了较尼安德特人更加灵活的生活方式，在环境适应、人口繁衍以及社会关系方面不断获得竞争优势，最终取代前者成为欧洲的主人[③]。旧石器时代晚期较早阶段奥瑞纳文化形成并迅速传播，其主要特征包括：从柱状石核上剥离石叶或从龙骨状"端刮器"石核上剥离小石叶；石叶成为制作工具的主要毛坯，典型的工具类型包括龙骨状端刮器、雕刻器、矛头和修理石叶；骨角器和装饰品普遍出现，数量和类型十分丰富，中欧还出现了乐器和雕塑。此后，在格拉维特文化及欧洲同时期文化中小石叶技术占主导地位，骨角器和具有象征意义的物品进一步繁荣发展，象征性文化遗存（例如象征性物品和墓葬）在欧洲更广泛的区域里出现，且表现出区域多样性。到了更新世末期，欧洲很多区域出现了更加小型化的石器——细石器，与石叶、小石叶共存。骨角尖状器的形态和细石器的类型在这一时期呈

①Gamble, C., "The Center at the edge," In: Soffer, O., Praslov, N. D. (eds.), *From Kostenki to Clovis,* New York: Plenum Press, 1993, pp. 313–321.

②Bar-Yosef, O., "The Upper Paleolithic revolution."

③Conard, N. J., "The demise of the Neanderthal cultural niche and the beginning of the Upper Paleolithic in Southwestern Germany," In: Conard, N. J., Richter, J. (eds.), *Neanderthal lifeways, subsistence and technology,* Dordrecht: Springer, 2011, pp. 223–240.

现更为显著的区域多样性。同时，遗址规模有所增加，出现了更多长期占用的遗址，还出现了具有“建筑”结构的营地，特别是在欧洲北部地区。栖居的变化与人口增加、复杂社会关系的发展密切相关。但是，受地理环境与动物迁徙的影响，有些地区比如西伯利亚的人群流动性比较高、营地规模比较小①。总之，欧洲旧石器时代晚期文化加速、繁荣发展，并且在旧石器时代晚期较晚阶段在西欧、中欧、东欧和西伯利亚出现了相同的象征行为和文化因素，反映了广阔地理范围内的人群流动和交流。

西亚地区在距今4.5万年前发生了技术变革，以以色列哈约尼姆（Hayonim）洞穴和克巴拉（Kebara）洞穴，约旦南部Tor Faraj岩厦，土耳其Üçağızlı等遗址为代表，石叶、小石叶技术被广泛应用，工具类型多样化，常见修理石叶或小石叶、琢背刀、端刮器、雕刻器、尖状器等类型。与欧洲的情况相似，类型鲜明或形态稳定、标准化程度较高的工具在西亚旧石器时代晚期明显增加，刮–磨制骨角器开始出现。在旧石器时代晚期较晚阶段，黎凡特南部地区出现了细石器化过程，以克巴拉文化为代表，这种石器技术与旧石器时代晚期早阶段小石叶技术的发展有关。在接下来的几何形卡巴拉文化时期，依然以石叶和小石叶技术为主，但出现了几何形细石器，特别是梯形–长方形细石器，这种石器工业在西亚更广泛的区域内普遍出现。旧石器时代晚期较晚阶段以后，随着人口的增加，地中海沿岸出现了占用时间长、占用强度高的遗址，有些遗址甚至全年被占据②。

旧石器时代晚期东亚地区出现了新的石器技术，主要表现为距今约4万—3万年前石叶技术在我国北方地区以及青藏高原出现、距今3

①Klein, R. G., *The human career: Human biological and cultural origins* (3rd edn.), Chicago: The University of Chicago Press, 2009, pp. 683–706.

②Fagan, B. M., Durrani, N., *People of the earth: An introduction to world prehistory*, New York: Pearson Education, 2014.

万—2.5万年前细石叶技术在我国北方地区出现，以山西柿子滩遗址第29地点[①]、山西下川遗址[②]、陕西龙王辿遗址[③]和河北西沙河遗址[④]、河南西施遗址[⑤]等为代表。朝鲜半岛在距今3万年左右出现了石叶技术，与我国几乎同时期出现细石叶技术[⑥]。距今2万年前日本也出现了细石叶技术[⑦]。细石叶技术是石叶技术与小石叶技术在旧大陆东部地区的特化[⑧]。在旧大陆东部旧石器时代晚期的石器组合中，石叶、小石叶与细石叶在不同石器工业中所占的比例可能有所不同，但是它们往往是不可分割的。结合旧大陆西部石叶技术、小石叶技术以及细石器的出现和发展轨迹来看，东亚地区旧石器时代晚期的石叶工业、细石叶工业的出现是相对突然的文化现象，与旧大陆西部存在渊源关系[⑨]。细石叶在

①山西大学历史文化学院、山西省考古研究所：《山西吉县柿子滩遗址S29地点发掘简报》，《考古》2017年第2期，第35—51页。

②中国社会科学院考古研究所、山西省考古研究所编著：《下川：旧石器时代晚期文化遗址发掘报告》，科学出版社，2016年，第55—101页。

③王小庆、张家富：《龙王辿遗址第一地点细石器加工技术与年代——兼论华北地区细石器的起源》，《南方文物》2016年第4期，第49—56页。

④Guan, Y., Wang, X., Wang, F., et al., “Microblade remains from the Xishahe site, North China and their implications for the origin of microblade technology in Northeast Asia,” *Quaternary International* 535.3(2019), pp. 38–47.

⑤Wang, Y., Qu, T., “New evidence and perspectives on the Upper Paleolithic of the Central Plain in China,” *Quaternary International* 347(2014), pp. 176–182.

⑥Bae, K., “Origin and patterns of the Upper Paleolithic industries in the Korean Peninsula and movement of modern humans in East Asia,” *Quaternary International* 211.1–2(2010), pp. 103–112.

⑦Ikawa-Smith, F., “Humans along the Pacific margin of North East Asia before the Last Glacial Maximum,” In: D. B. Madsen (ed.), *Entering America: Northeast Asia and Beringia before the Last Glacial Maximum,* Salt Lake City: University of Utah Press, 2004, pp. 287–309.

⑧陈宥成、曲彤丽：《旧大陆东西方比较视野下的细石器起源再讨论》，《华夏考古》2018年第5期，第37—43页。

⑨陈宥成、曲彤丽：《旧大陆东西方比较视野下的细石器起源再讨论》。

高效的狩猎活动中具有与其他石器相比更加突出的优势，末次冰期最盛期之后细石叶工业在旧大陆东部广泛的地理空间里迅速扩散，反映了人群的高流动性与人口扩张和生计压力密切相关。

我国南方旧石器时代晚期主要是以简单剥片技术为核心的砾石石器工业或石片石器工业，至今几乎没有发现细石叶工业，这一现象有可能反映了南北方有限的文化交流[①]。南方地区石器工业面貌也存在区域性差异，具体表现在砾石石器或石片石器所占比例、石器尺寸、石器类型等方面。总的来说，南方石器技术比较稳定，但有些区域的石片石器数量在旧石器时代晚期明显增加。晚更新世末期南方地区技术上的变革表现为磨刃类磨制石器和穿孔砾石出现，这两类遗存在广东阳春独石仔上层、广西柳州白莲洞、广东封开黄岩洞等都有发现[②]。

与欧亚大陆其他地区相同，旧石器时代晚期我国较普遍地出现了骨角器、装饰品，有些地区还发现了对赭石的使用，只不过这些文化遗存出现的时间略晚于旧大陆西部。用火遗迹在这一时期显著增加，可见于湖南玉蟾岩、江西仙人洞、宁夏水洞沟第2地点、山西柿子滩、河北虎头梁等遗址。与欧亚大陆西部显著不同的是，旧石器时代晚期晚阶段东亚地区出现了陶器。制陶技术相对于石器技术而言是一个完全不同的系统，需要对泥土、水和用火有较强的认知和控制能力，是人类在认识新材料的基础上，满足生活或社会活动需求的新途径。早期陶器有可能用于烧煮食物和液体。在末次冰期最盛期，我国南方腹地最早出

①陈宥成、曲彤丽：《中国早期陶器的起源及相关问题》，《考古》2017年第6期，第82—92页。

②陈宥成、曲彤丽：《旧大陆东西方比较视野下磨制石器起源探讨》，《考古》2020年第10期，第78—89页。

现了陶器，以湖南玉蟾岩和江西仙人洞遗址的发现为代表[①②]。制陶的理念与技术在我国江南丘陵地区起源之后，在之后几千年的时间内，在南岭山系西南部的桂林地区庙岩、甑皮岩、大岩等地和北回归线两侧的鲤鱼嘴、顶蛳山、牛栏洞等地较普遍地出现。距今1.6万年前，我国南方的陶器陆续向日本列岛、俄罗斯远东地区和我国北方地区传播[③]。在旧石器时代晚期技术发展变化的背景之中，我国人群的生计策略也发生着与欧亚大陆西部相似的改变，同时，不同的区域进一步显现出不同的特征。

总之，在旧石器时代晚期，现代人的生存地域随着适应生存行为的发展迅速扩张至全球，人类在更多类型、更具挑战性或生存难度更大的环境中成功生存并发展，例如，现代人在距今4万—3万年前占据青藏高原腹地[④]等。旧石器时代晚期，人类适应生存与迁徙活动受到的自然环境的制约与束缚明显减少，人类文化自此呈现加速发展，文化多样性达到前所未有的程度。与此同时，人口数量增加，人群逐渐向具有资源优势的区域扩张，有些地区人口密度显著上升，并在更新世末期气候与环境的变化过程中对狩猎采集人群的生存造成压力，由此引发了生计策略、技术、栖居模式以及社会关系的一系列变化。

---

①Boaretto, E., Wu, X. H., Yuan, J. R., et al., "Radiocarbon dating of charcoal and bone collagen associated with early pottery at Yuchanyan Cave, Hunan Province, China," *PNAS* 106.24(2009), pp. 9595–9600.

②Wu, X. H., Zhang, C., Goldberg, P., et al., "Early pottery at 20,000 years ago in Xianrendong Cave, China," *Science* 336.6089(2012), pp. 1696–1700.

③陈宥成、曲彤丽：《中国早期陶器的起源及相关问题》。

④Zhang, X. L., Ha, B. B., Wang, S. J., et al., "The earliest human occupation of the high-altitude Tibetan Plateau 40 thousand to 30 thousand years ago," *Science* 362.6418(2018), pp. 1049–1051.

## 四、旧石器-新石器时代过渡阶段

欧洲在更新世结束之时，进入了中石器时代，一直到农业出现。中石器时代的时间范围因农业在欧洲各地区出现时间的不同而有所区别[①]。中石器时代在很大程度上延续了欧洲旧石器时代晚期的狩猎采集文化，技术和文化在此基础上进一步发展。人类对食物的获取更加高效、专业，动物资源的开发利用进一步多样化。中石器时代人们狩猎陆生哺乳动物，种类丰富多样，例如在希腊Franchthi遗址，赤鹿、野猪、兔子、鸟类、狐狸等构成了人类的食谱。同时，人类对海洋资源，例如深海鱼、海洋贝类、海豹、鲸鱼，或其他水生动物资源的利用尤为突出，对植物资源的利用也明显增加。这个时期工具材料显著多样化，技术发达，包括制作石器、骨器、木器以及使用纤维制作绳子和编织物等，其中很多工具与利用海洋或水生资源相关，例如鱼钩、渔网、独木舟等[②③]。石器以几何形细小石器为特征[④]，主要用于制作复合工具；骨头和鹿角也被制作成标枪头。这些工具技术与专业化狩猎以及多样化动物资源的获取和利用相适应。这一时期新出现了利于木材处理加工的石斧和石锛以及研磨工具和陶器（陶器在北欧中石器时代晚期出现）。很多区域出现了较大规模的、定居的聚落；不同群体之间，包括狩猎采集人群之间，也包括狩猎采集人群与早期农业人群之间，存在着较

---

①Price, T. D., "The European Mesolithic," *American antiquity* 48.4(1983), pp. 761–778.

②Price, T. D., *Europe before Rome: A site-by-site tour of the Stone, Bronze, and Iron Ages*, London: Oxford University Press, 2013.

③Price, T. D., "The European Mesolithic."

④Bailey, G., Spikins, P., *Mesolithic Europe*, New York: Cambridge University Press, 2008.

为复杂的社会关系，常以交流或冲突的方式表现[1][2][3]。总之，人口的增加、生计策略的改变、技术的专业化和复杂化发展、人群之间紧密的或不稳定的社会关系推动了欧洲中石器时代社会的复杂化发展。

更新世末期西亚地区的技术、栖居模式、经济活动等发生了重大变革，该地区进入新的发展阶段，以纳吐夫文化的形成与发展（距今1.45万—1.15万年）为标志[4]。石器技术以石叶和小石叶技术为主要特征。石器的主要风格为细小石器和几何形小石器，类型包括端刮器、雕刻器、截头小石叶、琢背小石叶、石钻等。该地区还出现了新的石器技术，包括石斧和石锛、石杵和石臼、带小凹坑的研磨石器，以及把小石叶镶嵌在骨柄或木柄中制成石镰。这一时期人类开发利用更多种类的食物资源，同时采取对动物资源强化开发利用的策略。骨器的类型和数量较旧石器时代晚期有显著增加，主要用于加工皮子、编筐、捕鱼、制作柄把。用海贝壳、动物牙齿和骨骼制成的装饰品也较之前有所增加，此时还新出现了雕塑[5]。纳吐夫时期遗址规模明显增加，大型遗址的面积超过1000m$^2$，反映了人口的显著增加。很多遗址中出现了房屋、储藏设施、大量的落地工具（如研磨工具），遗址中与人类共生的老鼠、松鼠的遗存也明显增加，这些现象揭示出栖居形式的重要改变，即人类采用了定居的生活方式。

---

①Price, T. D., "The European Mesolithic."

②Price, T. D., "The Mesolithic of western Europe," *Journal of World Prehistory* 1.3(1987), pp. 225–305.

③Price, T. D., "The Mesolithic of northern Europe," *Annual Review of Anthropology* 20.1(1991), pp. 211–233.

④Bar-Yosef, O., "From sedentary foragers to village hierarchies: The emergence of social institutions," In: Runciman, W., British Academy (eds.), *The origin of human social institutions (Proceedings of British Academy)*, Oxford: Oxford University Press, 2001, pp. 1–38.

⑤Bar-Yosef, O., "The Natufian Culture in the Levant, threshold to the origins of agriculture," *Evolutionary Anthropology* 6.5(1998), pp. 159–176.

我国北方地区在旧石器-新石器时代过渡阶段的石器技术以细石叶技术为特征，并出现落地研磨工具——石磨盘、石磨棒，以及磨刃类工具——石斧、石锛等[①]。此时，北方地区开始出现陶器。这些发现暗示了人群流动性的降低。骨器是工具的组成部分，但数量依然有限。象征行为主要通过少量的装饰品体现，仪式性活动的考古学证据罕见。狩猎采集仍然是人们获取食物的方式，与旧石器时代晚期晚段相同，此时食物的构成具有多样化的特点，包括大、中、小型哺乳动物和鸟类、鱼类、螺类等。研磨类落地工具的普遍出现暗示着人类对植物性食物资源开发利用的加强。有关生计策略的更多信息仍有待揭示，需要对这个时期的动、植物遗存进行更深入的研究。

这一时期南方地区的石器技术与北方有很大差别，打制石器仍以简单技术生产的石核-石片工具为主。石斧和石锛类磨刃石器在这一时期进一步发展，磨刃石器在木材加工活动中发挥了重要作用。骨器的数量和类型进一步增加，与北方地区相比更为丰富，且蚌器有所增多，这是这一时期南方地区技术和文化的特色。陶器在该地区旧石器时代晚期晚段已经出现，此时延续发展。人类的生计策略具有拓宽食谱、强化开发利用的特点，特别是对植物较为深入的开发利用[②]。与北方相比，南方食物资源的广谱化利用特征更为显著。

与西亚不同的是，我国旧石器-新石器时代过渡阶段反映定居情况的明确证据，例如房屋、储藏设施等遗迹罕有发现。由于缺少遗址占用过程的资料，当时人类的栖居结构和栖居模式仍然是很大的未知。另外，没有充分证据表明这一时期我国人口明显增加，也没有发现能反映一定规模人口聚居的现象。但是，较为丰富的陶器和落地工具遗存以及火塘的使用强度表明人类占用遗址的时间有所延长，对于居址的依

---

①陈宥成、曲彤丽：《旧大陆东西方比较视野下磨制石器起源探讨》。

②刘莉、陈星灿：《中国考古学：旧石器时代晚期到早期青铜时代》，生活·读书·新知三联书店，2017年，第57—79页。

赖程度增强，栖居流动性相应减弱。结合全球现代人扩散进程与社会发展程度来看，我国在距今1万年左右已进入一个新的阶段，并为此后数千年的技术的发展，生计活动、象征文化以及人口与社会的发展变化奠定基础①。

①陈宥成、曲彤丽：《试析华北地区距今1万年左右的社会复杂现象》，《中原文物》2012年第3期，第20—26页。

# 第三章　肉食资源的获取和利用：人类生计行为的发展变化

## 一、肉食与狩猎大型动物

食物和营养是人类生存与繁衍的最基本保障。在人类演化的漫长岁月中，人类的食物构成、食物获取方式与技术以及相关文化行为不断发生变化，对人类体质、社会和文化的变化发展、人群的迁徙和交流产生重要影响。在这个过程中，动物扮演了至关重要的角色。本章将着重从生计行为（这里主要指人类获取和利用食物的行为、技术和策略）的角度探讨旧石器时代人类与动物的关系。

最早人科（撒海人、地猿始祖种等）的生存主要依赖植物性食物，包括植物的根和叶、野生浆果等。在南方古猿出现和演化早期，气候进一步变干、变冷，季节性更加显著，非洲环境景观发生变化，南方古猿需要花更多的时间在地面上采集食物，他们的食谱中不得不增加一些粗纤维、不易咀嚼的食物，例如坚果、地下块茎等[1]。在距今250万年左右人属出现，肉食（广义的肉食包括肉、骨髓和油脂）出现在人类食谱中。尽管植物也是人类食物的重要来源，并且通常更容易获取，但是肉食在能量、热量、蛋白质、多种维生素和矿物质方面的供给作用是植物

---

①Lieberman, D., *The story of the human body: Evolution, health, and disease.*

性食物无法替代的。肉食对于怀孕期的女性和初生婴儿尤其关键，因为他们更需要补充大量的营养和能量，仅仅依靠植物性食物是无法满足的，因此可以说肉食直接影响着早期人类的成功生存和繁衍。直立人出现（距今约200万年前）和发展阶段，人类的大脑明显增大[①]，身体结构、行为和认知也发生了显著变化。大脑是高耗能的器官，增大的脑部需要高热量和高能量的供给，而肉食就是最好的选择[②]。然而，食用没有加工过的生肉一方面在咀嚼上费时费力，另一方面不利于消化。除了使用石器把肉切割成小片或小块这种方式，早期人类可能还用火加工肉食和块茎类植物性食物[③④]。吃熟食更有利于消化和吸收，人体肠道和大脑的生长和维持需要耗费大量的能量，同时，大脑和肠道每单位质量消耗的能量差不多，早期人类食物构成上的变化促使人体将较少的能量用于消化食物，而投入更多的能量用于脑的生长发育[⑤]。肉食进入人类食谱还促进了人类技术和行为的发展，主要表现为制作和使用石器，用火，以及为了获取肉食而进行的狩猎与合作行为、分享食物的行为等。

早期人类可以通过以下几种方式获取肉食：（1）狩猎，（2）在大型食肉动物捕杀猎物以后、还未充分消费之前，人类把食肉动物赶跑，然后进行拣食，（3）拣食大型食肉动物吃剩下的部分，（4）发现

---

①Aiello, L. C., Wheeler, P., "The expensive-tissue hypothesis: The brain and the digestive system in human and primate evolution," *Current Anthropology* 36.2(1995), pp. 199–221.

②Lieberman, D., *The story of the human body.*

③Wrangham, R. W., Jones, J. H., Laden, G., et al., "The raw and the stolen: Cooking and the ecology of human origins," *Current Anthropology* 40.5(1999), pp. 567–594.

④Wrangham, R. W., "Control of fire in the Paleolithic: Evaluating the cooking hypothesis," *Current Anthropology* 58.S16(2017), pp. S303–S313.

⑤Aiello, L. C., Wheeler, P., "The expensive-tissue hypothesis: The brain and the digestive system in human and primate evolution."

并拣食没有被食肉动物消费过的自然死亡动物。这几种方式中可能有一种是早期人类获取肉食的主要方式，但也可能都被使用[①]。很长时间以来，研究者围绕狩猎和屠宰行为的起源与早期发展展开了激烈争论，提出了不同的假说。很早以前达尔文曾提出人类文化形成之初，人类就使用工具狩猎并处理猎物尸体。吃肉促使了脑量的增加，提升了人类的认知水平，对于早期人科在非洲草原的适应生存起到了极大的推动作用[②]。二十世纪六十年代，早期人类狩猎的观点在民族学与考古学相结合的研究中得到加强[③]，人类的认知、兴趣、情感以及基本的社会生活全部被视作狩猎行为演化的产物[④]，狩猎大型动物促使劳动分工形成——男性负责获取肉食，女性主要负责照顾幼儿和采集植物资源，同时也促进了食物分享与群体成员之间合作。共同狩猎以及食物分享构成了狩猎采集社会的基础体系[⑤]。然而，二十世纪七八十年代，这一观点受到了挑战，以布瑞恩和宾福德等人为代表[⑥⑦]。对动物生态行为的观察、对现代狩猎采集部落人类行为和骨头被废弃后的经历等方面的民族学观察，以及实验考古的一些研究发现，很多早期人类遗址中的动物骨骼应当不是人类狩猎活动的结果，而是大型食肉动物捕食后形成的堆积。早期人类，特别是上新世-更新世过渡阶段和更新世早期的人类，有可能只是处于边缘地位的拣食者——主要通过拣食食肉动物吃剩的部分来获得肉

---

①Domínguez-Rodrigo, M., “Hunting and scavenging in early humans: The state of the debate,” *Journal of World Prehistory* 16.1(2002), pp. 1–56.

②Darwin, C., *The descent of man*, New York: Random House, 1871.

③Lee, R., DeVore, I. (eds.), *Man the Hunter.*

④Washburn, S. L., Lancaster, C. S., “The evolution of hunting,” In: Lee, R., DeVore, I. (eds.), *Man the Hunter,* p. 293.

⑤Isaac, G., “The food-sharing behavior of protohuman hominids.”

⑥Brain, C. K., *The hunters or the hunted?: An introduction to African cave taphonomy.*

⑦Binford, L. R. *Bones: Ancient men and modern myths.*

食。从另一个角度来说，狩猎是高风险、高成本、收益不稳定的一件事。对于现代狩猎采集人群而言，即使他们拥有更有效、安全的狩猎工具和设备，狩猎也不是件容易的事，对于早期人类来说则更是如此。鄂温克族人曾说："获得肉食并不容易，是需要付出代价的。我们必须移动、搜索、奔跑，流汗、经受冰冻，有时还会丢掉猎物！我们并不是每天都会成功。"①在东非现代狩猎采集部落中，人们可能要花费很多时间，甚至几天时间去追踪并最终杀死猎物，而且狩猎成功的次数依然远远少于失败的次数②。因此，有观点认为在现代人出现之前，古老人群在缺少发达、安全的狩猎技术与工具的情况下，很可能主要是通过拣食大型食肉类动物吃剩的部分而获得少量的肉。有些奥杜威遗址的考古发现反映了早期人类主要通过进攻性拣食，而不是通过狩猎获取肉食，当时人们利用的主要是骨髓③。骨骼部位构成以及骨骼的改造特征是讨论更新世早期及更早时期人类获取肉食方式的重要依据④⑤⑥。早期人类拣剩假说的重要依据是出土的动物骨骼上带有食肉动物啃咬痕，且这种痕迹所占比例较高，而

①Lavrillier, A., *Nomadisme et adaptations sédentaires chez les Évenks de Sibérie postsoviétique:«jouer» pour vivre avec et sans chamanes*, Doctoral dissertation, ÉCOLE PRATIQUE DES HAUTES ÉTUDES, Sorbonne V ème section, SCIENCES RELIGIEUSES, 2005, p. 224.

②Speth, J. D., *The Paleoanthropology and Archaeology of Big-game Hunting: Protein, Fat, or Politics?*, New York: Springer, 2010.

③O'Connell, J. F., Hawkes, K., Lupo, K. D., et al., "Male strategies and Plio-Pleistocene archaeology," *Journal of Human Evolution* 43.6(2002), pp. 831–872.

④Shipman, P., "Scavenging or hunting in early hominids: Theoretical frameworks and tests," *American Anthropology* 88.1(1986), pp. 27–43.

⑤Bunn, H. T., "Archaeological evidence for meat-eating by Plio-Pleistocene hominids from Koobi Fora and Olduvai Gorge."

⑥Bunn, H. T., Kroll, E. M., "Systematic butchery by Plio-Pleistocene hominids at Olduvai Gorge, Tanzania."

人类活动的改造痕迹相对缺乏。即使存在人工改造痕迹，它们也只是分布在含肉量低的骨骼部位上[①②]。有的动物骨头上存在切割痕叠压在动物啃咬痕之上的现象。如果食肉动物先捕获到猎物并进行消费，动物肢骨特别是含肉量多的上部肢骨上的肉就会被食肉动物基本吃光，早期人类能够拣食的主要是含有骨髓的部分。在拣剩行为下形成的骨骼堆积中，含肉量少的骨骼部位很可能较多，而含肉量高的骨骼部位很少，同时遗址中应该存在着砸骨取髓的重型工具。因此，在上新世、更新世之交人属出现的时期，人类并不能够稳定地获取肉食资源，人类获取动物尸体的概率以及所获动物尸体的完整程度是高度变化的。

然而，有些早期人类遗址的考古证据表明人类先于食肉动物发现并利用了动物尸体，能够获取较为充分的肉食，其依据是动物上部肢骨上存在较多切割痕，说明人类从含有很多肌肉组织的骨骼上剥肉而不是从废弃的骨骼上剔下少量肉；另一依据则是较为丰富的含肉量多的骨骼部位的存在[③]。因此，距今一两百万年前的早期人类是有可能先于食肉动物发现并获取较为充分的肉食资源的[④]。

需要注意的是，在利用骨骼部位的构成特点判断拣剩与狩猎行为时，需要谨慎考虑构成特点的形成原因。含肉量多的骨骼的缺乏不一定指向拣剩行为。人类行为和文化的诸多方面都会影响遗址中

---

①Binford, L. R., "Human ancestors: Changing views of their behavior."

②Blumenschine, R. J., "Percussion marks, tooth marks, and experimental determinations of the timing of hominid and carnivore access to long bones at FLK Zinjanthropus, Olduvai Gorge, Tanzania."

③Klein, R. G., "Archeology and the evolution of human behavior," *Evolutionary Anthropology* 9.1(2000), pp. 17–36.

④Domínguez-Rodrigo, M., "Meat-eating by early hominids at the FLK 22 Zinjanthropus site, Olduvai Gorge (Tanzania): An experimental approach using cut mark data."

骨骼单元的出现率[①②]。搬运动物尸体时人类可能会考虑一些因素而作出选择，包括骨骼含肉量的多少、动物尸体与营地的距离、参加搬运的人数、动物体型和重量等[③④⑤]。有些群体在获得猎物后先对其进行肢解，然后再搬运，有些骨头被带走，有些被留在屠宰地。有些群体在搬运前则不会事先肢解或处理猎物[⑥]。加工和消费猎物的方式会使得骨骼破裂、破碎，从而变得不容易被识别和鉴定。破碎程度高的骨骼在人类的其他行为，例如空间的清理和打扫，或者其他自然作用下更容易被扰动或被带走；人类消费肉食所废弃的动物骨头，后经大型食肉动物再次啃咬消费，肋骨、脊椎骨、髋骨以及肢骨骨骺特别容易被破坏；还有群体间的交流和合作也影响着猎物的分享方式；这些都会对骨骼部位的构成造成影响[⑦]。同时，还应当准确区分、鉴定人工痕迹、动物啃咬痕迹与其他自然作用痕迹。由于啃咬

①O'Connell, J. F., Hawkes, K., and Blurton, J. N., "Patterns in the distribution, site structure and assemblage composition of Hadza kill-butchering sites," *Journal of Archaeological Science* 19.3(1992), pp. 319–345.

②Lupo, K.D., "Experimentally derived extraction rates for marrow: Implications for body part exploitation strategies of Plio-Pleistocene hominid scavengers," *Journal of Archaeological Science* 25.7(1998), pp. 657–675.

③Metcalfe, D., Jones, K. T., "A reconsideration of animal body part utility indices," *American Antiquity* 53(1988), pp. 486–504.

④Metcalfe, D., Barlow, K. R., "A model for exploring the optimal trade-off between field processing and transport," *American Anthropologist* 94.2(1992), pp. 340–356.

⑤O'Connell, J. F., Hawkes, K., Jones, N. B., "Hadza hunting, butchering, and bone transport and their archaeological implications."

⑥O'Connell, J. F., Hawkes, K., Jones, N. B., "Hadza hunting, butchering, and bone transport and their archaeological implications."

⑦Blumenschine, R. J., Marean, C. W., "A carnivore's view of archaeological bone assemblages," In: Hudson, J. (ed.), *From bones to behavior: Ethnoarchaeological and experimental contributions to the interpretations of faunal remains,* Carbondale: Southern Illinois University Press, 1993, pp. 271–300.

痕与真菌腐蚀痕迹具有相似性，切割痕与踩踏痕容易混淆，痕迹的误判会导致某类痕迹出现率高于实际情况，从而影响我们对早期人类获取肉食方式的正确解读。

从演化的角度看，脑的增大、早期人类的繁衍以及迁徙扩散离不开充足的能量供给，动物的肉和油脂是满足能量需求所必须的食物。拣食食肉动物吃剩的肉很难满足早期人类对肉食的需求。人类想要获取相对充足的肉食，必须通过狩猎在“第一时间”获取动物资源[①②③]。结合近年来早期人类遗址中的考古发现，可以看出旧石器时代早期较早阶段人类应当已经能够通过狩猎获取肉食，只是狩猎的对象、技术特点、狩猎行为的特性还与较晚时期的人群存在差别[④]，同时早期人类有可能兼用拣剩的方式获得一些肉食[⑤]。

人类狩猎什么动物、在哪狩猎、采用何种获取和搬运策略、在哪处理、如何处理动物尸体、如何利用以及利用程度是旧石器时代动物遗存研究中主要回答的问题。这些生计策略与诸多因素有关：从人类身体和行为演化的角度说，包括人类远距离直立行走、奔跑的能力，人类制作和使用工具的能力、技术，对火的使用，人类对动物和环境

---

①Aiello, L. C., Wheeler, P. “The expensive-tissue hypothesis: The brain and the digestive system in human and primate evolution.”

②Domínguez-Rodrigo, M., “Meat-eating by early hominids at the FLK 22 Zinjanthropus site, Olduvai Gorge (Tanzania): An experimental approach using cut mark data.”

③Milton, K., “A hypothesis to explain the role of meat-eating in human evolution,” *Evolutionary Anthropology: Issues, News, and Reviews* 8.1(1999), pp. 11–21.

④Bunn, H. T., “Hunting, power scavenging, and butchering by Hadza foragers and by Plio-Pleistocene Homo,” In: Stanford, C. B., Bunn, H. T. (eds.), *Meat-eating and human evolution,* Oxford: Oxford University Press, 2001, pp. 199–218.

⑤Villa, P.,Lenoir, M., “Hunting and hunting weapons of the Lower and Middle Paleolithic of Europe.”

的认知（包括知识与经验的积累、信息的掌握）、合作行为与计划行为等；从生存环境角度说，包括地理环境、人口规模或人口压力、社会关系等。对于处于相同演化阶段，认知与技术能力相当的人群来说，人类对动物资源的开发利用与环境的关系尤为密切。高纬度地区和低纬度地区在季节性方面存在差异；欧洲西部和中部、东部受到的北大西洋暖流的影响程度不同，气候和季节存在明显差异；欧亚大陆北部与南部环境景观、中国北部与南部的环境景观分别存在差异；东亚季风使得中国与同纬度其他亚洲地区的气候环境差异显著，而这些地区的环境与资源在更新世周期性气候波动下受到的影响也有所不同。地理环境在很大程度上影响特定区域内人群赖以生存的食物资源的种类、丰富程度、可获取性以及稳定程度，因此，不同纬度位置、不同地理景观中的人群生计策略一定会有所不同。此外，人口的显著增加会造成食物压力甚至危机，而特定区域中人口密度增加，使得资源紧缺，从而有可能造成紧张的群体关系或者为了争夺资源而发生冲突。因此，自然环境与社会人口环境共同决定着资源的可获取性或获取量，在面对环境变化或各种因素导致的压力时，人类对生存方式作出不同的选择或调整，从而导致生计策略的多样化。就狩猎采集人群而言，他们有可能通过改变生计策略、流动性、社会关系、人口、技术来应对"变化"或压力。例如，扩展食谱、对资源进行强化或者丰富利用资源的形式；增加流动性（流动的频率和流动的距离），从而尽可能地获取更多区域中的资源，或者远距离迁徙到环境更适宜、资源更丰富的地区；或者控制人口规模、建立友好群体关系得到其他人群的帮助、与其他人群竞争资源；或者通过改善或发明工具与技术来获得那些以前难以开发利用的资源。

旧石器时代早、中期遗址的动物遗存中，能够确定与人类狩猎活动相关的动物种类通常是较大型哺乳类动物（包括大型和中型），它们甚至占绝对主体。狩猎需要知识、经验、计划、合作、工具，综合考虑地形、气候、环境景观等多方面因素，狩猎者经常要面临危险，而狩猎的结果无法预测[①②]。狩猎大型甚至性情暴躁的动物的难度更大、风险更高，很可能会造成人员伤亡，而人员的损失对于小规模群体的繁衍生存来说会产生非常显著的影响[③]。尼安德特人骨骼上发现的创伤痕迹暗示了他们在狩猎活动中所面对的危险[④]。那么人类为什么要狩猎大型动物？与获取小型动物相比，狩猎大动物虽然成本更高，风险更大，但是能够为人们带来更多的肉、骨髓和油脂，尤其是油脂[⑤]。油脂主要存在于脑子和骨髓中，松质骨中也含有油脂。在危机时刻或食物缺乏的季节里油脂能够最大化地满足群体的食物需求，这可能是狩猎-采集者倾向选择大型动物的重要原因。不可否认的是，有些植物性食物也可以提供油，热量也比较高，获取的难度和风险相比狩猎大型动物而言要低得多，但是这种资源的获取受到的环境限制大：距离赤道地区越远，可利用的植物和动物资源的多样性越少。因此，生活在旧大陆温带和寒带开阔地区的人群如果不能持续稳定地获取某一种或少数几种动物资源，那么他们的生活可能会非常艰难[⑥]。民族学资料显示：生活在最高纬度地区的人类的食物构成中超过一半来自狩猎，而在中高纬度地区，

---

①O'Connell, J. F., Hawkes, K., Lupo, K. D. et al., "Male strategies and Plio-Pleistocene archaeology."

②Hawkes, K., O'Connell, J. F., Jones, N. B., "Hadza meat sharing," *Evolution and Human Behavior* 22.2(2001), pp. 113–142.

③Shea, J. J., "The origins of lithic projectile point technology: Evidence from Africa, the Levant, and Europe," *Journal of Archaeological Science* 33.6(2006), pp. 823–846.

④Berger, T. D., Trinkaus, E., "Patterns of trauma among the Neandertals," *Journal of Archaeological Science* 22.6(1995), pp. 841–852.

⑤Cordain, L., Brand-Miller, J., Eaton, S. B., et al., "Plant-animal subsistence ratios and macronutrient energy estimations in worldwide hunter-gatherer diets," *American Journal of Clinical Nutrition* 71.3(2000), pp. 682–692.

⑥Lee, R., "What hunters do for a living, or, how to make out on scarce resources," In: Lee, R., DeVore, I. (eds.), *Man the Hunter*, pp. 30–48.

渔猎也是人类食物的重要来源[1]。除了经济目的，狩猎大型动物可能还存在其他因素的刺激与驱动，例如社会、政治等，有时这些因素甚至可能是狩猎大型动物的首要原因[2][3]。例如，能够获取大型动物是狩猎者能力和勇气的彰显，有助于其群体地位的确立或威望提升，并有利于选择配偶。这样的成员有可能在提高群体凝聚力和维系社会组织稳定上扮演重要角色。概括来说，狩猎是一种生活方式，不仅仅是获取食物和营养的生计策略，还关乎生活的幸福和群体的繁衍[4][5]。

成功的狩猎离不开安全、有效的工具技术或方法，包括获取动物、屠宰和消费动物的工具与方式方法。在旧石器时代，人类开发利用动物资源的工具技术不断变化，并具有区域性特征。有一些狩猎方式，例如远距离奔跑追踪、伏击狩猎、利用有利或特殊地形驱赶动物等，需要人类对生活区域的环境、景观有充分的了解，需要拥有关于动物分布和动物行为的广泛知识。狩猎大型动物通常很难由一个人独自完成，在很多情况下要特别依赖成员之间的积极合作，甚至需要事先的计划和布置。与采集植物性食物不同，获取动物的过程长、难度大、风险大，通常成本很高，但收益却有限，狩猎者经常会空手而归。因此，若要群体中的成员都有机会吃到肉食，则需要成员间进行分享，有时还需要群体之间进行分享[6]。此外，植物性食物可以随采随吃，但肉食需要对猎物进行搬运、处理和加工，在一番劳动之后再在安全的地方或者营地进

①Lee, R., DeVore, I. (eds.), *Man the Hunter*, pp. 42–43.

②Speth, J. D., *The paleoanthropology and archaeology of big-game hunting: Protein, fat, or politics?*.

③Isaac, G., "The food-sharing behavior of protohuman hominids."

④Laughlin, W. S., "Hunting: An integrating biobehavior system and its evolutionary importance," In: Lee, R., DeVore, I. (eds.), *Man the Hunter*, pp. 304–320.

⑤Guthrie, R. D., *The nature of Paleolithic art*, Chicago: University of Chicago Press, 2005, p. 219.

⑥Lee, R., "Hunter-gatherer studies and the millennium: A look forward (and back)," *Bulletin of the National Museum of Ethnology* 23.4(1999), pp. 821–845.

行消费，这种消费模式也促进了食物分享。分享食物的同时还促进了人与人之间的交流，使得知识、信息、经验也得到分享[①]。广泛的分享促进了不同年龄和性别的成员之间的分工，使得资源的获取更加有效和有保障，能够帮助群体在互惠互利的机制下度过困难和危机，保证群体的生存和繁衍[②]。更大范围内的或者群体间的分享以及在此基础上发展出的交换行为促进了群体之间的交流与合作，并随着特定区域里人口密度的增加，更大尺度或更加复杂交错的社会关系得以建立。分享与合作的社会体系一旦建立，便具有自我管理和调节的机制，并且能够持久存在，直到被更有效的社会机制代替[③]。因此从社会层面上说，狩猎大型动物的行为可以促进分享，在此基础上又促进社会关系的维系或发展。总之，稳定地、规律地狩猎大型动物的行为在人类演化史上具有重要意义，推动了狩猎人群认知的发展，知识和经验的积累，狩猎工具和技术的发展，以及社会组织的发展。

1. 旧大陆西部旧石器时代早、中期

人类从什么时候开始稳定地狩猎大型动物（这里所说的大型动物泛指按照体重等级划分的大型和中型动物，例如马科、大–中型牛科、大–中型鹿等）呢？很多旧石器时代早期的遗址出土了丰富的大型哺乳动物遗存，如犀牛、象、原始牛、马、赤鹿的骨骼，并且通常与较多的石器共存[④]，这些现象在过去常常被认为是人类狩猎、搬运和消费大型动物所形成的，能够反映出早期狩猎采集者在行为和社会方面的发展。

---

①Lieberman, D., *The story of the human body: Evolution, health, and disease.*

②Hawkes, K., O'Connell, J. F., Blurton Jones, N. G., "Hadza women's time allocation, offspring provisioning, and the evolution of long postmenopausal life spans," *Current Anthropology* 38.4(1997), pp. 551–577.

③Clark, G., *Economic prehistory,* Cambridge: Cambridge University Press, 1989, p. 339.

④Jochim, M., "The Upper Palaeolithic," In: Milisauskas, S. (ed.), *European prehistory: A survey,* New York: Kluwer Academic/Plenum Publishers, 2002, pp. 55–113.

然而，埋藏学视角下的重新研究发现了一些遗址中动物骨骼堆积的复杂过程和真实性质，这些堆积无法用来进一步分析人类的资源获取与利用行为，或者遗址材料所能够提供的人类行为信息非常有限，例如英国斯万斯空（Swanscombe）遗址①。当然，还是有明确的证据表明，在旧石器时代早期较早阶段人类已经具有了狩猎大型动物、获取肉食的能力，当然这种行为发生的频率（或者说成功率）相比于以后的时期要低得多。西亚黎凡特地区的亚科夫女儿桥（Gesher Benot Ya'aqov）遗址中发现了人类对完整的黇鹿尸体的屠宰加工，并且这种行为多次发生，说明早至78万年前人类已经能够猎取较大型的动物②。近20年来的发现和研究表明，人类在旧石器时代早期较晚阶段，即距今40万—30万年前已经具有了经常性狩猎大型动物的行为，德国薛宁根遗址、西班牙格兰多利纳（Gran Dolina）遗址、以色列凯泽姆（Qesem）遗址等都是重要的证据。薛宁根遗址位于德国北部，是一处旧石器时代早期晚段的古湖滨遗址，遗址的保存状况非常好。薛宁根遗址 13II–4层（也被称为标枪层）出土了大量动物遗存，其中马骨在所有可鉴定种属的标本中占据绝对主体地位，达90%以上③，其余为原始牛、鹿科动物、犀牛、野猪以及少量食肉动物。马骨和大型有蹄类的骨骼部位构成较为完整，骨骼部位出现率较为均衡。以马骨为例，各个骨骼部位都存在，后肢上部的出现率最高，其次为头骨和前肢上部，再次为脊椎骨、前肢下部、后肢

---

①Smith, G. M., "Taphonomic resolution and hominin subsistence behaviour in the Lower Palaeolithic: Differing data scales and interpretive frameworks at Boxgrove and Swanscombe (UK)," *Journal of Archaeological Science* 40.10(2013), pp. 3754–3767.

②Rabinovich, R., Gaudzinski-Windheuser, S., Goren-Inbar, N., "Systematic butchering of fallow deer (Dama) at the early middle Pleistocene Acheulian site of Gesher Benot Ya'aqov (Israel)," *Journal of Human Evolution* 54.1(2008), pp. 134–149.

③Voormolen, B., "Ancient hunters, modern butchers: Schöningen 13II–4, a kill-butchery site dating from the northwest European Lower Palaeolithic," Ph.D dissertation, Faculty of Archaeology, Leiden University, 2008.

下部，足部的出现率最低。骨骼磨蚀不显著，风化程度普遍较低，有相当比例的骨骼没有风化，骨表保存状况良好，反映了动物遗存在低能水流动力的湖滨环境中被较为迅速地掩埋的过程。动物骨骼上发现少量食肉动物啃咬的痕迹，痕迹的分布模式显示马骨被人类废弃后经过了食肉动物的改造破坏。骨骼上还发现有丰富的切割痕、刮痕、砍砸痕或砍砸破裂，说明人类曾经在此肢解动物、割肉、敲骨取髓，多数切割痕出现在脊椎骨和上部肢骨上。带有砍砸破裂疤的马骨很多，占出土的富含骨髓的骨骼部位的42%。在具有砍砸疤的马骨中有超过30%的骨骼表面带有刮痕，这些刮痕很有可能与敲骨取髓前对骨表的加工处理有关。野马的准确死亡年龄和季节显示：该遗址的野马遗存是多次狩猎事件的结果，而不是对马群的一次性狩猎。这说明人类在不同季节到这个地点狩猎野马，反映出狩猎者对景观、野马行为的熟知和准确判断，反映出计划性的狩猎行为[①]。

格兰多利纳遗址位于伊比利亚半岛北部，是西班牙阿塔普尔卡（Atapuerca）山脉中的一处旧石器时代早期洞穴遗址。TD10.1层（距今约40万—30万年）发现有大量动物遗存与石制品。微形态观察发现堆积物没有受到过强烈的搬运和扰动，文化遗存属于原地埋藏。动物群组合以中型鹿科（赤鹿和黇鹿）为绝对主体，也包括马科、野牛、兔子等，食肉动物遗存所占比例非常低（0.2%）。中型鹿的死亡年龄表现出壮年居优型结构。大-中型有蹄类动物骨骼上的人工改造痕迹，主要是切割痕占有较高比例。切割痕的分布位置以及相互关系反映了系统的屠宰过程，包括剥皮、割肉、肢解、取出内脏、去除骨膜等行为。下颌骨和肢骨存在较多人工砍砸破裂特征、骨骼破裂程度高，反映了敲骨取髓的活动。少量动物骨骼上存在食肉动物啃咬痕迹，有些还与人工改造痕迹

---

①Starkovich, B. M., Conard, N. J., “Bone taphonomy of the Schöningen ‘Spear Horizon South’ and its implications for site formation and hominin meat provi-sioning.”

共存，但是食肉动物遗存所占比例、有蹄类动物的骨骼部位构成以及不同类型改造痕迹的特征与分布关系表明食肉动物虽对有蹄类动物骨骼堆积进行了一定程度的破坏和改造，骨骼堆积却不是由食肉动物捕食猎物所形成的。因此，该地区旧石器时代早期晚阶段人群同样采用了重点获取大-中型有蹄类动物，特别选择壮年个体的策略，并可能特别选择骨髓含量高的部位运回营地，以充分获取骨髓①。

凯泽姆遗址是位于地中海沿岸的一处旧石器时代早期洞穴遗址，该遗址包含大量保存状况良好的动物骨骼以及石制品。人类在距今40万—20万年前曾反复占用遗址。黇鹿是人类狩猎的主要对象，占可鉴定标本的73%—76%。其他的动物种类包括牛、野马、野驴、野猪、野山羊、赤鹿、龟类等。9%—12%的有蹄类动物骨骼上存在切割痕迹，19%—31%的有蹄类动物的破裂骨骼上有敲骨取髓形成的砍砸痕。骨骼部位构成显示，下颌骨、上颌骨和肢骨的出现率高，而脊椎骨和趾骨的出现率很低。结合骨骼上人工改造痕迹的分布位置看，人类是通过狩猎获取到这些动物资源并当即进行了初步屠宰处理，但对高营养价值部位进行了选择性搬运，尤其考虑了对骨髓的利用。切割痕迹主要分布在含肉较多的骨骼上，特别是肱骨和股骨。切割痕揭示出人类对动物尸体进行剥皮、取出内脏器官、肢解和割肉的一系列屠宰行为。然而，切割痕迹的分布和走向比较混乱，可能代表了一种不稳定、不规律的屠宰行为②③。肢骨在新鲜状态下的破裂形态以及砍砸破裂

---

①Rodríguez-Hidalgo, A., Saladié, P., Ollé, A., et al., “Hominin subsistence and site function of TD10.1 bone bed level at Gran Dolina site (Atapuerca) during the late Acheulean,” *Journal of Quaternary Science* 30.7(2015), pp. 679–701.

②Stiner, M. C., Barkai, R., Gopher, A., “Cooperative hunting and meat sharing 400–200 kya at Qesem Cave, Israel,” *PNAS* 106.32(2009), pp. 13207–13212.

③Stiner, M. C., Gopher, A., and Barkai, R., “Hearth-side socioeconomics, hunting and paleoecology during the late Lower Paleolithic at Qesem Cave, Israel,” *Journal of Human Evolution* 60.2(2011), pp. 213–233.

疤则反映了人类敲骨取髓的行为。有些骨骼受到了燃烧改造，有些燃烧特征表明烧骨可能发生在割肉或敲骨取髓之前，有些则可能发生在这些行为之后。死亡的黇鹿中包含较多成年个体，但也包含了较多的幼年（或亚成年）个体和极少数老年个体，从死亡年龄结构看，并没有特别针对某一年龄段进行猎取。食肉动物进行的群体性捕杀通常把目标集中在一个个体上，但人类在单次狩猎事件中可以捕杀、屠宰加工、存储多个个体。人类的这种狩猎策略具有较强的社会性，需要集体的有效协作。遗址中动物的死亡年龄结构以及动物遗存的其他特征，可能与群体性狩猎活动有关[①]，反映了早期人类狩猎能力的发展。

旧石器时代中期特别是偏晚阶段，欧亚大陆西部遗址的大量动物考古研究表明尼安德特人是狩猎能手，他们能获取利用大型甚至凶猛的哺乳动物[②③④⑤]。人骨同位素分析也表明：尼安德特人处于食物链顶端[⑥]，大型食草类动物是他们狩猎的主要目标，例如大型鹿、牛科

①Blasco, R., Rosell, J., Gopher, A., et al., "Subsistence economy and social life: A zooarchaeological view from the 300 kya central hearth at Qesem Cave, Israel," *Journal of Anthropological Archaeology* 35(2014), pp. 248–268.

②Gaudzinski-Windheuser, S., and Roebroeks, W., "On Neanderthal subsistence in last interglacial forested environments in northern Europe," In: Conard, N. J., Richter, J. (eds.), *Neanderthal lifeways, subsistence and technology: One hundred fifty years of Neanderthal study,* Dordrecht: Springer, 2011, pp. 61–71.

③Rabinovich, R., Hovers, E., "Faunal analysis from Amud Cave: Preliminary results and interpretations," *International Journal of Osteoarchaeology* 14.3–4(2004), pp. 287–306.

④Speth, J. D., Tchernov, E., "Neandertal hunting and meat-processing in the Near East," In: Stanford, C. B., Bunn, H. T. (eds.), *Meat-eating and human evolution,* pp. 52–72.

⑤Gaudzinski, S., "Wallertheim revisited: A re-analysis of the fauna from the Middle Palaeolithic site of Wallertheim (Rheinhessen/Germany)," *Journal of Archaeological Science* 22.1(1995), pp. 51–66.

⑥Richards, M. P., Pettitt, P. B., Stiner, M. C., et al., "Stable isotope evidence for increasing dietary breadth in the European mid-Upper Paleolithic."

动物和野马，猛犸象和披毛犀甚至也可能在尼安德特人的食谱中占据一定地位[①]。尼安德特人生存的最主要时期是末次冰期，他们的身体结构和体型特征反映出对寒冷气候环境的适应，他们的生存需要得到高能量食物的支撑。在欧亚大陆特别是北部地区的寒冷冬季，在生物总量下降的生态环境中，古人类的生存往往受到很大挑战。尼安德特人的生计策略则是狩猎大型动物，尤其是含有更多肉食和营养的成年个体，以获得尽可能多的油脂和蛋白质。与这种生计策略相适应的是，在这一时期，大量规范化程度较高的复合投射类工具得到生产和应用。石器技术的组织与遗址占用模式显示出尼安德特人具有迁居流动的栖居模式[②]，而尼安德特人的解剖结构也表明频繁的流动迁徙促使他们的身体承受了高强度活动并耗费较多能量[③]。高流动性的栖居方式需要充足的营养和能量支持，这也促使尼安德特人有效地狩猎。同时，旧石器时代中期人群可能通过频繁流动的方式，增加发现和获取动物的概率，从而提高成功率。在植物资源不太丰富的地区或季节，有时他们可能并不需要在很大的地域范围里流动（也几乎没有这一时期人类远距离迁徙与大范围社会活动的考古学证据），因为这一时期各地区人口规模仍然比较小，人口密度低，在相对有限的地域范围内的频繁流动就能够解决季节性的环境和资源供给方面的问题。欧亚大陆西部旧石器时代中期的很多遗址中发现了以牛科动物为绝对主体的动物遗存，并且成年个体所占比例很高；有的遗址中驯鹿遗存为绝

---

①Bocherens, H., Drucker, D. G., Billiou, D., et al., "Isotopic evidence for diet and subsistence pattern of the Saint-Césaire I Neanderthal: Review and use of a multi-source mixing model," *Journal of Human Evolution* 49.1(2005), pp. 71–87.

②Niven, L., Steele, T. E., Rendu, W., et al., "Neandertal mobility and large-game hunting: The exploitation of reindeer during the Quina Mousterian at Chez-Pinaud Jonzac (Charente-Maritime, France)."

③Sorensen, M. V., Leonard, W. R., "Neanderthal energetics and foraging efficiency," *Journal of Human Evolution* 40.6(2001), pp. 483–495.

对主体，例如德国萨尔茨吉特（Salzgitter）遗址[①②]。以色列哈约尼姆遗址莫斯特文化层的动物考古研究表明，距今20万年前生活在这里的尼安德特人主要狩猎羚羊、黇鹿、野猪、野牛等有蹄类动物。人类的食谱范围比较窄，以这些“高等级”猎物为主[③]。大、中型哺乳动物例如黇鹿、原始牛、羚羊的死亡年龄结构是壮年居优型。同时，人类狩猎的主要对象的最小个体数在旧石器时代中期通常比较小，对动物资源开发利用的强度比较低，暗示了这一时期的人口密度较低[④]。Nahal Mahanayeem Outlet遗址是位于约旦河畔的一处露天临时狩猎点，在旧石器时代中期晚阶段被人类占用。遗址中含有丰富的动物遗存，大型、小型动物皆有，其中最主要的是原始牛。在遗址被占用的短暂时间里，人类屠宰了多头原始牛。原始牛骨骼上有切割痕，但骨骼的破裂程度低，有学者推测可能是由于原始牛（每头牛的重量经估算超过1000千克）为人类提供了相当充分的肉食，他们就不再花大力气敲骨取髓了[⑤]。

---

①Gaudzinski-Windheuser, S., Roebroeks, W., “On Neanderthal subsistence in last interglacial forested environments in northern Europe.”

②Gaudzinski, S., “Monospecific or species-dominated faunal assemblages during the Middle Paleolithic in Europe,” In: Hovers, E., Kuhn, S. L. (eds.), *Transitions before the transition: Evolution and stability in the Middle Paleolithic and Middle Stone Age (Interdisciplinary contributions to archaeology),* New York: Springer, 2006, pp. 137–147.

③Kuhn, S. L., Stiner, M. C., “The antiquity of hunter-gatherers,” In: Panter-Brick, C., Layton, R., Rowley-Conwy, P. (eds.) , *Hunter-gatherers: An interdisciplinary perspective,* Cambridge: Cambridge University Press, 2001, pp. 99–142.

④Stiner, M. C., Munro, N. D., Surovell, T. A., et al, “The tortoise and the hare: Small-game use, the broad-spectrum revolution, and Paleolithic demography.”

⑤Sharon, G., “A week in the life of the Mousterian hunter,” In: Nishiaki, Y., Akazawa, T., International Conference on “Replacement of Neanderthals Modern Humans” (eds.), *The Middle and Upper Paleolithic archeology of the Levant and beyond,* Singapore: Springer, 2018, pp. 35–47.

旧石器时代人类的生计策略在很大程度上受制于环境、季节的变化，这些变化导致资源种类的多样性、季节性资源获取难易程度和收益量发生改变，人类的食谱和食物获取方式因而会发生变化。有研究表明在资源季节性变化显著的区域，尼安德特人可能既存在经常性狩猎行为也存在拣剩行为。在植物性食物非常丰富的时节，尼安德特人的生计活动可能更倾向于拣剩，反之，他们会选择狩猎大型动物①。在特定的季节尼安德特人有时甚至专门狩猎某一种动物，例如驯鹿，特别是在非常寒冷的时期，因为没有其他更好的选择。但是对于特定地区而言，驯鹿并不是全年皆有的，因为它们具有季节性迁移的行为。因此，在驯鹿匮乏的季节，人们的目光就投向了本地不会远距离迁移的、相对稳定的动物资源，例如原始牛等，尽管这些动物的数量不如特定季节里的驯鹿那么丰富②③。当欧洲一些区域的森林环境逐渐被开阔的草原–苔原环境取代时，动物群发生转变，尼安德特人的狩猎对象和生计策略也因而发生改变④。法国派西·拉泽（Pech de l'Azé）IV遗址第8层所处时期是温带树林景观，赤鹿是尼安德特人的主要猎物，另外还有很少量的野猪、狍子、马等。第6层的环境景观

①Stiner, M. C., Kuhn, S. L., "Subsistence, technology and adaptive variation in Middle Paleolithic Italy," *American Anthropologist* 94.2(1992), pp. 306–339.

②Niven, L., Martin, H., "Zooarcheological analysis of the assemblage from the 2000–2003 excavations," In: Dibble, H., McPherron, S., Goldberg, P., et al. (eds.), *The middle Paleolithic site of Pech de l'Azé IV*, Switzerland: Springer, 2018, pp. 95–116.

③Niven, L., Steele, T. E., Rendu, W., et al., "Neandertal mobility and large-game hunting: The exploitation of reindeer during the Quina Mousterian at Chez-Pinaud Jonzac (Charente-Maritime, France)", *Journal of Human Evolution* 63.4(2012), pp. 624–635.

④Jochim, M., "The Lower and Middle Palaeolithic," In: Milisauskas, S. (ed.), *European prehistory: A survey*, New York: Kluwer Academic/Plenum Publishers, 2002, pp. 15–54.

没有改变，绝大多数猎物是赤鹿和狍子，成年个体占主要地位。第5层记录了从温暖时期向寒冷时期的转变，动物遗存的数量和丰富程度都显著下降。第4层进入了寒冷时期，尼安德特人对动物资源的利用集中在驯鹿身上①。西亚黎凡特地区OIS5阶段和OIS3阶段的遗址或堆积单位也揭示出人类消费利用的对象从适应暖湿气候、生活在草地-林地的或喜湿的动物种类，例如赤鹿、野猪、原始牛等，逐渐转变为适应比较严酷环境的种类，例如羚羊和野山羊②。

总之，越来越多的考古发现和研究表明，至少在旧石器时代早期较晚阶段，人类已经能够经常性地获取大型动物。而在旧石器时代中期，狩猎大型动物的活动有了进一步的发展，成为了较稳定的、普遍的行为方式，是当时狩猎采集人群要最大化获取能量所依赖的生计策略。尼安德特人能够在欧亚大陆末次间冰期和末次冰期期间气候频繁波动的背景下，特别是在欧亚大陆北部非常寒冷和干旱区域成功生存，有赖于其长期对大型动物特别是成年个体的获取能力。这个过程中，基于对环境和动物行为特点有充分认识的计划行为与合作行为得到了发展③，并促进了稳定的社会组织的建立与维系。能够经常选择性地猎获大型动物及特定年龄的个体，是一种与较低的人口规模、在特定气候环境下偶遇高等级动物资源的概率较高等情况相适应的生计策略④。

---

①Grayson, D. K., and Delpech, F., “Pleistocene reindeer and global warming,” *Conservation Biology* 19.2(2005), pp. 557–562.

②Marín-Arroyo, A. B., “Palaeolithic human subsistence in Mount Carmel (Israel). A taphonomic assessment of Middle and Early Upper Palaeolithic faunal remains from Tabun, Skhul and el-Wad,” *International Journal of Osteoarchaeology* 23.3(2013), pp. 254–273.

③Jochim, M., “The Lower and Middle Palaeolithic.”

④Marín-Arroyo, A. B., “Economic adaptations during the Late Glacial in northern Spain. A simulation approach,” *Before Farming* 2(2009), pp. 27–36.

非洲石器时代中期(对应于欧亚大陆旧石器时代中期)出现了现代人,南非沿海地区出现了一系列新的技术和行为,这通常被视为现代行为出现的标志[①]。从生计策略来看,该地区人群主要狩猎相对容易获取的、危险性相对较低的牛科种类,特别是大羚羊,对于危险的水牛和野猪等只偶尔狩猎。这一时期,狩猎策略的灵活性和发达程度不如石器时代晚期[②]。与此同时,非洲石器时代中期显示出开发利用更多种类动物资源的生计特征:比如偶尔获取鸟类——有些洞穴遗址中发现有鸟骨,但数量非常有限;沿海地区存在较为突出的采集贝类的行为[③];龟类也经常被开发利用。然而,对石器时代中期和晚期动物尺寸的变化、获取资源的技术手段的比较研究表明在石器时代中期,人们对这些动物资源的开发利用仍然是很有限的[④]。

2. 中国旧石器时代早、中期

迄今为止,我国已发现较多的旧石器时代早期和中期遗址,大多数遗址中都包含丰富的动物遗存。然而,在过去很长一段时间里,对我国旧石器时代遗址出土动物遗存的分析主要围绕着鉴定种类、复原古气候环境、判断遗址相对年代而展开。由于已开展的以解读人类与动物关系或者人类适应行为为目的的动物考古学研究有限,对于中国旧石器时代人类的具体生计策略及其变化的探讨仍有很大空间。

河北泥河湾盆地旧石器时代早期很早阶段的马圈沟遗址第Ⅲ层(距今约166万年)发现的动物群组合为:啮齿类、鬣狗等食肉类、草

---

①McBrearty, S., Brooks, A. S., "The revolution that wasn't: A new interpretation of the origin of modern human behavior."

②Klein, R. G., *The Human career: Human biological and cultural origins* (3rd edn.).

③Klein, R. G., Cruz-Uribe, K., "Middle and later stone age large mammal and tortoise remains from Die Kelders Cave 1, Western Cape Province, South Africa," *Journal of Human Evolution* 38.1(2000), pp. 169–195.

④Klein, R. G., Steele, T. E., "Archaeological shellfish size and later human evolution in Africa," *PNAS* 110.27(2013), pp. 10910–10915.

原猛犸象、披毛犀、三趾马、三门马、鹿科、羚羊等。象的骨骼部位包括一枚近乎完整的门齿、大量完整或破裂的肋骨、少量肢骨碎片和脊椎骨。象骨的上、下和周围分布有石制品。象的肋骨上存在人类砍砸和切割的痕迹。小长梁遗址（距今约136万年）也发现了丰富的动物遗存，包括桑氏鬣狗、披毛犀、古菱齿象、三门马、中国三趾马、鹿、羚羊、牛科、猫科等种类。年代相近的半山遗址（距今约132万年）出土的动物遗存也主要是超大型食草类（长鼻目、犀）、大型食草类（鹿科、马属）以及食肉类这几个种类[①]。泥河湾盆地的东古坨遗址（距今约110万年）发现了三门马、披毛犀、狼、熊、古菱齿象、野牛、羚羊、中华鼢鼠等动物骨骼，骨骼大多数非常破碎，但骨骼的保存状况良好，风化程度很低。食肉类啃咬痕和切割痕都存在，且出现率都很低。这些遗址具有相似的动物群组合，反映了在旧石器时代早期早阶段，该地区的环境为比较开阔的草原，并镶嵌零散的树林。这些遗址都出土有人类打制的石制品，研究人员根据石制品的产状、石制品的构成、拼合结果以及遗址的地貌特征分析认为，这些遗址是人类原地活动的记录。因此，上述发现为我们提供了有关距今100多万年前人类可能的利用物质资源方式的一些线索。

然而值得注意的是，动物群组合中都含有食肉类，也都含有超大型动物，我们尚不知晓这些动物种类在各遗址中所占比例、骨骼部位构成、骨骼的破裂与改造特征。在缺少详细的埋藏学研究的情况下，我们无法判断食肉类动物、超大型动物、大-中型食草动物的骨骼是如何出现在遗址上并堆积在一起的，它们与人类的具体关系是怎样的，以及这些地点被占用的过程是怎样的。特别是食肉类动物在其他种类动物骨骼堆积形成中扮演了怎样的角色，超大型动物是否被人类利用，人类是

①谢飞、李珺、刘连强：《泥河湾旧石器文化》，花山文艺出版社，2006年，第40—41、64页。

如何获取的；大-中型食草动物是食肉动物先发现和消费的，还是被人类先发现利用的；动物尸体是否经过搬运处理……这些问题目前无法回答，因而难以进一步就该地区人类的生计策略进行讨论。在现有的旧石器时代早期的考古材料中，周口店遗址第一点的发现是我们了解早期人类生活环境、生活方式与行为特征的重要窗口。尽管有些方面的研究存在着争论，但动物遗存与遗址埋藏方面的一些分析为我们探讨旧石器时代早期人类与动物的关系、人类对动物资源的获取与利用提供了重要的参考资料。

周口店遗址第一地点发现了丰富的动物遗存，其中包含很多大型哺乳动物，例如食肉目、有蹄类、以及长鼻目。在有些堆积单位中，食肉类动物遗存与食草类动物遗存共存，但食肉类化石种类丰富、数量非常多，包括剑齿虎、豹、棕熊、洞熊、鬣狗、狼、獾、貉、鼬等，其中鬣狗化石尤为丰富。在有些层位中，例如鸽子堂石英Ⅱ层、第4层，食肉类动物遗存极少，主要为食草类动物遗存，包括肿骨大角鹿、葛氏斑鹿、马、象、羚羊等，还共存有大量石制品、木炭。鸽子堂石英Ⅱ层中动物遗存破碎严重，长骨基本都为残片，且棱角鲜明，并且还发现有带切割痕的骨片。有观点认为这些现象反映了人类在洞穴中的活动，食草类动物的遗存代表了古人类对动物的获取和消费，其中肿骨大角鹿和葛氏斑鹿（个体数量最多，在文化层中最常见）可能是人类狩猎的主要对象①。上述对动物遗存的分析以及对人类狩猎行为的讨论主要是透过动物种类构成、不同种类动物特别是食肉类与食草类动物遗存所占的比例、骨骼保存状况以及遗存共生关系（需要注意的是，不同类型遗存在同一地层单位中的共存并不一定能够指示它们属于同一人类行为过程）的视角进行的。二十世纪八十年代中期，有学者从埋藏学的角度对遗址地层堆积，以及动物骨骼堆积的形成进行

①林圣龙：《周口店第一地点的大型哺乳动物化石和北京猿人的狩猎行为》。

了分析[①②]，指出周口店第一地点地层堆积的形成过程非常复杂，动物遗存反映了人类主要通过机会性拣食获取肉食。马属动物骨骼部位构成的分析显示，下颌和下部肢骨（跟骨、掌跖骨、指骨）的出现率很高，而中、上部肢骨和肋骨比较缺乏，这一现象与鬣狗穴里的食草动物骨骼部位构成特点相似。马骨上发现有人工改造痕迹，位于下颌骨、胫骨、掌骨、跖骨、跟骨上，反映了人类从这些部位获取肉食的行为。类似地，水牛属骨骼部位构成也与鬣狗穴中的动物骨骼部位构成特点相似，头骨部位占据绝对优势。马骨、水牛骨、鹿骨上啃咬痕的数量远超过人工改造痕迹，但同时马骨上也确实存在较多的人工痕迹。此外，马骨、水牛骨、鹿骨上都发现有人工痕迹位于食肉动物咬痕之上的现象，尽管数量很少。由此，研究者推断周口店第一地点的古人类应该是通过拣食，而不是狩猎的方式获取肉食的，人类尽可能地从一些含肉量不高的部位上取下来一些肉[③]。这项研究指出了动物骨骼堆积成因分析的重要性，其对于分析人类生计行为具有重要影响。然而，这项研究的问题在于所研究标本数目有限，不能代表出土动物遗存的全貌，同时对动物遗存的分析也不是以地层单位或堆积单位展开的，所以不同堆积时期或者遗址被占用的不同时期的动物骨骼堆积的具体背景以及人类行为的具体特点是不能被准确判断的。我国旧石器时代早期的古人类究竟是通过怎样的方式，或者以哪种方式为主获得动物资源，这背后所反映的文化行为是怎样的，仍有待讨论和证明。未来对特定堆积单位中，动物遗存的埋藏环境及其对骨骼保存状况的影响、骨骼部位构成、骨骼的破裂模式和改造痕迹、动物死亡年龄结构以及遗存空间分布特点的详细、综合分析，将有助于我们对周口店

①Binford, L. R., Ho, C. K., Aigner, J. S., et al., "Taphonomy at a distance: Zhoukoudian, 'The Cave Home of Beijing Man'?."

②Binford, L. R., Stone, N. M., "Zhoukoudian: A closer look."

③Binford, L. R., Stone, N. M., "Zhoukoudian: A closer look."

第一地点等遗址古人类获取动物资源的方式，搬运和处理、利用动物资源的行为，生计策略所受到的影响和发生的变化，人类占用遗址的过程以及这个过程中人类与动物关系的变化，做更深入的探讨和更细致的解读。

近些年来，若干晚更新世遗址的发现与系统的动物考古学和埋藏学研究丰富了史前人类生计与行为方面的研究资料，推动了我们对旧石器时代中期人类生计策略的认识，并为探讨旧石器时代人类行为和社会的发展提供了更丰富的视角。

老奶奶庙遗址位于河南省郑州市，地处嵩山东麓向华北平原过渡地带的丘陵区，是一处露天遗址。该遗址含有很厚的晚更新世堆积（图3-1），堆积分为4个大层，16个亚层。石制品、动物骨骼和用火遗迹主要发现于第3层和第4层，其中绝大多数出自第3层（距今4万多年）。在地层和遗物、遗迹空间分布特点的基础上，我们对地层进行了归组和合并，划分如下：3A层为一单位，3B层为一单位，3C、3D层为一单位，3E层为一单位，3F层为一单位，4A、4B层为一单位，4C层为一单位，4D层为一单位，4E—4I层为一单位，共计九个单位。动物遗存的统计和分析就是在这个地层框架基础上进行的。第3层、第4层的自然堆积物分别以黏质粉砂和粉砂为主。遗址埋藏在河漫滩堆积中（图3-2），具体来说是滨河床沙坝的部位，这个部位排水好，相对干燥，适合人类活动和居住。遗物出土时的产状特点，不同尺寸级别特别是大量细小、破碎的石制品和动物骨骼共存，碎屑遗存所占的比例以及石制品的拼合研究表明，老奶奶庙遗址受水流作用的改造程度很有限，特别是4C层至3A层的人类活动堆积保存良好[①]。

①陈宥成：《嵩山东麓MIS3阶段人群石器技术与行为模式——郑州老奶奶庙遗址研究》，北京大学博士学位论文，2015年。

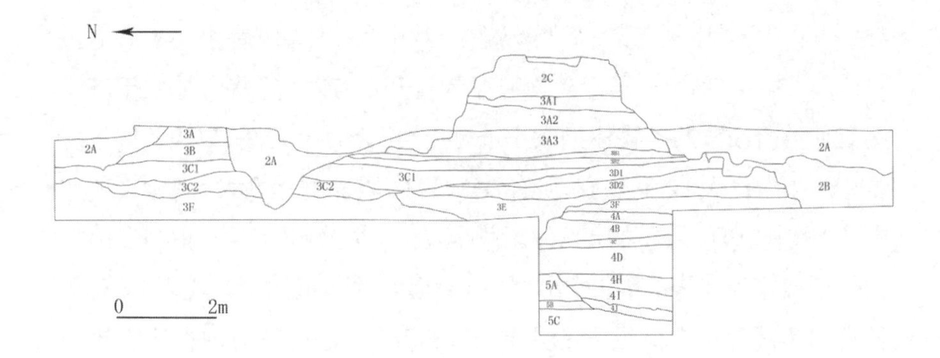


**图3-1　老奶奶庙遗址东壁剖面图**①

**图3-2　老奶奶庙遗址地层堆积**
**（照片由陈宥成提供）**

①陈宥成：《嵩山东麓MIS3阶段人群石器技术与行为模式——郑州老奶奶庙遗址研究》。

出土动物遗存中可鉴定标本所代表的种类包括马科、原始牛、鹿类、羚羊、野猪、食肉类、鸟类、鳖等，其中大、中型有蹄类动物占绝对主体，食肉类、鸟类、爬行动物遗存数量非常有限。很多骨骼由于难以鉴定种类而被按照动物体型大小进行分类，分为超大型（以象和犀牛的体型大小为代表）、大型（以原始牛、马科、骆驼的体型大小为代表）、中型（以中型鹿、羚羊的体型大小为代表）、小型（以兔子、小型食肉类的体型大小为代表）和非常小型（以啮齿类的体型大小为代表）。动物种类的丰富程度在3F层、3E层和3B层最高，其他层位的种类构成较为单一（表3-1）。各层之间的动物群组合比较接近，但是各类动物所占比例在不同层位存在差异，一方面可能暗示了气候环境的变化，另一方面可能与人类生计策略的改变有关。例如，从3F层到3A层原始牛所占比例明显下降，鸵鸟蛋壳在第3层从下部到上部显著减少，然而中型动物的比例（可能以中型鹿为主）变化不显著，中型动物自3E层开始有所增加。马科动物在3B层显著增加，3B层还出现了骆驼和鼠兔。超大型动物所占比例从第4层到第3层呈现减少趋势。小型哺乳动物所占比例从3F层到3A层有总体增加趋势。总的来说，动物群组合以大、中型哺乳动物为绝对主体，以野马、原始牛和鹿类为代表，暗示了距今4万多年前干旱的气候，以及以草原为主、交错分布森林的景观。3B层所代表时期的气候可能比3F层更加干旱，草原的面积可能更加广阔。第4层各单位中的动物种类多样性比较低（表3-2），动物的生态特性暗示出比较干旱的草原或者草原-林地景观。总体而言，第4层到第3层所反映的气候没有显著变化，以干冷为主，但程度在各时期稍有变化，生态景观亦无显著变化，以草原为主。

第4层和第3层各单位中动物骨骼的风化程度较轻（4C层除外）。在3F层和3B层中，轻度风化的动物骨骼分别占91.4%和94.7%；重度风化的骨骼（对应于Behrensmeyer划分等级中的4级和5级）在各层所占比例很低，4C层和4D层稍高。第4层骨骼的风化程度普遍高于第3层，反映了不同于第3层的堆积过程和埋藏环境。第3层中的骨骼堆积在废弃之后总体上没有暴露太长的时间，受到的风化改造作用小，同时也没有受到明显的水流改造。

动物骨骼的破裂程度比较高。就长骨而言，多数标本的周长小于或等于完整骨骼周长的1/2，小于完整骨骼周长1/4的骨骼亦占有较高比例，在3A层和3B层中分别占全部长骨标本的35.4%和38%。3B层中，小于或等于完整骨骼周长1/2的标本占80%。3F层中，小于完整骨骼周长1/4的标本占47%。3C—3D层中，小于或等于完整骨骼周长1/4的标本占30%。第4层骨骼数量较第3层明显少很多，但肢骨的破裂程度仍是比较高的。4I—4E层中小于或等于完整骨骼周长1/4的标本占34.4%。4D层中小于或等于完整骨骼周长1/4的标本占68%。4C层中小于或等于完整骨骼周长1/4的标本占46%。4A—4B层，小于或等于完整骨骼周长1/4的标本占53%，小于或等于完整骨骼周长1/2的标本在全部长骨标本中所占的比例则高达71%。第3层和第4层中大多数肢骨的破裂形态以V形螺旋状破裂为主，这样的标本在3F层和3B层中分别占51%和48%，这种破裂形态往往是骨骼在新鲜时候发生破裂的结果，反映了人类对动物资源的及时消费和利用。

从骨骼保存状况、破裂状况以及后文中对骨骼改造痕迹的分析、其他文化遗存的埋藏特征来看，该遗址的骨骼堆积应当是人类活动的结果，且受到食肉类动物的破坏非常有限。多数层位中的动物骨骼在废弃之后可能没有暴露太长的时间，也没有受到明显的水流搬运和改造。动物遗存、用火遗存和石制品的整体保存状况较好，能够作为分析遗址结构和人类占用遗址行为的依据。3F层和3B层代表人类对该地占用强度最大、活动最为丰富时期所形成的堆积，而其他层位中文化遗存特别是动物骨骼的数量比较少，因此下面将重点根据3F层和3B层的动物遗存，对人类获取与利用动物资源的行为进行分析与解读。

**表3-1 老奶奶庙遗址可鉴定标本统计(第3层)**

| 种属 | 3A层 | | 3B层 | | 3C—3D层 | | 3E层 | | 3F层 | |
|---|---|---|---|---|---|---|---|---|---|---|
| | NISP | % | NISP | % | NISP | % | NISP | % | NISP | % |
| 马科 | 11 | 13% | 499 | 35% | 18 | 15% | 28 | 12.8% | 307 | 18.6% |
| 原始牛 | 4 | 4.8% | 72 | 5% | 13 | 11% | 42 | 19.2% | 375 | 22.7% |
| 鹿类 | 1 | 1.2% | 16 | 1.1% | 2 | 1.7% | 6 | 2.7% | 140 | 8.5% |
| 羚羊 | 0 | 0% | 24 | 1.7% | 3 | 2.5% | 1 | 0.4% | 17 | 1% |
| 犀牛 | 0 | 0% | 1 | 0.07% | 0 | 0% | 0 | 0 | 5 | 0.3% |
| 骆驼 | 0 | 0% | 1 | 0.07% | 0 | 0% | 0 | 0 | 0 | 0% |
| 野猪 | 0 | 0% | 3 | 0.07% | 0 | 0% | 0 | 0 | 5 | 0.3% |
| 鼠兔 | 0 | 0% | 1 | 0.07% | 0 | 0% | 0 | 0 | 0 | 0% |
| 啮齿类 | 0 | 0% | 2 | 0.14% | 0 | 0% | 0 | 0 | 3 | 0.2% |
| 食肉类 | 0 | 0% | 5 | 0.35% | 0 | 0% | 1 | 0.4% | 1 | 0.06% |
| 鸟类 | 0 | 0% | 1 | 0.07% | 0 | 0% | 0 | 0 | 1 | 0.06% |
| 鸵鸟蛋壳 | 0 | 0% | 6 | 0.48% | 8 | 6.8% | 27 | 12.3% | 145 | 8.8% |
| 鳖 | 0 | 0% | 0 | 0% | 1 | 0.8% | 0 | 0 | 0 | 0% |
| 超大型哺乳动物 | 0 | 0% | 4 | 0.28% | 0 | 0% | 1 | 0.4% | 32 | 1.9% |
| 大型哺乳动物 | 47 | 56.6% | 293 | 20.5% | 45 | 38.1% | 70 | 32% | 346 | 20.9% |
| 中型哺乳动物 | 15 | 18% | 424 | 29.6% | 24 | 20% | 42 | 19.2% | 252 | 15.2% |
| 小型哺乳动物 | 5 | 6% | 71 | 5% | 4 | 3.4% | 1 | 0.4% | 23 | 1.4% |
| 非常小型哺乳动物 | 0 | 0% | 8 | 0.55% | 0 | 0% | 0 | 0 | 1 | 0.06% |

表3-2　老奶奶庙遗址可鉴定标本统计（第4层）

| 种属 | 4A—4B层 | | 4C层 | |
|---|---|---|---|---|
| | NISP | % | NISP | % |
| 马科 | 48 | 27% | 22 | 18% |
| 原始牛 | 32 | 17.8% | 18 | 14.4% |
| 鹿类 | 10 | 5.6% | 1 | 0.8% |
| 羚羊 | 0 | 0% | 2 | 1.6% |
| 犀牛 | 4 | 2.2% | 3 | 2.4% |
| 骆驼 | 0 | 0% | 0 | 0% |
| 野猪 | 0 | 0% | 0 | 0% |
| 鼠兔 | 0 | 0% | 0 | 0% |
| 啮齿类 | 0 | 0% | 0 | 0% |
| 食肉类 | 1 | 0.5% | 1 | 0.8% |
| 鸟类 | 0 | 0% | 0 | 0% |
| 鸵鸟蛋壳 | 3 | 1.7% | 0 | 0% |
| 鳖 | 0 | 0% | 0 | 0% |
| 超大型哺乳动物 | 6 | 3.3% | 10 | 8% |
| 大型哺乳动物 | 57 | 31.7% | 45 | 36% |
| 中型哺乳动物 | 15 | 8% | 19 | 15% |
| 小型哺乳动物 | 4 | 2.2% | 4 | 3.2% |
| 非常小型哺乳动物 | 0 | 0% | 0 | 0% |

为了观察和分析动物骨骼部位的构成，我们对最小骨骼部位数（MNE）、最小动物单元数（MAU）以及骨骼部位出现率（%MAU）进行了统计，并通过这些指标分析骨骼部位构成与人类行为的关系。3F层马科骨骼中包含了骨架中的绝大多数部位，但是它们的出现率存在差异，其中胫骨最为突出，其次是头骨和下颌骨，然后依次为肱骨、髋骨、股骨、跖骨、掌骨。尺骨和桡骨、趾骨、脊椎骨出现率很低，其中趾骨和脊椎骨最低（图3–3）。肋骨的缺失与其破碎程度较高、鉴定难度大有关（注：由于无法确切鉴定种类，我们对肋骨按照大型、中型和小型哺乳动物进行归类统计，其中属于大型动物的肋骨为53件，属于中型动物的79件，属于小型动物的20件）。3F层的原始牛遗存也基本包括各个骨骼部位（图3–4），其中下颌骨和肱骨出现率最为突出，其次为其他肢骨（前肢总体上较后肢突出），再次为角、头骨、肩胛骨等。髋骨和趾骨出现率非常低，脊椎骨缺失。与马科骨骼构成特点相似，原始牛的肢骨骨骺也极为缺乏，只有极少数掌–跖骨保存有骨骺。马科和原始牛的掌骨、跖骨较为丰富，但趾骨都很少，腕骨、跗骨缺失。骨骼部位构成特点表明，这两种猎物尸体的绝大部分或几乎所有部分都被人类带到遗址上进行处理和消费利用了。

马科和原始牛骨骼的出现率与骨密度的相关性分析（骨密度数据来自利曼［1994］）①显示二者没有显著相关关系（3F层马科，Spearman's r=0.511，p=0.062；3F层原始牛，Spearman's r=0.446，p=0.110）。也就是说，马科和原始牛有些骨骼的出现率很低或者缺失并不是由于骨密度低，有些骨骼出现率很高也不是由于骨密度高而得到了更好的保存。有些骨密度较高的骨骼如趾骨、腕骨和跗骨与骨密度较低的骨骼如骨骺和脊椎骨，都是缺乏的。骨骼上食肉类动物的改造痕迹和非人工机械作用的破损痕迹的缺乏，说明它们不是造成骨骼在遗址中存

---

①Lyman, R. L., *Vertebrate taphonomy.*

在状况出现差异的原因。综合分析显示骨骼部位的出现情况可能与人类的行为有关。如前所述，3F层马科骨骼单元分布很不均衡，胫骨、头骨、下颌骨的出现率极高，髋骨、上部肢骨、肩胛骨、掌跖骨的出现率也较高，而肢骨骨骺非常缺乏，脊椎骨和趾骨的出现率低。我们把马科动物骨骼部位出现率（%MAU）与食物利用指数[①]进行相关性检验，结果显示二者不存在相关关系（Spearman's r=0.06, p=0.833）。这说明动物的尸体如果是经过选择性搬运的，选择的依据并不是食物量。考虑到马科的大多数骨骼部位都出现在遗址并且出现率较高，我们推测动物尸体很可能被较为完整地运到遗址上。对现代非洲哈扎（Hadza）部落的民族学观察发现：由于马科动物肢骨髓腔的结构与牛科和鹿科动物不同，骨髓不易获取，狩猎人群猎获马科动物后，通常把它们整体运回营地，借助火和石器等技术工具对骨骼中的骨髓和油脂进行充分提取和消费[②]。原始牛的骨骼中，前肢和跖骨的出现率极高，肩胛骨和后肢的出现率也较高，但是脊椎骨与趾骨缺乏。经相关性检验（Spearman's r=−0.136, p=0.63），骨骼出现率与食物利用指数[③]也没有相关关系。人类对原始牛的搬运可能采取了和马科相同的策略，即大部分尸体或近乎全部尸体被带回营地进行屠宰与消费。考虑到原始牛的体型和体重很大，将其从较远的距离较为完整地运回应该是很困难的事，于是我们推测人类可能是在遗址附近获取到原始牛的。因此，脊椎骨和趾骨等部位的缺乏有可能是因为它们被弃置在狩猎地点。然而，没有充分证据表明动物尸体在遗址以外经过了初步屠宰和处理。此外，脊

---

①Outram,A., Rowley-Conwy, P., "Meat and marrow utility indices for horse (Equus)."

②Lupo, K. D., "What explains the carcass field processing and transport decisions of contemporary hunter-gatherers? Measures of economic anatomy and zooarchaeological skeletal part representation."

③Lyman, R. L., *Vertebrate taphonomy*.

椎骨含有大量肉，没有理由被丢弃，而趾骨与掌跖骨的肢解分离比较困难，并且保留趾骨还有利于尸体的搬运，因此这些部位的缺乏或缺失可能另有原因。

3B层的动物遗存以马科动物为主，绝大多数骨骼部位都有所发现，其中跖骨和胫骨的出现率最高，其次为桡骨、下颌骨和尺骨，肱骨和股骨的出现率也较高（图3-5）。总的来看，肢骨中、下部多于上部，头骨（含下颌）的出现率也较高，肩胛骨出现率低，趾骨和髋骨的出现率更低，脊椎骨极其缺乏，只有两件。骨骼部位构成显示在3B层所代表时期，人类对马科动物的搬运策略与3F层相似，但是存在一定程度的选择，含肉多的骨骼部位上的肉有时可能被割取带回遗址。3B层原始牛骨骼的可鉴定标本数只有72件，主要由头骨、下颌、下部肢骨和趾骨构成。民族学资料显示狩猎采集人群在猎获动物后，如果经过初步屠宰再进行运输的话，他们可能会把头骨和趾骨等含肉少或不重要的部位遗弃，把其他部位搬运至营地进行消费；或者在进行初步屠宰之后，把脊椎骨、髋骨、前肢骨上部和后肢骨上部等部位上的肉割取下来，把肉搬运回营地，而这些骨骼被弃留在屠宰地点。从3B层堆积的特点、遗物的丰富程度和密度、遗物与用火遗迹关系的综合分析来看[①]，当时该地点应当是一处基本营地，而不是狩猎屠宰场所，因此，原始牛骨骼部位构成更可能反映的是人类的选择性搬运行为。

动物骨骼上发现有多种改造痕迹，主要包括切割痕、砍砸疤、食肉类咬痕与啮齿类咬痕、植物根系痕迹和真菌腐蚀痕迹（表3-3），其中以人工改造痕迹为主，动物啃咬痕很少。真菌腐蚀痕迹反映了骨头在堆积后过程中受到的改造，这类痕迹与较为潮湿的埋藏环境有关。与第3层相比，第4层的真菌痕迹明显较高，暗示出埋藏环境从第4层到第3层的变化。3F层马科动物骨骼中，带有切割痕的标本占1.6%，主要分布在髋

①陈宥成：《嵩山东麓MIS3阶段人群石器技术与行为模式——郑州老奶奶庙遗址研究》。

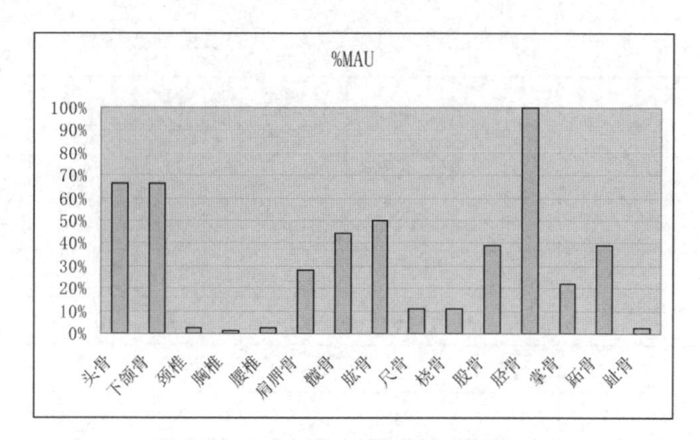


图3-3 3F层马科动物骨骼部位出现率

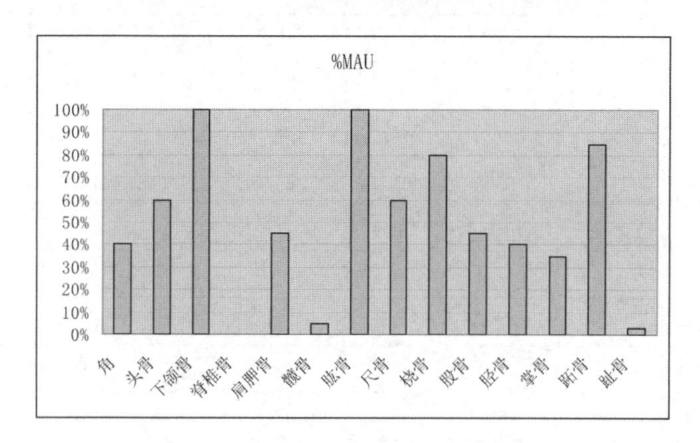


图3-4 3F层原始牛骨骼部位出现率

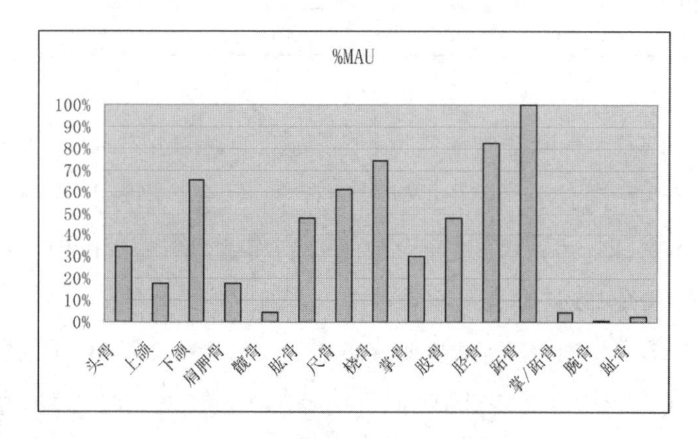


图3-5 3B层马科动物骨骼部位出现率

表3-3 老奶奶庙遗址可鉴定标本上的改造痕迹统计

| | | 切割痕 | 砍砸疤 | 食肉类啃咬痕 | 啮齿类咬痕 | 根系痕迹 | 真菌痕迹 |
|---|---|---|---|---|---|---|---|
| 3A层 | n | 1 | 1 | 2 | 1 | 0 | 5 |
| | % | 0.5% | 0.5% | 1.0% | 0.5% | 0.0% | 2.5% |
| 3B层 | n | 40 | 51 | 2 | 3 | 12 | 12 |
| | % | 2.0% | 2.6% | 0.1% | 0.2% | 0.6% | 0.6% |
| 3C—3D层 | n | 2 | 2 | 1 | 2 | 1 | 2 |
| | % | 1.4% | 1.4% | 0.7% | 1.4% | 0.7% | 1.4% |
| 3E层 | n | 1 | 11 | 1 | 0 | 0 | 5 |
| | % | 0.3% | 3.1% | 0.3% | 0.0% | 0.0% | 1.4% |
| 3F层 | n | 19 | 63 | 2 | 0 | 11 | 11 |
| | % | 1.0% | 3.3% | 0.1% | 0.0% | 0.6% | 0.6% |
| 4A—4B层 | n | 8 | 4 | 1 | 0 | 4 | 15 |
| | % | 3.6% | 1.8% | 0.4% | 0.0% | 1.8% | 6.7% |
| 4C层 | n | 1 | 5 | 1 | 0 | 1 | 22 |
| | % | 0.7% | 3.4% | 0.7% | 0.0% | 0.7% | 15.1% |
| 4D层 | n | 1 | 1 | 0 | 0 | 0 | 9 |
| | % | 1.5% | 1.5% | 0.0% | 0.0% | 0.0% | 13.8% |
| 4E—4I层 | n | 1 | 0 | 0 | 0 | 1 | 6 |
| | % | 1.4% | 0.0% | 0.0% | 0.0% | 1.4% | 8.3% |

骨、下颌，以及尺骨和胫骨的骨干上；带有砍砸疤的占5.2%，主要发现在肢骨骨干和下颌骨上。3B层的动物遗存中，具有切割痕和砍砸疤的标本分别占2%和2.6%；带有食肉动物啃咬痕和啮齿类啃咬痕的标本分别占0.1%和0.2%。3B层马科动物骨骼中带有切割痕的标本占1.8%，带有砍砸疤的标本占4.4%，切割痕主要分布在：肱骨、桡骨、跖骨、下颌骨和寰椎上。总的来看，带有切割痕、砍砸疤等屠宰痕迹的动物骨骼非常少，但是动物的屠宰可以在留下极少痕迹的情况下完成，小型动物骨头上

留下的痕迹通常更少[①]，因此极少的屠宰痕迹并不能否定人类在遗址上屠宰动物的活动。砍砸疤在改造痕迹中占主体，主要发现于肢骨骨干上，包括前肢上部和下部、后肢上部和下部；其次为下颌体部位。此外，还有很多被鉴定为大型和中型哺乳动物的破裂肢骨和下颌骨上带有砍砸破裂疤。动物遗存中还发现有较多砍砸骨头时剥离下来的"骨片"。3F层和3B层中有些肢骨骨干表面存在刮痕，特别是在带有砍砸痕迹的肢骨骨干上。实验考古和民族学观察显示敲骨取髓之前，必须先对骨表进行刮的处理，否则很难成功砸开骨头[②]。因此，刮痕也是人类敲骨取髓活动的证据。以上现象表明狩猎-采集者曾在老奶奶庙遗址屠宰动物，并进行了充分敲骨取髓的活动，破裂的骨头还可能被锤击打碎，然后经过水煮以便于油脂的提取。

遗址中存在一些烧骨。3F层和3B层中烧骨分别占标本总数的3%和1.6%。骨头在经过不同程度的燃烧后，颜色会发生变化[③]：在没有燃烧的情况下骨头是淡黄色的，燃烧后骨头会炭化变黑，开始时有小于50%的部分变黑，随着燃烧程度的增加，骨头会全部变黑，再进一步燃烧的话会有越来越多的部分被灼烧成白色，最终骨头完全变成白色的酥粉结构。

老奶奶庙遗址中的烧骨多数呈现黑色或黑褐色，属于中等燃烧程度。此外，还存在一类比较特殊的"黑色夹心"烧骨，可能是骨头还处于新鲜并存在脂肪的状态下，部分受热或者经过不完全燃烧而形成[④]。绝大多数烧骨为小于3cm的碎骨片，破碎程度很高。碎骨片可能形成于敲

---

①Binford, L. R., *Bones: Ancient men and modern myths.*

②Binford, L. R., *Bones: Ancient men and modern myths.*

③Stiner, M. C., *The faunas of Hayonim Cave (Israel): A 200,000-year record of Paleolithic diet, demography and society.*

④Blasco, R., Rosell, J., Gopher, A., et al., "Subsistence economy and social life: A zooarchaeological view from the 300 kya central hearth at Qesem Cave, Israel."

骨取髓的活动，或者形成于打碎骨头并将其烧煮以提取油脂的活动，有些碎骨在特定的情景下与火直接接触而形成烧骨。特定单位中偶尔少量的烧骨有可能由于靠近火塘而附带被烧，而3F层和3B层中烧骨数量较多，有可能是人类将消费或利用后的骨头作为燃料或垃圾扔到火塘里而形成。然而，空间分析①显示极少有烧骨分布在火塘内或非常靠近火塘的位置，相对多见的情况是：烧骨位于火塘周边区域，与火塘存在一定的距离，但烧骨在空间上的分布还是与火塘存在着关联。老奶奶庙遗址曾被人类相对长期、反复地占用②，人类踩踏以及清理空间等活动可能会造成烧骨空间分布的改变，即令烧骨在一定程度上远离火塘，且有些相对分散。

骨骼部位构成与骨骼改造特征表明当时人类对猎物进行了充分的开发利用，不只为了获得肉，更重要的是获得骨髓和油脂。对资源进行较为强化的利用的原因与人类在遗址活动的季节或者特定的社会背景有关。人类的生存繁衍需要含有较多热量、蛋白质、脂肪和营养的食物——肉食，然而，如果人类所获肉食主要是缺乏油脂的瘦肉，那么也无法获取到充分的能量和热量。在非洲哈扎部落和阿契（Ache）部落中都发现了大量食用瘦肉而导致人类体重下降的现象，可见动物资源中的骨髓和油脂对于人类生存非常重要③。骨髓富含脂肪和不饱和脂肪酸，是人体所需营养的重要构成与补充。骨髓一般集中分布在动物的四肢骨中，特别是上部的肢骨，例如肱骨、股骨，下颌骨中骨髓含量也较多。下部的肢骨所含骨髓更加富含不饱和脂肪酸，更具营养且更加美味④。骨髓的含

①陈宥成、曲彤丽、汪松枝等：《郑州老奶奶庙遗址空间结构初步研究》，《中原文物》2020年第3期，第41—50页。

②陈宥成、曲彤丽、汪松枝等：《郑州老奶奶庙遗址空间结构初步研究》。

③Speth, J. D., Spielmann, K. A., "Energy source, protein metabolism, and hunter-gatherer subsistence strategies," *Journal of Anthropological Archaeology* 2.1(1983), pp. 1–31.

④Munro, N. D., Bar-Oz, G., "Gazelle bone fat processing in the Levantine Epipalaeolithic."

量因动物种类、年龄和健康状况而有所不同。马和牛的肢骨骨壁厚度不同，髓腔结构与髓腔大小存在差异，例如，马科肢骨中的松质骨体积大，从骨骺一直延伸到肢骨全长的一半左右，因此就相同骨骼部位而言，不同种类动物的骨髓含量是有差异的。从营养状况来看：健康的动物所含脂肪比较多；如果动物处于营养压力中，其骨髓中的脂肪水平就很低[①]。动物头骨所含的营养由肉、脑和下颌中的骨髓构成。头骨神经组织中所含的脂肪不会因为动物的营养条件差或处于营养压力下而耗尽，因此即使在恶劣的、资源匮乏的环境中或季节里，动物身体条件很差的情况下，动物的头骨依然可以为人类提供一定的食物和营养[②]。这可能是在很多遗址中动物头骨出现率高并且破碎严重的重要原因。下颌骨中的骨髓含量会因生存压力增大而剧减或耗尽。趾骨中的骨髓，也是动物脂肪的重要储存库，它只有在极度大的生存压力下才会耗尽。因此，遗址中趾骨的缺乏可能意味着人类为获取骨髓而打碎骨头，导致其难以保存或识别。然而，非洲的民族学观察显示人们很少试着去打碎斑马的第一节趾骨，尽管其中包含骨髓，但这个部位非常坚硬，其他有蹄动物的第二节趾骨可能有类似的情况[③]，而末端趾骨因存在富含脂肪的脂肪垫，对于狩猎采集部落来说是重要的食物资源[④]。值得注意的是，不同骨骼部位中骨髓含量的差别会造成其被利用程度以及保存状况或埋藏特征方面的差异。

---

①Blumenschine, R. J., Madrigal, T. C., "Variability in long bone marrow yields of East African ungulates and its zooarchaeological implications," *Journal of Archaeological Science* 20.5(1993), pp. 555–587.

②Stiner, M. C., *Human predators and prey mortality*, New York: Routledge, 2018.

③Lupo, K. D., "Experimentally derived extraction rates for marrow: Implications for body part exploitation strategies of Plio-Pleistocene hominid scavengers."

④Binford, L. R., *Nunamuit ethnoarchaeology*, New York: Academic Press, 1978, p. 148.

从肢骨中获取骨髓，首先要把肉去掉、把骨头刮干净，然后把骨头用轻火烧烤1—2分钟后借助石锤和石砧敲骨取髓[①]。具体的操作方法是：在哺乳动物长骨的中间部位砍砸，造成骨骼的破裂，这个过程中会产生大量从骨骼内壁剥离下来的骨片，然后在破裂肢骨靠近骨骺的位置进一步将其砸碎[②]。与此同时，有些破裂的骨头可能被选择用于制作骨器。有些动物，如斑马、野马的骨髓只有少量比较容易从髓腔中脱离出来，大部分卡在松质骨里边[③]，因此骨骺被敲打破碎的概率大大增加。砍砸或打碎骨头以获取骨髓的做法会导致一些部位，特别是肢骨的骨干很难或无法得到鉴定。

老奶奶庙遗址动物遗存的特点反映了人们对马科动物骨髓的偏好和充分消费，主要依据是：（1）大量肢骨和下颌骨破裂严重，在3F层和3B层，小于完整骨骼周长的25%的肢骨标本分别占47%和38%；（2）砍砸破裂疤较为频繁地出现在破裂肢骨和下颌骨边缘，这种痕迹与骨髓的提取密切相关[④]；（3）存在较多砍砸骨骼产生的骨片；（4）骨骼破裂程度与骨髓指数[⑤]的相关性检验表明二者具有一定正相关关系（Spearman's r=0.746，p=0.054）。根据有些学者对马的食物利用指数的研究，在马的不同骨骼部位中，胸椎的平均肉量最高，接下来是髋骨、股骨和颈椎，然后是腰椎、头骨、肩胛骨、肱骨、下颌骨、胫骨、尺-桡骨。掌骨、跖骨和趾骨上的平均肉量为0。然而，平均骨髓重量显示：股骨的平均骨髓重量最高，接下来是肱骨、下颌骨、胫骨、尺骨和桡

---

①Lupo, K. D., "Experimentally derived extraction rates for marrow: Implications for body part exploitation strategies of Plio-Pleistocene hominid scavengers."

②Leechman, D., "Bone grease."

③Sisson, S., Grossman, J. D., *The anatomy of the domestic animal* (4th edn.).

④Bar-Oz, G., *Epipaleolithic subsistence strategies in the Levant: A zooarchaeological perspective,* Boston: Brill Academic Publishers, 2004.

⑤Outram, A., Rowley-Conwy, P., "Meat and marrow utility indices for horse (Equus)."

骨、掌骨和跖骨，以及趾骨，而头骨、肩胛骨、脊椎骨和髋骨则为0。虽然胫骨、下颌骨、掌骨和跖骨的含肉量低或缺失，但是它们含有一定量的骨髓，这些部位的出现率较高可能是因为人类偏好骨髓并对其充分获取。然而，受较厚的骨壁和较小髓腔的影响，野马肢骨中的骨髓含量与其他有蹄类动物相比较低[①]，因此，人们在充分利用野马资源的同时也会获取并充分利用其他大型有蹄类动物，例如原始牛，尽管原始牛更加危险、难以捕获。

骨头所含的油脂富含维生素，热量值远高于蛋白质和碳水化合物，对于人类，特别是怀孕女性和新生婴儿而言，是极为重要的食物资源[②③]。对于依赖动物性食物资源维生的群体来说，油脂能够帮助人们度过资源紧缺的困难时期[④]。民族学观察发现：努那缪特、哈扎、桑（San）、阿拉瓦拉（Alyawara）等人群都将骨头中的油脂视为重要食物资源，提取骨油是他们生计活动的重要内容[⑤]。这种资源利用方式在考古材料中也有所发现。史前人类对骨油的获取强度在一定程度上能够反映群体的生计需求与资源紧缺的程度[⑥]。除了提供食物和营养，骨头中的油脂还具有其他用途，例如使皮子具有防水性、处理

①Levine, M. A., “Eating horses: The evolutionary significance of hippophagy,” *Antiquity* 72.275(1998), pp. 90–100.

②Vehik, S. C. “Bone fragments and bone grease manufacturing: A review of their archaeological use and potential,” *Plains Anthropologist* 22(1977), pp. 169–182.

③Speth, J. D., Spielmann, K. A., “Energy source, protein metabolism, and hunter-gatherer subsistence strategies.”

④Speth, J. D., “Seasonality, resource stress, and food sharing in so-called ‘egalitarian’ foraging societies,” *Journal of Anthropological Archaeology* 9.2(1990), pp. 148–188.

⑤Outram, A. K., “A new approach to identifying bone marrow and grease exploitation: Why the ‘indeterminate’ fragments should not be ignored.”

⑥Munro, N. D., Bar-Oz, G., “Gazelle bone fat processing in the Levantine Epipalaeolithic.”

弓弦[①]、用作油灯燃料等[②]。油脂存在于大多数四肢骨和下颌髓腔的骨髓中，还存在于松质骨结构中，例如肢骨骨骺和脊椎骨之中[③]。不同骨骼部位的油脂含量不同，有些部位几乎不含油脂，而有些部位的油脂则非常丰富。想要充分有效地提取油脂，需要把骨头打碎成很小的碎块——小于2cm或3cm，烧煮2—3个小时，待冷却后将油取出，由此得到的油可以再稍作加工处理，最后进行保存[④⑤]。这种资源获取方式影响着考古遗址中不同骨骼部位的保存状况以及骨骼部位的出现率[⑥]。从骨头中提取油脂的行为很难得到直接考古证据的证明，如果遗址中存在大量碎骨，我们可以通过动物遗存组合的其他特点、石制品、火塘等特征，判断发生提取骨油活动的可能性。例如：（1）存在很高比例的没烧过的破碎骨骼，特别是通常小于2cm或3cm的松质骨；（2）存在烧裂的岩块、用于加热砾石和岩块的火塘、盛水的“容器”；（3）存在用于砍砸、打碎骨头的重型工具，例如石锤、石砧、砍砸器等；（4）遗址中几乎完全不见肢骨和中轴骨的骨骺，或者说与不含骨油或含骨油量很少的部位相比，含油脂多的部位的出现率低[⑦]。需要注意的是，对提取骨油的判断必须以充分考虑遗存的埋藏过程为前提。就老奶奶庙遗址的动物遗存而言，我们基本排除了食肉动物和其

---

①Binford, L. R., *Nunamiut: Ethnoarchaeology,* New York: Academic Press, 1978, p. 24.

②Burch, E. S., “The caribou/wild reindeer as a human resource,” *American Antiquity* 37.3(1972), pp. 339–368.

③Outram, A., Rowley-Conwy, P., “Meat and marrow utility indices for horse (Equus).”

④Vehik, S. C. “Bone fragments and bone grease manufacturing: A review of their archaeological use and potential.”

⑤Binford, L. R., *Nunamiut: Ethnoarchaeology.*

⑥Brink, J. W., “Fat content in leg bones of Bison bison, and applications to archaeology,” *Journal of Archaeological Science* 24.3(1997), pp. 259–274.

⑦Stiner, M. C., *The faunas of Hayonim Cave (Israel): A 200,000-year record of Paleolithic diet, demography and society.*

他自然作用对其产生严重破坏的可能。脊椎骨、骨骺等部位的缺乏很可能是人类活动的结果，即人类砸碎骨骼以提取油脂的行为造成了很多骨骼的严重破碎，以至于很难被鉴定。3F层和3B层的不可鉴定标本中有38%的标本小于3cm。同时，可鉴定标本中的下颌骨、头骨、肋骨、肢骨都可见较大程度的破裂。这两层中缺失含有丰富油脂的腕骨和跗骨，也几乎不见肢骨和中轴骨的骨骺。与此同时，3F层和3B层中都发现有丰富的用火遗迹，有些火塘周围分布着大的红色砂岩石块[①]，为使用特定方法或"容器"提取骨油创造了条件。这两层中还存在较大型的石英砂岩砍砸器，长度在5cm—10cm之间，可以作为砍砸骨头的工具使用。

动物死亡年龄结构显示：3F层中幼年马占19.2%（n=5），成年马占69.2%（n=18），老年马占11.5%（n=3）。3F层中的原始牛标本同样呈现出成年个体居多的死亡年龄结构，成年个体占70%（n=14），幼年个体占15%（n=3），老年个体占15%（n=3）。3B层中幼年马占22.2%（NISP=10），成年马占71.1%（NISP=32），老年马占6.7%（NISP=3）。3F层、3B层中的大型动物均以成年个体为绝对主体，幼年和老年个体的比例比较接近，可能反映了人类选择狩猎成年大型有蹄类动物的策略。狩猎大型哺乳动物本来就是不容易的事情，对于原始牛这种凶猛动物的成年个体而言就更非易事且风险更大，这便需要狩猎者对动物习性有充分了解，会使用特殊的技能或工具，并具备有效合作与交流的智慧与能力。获取成年的大型动物可以使人群获得相对更多的食物资源，特别是骨髓和油脂，这可能是这类资源受到狩猎采集者偏好的原因之一。

综合以上分析，老奶奶庙狩猎采集人群能够成功狩猎大型动物，他们将猎物较为完整地带到营地进行屠宰，并进行多种形式的、充分

---

①陈宥成：《嵩山东麓MIS3阶段人群石器技术与行为模式——郑州老奶奶庙遗址研究》。

的食物消费，可能包括烤肉、敲骨取髓、提取骨油等，这种生计策略反映了人们对食物资源的较大需求。食物需求的增加可能与人口的增加有关，也可能与环境变化导致的资源匮乏或者是季节性资源匮乏有关。老奶奶庙遗址被人类占用的时期属于MIS3b阶段，这个时期比较干冷。在MIS3b阶段的冬季，人们尤其可能要面对严峻的困难环境。温带和寒带地区的晚冬和春季食物资源通常较为匮乏，同时动物自身的营养状况较差，人类从动物身上可以获得的食物与营养有限。这个时候动物身上的肉多为瘦肉，该地的人可能通过狩猎大型动物的成年个体，以及充分获取骨骼中的骨髓和油脂来最大化地获得食物和营养，以满足季节性的生存需求。该地区人类对动物资源的利用还包括选择一些形态合适的骨骼直接作为工具使用。然而，老奶奶庙遗址及其他相同或相近时代的遗址显示：距今4万年左右我国几乎不存在那种经过刮、磨整形而成的形态比较规整的骨器，这个时期还没有出现较为复杂的骨器技术，展现出了与旧石器时代晚期人类不同的对于骨质材料的认知与技术行为。3F层和3B层中存在用火遗迹，遗物分布密度较高，有的火塘周围存在数量较多的红色砂岩石块，3F层中多个火塘周围还都分布有密集的遗物。不同火塘的功能有所不同，有些可能与集中处理鹿角的行为有关，有些则与消费鸵鸟蛋更相关。3B层中火塘A的西侧和南侧有密集分布的遗物，特别是大量的动物碎骨、不同石料的石制品，反映出当时人类围在火塘这两侧从事打制石器、敲骨取髓的活动。在火塘东侧1.5米范围之外，有一处遗物密度很低的“空白区”，使火塘不同侧位呈现明显差异（图3–6）。出土遗物的密度、遗物类型组合、空间分布关系揭示了3F层和3B层的性质是基本营地，并记录了人类对遗址相对长时间的反复占用[1]。在特定时间范围中，对大型动物多次或经常的狩猎、搬运、屠宰离不开集体协作，共同获取食物、共同分享对于维持群体的生

①陈宥成、曲彤丽、汪松枝等：《郑州老奶奶庙遗址空间结构初步研究》。

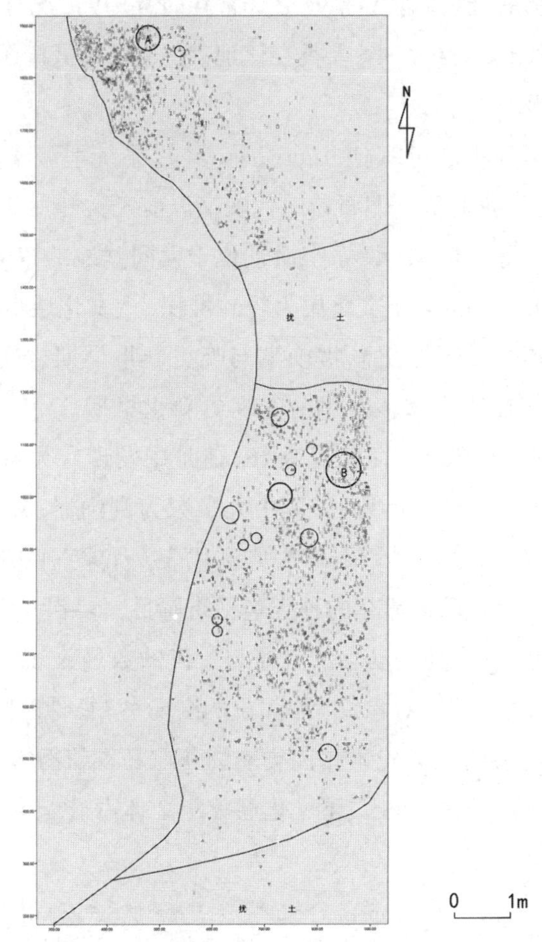


○火塘 △红色砂岩 □鸵鸟蛋壳 ■石英石核 ◇动物角 ▽石英 ▼石英工具 △灰岩
▲石英砂岩工具 △石英砂岩 ■石英砂岩石核 ⋈颌骨 ⧖动物骨骼 ⧗烧骨 ↑动物牙齿

图3-6　老奶奶庙遗址3B层火塘与遗物的空间分布①

①陈宥成、曲彤丽、汪松枝等：《郑州老奶奶庙遗址空间结构初步研究》。

存，特别是在干冷的、资源匮乏的季节或时期具有十分重要的意义。对大型动物的处理和消费活动是非常耗时耗力的，况且这种活动不是偶然的，可能发生了多次。人类在该地点的生活模式暗示了当时存在稳定的社会组织①。

我国晚更新世其他几处遗址，经过系统埋藏学和动物考古学的研究，也为我们认识旧石器时代晚期以前人类开发利用动物资源的行为提供了重要依据。许家窑遗址位于大同盆地的东部，包含了多个地点，其中74093地点下文化层为粉砂堆积，上文化层为粉砂质黏土②③，遗址的年代处于中更新世晚期与晚更新世早期之交，而人类活动的主要时期在距今10多万年前的晚更新世早期。文化遗存没有经过分选，磨损程度低，保存状况较好。遗址中发现有大量丰富的石制品，石器以小型石片工具为主，其中大多数为刮削器，还有少量尖状器和雕刻器等，大型工具以石球为典型代表，石球直径分布范围是5cm—10cm④⑤。出土动物遗存的种类包括奇蹄目、偶蹄目、食肉目、兔形目、长鼻目等，其中马科动物的骨骼与牙齿的数量最多。马科动物是人类获取、利用的主要对象。骨骼部位的出现率、长骨破碎程度、骨骼表面改造痕迹表明人类先于食肉类动物获取马科动物⑥。上文化层中马科动物的壮年个体占85%，下文化层壮年个体占71%，体现出以壮年个体

①陈宥成：《嵩山东麓MIS3阶段人群石器技术与行为模式——郑州老奶奶庙遗址研究》。

②贾兰坡、卫奇：《阳高许家窑旧石器时代文化遗址》，《考古学报》1976年第2期，第97—114页。

③卫奇、吴秀杰：《许家窑遗址地层时代讨论》，《地层学杂志》2011年第2期，第193—199页。

④贾兰坡、卫奇、李超荣：《许家窑旧石器时代文化遗址1976年发掘报告》，《古脊椎动物与古人类》1979年第4期，第277—293页。

⑤贾兰坡、卫奇：《阳高许家窑旧石器时代文化遗址》。

⑥Norton, C. J., Gao, X., “Hominin-carnivore interactions during the Chinese Early Paleolithic: Taphonomic perspectives from Xujiayao,” *Journal of Human Evolution* 55.1(2008), pp. 164–178.

为主的死亡年龄结构。通过与马科动物自然死亡、被鬣狗捕杀以及被古人类和现代人类捕猎所形成的死亡年龄结构比对分析，研究者发现下文化层所代表的时期里人类可能通过拣食自然死亡的动物尸体、与食肉类抢食或者狩猎的多种方式获取马科动物资源，其中狩猎可能是主要的途径，而上文化层所代表的时期里人们很可能是通过狩猎获取马科动物的，其他方式发生的可能性很小。总的来说，该地区晚更新世人群具有有效捕获马科动物的能力，并且对成年个体有所偏好，采用了选择性的狩猎策略[①]，而下文化层和上文化层体现的获取方式的差异则可能反映了由于气候环境改变，动物资源分布特点与可获取性发生变化，最终导致人类生计策略调整，即气候寒冷时期（上文化层）动物活动范围在少有的水源附近，人类比较容易掌握动物行踪，从而展开有效的狩猎活动[②]。当然，这一解释还需要结合许家窑遗址上、下文化层形成时气候变化的程度、对环境所产生的具体影响进行讨论。

灵井遗址位于河南省许昌市灵井镇，距今约10万年。该遗址发现有丰富的动物遗存和石制品，以及人骨化石，是中原地区晚更新世早期人类演化与人类文化发展的重要记录。人骨化石形态研究显示，生活在该地区的人群具有东亚直立人、尼安德特人和早期现代人的混合特征[③]。石制品以石英为主要原料，石器主要由小型的刮削器和尖状器组成，还包含少量大型砍砸器和石锤[④]。动物群组合与许家窑动物群相似，反映了以草原为主、镶嵌森林的环境。动物群组合中，普通马和

①栗静舒：《许家窑遗址马科动物的死亡年龄与季节研究》，第108—115页。

②栗静舒：《许家窑遗址马科动物的死亡年龄与季节研究》，第120页。

③Li, Z. Y., Wu, X. J., Zhou, L. P., et al., “Late Pleistocene archaic human crania from Xuchang, China.”

④河南省文物考古研究所：《许昌灵井旧石器时代遗址2006年发掘报告》，《考古学报》2010年第1期，第73—100、133—140页。

原始牛占绝对主体。带有啮齿类啃咬痕迹的动物骨骼占0.06%，带有食肉类咬痕的占5.4%，带有切割痕和砍砸疤的占17.2%，切割痕主要见于骨干部位。总体来看，大中型食草动物的骨骼相对破碎，而食肉动物的骨骼相对完整。动物种属构成、骨骼改造痕迹、骨骼部位构成以及死亡年龄结构分析显示，人类活动是骨骼堆积的主要原因[①]。骨骼部位构成中，上下颌骨、下部肢骨占优势，但普通马和原始牛的骨骼部位构成存在差异。普通马的头骨和下颌骨发现较多，其他骨骼部位非常罕见。原始牛的下颌骨也比较多，但是其他骨骼部位都多于普通马（髋骨除外）。在排除动物作用和其他自然作用（流水作用可能对脊椎骨、肋骨等骨骼的出现产生微弱影响）以后，研究者认为这些差异反映了人类对动物尸骨采取选择性搬运策略，即马的大部分尸骨可能被运回营地，而原始牛的多数骨头被弃留在该地点[②]。普通马和原始牛的死亡年龄结构[③]都是以壮年个体占优势，而老年个体很少或不见（图3-7）。该遗址的动物考古材料反映出我国晚更新世早期的人群具备狩猎大型动物的能力，他们能够多次获取原始牛这种大型凶猛动物。动物骨骼上较多的人工改造痕迹、骨骼部位构成特点以及烧骨数量很少、没有火塘的情况表明该地点有可能是一处狩猎-屠宰场所[④]，在营地以外的区域屠宰和肢解大型猎物以及接下来的搬运则需要高效的合作。

马鞍山遗址位于贵州省桐梓县，是一处旧石器时代中、晚期洞穴遗址，包含上、下两个文化层。遗址中发现有大量石制品、动物骨骼以及灰烬堆积。下文化层（第8层和第7层，距今约5.7万年）中的动物种类主要是水牛、犀牛、剑齿象等大型动物。骨骼单元分布模式、骨骼上存在的人工

---

①张双权：《河南许昌灵井动物群的埋藏学研究》。

②张双权：《河南许昌灵井动物群的埋藏学研究》，第77页。

③注：基于NISP和MNI统计的结果。

④张双权、高星、张乐等：《灵井动物群的埋藏学分析及中国北方旧石器时代中期狩猎-屠宰遗址的首次记录》。

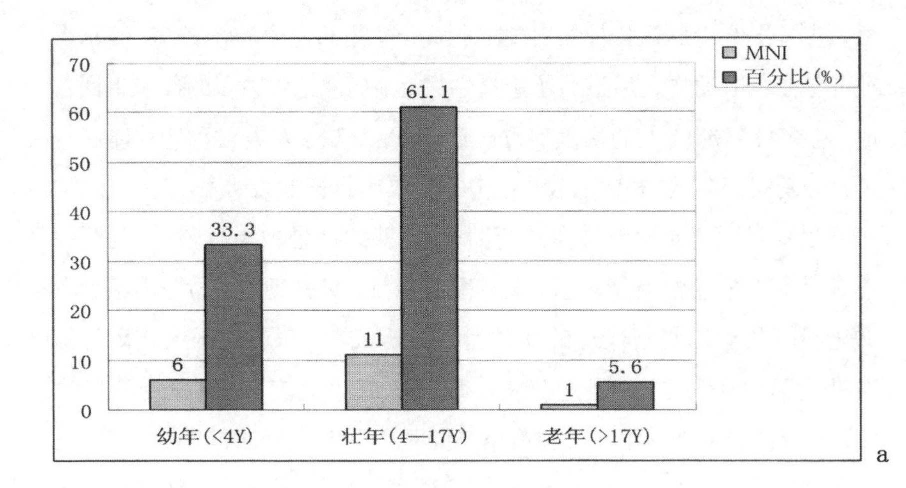


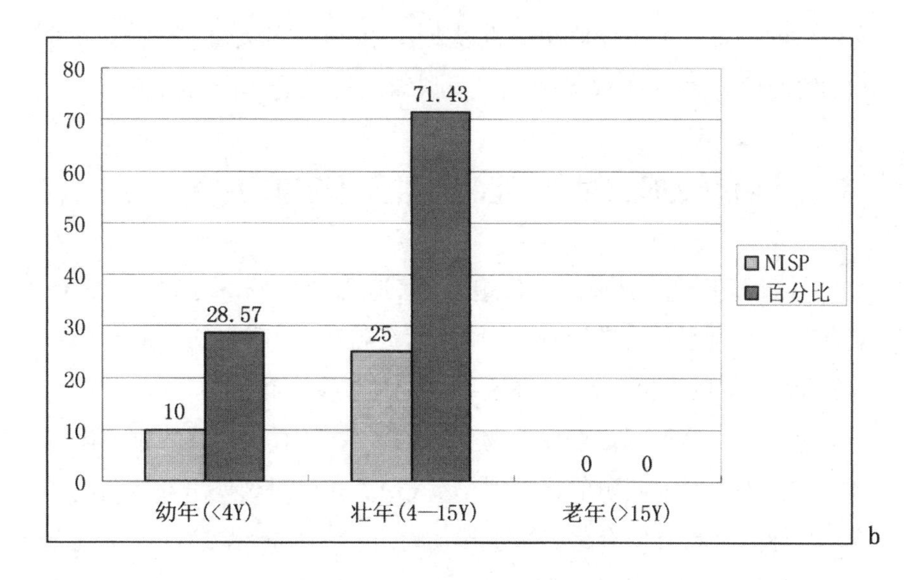


**图3-7　灵井遗址动物死亡年龄分布**

a. **普通马**（MNI=18）；b. **原始牛**（NISP=35）

改造痕迹以及非常有限的啃咬痕迹反映出动物骨骼堆积主要是人类活动的结果。在下文化层，人类以大型或超大型动物为主要的开发利用对象。上部肢骨和中部肢骨的出现率很高，这些部位含肉量较多，暗示人类可能在获取动物之后进行了选择性搬运，尽量把含肉多的部位带回营地。这些骨骼部位上的切割痕也比较丰富，反映了人类对动物尸体进行了充分割肉，对上部和中部肢骨上肉的割取比肋骨更加彻底[①]。

尽管我国当前发现的晚更新世早、中期的遗址数量有限，并且存在很多时间上的空白有待填补，但许家窑遗址、灵井遗址、马鞍山遗址下文化层以及老奶奶庙遗址的动物遗存分析表明，东亚地区人群以狩猎大型食草动物为主，并且通过更多地获取成年个体，达到资源获取最大化的目的，这种生计方式和策略与同时期欧亚大陆西部是相同的，是一种比较稳定的生计策略（仍需得到更多区域更多系统的动物考古研究资料的支持），反映了晚更新世以来旧大陆相似的人口水平以及人类与动物的适应关系，同时反映出人类认知、技术、合作能力的发展。

## 二、旧石器时代早、中期的狩猎技术和方法

早期人类可以通过耐力长跑-跟踪追击，使用木质长矛、标枪或复合石质工具等方法进行狩猎。民族学资料显示：耐力长跑追击是一种安全、有效的狩猎方法[②]。在投射类工具被发明和使用以前，早期人类有可能使用这种方法获取动物。长跑追击指的是生活在热带地区的人群在一天之中太阳照射最强烈、天气最炎热的时刻外出寻找猎物，发现目标后狩猎者便奔跑起来追捕动物，由于动物奔跑速度远超过人类，动物很快逃离，之后停留在某个地方，人类则需要根据动物的气味

①张乐、王春雪、张双权等：《马鞍山旧石器时代遗址古人类行为的动物考古学研究》。

②Bramble, D. M., Lieberman, D. E., “Endurance running and the evolution of Homo,” *Nature* 432.7015(2004), p. 345.

或脚印进行追踪，人类追上动物的时候，动物再次逃离，这个过程会反复进行多次，动物被人类逼迫得要在炎炎烈日下不断奔跑。由于人体存在大量汗腺，而且没有浓密的体毛覆盖，所以人类的身体能够有效地散热。然而哺乳动物是缺乏汗腺的，在这种情况下，动物最终被热死，人类便可以在几乎没有危险的情况下获取肉食。旧石器时代早期直立人还具有一系列适应耐力长跑的解剖学特征[①]（图3-8），例如，稳定的头部、增大的内耳半规管、发达的臀大肌、完全的足弓等，这些特征使得通过耐力长跑追击、获取动物资源成为可能。然而，这种方式的应用与区域气候环境特点密切相关，更适用于气候炎热且开阔的环境之中。在冰期期间欧亚大陆的广大地区，以及拥有茂密森林或树林的亚热带、热带地区，人们的狩猎方式肯定会有所不同。

利用武器或工具狩猎是更为普遍的动物资源获取方式，在民族学资料中有着丰富的记录，在考古学中也常得到相对直接和更为多样的证据的支持——史前人类制造和使用的工具类型、工具上存留的信息，如残留物和微痕、动物骨头上的创伤等，但是不同地区和环境中的人群所使用的工具技术类型以及工具使用方式存在差异。旧大陆西部，例如德国薛宁根和雷亨根（Lehringen）遗址、英国Clacton-on-Sea遗址的考古材料显示，至少到旧石器时代早期晚段人类已经能够使用长矛或标枪类武器进行狩猎[②③④]。德国北部的薛宁根13II（文中简称薛宁根遗址）是中更新世的一

①［美］丹尼尔·利伯曼（Daniel Lieberman）：《人体的故事：进化、健康与疾病》，蔡晓峰译，浙江人民出版社，2017年，第85—91页。

②Thieme, H., “Lower Palaeolithic hunting spears from Germany,” *Nature* 385.6619(1997), pp. 807–810.

③Veil, S., and Plisson, H., “The elephant kill-site of Lehringen near Verden on Aller, Lower Saxony (Germany),” *Unpublished manuscript in possession of S. Veil, Niedersächsisches Landesmuseum*, Hanover, 1990.

④Oakley, K. P., Andrews, P., Keeley, L. H., et al., “A reappraisal of the Clacton spearpoint,” *Proceedings of the Prehistoric Society* 43(1977), pp. 13–30.

处湖滨遗址，大部分文化遗存发现于富含有机物的层位——第4层（包括4a，4b，4b/c以及4c的顶部），少量发现于第5层。这些层位中发现有保存良好的木质标枪，因而被统称为“标枪层”。“标枪层”发现有一万多件动物遗存、一千多件燧石石制品以及740件木质工具遗存。遗存埋藏在颗粒很细的沉积物之中，其中几乎不包含天然砾石和粗砂。遗存的分布区域（长60m、宽10m的带状分布区）位于古湖滨潮湿的环境中。标枪层的大量动物遗存、燧石石制品和木质工具在空间上有着密切关系。该遗址中发现有9件木质标枪（有些是完整或近乎完整的，有些是残断的）（图3–9）、1件长矛和1件两端削尖的木棒，年代为距今40万—30万年。绝大多数标枪集中分布在10m×25m的区域里，与大量动物骨骼和燧石工具（如尖状器和刮削器）共存。完整或近乎完整的标枪的长度在1.84m—2.53m之间（注：标枪的理想尺寸在2.1m—2.4m之间，而长矛可能会更长）。标枪的最大直径为2.4cm—4.7cm，其中完整标枪的最大直径在2.9cm—4.7cm之间，这些标枪在尺寸和设计上与现代竞技比赛中所用标枪非常相像[①]。制作标枪的原料是云杉木[②]，人们选择使用细的树干，把树枝、树皮去掉，将树干表面刮光滑。雷亨根遗址发现有旧石器时代中期的木质标枪，出土于大象的肋骨中间。该标枪用紫杉木制成，长2.39m，下部宽（直径3.1cm），尖部窄（直径2cm）。复制实验表明：这种标枪在使用过程中能够较好地保持平衡，能够在不超过35m的距离内准确地击中较大型的动物[③④]，是适合狩猎的

①Schoch, W. H., Bigga, G., Böhner, U., et al., “New insights on the wooden weapons from the Paleolithic site of Schöningen,” *Journal of Human Evolution* 89(2015), pp. 214–225.

②Thieme, H., “Lower Palaeolithic hunting spears from Germany.”

③Schoch, W. H., Bigga, G., Böhner, U., et al., “New insights on the wooden weapons from the Paleolithic site of Schöningen.”

④Rieder, H., “Die altpalaolithischen Wurfspeere von Schöningen, ihre Erprobung und ihre Bedeutung für die Lebensumwelt des Homo erectus,” *Praehistoria Thuringica* 5(2000), pp. 68–75.

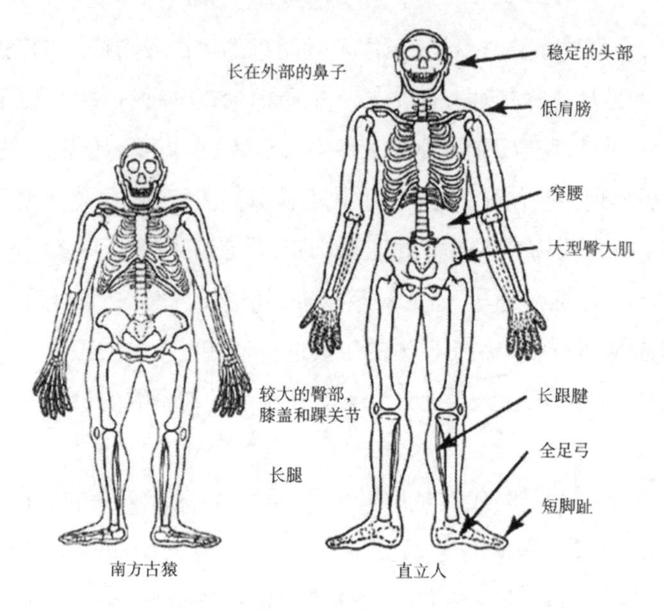


**图3-8　直立人身体结构中有利于奔跑和行走的适应性特征**
**（左边列出的特征对奔跑和行走均有利，右边列出的特征有利于奔跑）**[①]

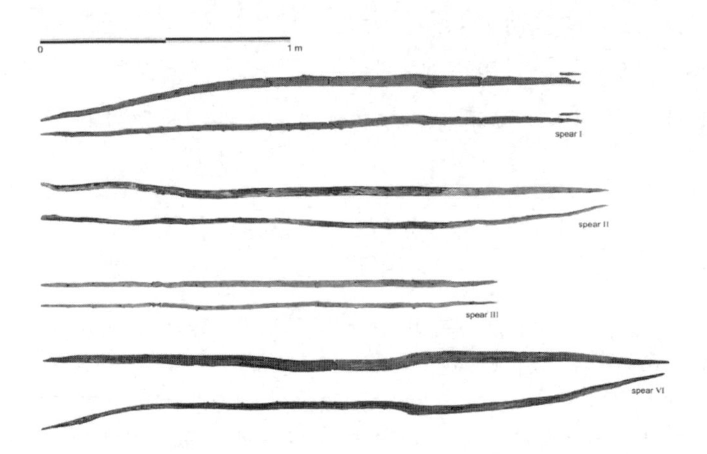


**图3-9　薛宁根遗址13 II-4层(Schöningen 13 II-4)出土的木质标枪**[②]

①丹尼尔·利伯曼：《人体的故事：进化、健康与疾病》，第82页。

②Van Kolfschoten, T., Parfitt, S. A., Serangeli, J., et al., "Lower Paleolithic bone tools from the 'Spear Horizon' at Schöningen (Germany)," *Journal of Human Evolution* 89(2015), pp. 226–263.

工具。除了投射狩猎，标枪还可用于近距离的攻击或防御，使狩猎者及其猎物不受到大型食肉动物的攻击[①]。木质标枪是一种有效的、便于携带的狩猎工具，原料获取不难、制作工序不太复杂（但需要掌握刮的技术），有可能在更多地区被使用，但是由于其不易保存的特性，这类证据的发现非常有限。结合动物考古研究的证据来看，在薛宁根遗址人类曾使用木质标枪多次反复狩猎野马，进而对猎物进行屠宰、充分敲骨取髓，还把动物骨骼作为修理石器和用于砍砸的工具进行使用[②③]，木质工具至少在旧石器时代早期晚段已在人类有计划地开发利用动物资源的过程中发挥极大作用。

石器是旧石器时代遗址中最常见、最容易保存下来的遗存，通常被视为人类狩猎和屠宰的主要工具。手斧及其他大型切割类工具是旧石器时代早期非洲、西亚和欧洲人群普遍使用的工具。就手斧而言，这种工具经过了精细的设计和修理，具有周身刃缘，且两边和两面基本对称[④]。实验和微痕研究表明手斧是一种多功能工具，可以用于屠宰、砍砸骨头、刮皮、砍砸和切割木头、挖掘等，在屠宰动物特别是大型动物方面尤其有效[⑤⑥]。从手斧的整体形态特点——对称性和平衡性来看，

---

①Schoch, W. H., Bigga, G., Böhner, U., et al., “New insights on the wooden weapons from the Paleolithic site of Schöningen.”

②Voormolen, B., “Ancient hunters, modern butchers: Schöningen 13II-4, a kill-butchery site dating from the northwest European Lower Palaeolithic.”

③Van Kolfschoten, T., Parfitt, S. A., Serangeli, J., et al., “Lower Paleolithic bone tools from the ‘Spear Horizon’ at Schöningen (Germany).”

④陈宥成、曲彤丽：《“两面器技术”源流小考》，《华夏考古》2015年第1期，第18—25页。

⑤Toth, N., “Behavioral inferences from early stone artifact assemblages: An experimental model,” *Journal of Human Evolution* 16.7-8(1987), pp. 763-787.

⑥Keeley, L., *Experimental determination of stone tool uses: A microwear analysis,* Chicago: Chicago University Press, 1980.

手斧也能用于投掷狩猎①②。石球也是早期石器组合中的一个重要类型，学术界对其功能有不同解释，包括将其用于投掷狩猎。作为狩猎的工具，直径在4cm—15cm范围内的石球具有飞行时阻力小、速度快、运行稳定，击打时压强集中、杀伤力强的特点③④。

在弓箭发明以前，使用复合的石质标枪是人类借助石器狩猎的相对安全的方式。这种标枪一般是在木柄的一端捆绑或镶嵌石器制作而成，具有较强的杀伤力，同时能够减少人类与大型危险动物的近距离对抗，降低人类受伤的风险⑤。在各种石器类型中，尖状器特别适合当做标枪头使用，因为具有锋利尖端的工具才能够刺穿动物的皮。用于投射狩猎并穿刺过动物的尖状器的标志性使用痕迹为尖端粉碎性破裂或具有片状破损疤，尖端的两侧会出现似雕刻器小面的破裂疤，疤的尾端形态为阶梯状或羽翼状。与木柄捆绑接触的石器一端在冲击作用力下会产生小的剥片。在显微镜下可以发现：有些工具上除了破裂痕迹外还存在擦痕和线状光泽，与石器长轴平行分布⑥⑦。尖状器的底部通常经过一定程度的修薄或整形修理，会便于捆绑或镶嵌（注：装柄工具可能会用到树胶、沥青等材料，这些材料有可能残留在石器上，为判断石器的使用方式提供了线索）。用于狩猎的尖状器的两边通常是对称

①O'Brien, E. M., "The projectile capabilities of an Acheulian handaxe from Olorgesailie," *Current Anthropology* 22.1(1981), pp. 76–79.

②Wynn, T., "Handaxe enigmas," *World Archaeology* 27.1(1995), pp. 10–24.

③陈哲英：《石球的再研究》，《文物世界》2008年第1期，第34—40页。

④仪明洁、高星、裴树文：《石球的定义、分类与功能浅析》，《人类学学报》2012年第4期，第355—363页。

⑤Berger, T. D., Trinkaus, E., "Patterns of trauma among the Neandertals."

⑥Lazuén, T., "European Neanderthal stone hunting weapons reveal complex behaviour long before the appearance of modern humans," *Journal of Archaeological Science* 39.7(2012), pp. 2304–2311.

⑦Villa, P., Lenoir, M., "Hunting and hunting weapons of the Lower and Middle Paleolithic of Europe."

的或对称度较高，这与用于切割的尖状器是有所区别的[①]。实验表明经过使用后尖状器的尖部会出现破损且程度逐渐增加，而两侧边几乎没有什么区别，仍然对称。目前捆绑或镶嵌石制尖状器的标枪或长矛的使用可以追溯到距今50万年前，证据源于南非Kathu Pan 1遗址4a层出土的尖状器。这些尖状器是单面修理的，两边对称，尖端、底端和侧边都具有典型的碰撞破裂特征。有约13%的尖状器靠近底部的位置都经过了修理，这样做很可能是为了更好地将其与木柄捆绑[②]。

旧石器时代中期开始，适于制作复合长矛或投射标枪的石器在旧大陆西部普遍出现，例如撒哈拉以南非洲在旧石器时代中期出现了丰富的修理精致的两面尖状器[③]，南非Still Bay文化中的一种两面修理、横截面呈透镜状的尖状器，长度从3cm到12cm不等。有的是两端都呈锐尖状，有的仅是一端锐尖而另一端较钝，尖状器比较薄，厚度往往不超过1cm[④]。北非发现有带铤的两面修理的尖状器，欧洲和西亚则广泛分布着勒瓦娄哇尖状器与莫斯特尖状器等[⑤]（图3-10）。有些遗址还发现有加热的赭石或树胶，具有黏合剂的功效，可用于制作复合工具[⑥⑦]。

①Wilkins, J., Schoville, B. J., Brown, K. S., et al., “Evidence for early hafted hunting technology,” *Science* 338.6109(2012), pp. 942–946.

②Wilkins, J., Schoville, B. J., Brown, K. S., et al., “Evidence for early hafted hunting technology.”

③Lombard, M., “A method for identifying Stone Age hunting tools,” *South African Archaeological Bulletin* 60.182(2005), pp. 115–120.

④Wurz, S., “Technological trends in the Middle Stone Age of South Africa between MIS7 and MIS,” *Current Anthropology* 54.8(2013), pp. 305–319

⑤Shea, J. J., “The origins of lithic projectile point technology: Evidence from Africa, the Levant, and Europe.”

⑥d’Errico, F., Stringer, C. B., “Evolution, revolution or saltation scenario for the emergence of modern cultures?,” *Philosophical Transactions of the Royal Society of London Series B-Biological Sciences* 366.1567(2011), pp. 1060–1069.

⑦McBrearty, S., and Brooks, A. S., “The revolution that wasn’t: A new interpretation of the origin of modern human behavior.”

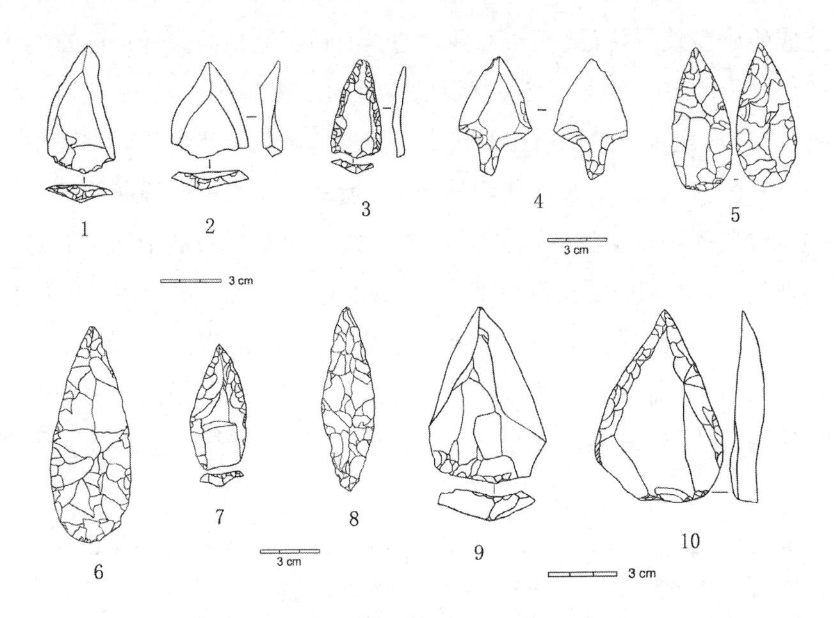


**图3-10　旧大陆西部旧石器时代中期的尖状器**①

1、2. 西亚勒瓦娄哇尖状器；3.西亚莫斯特尖状器；4. 北非阿特连文化带铤尖状器；5. 东非双面尖状器；6、8. 南非斯卜杜尖状器；7. 东非单面尖状器；9.欧洲勒瓦娄哇尖状器；10. 欧洲莫斯特尖状器

①Shea, J. J., “The origins of lithic projectile point technology: Evidence from Africa, the Levant, and Europe.”

实验研究表明，勒瓦娄哇尖状器（很多这类尖状器的对称性相对较好）是矛头的重要类型，可以成为非常有效的狩猎工具①②。欧亚大陆西部的很多遗址，例如黎凡特地区克巴拉、哈约尼姆、卡夫泽等遗址，欧洲南部的Cova Eirós、El Castillo等遗址中都发现有尖部具有投射冲击力造成的典型破裂特征、近端和两侧边具有适于装柄的修理特征的尖状器③④，并且在包含投射类尖状器的遗址中通常共存有大、中型哺乳动物骨骼。叙利亚一处旧石器时代中期遗址的勒瓦娄哇尖状器上保存有沥青残留物，是其被装柄使用的证据。遗址中还有一件残断的勒瓦娄哇尖状器插在野驴的脊椎骨中⑤（图3-11），是这种石器用于狩猎的直接证据。意大利中更新世晚期Campitello遗址发现了把桦树树皮加热制成黏合剂，然后把燧石石片装柄制成复合工具的现象⑥。总之，残留物、微痕以及器物的造型都显示出上述类型的尖状器具有作为投射工具使用的功能。有些勒瓦娄哇尖状器或勒瓦娄哇石片、莫斯特尖状器

---

①Shea, J. J., "Neandertal and early modern human behavioral variability a regional-scale approach to lithic evidence for hunting in the Levantine Mousterian," *Current Anthropology* 39.S1(1998), pp. S45–S78.

②Shea, J. J., Brown, K. S., Davis, Z. J., "Controlled experiments with Middle Palaeolithic spear points: Levallois points," *Experimental archaeology: Replicating past objects, behaviors, and processes* 1035(2002), pp. 55–72.

③Shea, J. J., "A functional study of the lithic industries associated with hominid fossils in the Kebara and Qafzeh caves, Israel," In: Mellars, P. A., Stringer, C. B. (eds.), *The human revolution: Behavioural and biological perspectives on the origins of modern humans,* Princeton: Princeton University Press, 1989, pp. 611–625.

④Lazuén, T., "European Neanderthal stone hunting weapons reveal complex behaviour long before the appearance of modern humans."

⑤Boëda, E., Geneste, J. M., Griggo, C., et al., "A Levallois point embedded in the vertebra of a wild ass (Equus africanus): Hafting, projectiles and Mousterian hunting weapons," *Antiquity* 73.280(1999), pp. 394–402.

⑥Mazza, P. P. A., Martini, F., Sala, B., et al., "A new Palaeolithic discovery: Tar-hafted stone tools in a European Mid-Pleistocene bone-bearing bed," *Journal of Archaeological Science* 33.9(2006), pp. 1310–1318.

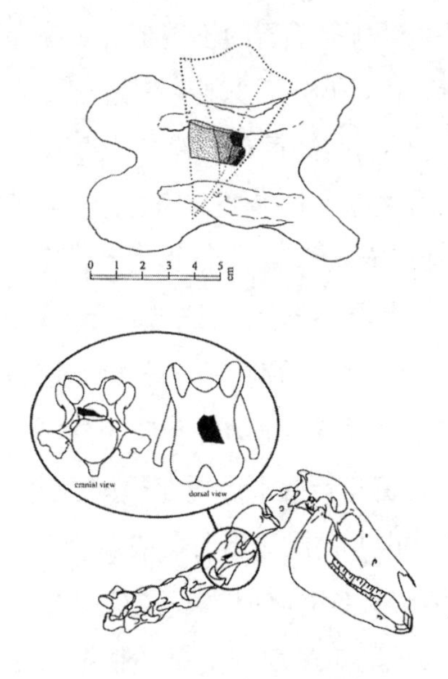


**图3-11　一件残断的勒瓦娄哇尖状器嵌在野驴的第三节颈椎骨中（发现于叙利亚旧石器时代中期遗址）②**

①Boëda, E., Geneste, J. M., Griggo, C., et al., "A Levallois point embedded in the vertebra of a wild ass (Equus africanus): Hafting, projectiles and Mousterian hunting weapons."

的微痕特征显示：它们是有效屠宰动物的“刀具”[①]。旧大陆西部旧石器时代中期的尖状器是当时人群开发利用动物资源的工具套的重要组成部分，而把具有良好对称性的尖状器制成复合的投射类工具更为这一时期人类长期有效地狩猎大型动物创造了条件。除此以外，一些石片也被修理成具有切割和刮削功能的不同形态的工具，比如刮削器、锯齿刃器、凹缺刮器等，用于切肉或处理毛皮、骨头、木材等材料，有些还经过修理便于手握[②]。尽管这些简单石片工具的标准化程度相对较低，但是在人类生计活动中也发挥着重要作用，有些刮削器经过不断维修、再利用，形态发生了变化[③]。

旧石器时代早、中期东亚地区的狩猎采集人群使用怎样的工具或以怎样的技术狩猎大型动物仍存在很多未知。我国这一时期的遗址中与动物遗存共存的石器大多属于简单、形态不规则、随意性强的石片工具，与欧亚大陆西部普遍流行的形态比较规则、稳定的手斧、薄刃斧、勒瓦娄哇石片、勒瓦娄哇尖状器和莫斯特尖状器等不同。不规则、不对称的石片从形态上看不适合用作标枪头，但是用石片加工成的尖状器，在尖部和底部经过处理加工的前提下可以制作成复合的狩猎工具。内蒙古乌兰木伦遗址出土石制品的微痕观察和实验研究显示：有3件工具可能经过捆绑使用。这些工具的底部都经过了特别修理和修薄，其中一件的底部、左侧边和尖端被识别为功能单位，尖端中度磨圆并有少

①Goval, E., Hérisson, D., Locht, J., et al., “Levallois points and triangular flakes during the Middle Palaeolithic in northwestern Europe: Considerations on the status of these pieces in the Neanderthal hunting toolkit in northern France,” *Quaternary International* 411(2016), pp. 216–232.

②[美]约翰·F. 霍菲克尔（John F. Hoffecker）：《北极史前史：人类在高纬度地区的定居》，崔艳嫣、周玉芳、曲枫译，社会科学文献出版社，2020年，第54页。

③Dibble, H., “Interpreting typological variation of Middle Paleolithic scrapers: Function, style, or sequence of reduction?,” *Journal of Field Archaeology* 11.4(1984), pp. 431–436.

量疤痕，疤痕连续分布在左侧边靠近尖端的部分，左侧边靠近底端的部分被轻度磨圆并在腹面分布有小疤，这些分布在底端和侧边靠近底端部位的痕迹与捆绑造成的痕迹相一致[①②]。然而，我国广大地区所发现的简单石核-石片工业中的尖状器的形态规则程度通常较低、器物厚度较大（图3-12），其在狩猎中的可行性和有效性仍需实验来进行验证。近些年，我国北部草原地带的一些遗址，例如新疆通天洞和内蒙古金斯太遗址发现了距今4万多年前的与欧亚大陆西部旧石器时代中期相同的勒瓦娄哇技术和石器工业组合[③④]（图3-13）。这些区域的人群可能使用由勒瓦娄哇尖状器制成的复合工具进行狩猎，使用勒瓦娄哇石片或尖状器屠宰、处理猎物。然而，这种石器工业在我国晚更新世的出现和分布非常有限，我国广大区域内人群所使用的仍主要是简单、不定型的石片或石片工具。目前对尖状器等工具的形态和破裂特征的综合研究比较缺乏，我们尚且难以判断我国旧石器时代中期人群使用投射类工具或复合石质工具进行狩猎的情况。以简单石片为毛坯的工具，如刮削器、尖状器、雕刻器以及修理石片的功能可能与动物资源的处理的关系更为密切。有些遗址中发现了丰富的石球，例如山西许家窑和丁村等遗址，前者中发现有千余件石球。结合许家窑遗址的大量马科动物遗存（代表了至少200多个个体）来看，这种工具有可能反映了这一地区人群的狩猎方式[⑤]。总之，目前我国旧石器时代早、中期人群使用投

---

①Chen, H., Hou, Y., Yang, Z., et al., "A preliminary study on human behavior and lithic function at the Wulanmulun site, Inner Mongolia, China," *Quaternary International* 347(2014), pp. 133–138.

②Chen, H., Lian, H., Wang, J., et al., "Hafting wear on quartzite tools: An experimental case from the Wulanmulun Site, Inner Mongolia of north China," *Quaternary International* 427(2017), pp. 184–192.

③新疆文物考古研究所、北京大学考古文博学院：《新疆吉木乃县通天洞遗址》。

④Li, F., Kuhn, S. L., Chen, F., et al., "The easternmost middle paleolithic (Mousterian) from Jinsitai cave, north China."

⑤李超荣：《石球的研究》，《文物季刊》1994年第3期，第103—108页。

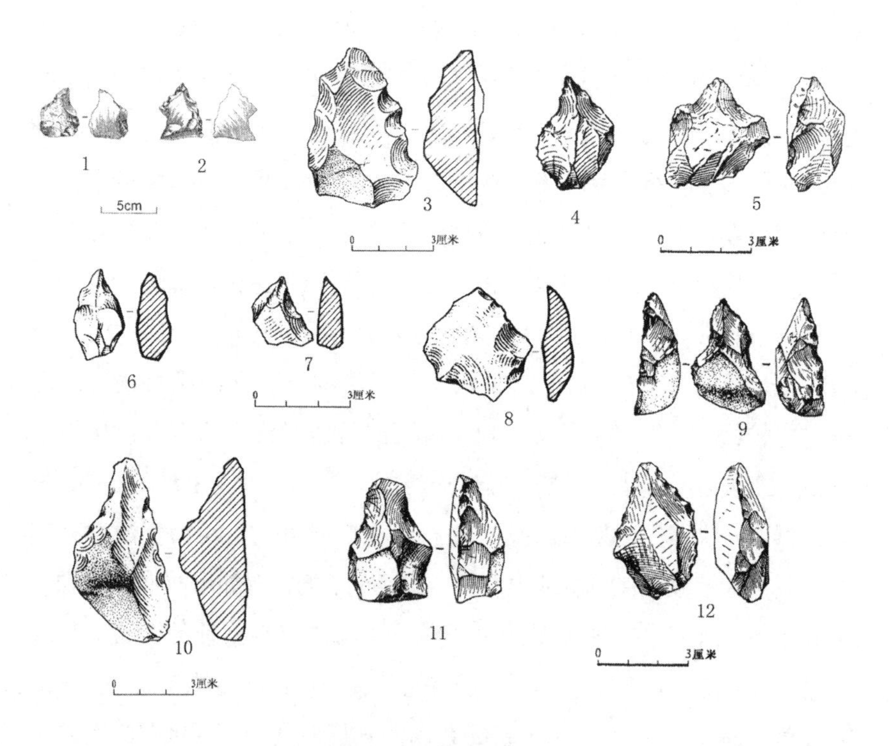


**图3-12 中国旧石器时代中期的尖状器**

1、2. 出自乌兰木伦遗址；3、6、7、8、10. 出自灵井遗址；4、5、9、11、12. 出自许家窑遗址

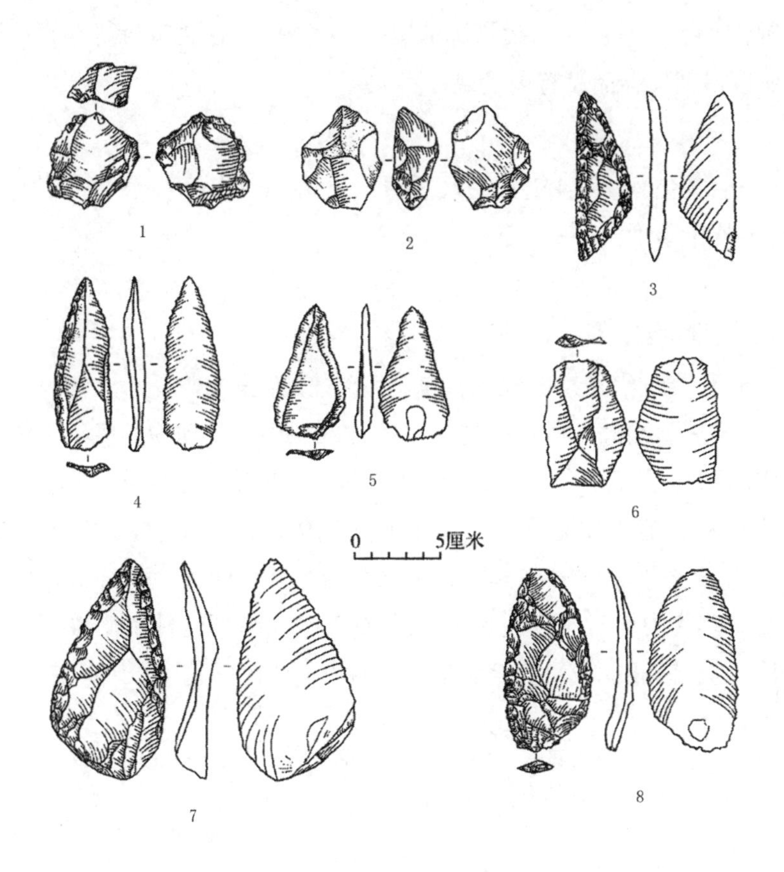


图3-13　新疆通天洞遗址出土的石制品①

1. 勒瓦娄哇石核； 2. 盘状石核； 3、8. 刮削器； 4、5. 勒瓦娄哇尖状器；6. 勒瓦娄哇石片； 7. 莫斯特刮削器

①新疆文物考古研究所、北京大学考古文博学院：《新疆吉木乃县通天洞遗址》。

射类石器工具的证据非常有限。然而，除了石质工具，生活在竹木资源丰富地区的人群有可能利用竹木制作投射武器或刺杀长矛进行狩猎，并制作竹木工具用于动物资源的屠宰和消费，但这些有机材料很可能因难以得到保存而没有被发现。

## 三、生计策略的重要转变——专门化狩猎、食谱拓宽与资源强化利用

### 1. 旧大陆西部

旧石器时代晚期获取大型哺乳动物依然是人类生计活动的重要组成。非洲、欧洲和西亚的遗址中经常发现以大型动物的成年个体占主体的动物遗存组合，对某种动物的专门化狩猎更多发生，是人类狩猎能力发展的重要记录[①②]。在末次冰期的西欧和中欧，人们集中狩猎驯鹿群或野马群[③]。尽管以某种动物为主要目标猎物的狩猎在欧洲旧石器时代中期时常发生[④]，但在旧石器时代晚期这种策略被更多地应用，与以前相比较可能更具有组织性和计划性[⑤⑥]。德国弗戈赫尔德

①Stiner, M. C., *The faunas of Hayonim Cave (Israel): A 200,000-year record of Paleolithic diet, demography and society.*

②Stiner, M. C., "The use of mortality patterns in archaeological studies of hominid predatory adaptations."

③Mellars, P. A., *Technological changes across the Middle-Upper Palaeolithic transition: economic, social and cognitive perspectives*, Princeton: Princeton University Press, 1989, pp. 339–365.

④Gaudzinski, S., "Monospecific or species-dominated faunal assemblages during the Middle Paleolithic in Europe."

⑤Stiner, M. C., "The use of mortality patterns in archaeological studies of hominid predatory adaptations."

⑥Enloe, J. G., "Subsistence organization in the Early Upper Paleolithic: Reindeer hunters of the Abri du Flageolet, couche V.," In: Knecht, H., Pike-Tay, A., White, R., (eds.), *Before Lascaux: The complex record of the Early Upper Paleolithic*, Boca Raton: CRC Press, 1993, pp. 101–115.

（Vogelherd）遗址奥瑞纳时期的动物遗存中，驯鹿和马的骨骼为绝对主体，分析显示当时人们经常在晚夏和秋季猎取这两种动物。骨骼上的切割痕和砍砸痕、骨骼在新鲜状态下的破裂形态以及对一些特定骨骼部位的充分处理加工，都反映了人类对这些动物种类的专门获取和强化利用，且这种开发利用模式在很长的时间里稳定存在[①]。

在旧石器时代末期的欧洲，例如法国潘色旺（距今1.3万—1.1万年）和韦尔布里（Verbrie）（距今1.33万年）等一些遗址中驯鹿遗存的数量远远超过其他动物[②]。韦尔布里遗址中发现有至少130只驯鹿个体，其中Ⅱ-1层有至少40只驯鹿被屠宰[③]。德国Petersfels遗址的十多个活动面中出土了1200只驯鹿遗存，仅在AH3层中就超过了100只，驯鹿的各个骨骼部位都存在并且保存状况良好[④]。那么，人类为什么会专门获取大量驯鹿呢？首先，驯鹿是欧洲寒冷气候条件下分布广泛的动物种类，并且具有迁徙行为。每年在春季和秋季时，雌鹿、雄鹿和幼鹿会汇聚在一起，它们在特定的地形和路线上规律地迁徙[⑤]。因此在驯鹿迁徙的季节里其出现的地点是可以预测的，狩猎人群可以结合地形有针对性、有计划地组织狩猎驯鹿[⑥]。旧石器时代晚期欧洲多数地区经历了很长时期的寒冷气候，在严寒并且季节性显著的环境中，生物

①Niven, L., “From carcass to cave: Large mammal exploitation during the Aurignacian at Vogelherd, Germany,” *Journal of Human Evolution* 53.4(2007), pp. 362–382.

②Maier, A., *The Central European Magdalenian*, Dordrecht: Springer, 2015.

③Enloe, J. G., “Fauna and site structure at Verberie, implications for domesticity and demography,” In: Zubrow, E., Audouze, F., Enloe, J. (eds.), *The Magdalenian household: Unraveling domesticity,* Albany: State University of New York Press, 2010, pp. 22–50.

④Straus, L. G., “Hunting in Late Upper Paleolithic Western Europe,” In: Nitecki, M., Nitecki, Doris V. (eds.), *The evolution of human hunting,* New York: Plenum Press, 1987, pp. 147–176.

⑤Burch, E. S., “The caribou/wild reindeer as a human resource.”

⑥Straus, L. G., “Hunting in Late Upper Paleolithic Western Europe.”

总量相对较低，特别在冬天，人类可获取的猎物种类非常有限，在这种情况下，驯鹿对于欧洲北部地区的狩猎者来说是非常理想的、可预测性和可获取性强的资源，属于“战略性资源”。其次，从食物和营养的供给来说，尽管一头驯鹿的体重是一匹马的一半，但是它提供的骨髓量却是马的13倍[①②]，因此，驯鹿对于生活在寒冷环境中的人们来说在提供食物与营养方面具有显著优势。民族学资料显示：因纽特人每年超过70%的食物都来自迁徙中的北美驯鹿[③]。秋季是最佳的狩猎时节，因为这时驯鹿的脂肪含量最多、体重最大，对于有储藏需求的人群来说更需要把握这个时机[④]。人类从驯鹿身上获得肉食和营养的同时，还可以从驯鹿身上获得其他丰富的资源——角、皮、毛等，用于制作多种生活物品，特别是鹿角，考古发现表明欧洲旧石器时代晚期普遍出现了数量和类型都很丰富的角器。与石器和骨器相比，鹿角工具也更加耐用[⑤]。因此，除了食物的因素，获取大量鹿角等材料也是人们大量、集中地开发利用驯鹿的重要原因。总之，有计划的专门狩猎为人们提供了大量可供消费的肉食，提供了丰富的原材料，还促进了食物和其他资源的储藏。

此外，在温带和寒带地区的冬天与春天，人类能够获取的小型哺

---

①Enloe, J. G., “Fauna and site structure at Verberie, implications for domesticity and demography.”

②Enloe, J. G., “Acquisition and processing of reindeer in the Paris Basin,” In: Constamagno, S., Laroulandie, V. (eds.), *Mode de Vie au Magdalenien: Apports de l'Archeozoologie (Zooarcheological insights into Magdalenian Lifeways),* BAR International Series 1144, 2003, pp. 23–32.

③Binford, L. R., *Nunamuit Ethnoarchaeology,* p. 256.

④Burch, E. S., “The caribou/wild reindeer as a human resource.”

⑤Knecht, H., “Splits and wedges: The techniques and technology of early Aurignacian antler working,” In: Knecht, H., Pike-Tay, A., White, R. (eds.), *Before Lascaux: The complex record of the Early Upper Paleolithic,* Boca Raton: CRC Press, 1993, pp. 137–162.

乳动物、鱼类以及一些植物性食物资源往往非常稀缺或难以获得，因此，为满足能量需求，狩猎采集人群可以通过强化集中狩猎大型有蹄类动物来获取尽可能多的食物。但此时人类能够获得的主要是有蹄动物的瘦肉，因为在这些季节中动物常处于饥饿状态，动物体内含有的油脂变得非常少。然而，瘦肉为人类提供的营养和热量是远远不够的，长时间只食用瘦肉会导致热量与营养的缺乏，人类甚至难以维持生命[①]。为了确保生存，旧石器时代晚期的狩猎采集者可能采取一些应对策略，例如对脂肪含量相对较高的动物进行选择性或集中性获取与利用，并对脂肪和碳水化合物含量高的食物进行储藏[②③]。由此看来，对某个种类的动物群体有计划的集中狩猎为人类在特定季节或特殊资源环境中（寒冷的冬季或资源匮乏时）的生存创造了有利条件。

中欧的北部和东部以及东欧分布着大草原或森林草原，更适合野马的生存。这一区域的遗址中野马遗存常常是最主要的，有些遗址中没有发现驯鹿遗存。与驯鹿相似，野马也具有迁徙行为，其迁移线路也能够被捕猎者发现和追踪[④]，因而人类也可以对其展开专门狩猎。东欧科斯扬基（Kostenki）14地点Ⅱ层（距今3.2万—2.8万年［校正后］）发现有2000多件马骨，代表了至少19个个体，涉及各年龄段。骨骼部位的出现情况和马的死亡年龄反映了人类对马群的狩猎。Molodova 5地点第10层（距今约

①Speth, J. D., Spielmann, K. A., "Energy source, protein metabolism, and hunter-gatherer subsistence strategies."

②Enloe, J. G., "Fauna and site structure at Verberie, implications for domesticity and demography."

③Speth, J. D., Spielmann, K. A., "Energy source, protein metabolism, and hunter-gatherer subsistence strategies."

④Levine, M. A., "Mortality models and the interpretation of horse population structure," In: Bailey, G. (ed.) , *Hunter-gatherer economy in prehistory: A European perspective*, Cambridge: Cambridge University Press, 1983, pp. 23–46.

3万年［校正后］）中的动物遗存也是以马骨为绝对主体的。东欧平原南部的一些遗址中虽然发现有驯鹿、野马等大型动物的遗存，但野牛占绝对主体。

在西亚，尽管旧石器时代末期分布着包括鹿类、羚羊、野马、牛科、野猪等在内的丰富动物种类，但人们狩猎的主要对象是羚羊。在哈约尼姆遗址中，羚羊遗存在旧石器时代中期所占比例为41%，而到末期所占比例则高达77%①。

总之，对某种类动物专门的、计划性的开发在旧石器时代晚期，特别是晚阶段的欧亚大陆是常见的生计行为。专门化狩猎策略的实施首先受到环境、动物资源分布与丰富程度、动物习性的影响，然后是人类根据生存需求对于动物种类以及开发程度的选择，与此同时也离不开人类对动物行为和地形景观的熟知，计划性很强的组织安排，以及高效的工具、技术。

除了专门化狩猎，旧石器时代晚期动物资源开发利用的变化还表现为资源种类多样化以及开发利用程度加强。这一时期人类的食谱明显拓宽，除了“高等级猎物”的贡献，中低等级猎物（这里指需要付出更多劳动或消耗更大成本才能获得并且［或者］收益相对少、质量较低的动物资源）也明显增加，例如小型哺乳动物、鸟类以及鱼类和贝类等水生动物资源②③④。狩猎采集人群食谱构成的多样性会受到高质量

①Stiner, M. C., Tchernov, E., “Pleistocene species trends at Hayonim Cave,” In: Akazawa, T., Aoki, K., Bar-Yosef, O. (eds.), *Neandertals and modern humans in western Asia,* New York: Kluwer Academic Publishers, 2002, pp. 241–262.

②Stiner, M. C., Munro, N. D., Surovell, T. A., “The tortoise and the hare: Small-game use, the broad-spectrum revolution, and Paleolithic demography.”

③Bahn, P., “Late Pleistocene economies of the French Pyrenees,” In: Bailey, G., (ed.), *Hunter-gatherer economy in prehistory: A European perspective*, Cambridge: Cambridge University Press, 1983, pp. 167–185.

④Straus, L. G., “The Upper Paleolithic of Europe: An overview,” *Evolutionary Anthropology* 4.1(1995), pp. 4–16.

和高产量食物的可获取性的影响。当狩猎者所偏好的食物资源种类的数量与质量下降,或者可获取性下降时,他们可能会采用扩展食谱的办法。食谱扩展在考古材料上的表现为:食物中出现更多的资源种类,或者"高等级"猎物和"低等级"猎物在数量上更加均衡。狩猎者通过更多地获取那些常见的但是肉食量低的动物可以减少他们寻找目标猎物所需的成本,从而达到收益相对增加的效果[①]。食谱的拓宽可以被看作是应对人口和资源量之间不平衡或人口压力的一种策略。尽管旧石器时代中期欧洲的尼安德特人和非洲的现代人存在利用海洋资源的行为,但是资源的相对多样化主要与人群活动的地理位置(主要是海滨遗址)直接相关,这种生计策略从空间上来说并不普遍。而且他们利用的海洋资源主要是贝类,偶尔也有其他种类,例如鱼或海洋哺乳动物。捕捞贝类不需要太多专业的技术,对于人类来说危险性较低,只要人类能够观察和发现潮汐变化规律[②]。对石器时代中期和晚期动物尺寸的变化、人类获取资源的技术手段的比较研究表明在石器时代中期,人们对这些动物资源的开发利用程度仍然是很有限的[③]。

旧石器时代晚期以后人类对海洋动物资源或淡水动物资源的获取利用更加普遍,这些资源在人类食谱中的重要性显著增加。例如,非洲旧石器时代晚期遗址包含非常丰富的鱼类遗存[④],欧洲旧石器时代末期的人骨同位素分析表明现代人对水生动物资源实现了真正稳定、充

---

①Stiner, M. C., Kuhn, S. L., "Paleolithic diet and the division of labor in Mediterranean Eurasia," In: Hublin, J.-J., Richards, M. P. (eds.), *The evolution of hominid diets: Integrating approaches to the study of Palaeolithic subsistence*, Dordrecht: Springer, 2009, pp. 155–167.

②Klein, R. G., Bird, D. W., "Shellfishing and human evolution," *Journal of Anthropological Archaeology* 44(2016), pp. 198–205.

③Klein, R. G., Steele, T. E., "Archaeological shellfish size and later human evolution in Africa."

④Klein, R. G., *The human career: Human biological and cultural origins* (3rd edn.).

分且强化的利用[①]。对水生动物资源的开发利用与相应的技术发明与工具发展密切相关，例如捕鱼技术、工具和设施[②]。同时，对水生动物资源的依赖可能促使水生资源丰富地区人群的流动性降低[③]。在旧石器时代中期，鸟类资源虽然有时被人类利用，但直到旧石器时代晚期，尤其是较晚阶段才发展成为人类社会的重要生计资源（注：不同地区对鸟类的开发利用存在差异），具体表现为：鸟骨在旧石器时代晚期的更多遗址中有所发现，鸟骨的数量大大增加。同时，弓箭、陷阱等捕猎技术的出现为人类经常性地捕捉鸟类创造条件[④]。

在欧洲旧石器时代晚期较早阶段的奥瑞纳文化中，以德国西南部为例，人们仍然狩猎大型哺乳动物，但同时增加了对小型哺乳动物和鱼类的获取，对鸟类的开发利用也尤为显著地有所增加。霍菲尔、弗戈赫尔德等洞穴遗址中出土了一定比例的鱼类和鸟类遗存[⑤]，并且还发现了同时期的鱼和鸟的雕塑[⑥]，反映出人类对更多种类动物的关注

---

①Richards, M. P., Jacobi, R. M., Cook, J., et al., "Isotope evidence for the intensive use of marine foods by Late Upper Palaeolithic humans," *Journal of Human Evolution* 49.3(2005), pp. 390–394.

②Deacon, J., "Later Stone Age people and their descendants in southern Africa," In: Klein, R. (ed.), *Southern African Prehistory and Paleoenvironments*, Rotterdam: A. A. Balkema, 1984, pp. 221–328.

③陈胜前：《史前的现代化：中国农业起源过程的文化生态考察》，科学出版社，2013年，第108页。

④Klein, R. G., *The human career: Human biological and cultural origins* (3rd edn.).

⑤Conard, N. J., Kitagawa, K., Krönneck, P., et al., "The importance of fish, fowl and small mammals in the Paleolithic diet of the Swabian Jura, southwestern Germany," In: Clark, J. L., Speth, J. D. (eds.), *Zooarchaeology and modern human origins,* Dordrechtz: Springer, 2013, pp. 173–190.

⑥Conard, N. J., Bolus, M., "The Swabian Aurignacian and its place in European Prehistory," In: Bar-Yosef, O., Zilhão, J. (eds.), *Towards a definition of the Aurignacian: Proceedings of the Symposium held in Lisbon, Portugal, June 25–30, 2002*, Lisbon: American School of Prehistoric Research/Instituto Português de Arqueologia, 2006, pp. 211–239.

和利用，这些动物资源在人类生活中的重要性大大提升。可以说，旧石器时代晚期在这个地区新出现的现代人群采用了新的生计方式，付出了更多的努力以便从自然环境中获得更多的资源，这种生计策略使得供养更多的人口成为可能，并有可能使人口密度保持在较高的水平上[①②]。对小型哺乳动物的开发利用在接下来的格拉维特时期更为显著。中欧摩拉维亚（Moravia）地区格拉维特时期的下维斯特尼采（Dolní Věstonice）遗址中发现有大量猛犸象、狼、驯鹿、马的骨骼和牙齿，还发现一定数量的小型哺乳动物——狐狸和兔的遗存，骨骼上没有食肉动物的啃咬痕迹。该遗址是一处营地，曾被人类相对较长时间地占用。在这期间人类获取大型和小型动物，并对其进行完整搬运和开发利用[③]。下维斯特尼采、帕福洛夫Ⅰ（Pavlov Ⅰ）等遗址还发现了人类对鸟类的利用，尽管鸟骨在所发现的动物骨骼中仅占少量，但研究表明当时人类很可能猎捕鸡形目、天鹅、乌鸦等，一方面获得肉食，另一方面利用鸟骨制作工具或利用它们的羽毛[④⑤]。

人类食物来源的变化也出现在欧洲其他地区，例如法国Verberie遗址中尽管驯鹿遗存占据了绝对主体，但也包含了较多的松鼠，少量

①Conard, N. J., Kitagawa, K., Krönneck, P., et al., "The importance of fish, fowl and small mammals in the Paleolithic diet of the Swabian Jura, southwestern Germany."

②Conard, N. J., "The demise of the Neanderthal cultural niche and the beginning of the Upper Paleolithic in southwestern Germany."

③Wilczyński, J., Wojtal, P., Robličková, M., et al., "Dolní Věstonice I (Pavlovian, the Czech Republic)-Results of zooarchaeological studies of the animal remains discovered on the campsite (excavation 1924–52)," *Quaternary International* 379(2015), pp. 58–70.

④Wertz, K., Wilczyński, J., Tomek, T., et al., "Bird remains from Dolní Věstonice I and Predmosti I (Pavlovian, the Czech Republic)," *Quaternary International* 421(2016), pp. 190–200.

⑤Bochenski, Z. M., Tomek, T., Wilczyński, J., et al., "Fowling during the Gravettian: The avifauna of Pavlov I, the Czech Republic," *Journal of Archaeological Science* 36.12(2009), pp. 2655–2665.

鸟类、狐狸和青蛙①。欧洲南部希腊Franchthi洞穴的研究显示在奥瑞纳时期和格拉维特时期人们虽然仍以陆生动物为食，但相比于旧石器时代中期，食谱变得多样化了。在旧石器时代末期，人类的生计策略进一步发展为对海洋生物资源与陆生动物资源混合开发利用，捕鱼活动在接下来的中石器时代将进一步加强②。在希腊旧石器时代晚期的Klissoura洞穴遗址，小型动物特别是兔子、鸟类这类快速移动的低等级猎物变得更加常见③。东欧科斯扬基旧石器时代晚期遗址群中的动物遗存亦显示出更为丰富的动物种类构成，除了野马、驯鹿以及其他大型哺乳动物外，还出现了丰富的小型哺乳动物、鸟类和鱼。在科斯扬基8地点Ⅱ层和科斯扬基14地点Ⅲ层中哺乳动物遗存中最多的是野兔遗存，反映了人们对野兔的经常性捕获。北极狐和狼在东欧旧石器时代晚期也被人们特别开发利用——获取肉食、利用皮毛制作衣物等④。此外，科斯扬基1地点的人骨同位素分析显示：人们食用了较多淡水食物，可能包括水禽和鱼⑤。

在西亚，尽管旧石器时代中期的人群也利用兔子等小型动物，但主要还是利用大型动物以及行动缓慢的、容易捕获的种类，比如海贝、龟

①Enloe, J. G., “Fauna and site structure at Verberie, implications for domesticity and demography.”

②Stiner, M. C., Munro, N. D., “On the evolution of diet and landscape during the Upper Paleolithic through Mesolithic at Franchthi Cave (Peloponnese, Greece),” *Journal of Human Evolution* 60.5(2011), pp. 618–636.

③Starkovich, B. M., “Paleolithic subsistence strategies and changes in site use at Klissoura Cave 1 (Peloponnese, Greece),” *Journal of Human Evolution* 111(2017), pp. 63–84.

④Hoffecker, J., “Neanderthal and modern human diet in eastern Europe,” In: Hublin, J., Richards, M. P. (eds.), *The Evolution of Hominin Diets* (*Vertebrate paleobiology and paleoanthropology series*), Dordrecht: Springer, 2009, pp. 87–98.

⑤Richards, M. P., Pettitt, P. B., Stiner, M.C., et al., “Stable isotope evidence for increasing dietary breadth in the European mid-Upper Paleolithic.”

鳖、鸵鸟蛋[①②]，而在旧石器时代晚期和末期，特别是纳吐夫文化时期，小型哺乳动物特别是移动迅速的兔子和狐狸占有较高比例，鸟类、龟鳖类也更多更频繁地出现在人类的生活中，较大型的有蹄类动物的数量则显著减少。在有些遗址中，小型哺乳动物、鸟类和龟鳖类动物遗存在出土的可鉴定标本中所占比例可达50%，同时，很多远离海岸或湖滨的遗址都发现了丰富的鱼类和贝壳遗存[③④]，显示出与此前生计策略的显著差异。在哈约尼姆遗址纳吐夫时期（旧石器时代末期）和克巴拉时期（旧石器时代晚期）的动物遗存中，鸟类所占比例分别为56%和34%，而在旧石器时代中期仅占8%且其中大多数可能来自猫头鹰活动而非人类行为[⑤]，也就是说该地区在旧石器时代末期之前，鸟类很可能并没有成为重要的生计资源。

总之，旧大陆很多地区的考古资料显示：距今5万—4万年前的旧石器时代晚期，多种类动物资源的开发利用更具普遍性，对陆生动物和水生动物的共同获取与消费，特别是对快速移动的小型猎物的捕捉经常发生[⑥]，成为人类生计策略的重要组成部分。

旧石器时代晚期狩猎采集人群对环境资源利用的强度大大增加，与人类面对的生存压力增大不无关系。强化利用表现为单位时间内从特定环境中获取的能量增加，这是应对人口规模与资源可获性不平衡

---

①Sharon, G., "A Week in the Life of the Mousterian Hunter."

②Stiner, M. C., Tchernov, E., "Pleistocene species trends at Hayonim Cave."

③Munro, N. D., "Zooarchaeological measures of human hunting pressure and site occupation intensity in the Natufian of the southern Levant and the implications for agricultural origins," *Current Anthropology* 45.Suppl(2004), pp. S5–S33.

④Stiner, M. C., *The faunas of Hayonim Cave (Israel): A 200,000-year record of Paleolithic diet, demography and Society.*

⑤Stiner, M. C., Tchernov, E., "Pleistocene species trends at Hayonim Cave."

⑥Stiner, M., Kuhn, S. L., "Paleolithic diet and the division of labor in Mediterranean Eurasia."

的另一种策略①。从广义上说，资源广谱化利用也是一种强化行为。例如，地中海区域整体上存在着对动物资源的强化利用，主要表现为从狩猎高收益猎物到狩猎低收益或低等级猎物（例如难以捕捉的鸟类、鱼类、兔子）的转变②。

专门化狩猎某一种动物特别是其幼年个体，或从单个动物个体上最大化地提取营养物质，也是资源强化利用的表现。在西亚黎凡特地区旧石器时代中期和晚期，黇鹿是主要的狩猎对象，但是在旧石器时代末期纳吐夫文化中羚羊成为主要对象，并且雄性个体和幼年个体被刻意选择，这可能是人类为了能够保持在特定区域长期持续性狩猎而做出的适应性选择③④⑤。非洲和西亚的考古材料显示：旧石器时代晚期出现了贝类、龟类尺寸减小的现象，与人类对它们的强化捕捉有关⑥⑦。从动物身上强化提取食物与营养，对动物资源进行多样化处理和加工⑧，是欧亚大陆考古材料中更为常见的强化利用现象。在

---

①Munro, N. D., "Epipaleolithic subsistence intensification in the southern Levant: The faunal evidence," In: Hublin, J., Richards, M. P., *The Evolution of Hominin Diets* (*Vertebrate paleobiology and paleoanthropology series*), pp. 141–155.

②Starkovich, B. M., "Paleolithic subsistence strategies and changes in site use at Klissoura Cave 1 (Peloponnese, Greece)."

③Bar-Oz, G., *Epipaleolithic subsistence strategies in the Levant: A zooarchaeological perspective*.

④Munro, N. D., Bar-Oz, G., "Gazelle bone fat processing in the Levantine Epipalaeolithic."

⑤Munro, N. D., "Epipaleolithic subsistence intensification in the southern Levant: The faunal evidence."

⑥Klein, R. G., Cruz-Uribe, K., "Middle and later stone age large mammal and tortoise remains from Die Kelders Cave 1, Western Cape Province, South Africa."

⑦Klein, R. G., Steele, T. E., "Archaeological shellfish size and later human evolution in Africa."

⑧Speth, J. D., "Middle Paleolithic Large-mammal hunting in the southern Levant," In: Clark, J. L., Speth, J. D. (eds.), *Zooarchaeology and modern human origins*, Dordrecht: Springer, 2013, pp. 19–43.

欧洲和西亚黎凡特等地区的旧石器时代晚期或末期，人们将猎物的长骨充分打破或打碎，对骨髓含量非常少的部位例如趾骨也进行非常充分的利用，以便最大化地获取骨髓和油脂[①②]。西亚一些以羚羊遗存为主体的遗址中，羚羊骨骼的出现率与食物利用指数没有显著相关关系，这说明选择性搬运不是骨骼部位构成的主要影响因素。羚羊各个骨骼部位的出现概率比较均衡，但中轴骨是例外，且存在的中轴骨破裂程度很高。极少的骨骼上具有水流作用产生的磨损痕迹，几乎没有骨骼表面上带有水流形成的擦痕，带有啮齿类和食肉类啃咬痕迹的骨骼的比例也很低，因此基本排除水流作用和动物活动对骨骼部位构成和骨骼破裂的影响。此外，骨骼破裂形态、破裂角度和破裂面特征表明骨骼主要是在新鲜状态下破裂，发生在堆积形成过程中。新鲜状态下破裂的骨骼所占比例很高，并且羚羊肢骨中周长小于原始骨骼横周长一半的骨骼占很高比例（70%左右），说明是人类活动而非堆积后过程中的改造因素造成了骨骼的破裂。羚羊骨骼的破裂程度与骨髓指数具有显著正相关关系，同时，尽管幼年个体骨骼密度更低，更易破碎，缺少骨髓的幼年羚羊骨骼的完整度仍高于成年个体的骨骼，这进一步证明了骨骼破裂由人类行为所致。这些现象表明人类具有充分获取骨髓的行为。此外，对含油脂的松质骨的出现率与这些部位的破碎程度相关性检验显示二者具有显著负相关关系，说明这些骨骼部位在被废弃堆积之前已经发生破碎，可能被加工以获取油脂[③]。资源的强化开发利用需要非常多时间和劳动的投入，需要新的或特殊的捕猎

①Starkovich, B. M., “Paleolithic subsistence strategies and changes in site use at Klissoura Cave 1 (Peloponnese, Greece).”

②Munro, N. D., Bar-Oz, G., “Gazelle bone fat processing in the Levantine Epipalaeolithic.”

③Munro, N. D., Bar-Oz, G., “Gazelle bone fat processing in the Levantine Epipalaeolithic.”

工具与手段，有些活动需要借助火与容器。强化利用的生计策略可能在一定程度上促使人类对于食物消费（例如存储行为）和分配方式发生改变，进而对社会关系产生影响，是造成旧石器时代晚期狩猎采集社会向复杂化发展的一个因素。

2. 中国

旧石器时代晚期中国南、北方地区也出现了食谱拓宽与资源强化利用的生计行为特点。贵州马鞍山遗址上文化层（距今约3.5万—1.8万年［校正后］）中动物遗存的种类包含水鹿、麂、猕猴、东方剑齿象、水牛、中国犀等大型哺乳动物，竹鼠等小型哺乳动物，以及鸟类，其中中小型动物所占比例远高于大型动物，这与下文化层中大型动物占优势的情况明显不同。尽管上文化层以水鹿遗存为主，但也反映出更加多样化的食物构成。同时，上文化层中营养物质含量较低的趾骨上的切割痕出现率为11.94%，而下文化层中该类骨骼表面却没有发现切割痕等人类加工和消费营养物质的证据。上文化层骨骼破碎率、砍砸疤数量（敲骨取髓的证据）均高于下文化层，表明上文化层时期人们对动物资源可能有着更高强度的利用[①]。

宁夏水洞沟遗址第7地点（距今2.7万—2.5万年）发现了包含石制品、动物骨骼、鸵鸟蛋壳以及装饰品在内的丰富遗存。石制品以微型和小型为主，其中废片是绝对主体[②]。动物骨骼破碎严重，可鉴定标本非常有限。动物遗存的种类包括蒙古野驴、普氏原羚、水牛、兔、羚羊亚科、狼、狐、小野猫、鸵鸟等。埋藏学研究表明人类活动是动物骨骼堆积的主要作用力。普氏原羚、蒙古野驴这类较大型哺乳动物是人类获取和利用的主要对象，但同时兔子也得到一定程度的获

---

①张乐、王春雪、张双权等：《马鞍山旧石器时代遗址古人类行为的动物考古学研究》。

②裴树文、牛东伟、高星等：《宁夏水洞沟遗址第7地点发掘报告》，《人类学学报》2014年第1期，第1—16页。

取与利用[①]。

就目前的考古材料看，我国旧石器时代人群对动物资源的多样化开发以及强化利用——包括对低等级猎物的更多依赖以及对动物身体中食物与营养的充分提取在旧石器时代末期更加显著。宁夏水洞沟遗址第12地点距今约1.2万—1.1万年，其中发现有小石叶和细石叶工业遗存。石器类型多样，包括刮削器、端刮器、凹缺刮器、钻、雕刻器等，其中刮削器占绝对主体。此外，还发现有磨棒等磨制石器、穿孔的石质装饰品以及用于镶嵌细石叶的骨柄[②]。该遗址出土了兔、狗獾、小野猫、鹿、普氏羚羊、野猪、普氏野马、水牛、鸟类、爬行类和啮齿类的骨骼，其中兔的骨骼所占比例为57.39%，鸟类也占有一定比例（3%），并高于鹿、野猪和野马等大中型哺乳动物，羚羊等大型动物的占比与该地区更早阶段相比明显下降[③]。兔子的多处骨骼部位上存在切割痕，切割痕在食物营养物质含量高的骨骼部位，如肱骨、股骨，以及含量低的骨骼部位，如掌/跖骨和趾骨之上都有较多分布。火烧痕迹也出现在兔子的绝大多数骨骼部位上[④]。动物遗存组合特征表现出在更新世末期该地区人群对资源采取强化开发利用的策略。

河北于家沟遗址处于旧石器时代末期（距今15，730—8540年［校正后］）[⑤]，包含了非常丰富的人类活动遗存，包括细石器工业组合中的多类石制品，特别是楔形细石核、细石叶，还包含装饰品、陶片和磨制

---

①张双权、裴树文、张乐等：《水洞沟遗址第7地点动物化石初步研究》，《人类学学报》2014年第3期，第343—354页。

②宁夏回族自治区文物考古研究所、中国科学院古脊椎动物与古人类研究所编，高星、王惠民、裴树文等著：《水洞沟：2003~2007年度考古发掘与研究报告》，第157—252页。

③张乐、张双权、徐欣等：《中国更新世末全新世初广谱革命的新视角：水洞沟第12地点的动物考古学研究》。

④张双权、张乐、栗静舒等：《晚更新世晚期中国古人类的广谱适应生存：动物考古学的证据》，《中国科学：地球科学》2016年第8期，第1024—1036页。

⑤王晓敏、梅惠杰：《于家沟遗址的动物考古学研究》，文物出版社，2019年，第40页。

石器以及动物遗存。动物骨骼的构成中普氏原羚和转角羚羊占据了主体(51.94%),其次为野马和野驴。其中,幼年个体是人类捕获的主要对象,并且幼年中3—7个月龄的个体呈现增加趋势。总的来看,羚羊这类动物在遗址中所占比例不断增加。动物的骨头还被打碎用来提取其中的油脂。对资源匮乏的人群来说,提取油脂是获得尽可能多一点更营养的食物的重要选择[①]。

玉蟾岩遗址位于湖南省道县寿雁镇白石寨村,是一处旧石器时代晚期晚阶段洞穴遗址,距今约1.8万—1.4万年(校正后)。遗址出土了丰富的文化遗存,包含打制石器和骨角器、动物遗存、植物遗存以及陶器。动物遗存中鹿科和鸟类占绝对主体。鹿科的最小个体数为28,占所有哺乳动物最小个体数的43%。鹿科中数量最多的是中型鹿(25—100kg),主要是梅花鹿(NISP=1159)。鸟类的最小个体数为24(NISP=447),包括鹅、鸭、鹤、鹭等。动物群组合显示当时遗址所在区域为靠近林地的湿地环境,中型鹿(特别是成年个体)和水禽类是人类重点开发利用的对象。鹿的骨骼部位构成中,头骨和下部肢骨为绝对主体,头骨和下颌的出现率极高。较多的头骨可能与人类对其中所含食物与营养的充分利用有关,也可能与使用鹿角制作工具的需求有关。不同肢骨部位的出现相对均衡,但肢骨破裂很严重,82%的肢骨的存留部分小于完整骨骼周长的50%,16%的肢骨的存留部分大于等于完整骨骼周长的50%,仅有2%的肢骨的周长是完整的,这种比例结构与使用石锤或金属刀具砍砸骨头的实验结果相似。对不同死亡年龄的鹿的肢骨破裂程度进行比较的结果显示:成年鹿骨的破裂程度显著高于幼年和亚成年个体的骨骼。骨骼破裂指数与骨髓指数的相关性检验显示:二者具有显著正相关关系。这些现象反映了人类对鹿骨髓的强化获取。此外,肢骨的骨骺部位非常缺乏,但是肢骨骨干

①王晓敏、梅惠杰:《于家沟遗址的动物考古学研究》,第181—183页。

的最小骨骼部位数很高，中轴骨也相对缺乏，在排除食肉动物破坏以及堆积后过程中的自然作用影响后，可以推断这种现象的出现可能与人类打碎骨头、获取其中所含油脂有关。总的来看，当时人们对中型鹿进行了专门化狩猎，并且充分获取鹿骨中的骨髓和油脂，还有可能特别重视使用鹿角制作工具[①]。当然，除了中、小型哺乳动物，鸟类、小型爬行类、螺蚌软体动物和鱼类也是当地人群广泛开发利用的对象。玉蟾岩遗址的鸟骨数量非常多，其中有一部分与水泊环境相关，鸟类中有17种是当地冬候鸟。鱼骨亦非常丰富，包括鲌鱼、鲫鱼、鲤鱼、草鱼、青鱼等10多个种类，但被捕获的鱼类个体普遍小。大量淡水环境中的多种螺类与蚌类亦被捕捞利用[②]。这些现象表明当地人群对当地湖泊环境的充分利用，以及捕捉各类动物技术的发展，尽管有些技术例如捕鱼仍然比较简单、不熟练[③]。

旧石器时代末期，我国与玉蟾岩遗址基本同时期或同属于旧石器时代晚期晚段的东南地区遗址，例如江西仙人洞和吊桶环、广西甑皮岩和白莲洞的动物遗存种类构成和所占比例表明，这些地方的狩猎采集人群可能具有与玉蟾岩相似的生计策略，但仍需未来系统、详细的动物遗存分析的论证。综合这些遗址当前的证据来看，旧石器时代晚期晚段东南地区具有非常显著的资源多样化开发利用的趋势，软体动物、鱼类、鸟类遗存所占比例显著增加，虽然总体上看鸟类遗存在遗址中所占比例不高，但在东南地区人类食谱中鸟类已经成为较稳定的构成部分；与此同时，中型鹿通常是最主要的被利用对象。

从上述我国旧石器时代晚期遗址的年代和气候背景看，人类在水

---

①Prendergast, M. E., Yuan, J., Bar-Yosef, O., “Resource intensification in the Late Upper Paleolithic: A view from southern China,” *Journal of Archaeological Science* 36.4(2009), pp. 1027–1037.

②袁家荣：《湖南旧石器时代文化与玉蟾岩遗址》，岳麓书社，2013年，第189—191页。

③袁家荣：《湖南旧石器时代文化与玉蟾岩遗址》，第265页。

洞沟第7地点的活动基本处于末次冰期最盛期（距今2.4万—1.7万年），玉蟾岩和于家沟被人类占用的时间处于末次冰期最盛期的晚段至新仙女木期（距今1.3万—1.15万年）之间，水洞沟第12地点被人类占用时则处于新仙女木期基本结束的时期。末次冰期最盛期是全球性气候变化事件，气温显著下降，中高纬度干旱程度增加，这期间我国北方环境受到的影响显著[①]。末次冰期最盛期结束后至新仙女木期期间，北方地区气候从寒冷干燥向温暖干燥或温暖湿润转变，气候的变化没有造成环境、植物种群的显著变化，广大区域仍处于干凉草原环境中[②]。新仙女木期气候再次发生显著变化，北方地区再次显著变冷变干。南方地区在末次冰期最盛期以及新仙女木期气候和环境也有所变化，长江流域受到波及，气温下降，可能为森林草原–草原景观[③]，但是气温降幅没有北方显著，越往南的地区受到的影响越弱。长江以南，特别是岭南地区，更新世晚期气候总体相对温暖湿润，湖泊河流广布，资源丰富，植物种群和动物群的分布变化不显著，资源的稳定性相对更高，获取的难易程度变化不大，人类能够较准确地判断、预测动物和植物资源的获取情况。

气候频繁、显著的波动很可能促使人群提高流动性以便获取尽可能充足的资源，但如果伴随人口规模的增加，人类通常更需要调整资源开发利用的策略和方式。北方地区晚更新世期间气候虽波动频繁，但可能并不是造成人类生计策略改变的主要原因，正如接近末次冰期最盛期在水洞沟第7地点的人群虽然面对着比水洞沟第12地点更严

---

①Feng, Z.-D., Zhai, X. W., Ma, Y. Z., et al., "Eolian environmental changes in the Nerthern Mongolian Plateau during the past ~35,000 yr," *Palaeogeography, Palaeoclimatology, Palaeoecdogy* 245(2007), pp. 505–517.

②梅惠杰：《泥河湾盆地旧、新石器时代的过渡——阳原于家沟遗址的发现与研究》，北京大学博士学位论文，2007年，第30页。

③杨达源：《晚更新世冰期最盛时长江中下游地区的古环境》，《地理学报》1986年第4期，第302—310页。

酷的气候条件，但是尚未出现类似后者的对资源强化利用的行为[①]。玉蟾岩遗址处于末次冰期最盛期期间，虽然该遗址所在区域变干、变冷[②]，但气候对环境资源的改变效应可能并不显著（从动物群来看），这里的人群采用了资源强化开发利用的策略。晚更新世末期，南、北方地区都出现了人口规模增加的迹象。南方距今2万年、北方距今1万年左右，有些地区还出现了栖居方式的变化，即流动性降低。在这种背景下，晚更新世末期人群面临较大的生存压力，主要是资源相对数量的减少，而对于生活在北方气候环境相对敏感区域的人群来说，还要面对资源绝对数量的减少。因此，人们必须要改变生计策略，在特定的活动地域内，在消耗更多的时间、精力或花费更多其他方面成本的情况下，从有限的资源中尽可能充分地提取食物和营养，以及其他与生活有关的一切可用材料。人口和食物资源可获取性的变化应当是造成生计策略改变的关键因素。然而，我们同时看到，虽然上述几处遗址都反映出旧石器时代晚期食谱的拓宽和某种形式上的资源强化利用（主要是对骨头中所含油脂的提取利用），但不同区域人群的生计策略也存在着明显差别。例如，北方有的区域主要采用了增加低等级小型猎物获取的策略，有的区域则采取的是对某种动物及其幼年个体专门获取的策略，而南方较多区域资源广谱化利用尤为显著，对水生资源和鸟类的利用尤为突出，反映出处于不同环境景观、面对不同资源分布的人群在气候、人口和资源丰富度与可获取性发生变化的情况下的不同调整或应对措施。

未来我们还需要结合来自我国更多区域的、更系统的动物考古研

①张双权、张乐、栗静舒等：《晚更新世晚期中国古人类的广谱适应生存：动物考古学的证据》。

②Wang, Y. J., Cheng, H., Edwards, R. L., et al., “A high-resolution absolute dated Late Pleistocene monsoon record from Hulu Cave, China,” *Science* 294(2001), pp. 2345–2348.

究资料，以及对遗址占用特点和人群流动的深入研究，就末次冰期最盛期到更新世末期我国人群生计策略改变的过程和原因以及生计策略的区域特征进行更全面的解读。

## 四、旧石器时代晚期动物资源开发利用的技术

伴随专门化狩猎、食谱拓宽和动物资源强化利用而出现的是人类狩猎技术和能力的发展。现代人出现以后，新的技术、新的形态更加稳定且多样的工具随之出现并逐渐广泛应用，为资源的获取、加工和利用创造了重要条件，赋予了旧石器时代晚期现代人更多的生存和竞争优势[①]。新的技术主要表现在石器技术、骨器技术、制陶技术、网捕或陷阱捕猎等方面。其中，石叶和小石叶、小型两面器、琢背工具、骨器在非洲旧石器时代中期，甚至更早的时间（指石叶）已经出现[②]。这些工具在旧大陆旧石器时代晚期更为广泛而丰富地存在于人类的生活之中。石叶技术在旧大陆西侧经历了长久的发展，距今50万年前在非洲已经出现，距今约40万—30万年前在西亚也已出现，旧石器时代晚期在欧洲和西亚、中亚和北亚及东亚北部全面出现，达到鼎盛状态。石叶技术是一种预制剥片技术，能够产生长大于宽的2倍、两边平行或近平行的石片。由于石叶技术对产品形态和尺寸精准的控制，可以使得同一剥片序列中剥取的石叶在长度、宽度和厚度上具有高度的稳定性[③]。小石叶技术是石叶技术小型化的表现[④]。石叶和小石叶具

①Conard, N. J., “The demise of the Neanderthal cultural niche and the beginning of the Upper Paleolithic in Southwestern Germany.”

②Villa, P., Lenoir, M., “Hunting and hunting weapons of the Lower and Middle Paleolithic of Europe.”

③陈宥成、曲彤丽：《“石叶技术”相关问题的讨论》，《考古》2018年第10期，第76—84页。

④陈宥成、曲彤丽：《旧大陆东西方比较视野下的细石器起源再讨论》。

有窄、长、薄的特点。虽然具有较长的有效刃缘，但由于较窄，人类直接用手拿着它们，利用其长侧边从事一些活动时并不是特别高效，但是使用石叶的端部通常会更方便、更有效。（小）石叶以及修理后的（小）石叶适合与骨柄或木柄相结合，制作成复合的狩猎工具或处理加工资源的工具。琢背小石叶是欧洲和西亚旧石器时代晚期，特别是较晚阶段（比如欧洲马格德林文化时期）最常见的工具之一，这种工具由一条经过修理的直背和一条与之相对的锋利的刃缘组成。对这类工具上的破损疤痕的研究表明它们是投射性工具的重要镶嵌配件[①]。琢背小石叶具有不同的装配方式，因而可能具有不同功能，不局限于投射，可能还有刮削、切割、戳刺等，加工对象包括动物和植物资源[②③]。小型两面器在距今2万年的旧石器时代晚期晚阶段西欧索鲁特文化中极为发达（图3-14），可作为投射尖状器或长矛头使用，有些带锯齿刃缘的也可能作为屠宰的刀具使用[④]。西亚旧石器时代晚期晚阶段还出现了几何形细石器，是强化狩猎和处理动物资源的复合工具配件，在遗址中普遍占有很高比例[⑤⑥]。小石叶、琢背小石叶、小型两面

①Gauvrit, R. E., Cattin, M., Yahemdi, I., et al. "Reconstructing Magdalenian hunting equipment through experimentation and functional analysis of backed bladelets," *Quaternary International* 554(2020), pp. 107–127.

②Lombard, M., Philipson, L., "Indications of bow and stone-tipped arrow use 64,000 years ago in KwaZulu-Natal," *Antiquity* 84.325(2010), pp. 635–648.

③Igreja, M., Porraz, G., "Functional insights into the innovative Early Howiesons Poort technology at Diepkloof Rock Shelter (Western Cape, South Africa)," *Journal of Archaeological Science* 40.9(2013), pp. 3475–3491.

④Sinclair, A., "The technique as a symbol in Late Glacial Europe," *World Archaeology* 27.1(1995), pp. 50–62.

⑤Bar-Yosef, O., "The Natufian culture in the Levant, threshold to the origins of agriculture."

⑥Yeshurun, R., Yaroshevich, A., "Bone projectile injuries and Epipaleolithic hunting: new experimental and archaeological results," *Journal of archaeological science* 44(2014), pp. 61–68.

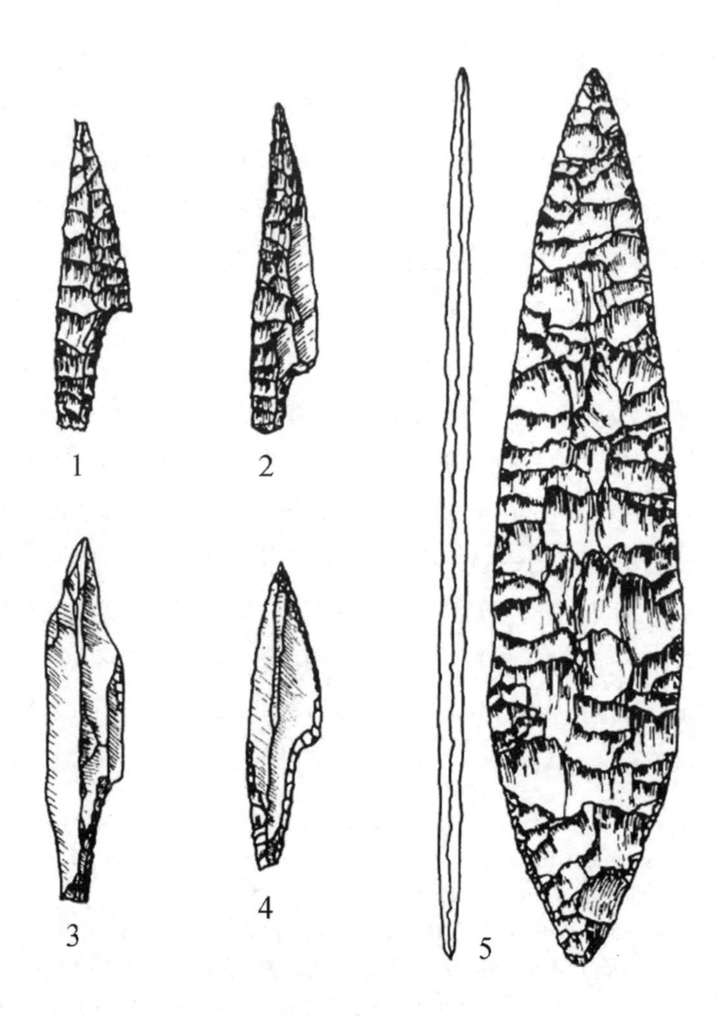


**图3-14　法国索鲁特文化的两面尖状器**[①]

1-4. 有肩尖状器；5. 叶状尖状器

①Sinclair, A., "The technique as a symbol in Late Glacial Europe."

器、几何形细石器都是有利于镶嵌、制作复合投射工具的，对于专业化狩猎非常重要，常见于欧洲和西亚旧石器时代晚期或者更晚时期。投射工具的进一步发展和大量应用，以及弓箭的发明为远距离狩猎、提高捕猎速度和成功率创造了条件[①]。此外，石叶、石片和刮削器可以用于屠宰动物或加工木材；雕刻器、石钻等工具可以用于木材和骨头的处理、加工。端刮器是欧亚大陆西部旧石器时代晚期非常常见的典型工具类型，从石器上的光泽和擦痕等使用痕迹来看，这一时期人类专门选择这种工具进行皮子的有效加工，有些可能也用于骨柄的磨擦[②]，是人类充分、强化开发利用动物资源的间接证据。

底端分叉的骨角尖状器可作为狩猎用的标枪头或箭头，是欧洲和西亚旧石器时代晚期早段人群狩猎工具的重要组成部分。德国弗戈赫尔德、霍菲尔、盖森克罗斯特勒（Geiβenklösteler）等遗址以及以色列哈约尼姆遗址和克巴拉遗址的奥瑞纳文化层中都发现有这种工具[③]。普通的底端不分叉的骨角尖状器也很常见，例如在黎凡特地区奥瑞纳文化层中的绝大多数骨角尖状器都属于这种类型[④]。旧石器时代晚期晚段带倒钩的尖状器或渔叉也成为狩猎或捕鱼的工具[⑤]，在欧洲马格德林时期遗址中有较为丰富的发现，这些工具有时与鱼类遗存共

①Bar-Yosef, O., "Natufian: A complex society of foragers," In: Fitzhugh, B., Habu, J. (eds.), *Beyond foraging and collecting: Evolutionary change in hunter-gatherer settlement systems*, New York: Kluwer Academic (Plenum), 2002, pp. 91–149.

②Klein, R. G., *The human career: Human biological and cultural origins* (3rd edn.), p. 676.

③Niven, L., *The Palaeolithic occupation of Vogelherd Cave: Implications for the subsistence behavior of late Neanderthals and early modern humans*, Tübingen: Kerns, 2006.

④Tejero, J., Rabinovich, R., Yeshurun, R., et al. "Personal ornaments from Hayonim and Manot caves (Israel) hint at symbolic ties between the Levantine and the European Aurignacian," *Journal of Human Evolution*, on-line publication, 2020.

⑤Julien, M., "Les harpons magdaléniens," *Supplément à Gallia Préhistoire Paris* 17(1982), pp. 1–293.

存[①②]。此外，有些骨角尖状器可以和小石叶或细石器镶嵌在一起共同被制成获取动物资源的工具。

此外，网捕和陷阱捕猎技术以及相应设施的出现为资源的广谱化获取创造了重要条件。旧石器时代晚期欧亚大陆西部很多地区的人群对快速移动、不易捕捉的小型哺乳动物——野兔、狐狸，以及水禽和鱼类的较多开发利用有可能就是通过网的使用、设置陷阱或圈套等实现的[③④⑤]。我们在遗址中很难发现这些狩猎方式留下的直接物质证据，但我们可以根据人类对快速移动动物获取的程度、石器和骨器等工具的功能或使用痕迹，以及植物纤维或某些物质文化遗存上留有的植物痕迹等作出判断。设置并维护系统的捕猎陷阱需要人类在特定区域长期栖居，并且对景观、动物的生活和迁徙行为非常熟悉，因此这类资源获取方式可能反映了旧石器时代晚期人类栖居模式的变化，即流动性降低[⑥]。

在我国北方地区，末次冰期最盛期之前（距今约2.7万年前）开始出现细石叶技术，并在末次冰期最盛期过后迅速扩张[⑦]。细石叶是一种长度为1.5cm—6cm、宽度小于0.7cm的两边平行或近平行的窄长石片。由于具有很

---

①Hayden, B., Chisholom, B., Schwartz, H. P., "Fishing and foraging. Marine resources in the Upper Paleolithic of France," In: Soffer, O. (ed.), *The pleistocene old world: Regional perspectives*, New York: Springer, 1987.

②Childe, V., *Prehistoric migrations in Europe,* Oslo (Institutet for Sammenlignende Kulturforskning), London: Kegan Paul, 1950.

③Holliday, T. W., Churchill, S. E., *Mustelid hunting by recent foragers and the detection of trapping in the European Paleolithic*, BAR International Series 1564, 2006, p. 45.

④Hoffecker, J., "Neanderthal and modern human diet in eastern Europe."

⑤Bochenski, Z. M., Tomek, T., Wilczyński, J., et al., "Fowling during the Gravettian: The avifauna of Pavlov I, the Czech Republic."

⑥Holliday, T. W., "The ecological context of trapping among recent hunter-gatherers: Implications for subsistence in terminal Pleistocene Europe," *Current Anthropology* 39.5(1998), pp. 711–719.

⑦Qu, T. L., Bar-Yosef, O., Wang, Y., et al., "The Chinese Upper Paleolithic: Geography, chronology, and techno-typology."

窄、薄和小的特点，细石叶适于镶嵌在柄把中使用，例如可以制作成投射类工具。细石叶通常被认为是专业化狩猎的工具。在我国北方旧石器时代晚期细石器文化之中，也存在着小型两面器、琢背工具等用于资源获取与处理加工的复合工具。我国的小型两面器存在于距今大约2万—1万年前，长度通常小于10cm，多采用压制修理技术，周身经过细致的两面修理，修理出薄锐的尖部、薄而对称的左右两侧刃和不同类型的底部（底部圆钝或近平、底部带铤或尖锐）[①]（图3-15），这种工具很可能具有作为投射尖状器、石镞或箭头的功能。琢背工具也是我国旧石器时代晚期复合工具的重要类型，出现于距今3万—2万年前。从整个旧大陆这些技术工具类型的出现与发展格局来看，细石叶、琢背工具以及小型两面器在我国的出现，与现代人的扩散和社会交流网络的建立存在着关联，并为旧石器时代末期人群高效生存策略的开展与技术的进一步复杂化发展奠定基础[②]。

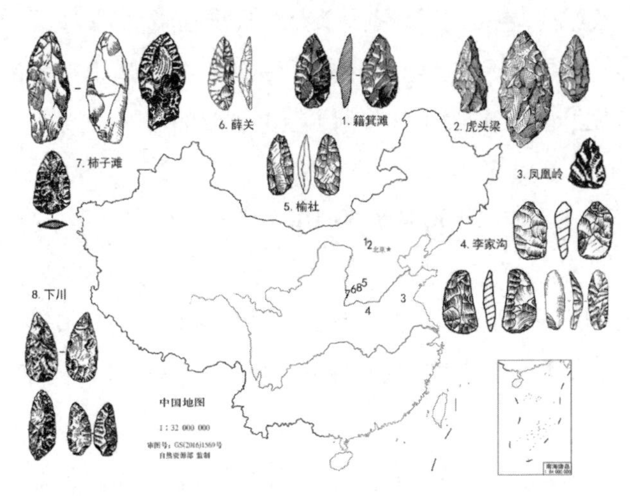


**图3-15　华北旧石器时代晚期的小型两面器**[③]

①陈宥成、曲彤丽：《旧大陆视野下的中国旧石器晚期小型两面器溯源》，《人类学学报》2020年第1期，第21—29页。。

②陈宥成、曲彤丽：《试论旧大陆旧石器时代琢背刀》，《北方文物》2021年第4期，第24—32页。

③陈宥成、曲彤丽：《旧大陆视野下的中国旧石器晚期小型两面器溯源》。

旧石器时代晚期我国南方并没有发现细石叶工业，主要是以石核-石片工业为特征。南方地区骨器相对发达，锥、镖、矛头、渔叉等工具对于获取动物资源、扩展食物种类起到了重要作用。南方还存在丰富的蚌器，亦可用于食物或生活资源的加工。此外，南方地区处于热带和亚热带，植被丰富，不排除制作和使用竹木工具、使用植物纤维制作网捕工具或其他用具，以便有效地、多样化地开发利用资源的可能。我国南方，特别是东南地区可利用的食物资源的丰富程度超过北方地区，尤其是水生食物资源以及植物性食物资源。骨器、简单的石器工具甚至竹木工具，能够满足这种环境中人类拓宽食谱、获取多种类食物资源的需求。陶器作为新的技术，在距今约2万—1.8万年前的我国南方地区出现[①②]，距今1万年前后出现在我国北方地区。陶器是在更新世晚期我国狩猎采集人群强化开发利用资源，栖居流动性减弱的背景中产生出来的，是加工贝类和蚌类等食物的有效器具，也可用于烧煮骨头从而提取油脂，可能还具有存储的功能[③④]，对于我国更新世晚期狩猎采集人群扩大食谱范围、强化提取与利用食物和营养、改善饮食条件起到了至关重要的作用。

## 五、超大型动物的开发利用

旧大陆很多地区的遗址中经常发现有超大型动物遗存，这些动物遗存反映了人类与超大型动物之间怎样的关系——人类从何时起对超

---

①Boaretto, E., Wu, X. H., Yuan, J. R., et al., “Radiocarbon dating of charcoal and bone collagen associated with early pottery at Yuchanyan Cave, Hunan Province, China.”

②Wu, X. H., Zhang, C., Goldberg, P., et al., “Early pottery at 20,000 years ago in Xianrendong Cave, China.”

③Qu, T. L., Bar-Yosef, O., Wang, Y., et al., “The Chinese Upper Paleolithic: Geography, chronology, and techno-typology.”

④Pearson, R., “The social context of early pottery in the Lingnan region of south China,” *Antiquity* 79(2005), pp. 819–828.

大型动物资源进行开发利用、人类是否能够狩猎超大型动物、资源利用方式存在怎样的变化、这种资源对于狩猎采集人群的重要性如何等，这些问题也为我们探讨旧石器时代人类生计和文化行为提供重要视角。

根据现有考古材料，旧石器时代人类所利用的超大型动物主要为长鼻目，开发利用的目的可能主要有两个方面：其一，获取肉食和营养；其二，将象骨和象牙作为原材料使用。与其他种类的动物相比，大象具有为人类提供生活资源的独特优势：一方面能够提供其他体型动物所无法提供的肉食量；另一方面，象骨和象牙在木材资源缺乏的地区是搭建建筑、制作工具的有效材料，还可以为人类提供燃料[①]。

人类对大象资源的获取可以通过狩猎，或者通过对自然死亡或其他原因死亡的大象的拣敛而实现。拣敛旧时的或过去堆积中的象骨可以满足制作工具、搭建帐篷的需求，并且不需要新鲜的死亡个体。当然，在寒冷的环境条件下，例如更新世晚期的东欧平原，猛犸象的骨骼可以在很长时间里保持新鲜，因此捡来的象骨也可以满足人类某些特定的需求。遗址中发现的象骨如果在风化程度上存在明显差别，那么说明象骨被掩埋堆积的速率可能是不同的，猛犸象个体的死亡时间不同，它们暴露、被掩埋的过程是不一样的[②]，这也就说明象骨可能是从不同的地方收集来的。此外，齿槽的破裂程度也可以为判断人类获取大象资源的方式提供线索。想要把象牙从刚刚死亡的大象头骨中取出必须将其齿槽打碎，例如，俄罗斯尤季诺沃（Yudinovo）遗址中所有象头骨上的门齿齿槽都是破裂的，门齿被取走，人类可以利用象门齿制作装饰

①Niven, L., *The Palaeolithic occupation of Vogelherd Cave: Implications for the subsistence behavior of late Neanderthals and early modern humans.*

②Soffer, O., *The Upper Palaeolithic of the Central Russian Plain*, Orlando: Academic Press, 1985.

品或工具[①]。如果象的齿槽是完整的,则说明人类有可能在象自然死亡后发现象牙并收集起来使用。下面将结合考古材料探讨旧大陆不同地区人类对长鼻目动物资源开发利用的特点与变化。

1. 旧大陆西部

从考古证据来看,欧亚大陆西部多处旧石器时代早期和中期的遗址发现有长鼻目动物骨骼与石制品共存的现象,比如西班牙托拉尔瓦(Torralba)和阿姆布罗纳(Ambrona)、意大利波莱达拉(La Polledrara)、德国格洛伯恩(Gröbern)等遗址[②]。在早期的研究中,出土的象骨遗存往往被认为是人类狩猎能力的体现。然而,把象骨和人类行为关联起来需要以明确象的死亡原因和象骨堆积过程为前提,因为大象的自然死亡是较为常见的现象[③]。阿姆布罗纳遗址是探讨早期人类开发利用长鼻目资源的重要代表,该遗址一直以来存在争议,经过了多次反复的研究和重新认识[④]。在遗址发掘和研究的初期,大量象骨被认为是人类狩猎象群并对其尸体进行屠宰利用所形成的堆积。后来埋藏学研究发现:象骨上没有啃咬痕迹,但存在很少量的切割痕与砍砸痕(切割痕和敲骨取髓造成的骨骼破裂通常是判断遗址上曾经发生过动物屠宰活动的主要依据)。象骨上的切割痕与其他有蹄类动物骨骼相比通常更少,可能与较为严重的风化和其他改造作用有关,也可能与象骨骨膜很厚有关。总之,该遗址的象骨有可能是大象自然死亡后被人类发现并利用的,并

---

①Svoboda, J., Péan, S., Wojtal, P., "Mammoth bone deposits and subsistence practices during Mid-Upper Palaeolithic in Central Europe: Three cases from Moravia and Poland," *Quaternary International* 126–128(2005), pp. 209–221.

②Gaudzinski, S., "The faunal record of the Lower and Middle Palaeolithic of Europe: Remarks on human interference," In: Roebroeks, W., Gamble, C. (eds.), *The Middle Palaeolithic occupation of Europe,* Leiden: University of Leiden, 1999, pp. 215–233.

③Haynes, G., "Longitudinal studies of African elephant death and bone deposits," *Journal of Archaeological Science* 15.2(1988), pp. 131–157.

④Villa, P., Soto, E., Santonja, M., et al., "New data from Ambrona: Closing the hunting versus scavenging debate."

且象骨在埋藏过程中受到了水流作用的改造。波莱达拉遗址中的遗存属于原地埋藏，但没有充分证据表明人类狩猎了大象，有些象骨也有可能是象自然死亡后被人类利用的结果[①]。格洛伯恩遗址的证据比较明确：象骨属于同一个老年个体，象骨上有切割痕迹和病理痕迹，象骨与石器存在紧密的空间关联，石器保存状况很好并且有一些能够拼合。据此推测，大象在自然原因下死亡，人类在很短的时间内获得了象的尸体，对其进行处理并消费了肉食。这些发现表明旧石器时代早期已经存在人类开发利用超大型动物的行为，尽管不一定是通过狩猎获得的。

对象骨表面切割痕迹以及骨骼破裂情况的研究表明，在旧石器时代早、中期人们砍砸大象肢骨以获取骨髓的做法并不常见，在现代狩猎采集人群中也依然如此，其原因是象的肢骨中缺乏骨髓。然而，人们有可能会仔细地提取填充在松质骨中的骨髓[②]。阿姆布罗纳遗址AS3层的两件股骨远端就具有砍砸后形成的破裂，有可能与骨髓的获取有关。有时人们砍砸象骨可能并不是以获取骨髓为目的，正如有些旧石器时代早期遗址所揭示的，人们还使用破裂象肢骨制作工具[③④]。从欧洲旧石

①Anzidei, A. P., Arnoldus-Huyzendveld, A., Caloi, L., et al., "Two Middle Pleistocene sites near Rome (Italy): La Polledrara di Cecanibbio and Rebibbia-Casal de'Pazzi," In: Römisch-Germanisches Zentralmuseum Mainz (ed.), *The role of early humans in the accumulation of European Lower and Middle Palaeolithic bone assemblages*, Mainz: Verlag des Römisch-Germanisches Zentralmuseums, 1999, pp. 173–195.

②Clark, D., "Bone tools of the earlier Pleistocene," In: Arensburg, B., Bar-Yosef, O. (eds.), *Memorial Volume for Moshe Stekelis*, Jerusalem: Hebrew University of Jerusalem, 1977, pp. 23–27.

③Anzidei, A. P., "Tools from elephant bones at La Polledrara di Cecanibbio and Rebibbia-Casal de'Pazzi," In: Cavarretta, G., Gioia, P., Mussi, M., et al. (eds.), *The World of Elephants*, Roma: Conisglio Nazionale delle Ricerche, 2001, pp. 415–418.

④Villa, P., Anzidei, A. P., Cerilli, E., "Bones and bone modification at La Polledrara," In: Römisch-Germanisches Zentralmuseum Mainz (ed.), *The role of early humans in the accumulation of European Lower and Middle Palaeolithic bone assemblages*, pp. 197–206.

器时代早期较晚阶段开始，开发利用长鼻目动物资源也是人类生计策略的组成部分①。旧石器时代中期遗址中也发现有猛犸象和披毛犀的遗存，在东欧平原的发现更为丰富，多数猛犸象骨骼埋藏于黄土堆积或河流相堆积之中。有些遗址中发现了与猛犸象骨骼共存的大型石块，但是难以确定当时人类获取猛犸象的方式②。

尽管目前没有充分、明确的证据表明旧石器时代晚期以前遗址中的象骨堆积来自人类对大象的狩猎，但是相关考古发现表明超大型动物在旧石器时代早、中期的狩猎人群，特别是生活在欧亚大陆中高纬度寒冷区域的人群的生活中扮演了重要角色。人类一方面通过超大型动物获得更多营养高、热量高的食物，另一方面把象骨作为工具使用，或者使用与打制石器相同的技术把象骨制成工具③④，这可能是因为特定区域缺少制作大型石器的原料，从而象骨成为替代性材料⑤。对超大型动物资源的开发利用是早期人类适应生存行为的重要体现。

长鼻目动物遗存在欧洲旧石器时代晚期遗址中更为普遍，且数量显著增加，特别是在寒冷的中欧和东欧平原（这些地区是旧石器时代猛犸象广泛生活的地区）⑥，反映了旧石器时代晚期人类与猛犸象更为密

①Yravedra, J., Domínguez-Rodrigo, M., Santonja, M., et al., "Cut marks on the Middle Pleistocene elephant carcass of Áridos 2 (Madrid, Spain)," *Journal of Archaeological Science* 37.10(2010), pp. 2469–2476.

②Hoffecker, J., "Neanderthal and modern human diet in eastern Europe."

③Villa, P., d'Errico, F., "Bone and ivory points in the Lower and Middle Paleolithic of Europe," *Journal of Human Evolution* 41.2(2001), pp. 69–112.

④Gaudzinski, S., Turner, E., Anzidei, A. P., et al., "The use of Proboscidean remains in every-day Palaeolithic life," *Quaternary International* 126(2005), pp. 179–194.

⑤Anzidei, A. P., "Tools from elephant bones at La Polledrara di Cecanibbio and Rebibbia-Casal de'Pazzi."

⑥Soffer, O., "Upper Paleolithic adaptations in Central and eastern Europe and man-mammoth interactions," In: Soffer, O., Praslov, N. (eds.), *From Kostenki to Clovis*, Boston: Springer, 1993, pp. 31–49.

切的关系。在德国西南部施瓦比河谷（Swabian Valley），90%的旧石器时代晚期洞穴遗址中都发现有猛犸象遗存[①]。弗戈赫尔德洞穴遗址发现有丰富的猛犸象骨和臼齿遗存，是人类主动获取和充分开发利用猛犸象资源的重要记录。洞内猛犸象遗存以幼年个体为主，成年个体非常少。骨骼部位出现率的分析显示：头骨最多，其次为下颌，再次为肩胛骨、肱骨、胸椎、肋骨、髋骨和股骨。由于不同骨骼部位在作为肉食资源和作为原材料资源的价值有所区别（表3-4），不同部位的象骨的出现情况也有可能反映了人类根据需求对资源的选择利用。以头骨为例，象头非常沉重，不易搬运，而其肉食价值并不高，那么象头骨占有较高比例的一种可能解释是：人类先砸开头骨，消费其中的脑子，然后将头骨用作建筑材料，或者将其进一步打碎用作燃料[②③]。洞穴入口处发现有猛犸象骨的集中堆积[④]，这种"骨堆"看上去是精心堆建的，十分坚固。骨堆的边缘是象的门齿、一些肩胛骨、破碎的头骨和下颌。骨堆的下部是象的臼齿、肋骨以及其他动物的骨骼，并且还有25件象牙矛头的半成品。从骨堆在洞内的分布位置和上述堆积特征来看，有学者推测这是一种阻挡冷气、阻挡食肉动物的设施，或者是为了睡觉和维护火塘而建的挡风设施[⑤]。

在旧石器时代晚期较晚阶段（格拉维特及之后的时期）欧亚大陆

---

①Gamble, C., *The Palaeolithic settlement of Europe*, New York: Cambridge University Press, 1986, p. 313.

②Niven, L., *The Palaeolithic occupation of Vogelherd Cave: Implications for the subsistence behavior of late Neanderthals and early modern humans.*

③Fisher, D. C., "Season of death, growth rates, and life history of North American mammoths," *Proceedings of the International Conference on Mammoth Site Studies* 22(2001), pp. 121–135.

④Riek, G., *Die Eiszeitjägerstation am Vogelherd im Lonetal*, Tübingen: Akademische Verlagsbuchhandlung Heine, 1934.

⑤Niven, L., *The Palaeolithic occupation of Vogelherd Cave: Implications for the subsistence behavior of late Neanderthals and early modern humans.*

**表3-4 不同部位象骨的肉食价值和原材料价值比较①②**

| 骨骼部位 | 肉食价值 | 作为原材料的价值 |
|---|---|---|
| 头骨 | 低 | 高 |
| 下颌 | 低 | 高 |
| 脊椎 | 高 | 低 |
| 肋骨 | 中 | 高 |
| 肩胛骨 | 高 | 高 |
| 肱骨 | 高 | 中 |
| 桡骨 | 高 | 中 |
| 髋骨 | 中 | 高 |
| 股骨 | 高 | 中 |
| 胫骨 | 高 | 中 |
| 腓骨 | 高 | 低 |
| 跖骨 | 高 | 低 |
| 掌跖骨 | 低 | 低 |
| 趾骨 | 低 | 低 |

北部地区，主要是中欧、东欧和西伯利亚这一广泛的寒冷干燥地区③，猛犸象在人类生活中的地位进一步加强。捷克Milovice遗址G地点（格拉维特时期，距今2.6万—2.4万年）发现了代表至少21个个体的猛犸象遗存，与驯鹿、大型牛科、狼、马、狐狸、兔子等动物遗存共存。猛犸象以幼年和亚成年个体为主，不见壮年和老年个体，反映了捕食

①Soffer, O., Suntsov, V. Y., Kornietz, N. L., "Thinking mammoth in domesticating Late Pleistocene landscapes," In: Lawrence International Conference on Mammoth Site Studies 1998, *Proceedings of the International Conference on Mammoth Site Studies*, Lawrence: University of Kansas, 2001, pp. 143–151.

②Niven, L., *The Palaeolithic occupation of Vogelherd Cave: Implications for the subsistence behavior of late Neanderthals and early modern humans.*

③Soffer, O., *The Upper Palaeolithic of the Central Russian Plain.*

者对猛犸象的选择性捕获。猛犸象骨骼的风化程度均很高，骨骼上的食肉动物啃咬痕非常少。头骨、脊椎骨和肢骨上的有些痕迹可能是人类对猛犸象进行屠宰利用时留下的[①]。捷克下维斯特尼采I遗址（格拉维特时期）发现有多处猛犸象骨的集中堆积，总共代表80—100个猛犸象个体，其中大多数为幼年。绝大多数的骨骼部位都没有处于连接或关联的状态。其中一处象骨集中堆积里还包含很少量的马、驯鹿、狼、狐狸的骨骼。

波兰Krakow Spadzista Street（B）遗址（距今2.4万—2.3万年）中发现了大量猛犸象遗存，占所发现动物遗存的99%。猛犸象骨骼堆积的密度非常高，每2平方米范围内就有一只猛犸象个体。该遗址中发现了代表至少86个个体的猛犸象遗存，其中亚成年个体占绝对主体。象的所有骨骼部位都有发现。很少量的象骨上存在食肉动物的啃咬痕（占可鉴定标本的6%）。遗址中存在大量燧石石制品，有些可以用于屠宰，有些尖状器的尖端破损，可能作为矛头用于狩猎猛犸象。从这些现象看，该遗址有可能是人类狩猎和屠宰猛犸象的地点[②]。

西伯利亚Yana河谷一处格拉维特时期的遗址（距今约2.8万年）中发现了一千件猛犸象骨骼，代表了至少26个个体。此外，还发现有少量披毛犀、野牛、野马、驯鹿的骨骼。埋藏学分析表明猛犸象骨的堆积和分布应当是人类活动的结果[③]。俄罗斯尤季诺沃遗址（距今1.6万—1.2万年）属于后格拉维特时期，遗址发现有4组猛犸象骨骼的集中分布区。

①Crader, D. C., "Recent single-carcass bone scatters and the problem of 'butchery' sites in the archaeological record."

②Svoboda, J., Péan, S., Wojtal, P., "Mammoth bone deposits and subsistence practices during Mid-Upper Palaeolithic in Central Europe: Three cases from Moravia and Poland."

③Basilyan, A. E., Anisimov, M. A., Nikolskiy, P. A., et al., "Wooly mammoth mass accumulation next to the Paleolithic Yana RHS site, Arctic Siberia: Its geology, age, and relation to past human activity," *Journal of Archaeological Science* 38.9(2011), pp. 2461–2474.

出土象骨的密度很高，约每1.4平方米有一件猛犸象骨骼。民族学资料显示在大象自然死亡的地点中，有的是每35平方米有一件大象尸骨，有的是每6平方米有一件象骨[①]；在大象灾难性死亡的地点，大约每24平方米有一件象骨[②]。而该遗址中猛犸象骨骼堆积的密度远远超过大象自然死亡地点和灾难性死亡地点的密度，有学者据此推测此地猛犸象骨骼堆积可能来自人类有意的获取和利用。猛犸象骨中包含头骨、肩胛骨、肢骨、趾骨以及微小的骨骼碎片。从骨骼的埋藏特征看，象骨的风化程度比较一致；骨骼部位之间不存在任何连接状态；骨骼部位的分布与大象自然死亡地点的有所不同；象骨的破裂与被踩踏造成的破裂形态不同；象骨代表了至少几十个个体，幼仔、幼年个体和成年个体都有发现，但前两类所占比例较高。这些现象表明象骨更有可能来自人类的狩猎，而不是对自然死亡的猛犸象的拣拾[③]。

旧石器时代晚期晚阶段人们利用猛犸象骨骼搭建或围建特定栖居结构或者将象骨堆放起来用作燃料（在欧亚大陆的寒冷草原地带，树木的缺乏使得骨头成为了重要的替代资源）的现象更多地出现。例如，乌克兰麦钦（Mezin）、麦兹芮希（Mezhirich）等遗址中存在猛犸象骨构成的房屋遗迹，且通常与火塘共存[④]，猛犸象的肢骨和下颌骨可能被用作墙壁架构，肩胛骨、骨盆等骨骼可能用来建造屋顶，屋顶上可能铺盖着动物的毛皮，起到保温的作用[⑤]。

---

①Haynes, G., *Mammoths, Mastodons and Elephants: Biology, Behavior, and the Fossil Record,* Cambridge: Cambridge University Press, 1991.

②Maschenko, E. N., "New data on the morphology of a foetal mammoth (Mammuthus primigenius) from the Late Pleistocene of southwestern Siberia," *Quaternary International* 142(2006), pp. 130–146.

③Abramova, Z. A., "Two examples of terminal Paleolithic adaptations," In: Soffer, O., Praslov, N. (eds.), *From Kostenki to Clovis,* Boston: Springer, 1993, pp. 85–100.

④Pidoplichko, I., *Upper Palaeolithic dwellings of mammoth bones in the Ukraine,* BAR International Series 712, Oxford: Archaeopress, 1998.

⑤约翰·F. 霍菲克尔：《北极史前史：人类在高纬度地区的定居》，第146页。

总的来看，迄今已有很多旧石器时代遗址中发现有丰富的长鼻目遗存，但通常我们很难判断当时的人类是否能够狩猎这类超大型动物，或者通过怎样的方式获取到它们，对于旧石器时代晚期发现有大量猛犸象骨骼的遗址来说依然如此。捕获某种动物的一整个群体可以形成以非常年幼的个体为主且动物年龄越大死亡个体所占比例越少的年龄结构——灾难型死亡结构①。中欧、东欧和西伯利亚的格拉维特和后格拉维特时期较多遗址中的猛犸象遗存呈现出这种死亡年龄结构，以幼年和亚成年猛犸象个体为主，结合猛犸象遗存的其他埋藏特征来看，推测这有可能是人类对幼小个体选择性捕获的结果②③。需要注意的是，除了人类的狩猎，灾难性死亡事件以及人类对自然死亡动物的拣拾累积也可以导致灾难型死亡年龄结构的形成。狩猎单独的动物个体有可能形成以非常年幼和非常年老的个体为主的年龄结构，即磨耗型结构，因为这些年龄段的个体相对更容易被捕获到④。然而，对现代大象的行为观察表明母象和象群中的其他成员通常会非常积极地保护幼小个体，因此幼年个体也并不容易被捕获。从民族学资料来看，狩猎大象的难度非常大，人们其实很少这样做。但是狩猎采集人群仍然有可能使用长矛或箭头捕杀大象⑤。实验发现：克洛维斯箭头或尖状器制

---

①Klein, R. G., Cruz-Uribe, K., *The analysis of animal bones from archeological sites.*

②Svoboda, J., Péan, S., Wojtal, P., "Mammoth bone deposits and subsistence practices during Mid-Upper Palaeolithic in Central Europe: Three cases from Moravia and Poland."

③Germonpré, M., Sablin, M., Khlopachev, G. A., et al., "Possible evidence of mammoth hunting during the Epigravettian at Yudinovo, Russian Plain," *Journal of Anthropological Archaeology* 27.4(2008), pp. 475–492.

④Klein, R. G., Cruz-Uribe, K., *The analysis of animal bones from archeological sites.*

⑤Churchill, S. E., "Weapon technology, prey size selection, and hunting methods in modern hunter-gatherers: Implications for hunting in the palaeolithic and mesolithic," *Archeological Papers of the American Anthropological Association* 4.1(1993), pp. 11–24.

成的复合长矛可以穿透非洲象的皮毛，能对各个年龄段的象造成致命伤害①。当然，狩猎的过程通常需要多人的配合②。大象可以在很长的时间里循着固定的路线在重要的或生活资源丰富的地点之间移动，因此欧洲北部草原的狩猎者有可能根据象类迁徙的路线对其进行跟踪捕获③④。判断人类获取和利用大象方式的时候，还需要将象骨破裂时是否处于新鲜的状态、骨骼风化程度、骨骼上的各类改造痕迹、骨骼部位构成（特别是含肉与营养较为丰富的部位所占比例）、头骨出现率的高低、头骨破裂特征、与象骨共存的其他种类动物遗存结合起来进行分析。有些遗址包含象骨架中几乎所有的部位，但同一遗址中象骨的风化程度差异显著，象骨上的切割痕非常缺乏，而食肉动物和啮齿动物的啃咬痕总体上占较高比例⑤，这些现象则表明人类有可能拣敛了不同时期死亡的象骨，然后加以利用⑥⑦。

综上，旧大陆西部考古材料所表现出来的人类与长鼻目动物的关系具有较为明显的变化特征：旧石器时代早、中期含有象骨的遗址中

---

①Frison, G. C., "Experimental use of Clovis weaponry and tools on African elephants," *American Antiquity* 54.4(1989), pp. 766–784.

②Germonpré, M., Sablin, M., Khlopachev, G. A., et al., "Possible evidence of mammoth hunting during the Epigravettian at Yudinovo, Russian Plain."

③McNeil, P., Hills, L. V., Kooyman, B., et al., "Mammoth tracks indicate a declining Late Pleistocene population in southwestern Alberta, Canada," *Quaternary Science Reviews* 24.10–11(2005), pp. 1253–1259.

④Haynes, G., "Mammoth landscapes: Good country for hunter-gatherers," *Quaternary International* 142/143(2006), pp. 20–29.

⑤Soffer, O., "Upper Paleolithic adaptations in Central and eastern Europe and man-mammoth interactions."

⑥Hoffecker, J., *Desolate landscapes: Ice-Age settlement in eastern Europe,* New Brunswick: Rutgers University Press, 2003.

⑦Soffer, O., "Patterns of intensification as seen from the Upper Paleolithic of the Central Russian Plain," In: Brown, J., Douglas, P. (eds.), *Prehistoric hunters-gatherers: The emergence of cultural complexity,* Orlando: Academic Press, 1985, pp. 235–270.

主要包含一个或很少量个体的象。象骨虽与石器共存，但不代表人类狩猎了大象，更可能的情况是人类偶尔拣获了象的尸体或象骨进而加以利用。旧石器时代晚期欧亚大陆北部地区特别是中欧和东欧含有猛犸象骨骼的遗址中经常包含很多象的个体，有些可能来自人类的狩猎，有些则是人类拣敛的，无论采用了哪种获取方式都表明旧石器时代晚期人类对猛犸象的开发利用增大，人类与猛犸象的关系非常密切。旧石器时代早、中期几乎不见人类对象牙的利用，而旧石器时代晚期人类除了从大象身上获得充足的肉食和营养外，还特别利用猛犸象门齿制作装饰品、雕塑与乐器等艺术品，以及形态规范的工具，这在德国霍菲尔、弗戈赫尔德，捷克下维斯特尼采，西伯利亚布列契（Buret'）等欧洲遗址中有着丰富的发现[①②③④]，同时象骨作为材料制作骨器的重要性也明显增加[⑤]。旧石器时代晚期人们还特别利用猛犸象骨骼搭建设施或栖居结构。

总之，旧石器时代晚期人类对长鼻目动物资源的获取和利用反映了人类对这类动物的充分认识，人类计划和协作行为、对动物获取技术和能力的进一步发展，以及人类在此基础上对特定区域内可获取的

---

①Soffer, O., "Patterns of intensification as seen from the Upper Paleolithic of the Central Russian Plain."

②Soffer, O., Adovasio, J. M., Kornietz, N. L., et al., "Cultural stratigraphy at Mezhirich, an Upper Palaeolithic site in Ukraine with multiple occupations," *Antiquity* 71.271(1997), pp. 48–62.

③Conard, N. J., "Palaeolithic ivory sculptures from southwestern Germany and the origins of figurative art," *Nature* 426.6968(2003), pp. 830–832.

④Conard, N. J., "A female figurine from the basal Aurignacian of Hohle Fels Cave in southwestern Germany," *Nature* 459.7244(2009), pp. 248–252.

⑤Münzel, S. C., "The production of Upper Palaeolithic mammoth bone artifacts from southwestern Germany," In: Cavarretta, G., Gioia, P., Mussi, M., et al. (eds.) *The world of elephants*, Roma: Consiglio Nazionale delle Ricerche, 2001, pp. 448–454.

动物资源尽可能充分和多样化地开发利用。对于生活在欧亚大陆北部寒冷干燥的草原、苔原或冻土地区的人群来说，猛犸象尤其成为了重要的生活和文化资源。这种变化与欧亚大陆北部地区晚更新世晚期生态环境的变化、现代人的扩散以及现代人行为能力的发展、技术的创新密切相关，并对特定区域内复杂栖居结构的出现、人口规模增加和人群关系的变化产生影响。

2. 中国

在中国，人类对超大型动物的利用可以追溯到旧石器时代早期的很早阶段，以河北泥河湾盆地马圈沟遗址中与石制品共存的象骨与象足印为代表[①]。此外，旧石器时代早期较晚阶段贵州观音洞遗址也发现有代表较多个体的剑齿象骨骼（幼年个体占主体）以及犀牛骨骼（青年和成年个体为主）[②]，且与石制品共存。虽然我国已有不少遗址报道了有长鼻目等超大型动物骨骼的发现，然而由于缺少详细的埋藏学和动物考古学研究，我们对于这些动物骨骼堆积的形成原因及其与人类行为的具体关系尚无法作出准确和深入的解读。

我国近些年发现的一些晚更新遗址出土了超大型动物遗存，在埋藏学分析的基础上，为我们探讨人类对超大型动物的开发利用提供了重要依据，例如内蒙古乌兰木伦遗址、河南赵庄遗址和方家沟遗址等。乌兰木伦遗址位于内蒙古鄂尔多斯市康巴什新区，季节性河流乌兰木伦河流经此处，遗址发现于该河左岸。遗址第2—8层（距今约7万—5万年）出土了大量石制品、动物骨骼和用火遗存。石制品以石英岩为主要原料，在遗址附近有丰富分布。石制品以小型和微型为主，大型极少见。石制品组合中石片占绝对主体，其次为工具，最后为石核。工具中

①谢飞、李珺、刘连强：《泥河湾旧石器文化》。

②李炎贤、文本亨：《观音洞——贵州黔西旧石器时代初期文化遗址》，文物出版社，1986年。

绝大多数为石片工具，比较典型的重要类型是凹缺刮器和锯齿刃器[①]。此外，还发现有可能用于制作装柄复合工具的石器[②]。动物遗存包含披毛犀、诺氏驼、普氏野马、瞪羚、河套大角鹿、鸵鸟、鼬科未定种、兔属等种类。动物骨骼的产状没有定向性，没有显著磨损，风化程度非常弱，骨头上没有动物活动留下的痕迹。在可鉴定标本中，披毛犀骨骼的数量具有绝对优势，其中肋骨和牙齿占主体，但披毛犀的各个骨骼部位都有发现。第8层发现有较为完整的披毛犀骨架，其中，第2—7颈椎呈现紧密相连的状态，一个肩胛骨紧靠肱骨。大部分肋骨与胸椎及腰椎分布在肱骨与股骨之间[③]。第2—8层出土的披毛犀骨骼中，头骨、上颌骨、下颌骨、肋骨上存在相对较多的切割痕，肢骨上的切割痕非常少，但肢骨的骨干存在人工砍砸形成的破裂，这些人工改造痕迹反映了人类对披毛犀割肉、敲骨取髓的利用行为[④]。从骨骼部位构成、骨骼的破裂状况和改造痕迹推断，第8层的披毛犀有可能是自然死亡或被人类以某种方式获取，继而被人类利用[⑤]。然而，人类对披毛犀的获取利用方式以及可能的变化有待于对披毛犀骨架埋藏环境的具体分析，以及对不同堆积单位中动物资源开发利用特点的分析来进一步揭示。

方家沟遗址位于河南省登封市卢店镇，地处嵩山东麓。遗址的地层堆积中含有一个“沟状”遗迹，编号为G1。G1是遗址中主要的旧石器时代文化堆积，其年代根据$^{14}$C和光释光测年数据被推定为距今约4万

---

①王志浩、侯亚梅、杨泽蒙等：《内蒙古鄂尔多斯市乌兰木伦旧石器时代中期遗址》，《考古》2012年第7期，第3—13页。

②Chen, H., Hou, Y., Yang, Z., et al., “A preliminary study on human behavior and lithic function at the Wulanmulun site, Inner Mongolia, China.”

③张立民：《内蒙古乌兰木伦遗址埋藏学的初步研究》，中国科学院大学古脊椎动物与古人类研究所硕士学位论文，2013年。

④Zhang, L. M., Griggo, C., Dong, W., et al., “Preliminary taphonomic analyses on the mammalian remains from Wulanmulun Paleolithic site, Nei Mongol, China,” *Quaternary International* 400(2016), pp. 158–165.

⑤张立民：《内蒙古乌兰木伦遗址埋藏学的初步研究》。

年前。G1的堆积物构成为黄褐色粉砂，包含直径不等的粘质粉砂颗粒，一定数量的砾石、岩块、钙结核，较多石制品和动物遗存（图3-16）。发掘者指出G1内部不同区域之中存在着可拼合的石制品，沟内堆积没有明显层次，且遗物总体特征没有垂直分异，其中的多数文化遗物可能来自单次或短时间的人类活动[①]。然而，沟内堆积的成因和过程以及沟内堆积物是否能够反映人类对沟的占用，当时人类活动地点在沟内还是在沟外附近区域等问题从埋藏学视角看仍存在不同的可能性。G1中发现100多件动物遗存标本，骨骼的破裂、破碎程度很高。由于骨骼受到强烈风化作用的影响，对骨骼表面改造痕迹的识别具有一定的困难。可鉴定标本中象骨和超大型动物（可能为象）的骨骼22件，大型和小型动物骨骼24件，其余为不可鉴定的残片或碎片。象骨标本中，尺骨和桡骨的近端关节保存完整，但远端关节均缺失。桡骨骨干呈纵向破裂，尺骨骨干呈螺旋状破裂。桡骨远端以及靠近端部的骨干表面上分别有食肉动物啃咬后形成的弯曲破裂形态和坑窝痕迹，尺骨的近端关节面上也有食肉动物咬痕，有的象骨上存在砍砸破裂疤和切割痕。

象骨上的人工改造痕迹以及存在由砍砸所形成的骨片，说明人类曾出于一些目的砍砸象骨。带切割痕迹的破裂骨骼残片表明存在人类切割肉的可能。有些象骨上存在食肉动物的啃咬痕迹，有些象骨既带有啃咬痕，也带有砍砸疤，这说明食肉动物也在象骨堆积的形成中起到作用。如果食肉动物先发现并消费了大象，那么骨骼上啃咬痕或啃咬破裂的出现率应当较高。然而，遗址中啃咬痕或啃咬破裂的出现率较低，似乎不能反映这种情况。象骨的风化程度很高，说明骨骼废弃后暴露了较长的时间才被掩埋起来。在被掩埋之前的这段时间里，食肉动物有可能来到遗址对象的尸骨进行啃咬破坏，当然也不能完全排除象被食肉

①林壹、顾万发、汪松枝等：《河南登封方家沟遗址发掘简报》，《人类学学报》2017年第1期，第17—25页。

动物消费后又被人类较大强度地利用的可能。由于方家沟遗址出土象骨的数量有限，并且难以判断象的死亡年龄，因此我们难以对象的死亡原因和被获取方式下结论。如果象骨与石制品是同一活动事件后被废弃的，那么一种可能的情况是：人类先发现了大象（尸骨）并进行了利用，骨骼废弃后又被食肉类啃咬。遗址中发现有大量石制品，记录了在遗址或遗址附近打制石器的活动，短时间集中打制石器有可能是为了完成或进行某项任务，即消费或利用大象。象骨包含尺骨、桡骨、残断肋骨、髋骨，此外还有一些破裂程度较高的肢骨残片。桡骨在提供肉食方面的价值很高，肋骨和髋骨的价值中等，这种骨骼部位组合有可能反映了以消费肉食为主要目的的活动。然而，骨骼部位构成中缺少头骨、下颌骨、肩胛骨、脊椎骨以及大部分肢骨，这种构成特点很难说明大象在该地点自然死亡，也无法说明人类在这里将大象猎取。人类可能在遗址附近发现了由非人类因素致死的大象尸体，选择了一些还可以利用的部位带到遗址所在地点。遗址中出土的石锤、石砧和砍砸器等重型工具能够满足砍砸象骨的需求。尽管象骨堆积过程仍有待讨论，但该遗址的象骨遗存提供了关于晚更新世中期中原地区狩猎采集人群对超大型动物肉食的消费，以及出于尝试获取骨髓或其他目的而砍砸、利用非常厚重的象骨的重要线索。

赵庄遗址位于河南省新郑市梨河镇赵庄村。遗址上部为马兰黄土，下部为河湖相堆积。地层共划分为7层，其中第7层为主要文化层（距今33040±170—28735±100年），包含大量石制品和动物遗存。遗存集中分布在约14平方米的空间中，具有较高的密度（图3-17）。可鉴定标本的种类包含古菱齿象、鹿和羚羊。动物骨骼部位构成比较单一：鹿的遗存只有角，羚羊遗存只有上颌骨，古菱齿象的骨骼包含头骨（1

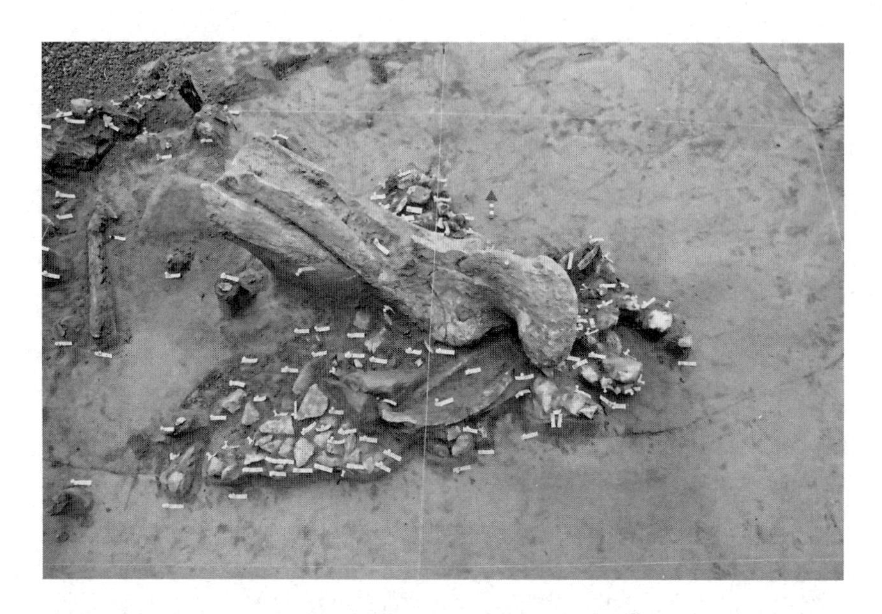

图3-16　方家沟遗址遗物的集中分布①

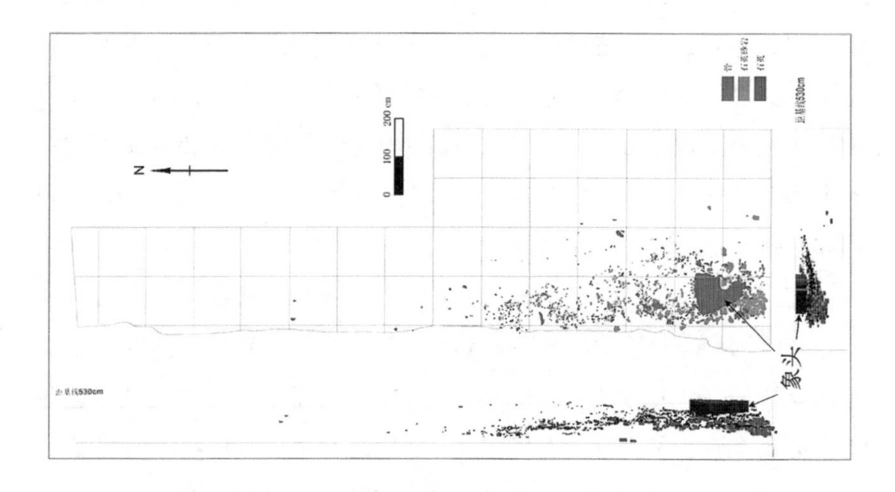


图3-17　赵庄遗址遗物平、剖面分布图②

①北京大学考古文博学院、郑州市文物考古研究院编著：《登封方家沟遗址发掘报告》，科学出版社，2020年，图版19。

②北京大学考古文博学院、郑州市文物考古研究院：《河南新郑赵庄旧石器时代遗址发掘简报》，《中原文物》2018年第6期，第8—15页。

件）、门齿（1件）、肢骨残片和碎骨（200多件）[①]。动物遗存埋藏在较细颗粒的沉积物——黏质粉砂之中，结合动物骨骼和石制品出土时的产状与磨损特征看，遗存没有受到水流作用的明显改造。

该遗址出土象骨的破裂程度较高，大部分破裂肢骨保留下来的部分不到完整肢骨周长的25%。象骨上几乎不见动物啃咬痕迹，头骨和一件肢骨下端有切割痕。石制品中有80件带有使用痕迹，主要用于加工和处理肉、皮、骨头[②]。与方家沟遗址有所不同的是，赵庄遗址中存在较为完整的象头骨（含上颌骨和门齿）。一头成年的雄性非洲象重量可达500kg[③]，而更新世的古菱齿象的体型和重量更大。就头骨而言，一个带着牙齿、脑子和皮的象头非常重，即便是风干的头骨也重达100kg[④]。因此，对于人类而言搬运象头是非常困难的事情，很难想象人类在其他地方发现了大象，并把象头和门齿搬到遗址所在地点。古菱齿象的头骨在遗址中出现的原因是值得思考的问题。民族学资料显示：狩猎采集者经常会把大、中型有蹄动物的头骨搬到营地上，加工并食用脑子，因为脑子是人类营养和热量的重要来源，特别是当动物处于季节性的营养压力中时，头骨中的油脂是最后被耗尽的[⑤]，因此，在困难时期动物头骨更是人类可利用的重要资源，但是

---

①赵静芳：《嵩山东麓MIS3阶段人类象征性行为的出现：新郑赵庄遗址综合研究》，北京大学博士学位论文，2015年。

②赵静芳：《嵩山东麓MIS3阶段人类象征性行为的出现：新郑赵庄遗址综合研究》。

③Shoshani, J., “Skeletal and other basic anatomical features of elephants,” In: Shoshani, J., Tassy, P. (eds.), *The Proboscidea: Evolution and palaeoecology of elephants and their relatives*, Oxford: Oxford University Press, 1996, pp. 9–20.

④Niven, L., *The Palaeolithic occupation of Vogelherd Cave: Implications for the subsistence behavior of late Neanderthals and early modern humans.*

⑤Speth, J. D., Spielmann, K. A., “Energy source, protein metabolism, and hunter-gatherer subsistence strategies.”

象的头骨通常被遗弃在狩猎-屠宰地点[①②]。赵庄遗址的古菱齿象头有可能反映了象在遗址上自然死亡，而后被人类发现并加以利用。人类在其他地方发现大象后把象头和门齿搬到遗址上的可能性非常微小。然而，象头骨上没有发现砍砸破碎的痕迹，仅有一处切割痕，整体上保存较为完整。大象脑子中的油脂可以为人类提供大量的热量和营养，以现代非洲大象为例，脑子的重量可达4.5—5.5kg[③]。由此看来，当时生活在赵庄的人群对象头的利用应当不是以获取食物和营养为主要目的的。一种可能的情况是，人类在象死亡后很久才发现尸骨，基本无法从其身上获取可食用资源。如果这种情况成立，那么遗址上应当还存在象的其他骨骼部位并且缺乏人类活动造成的破裂。然而，遗址中象的肢骨基本都是破裂的，且破裂程度严重，因此这种解释似乎也很难成立。此外，象头骨下面密集分布着石英砂岩石块或石制品。石英砂岩石制品的特点是数量少，尺寸和总重量大，没有使用痕迹，且组合中缺乏碎屑。这些石制品虽然经过剥片，但不是以制作工具为目的的[④]。因此这种堆积结构或现象可能与具有象征意义的活动有关[⑤]。

然而，象头骨与石块堆积在一起是否与人类的有意行为有关需

①Fisher, J. W., "Observations on the Late Pleistocene bone assemblage from the Lamb Spring Site, Colorado," In: Stanford, D. J., Day, J. S. (eds.), *Ice Age hunters of the Rockies,* Denver: University Press of Colorado, 1992, pp. 51–81.

②Crader, D. C., "Recent single-carcass bone scatters and the problem of 'butchery' sites in the archaeological record."

③Yravedra, J., Rubio-Jara, S., Panera, J., et al., "Elephants and subsistence. Evidence of the human exploitation of extremely large mammal bones from the Middle Palaeolithic site of PRERESA (Madrid, Spain)," *Journal of Archaeological Science* 39.4(2012), pp. 1063–1071.

④北京大学考古文博学院、郑州市文物考古研究院：《河南新郑赵庄旧石器时代遗址发掘简报》。

⑤Wang, Y., Qu, T., "New evidence and perspectives on the Upper Paleolithic of the Central Plain in China."

要谨慎的埋藏学分析。首先，我们不能排除象头骨和其他骨骼部位的出现是象在遗址上自然死亡的结果。象头骨在没有被沉积物填充而可以储存空气的情况下在水流作用下可以漂浮起来[①]。遗址中的象骨埋藏在第7层黏质粉砂堆积中，沉积物发育水平层理，反映了水流的作用，在这种情况下头骨是有可能漂浮并发生位置改变的。其次，象头骨上下方向严重被压扁，从掩埋象头骨和堆在其上的沉积物的粒度与构成来看，这种变形不太可能是沉积物重压导致，因此扭曲变形很可能是在掩埋之前受到超大型动物，例如大象的踩踏所导致。头骨在踩踏作用下也可能发生空间位置变化。再次，根据报道的情况看，象头骨与石英砂岩石块并非紧密关联，二者中间存在着较为密集的人类打制的石英砂岩石制品。虽然石英砂岩石块分布在象头骨下面的区域，但在发掘区的其他位置也有分散分布，并与石英制品混杂在一起。最后，象头骨上还分布着羚羊的下颌骨。因此，象骨与石英砂岩石块的堆积是否形成于一次整体的事件，即人类把石英砂岩石块运到遗址所在地点，并出于象征性或仪式性的目的将象骨置于其上，还需进一步讨论。尽管如此，遗址出土的象骨和石制品能够反映当时存在人类对超大型动物的利用，但获取和利用的方式有待探讨。

总之，乌兰木伦、方家沟和赵庄遗址提供了东亚地区晚更新世狩猎采集人群开发利用超大型动物资源的证据。对这类动物资源的充分开发利用反映出人类对食物特别是营养和热量的较高需求，与前面提到的我国同时期其他遗址所揭示的生计行为特点背后的原因是一致的。尽管没有证据显示人类是通过狩猎获取超大型动物的，但是人类对这类资源的搬运和处理也离不开合作。从动物资源分布来看，更新世期间猛犸象在末次冰期曾经分布在我国北方，我国南方地区也存在

---

①Agogino, G., Boldurian, A., “Review of the Colby mammoth site,” *Plains Anthropologist* 32.115(1987), pp. 105–107.

着丰富的长鼻目资源，但就现有考古资料来看，尽管晚更新世时期我国存在利用超大型动物的生计活动，但是直到旧石器时代晚期晚阶段甚至更晚，这种利用都是非常有限的，并且我们尚未发现反映旧石器时代人类出于满足食物需求以外的目的而利用超大型动物的确凿证据，例如以象骨和象牙为材料制作工具、装饰品、雕塑，或把这些资源用于生活的其他方面。这与欧洲旧石器时代晚期人类对猛犸象资源利用的多样性形成了鲜明对比。

## 六、比较与讨论

尽管旧石器时代人类的生计策略没有出现从狩猎采集向农业生产那样重大的转变，但是我们依然能够发现在人类历史99%以上的时间里，以狩猎–采集为生的人群的生计策略以及与食物资源获取相关的技术和行为都发生了重要变化，并且在不同地区的不同环境与人口–社会背景下形成了区域多样性。

狩猎（大型）动物的行为在旧石器时代早期较早阶段已经出现，旧大陆西部发现有这方面的考古证据，但是相关遗址的数量比较少，现有的考古材料的时间间隔比较大，这种生计行为有可能在这个时期尚不稳定和普遍。东亚地区由于缺少旧石器时代早期系统的埋藏学和动物考古学研究资料，我们对于这一时期人类狩猎行为以及动物资源利用特点的认识还非常有限。从生态的角度来看，随着纬度的增加，植物资源的种类和丰富程度逐渐减少，因此温带和寒带地区的狩猎采集者对肉食资源的依赖程度逐渐增加，他们必须获取足够充分的、甚至可以储存的肉和脂肪从而度过资源匮乏的季节。狩猎和渔猎在中、高纬度现代狩猎采集人群的生计活动中占据绝对主导的地位[1]，对于旧石器时代早、中期生活在温带、寒带地区的人群来说更是如此。从考古学视角看，尽管没有发现有关早期人类储存肉和脂肪的设施与技术的证据，但至少他们应当能够确保经常或规律性地获得高蛋白和高脂肪的肉食。旧石器时代中期狩猎大型哺乳动物并有意选择或较多获取成年个体的生计策略普遍见于旧大陆诸多地区，特别是欧亚大陆。相比于旧石器时代早期，人类狩猎大型动物的能力和技术进一步发展，欧亚大陆西部很可能普遍使用投射类工具以从事狩猎活动。经常性地狩猎大型动物，对猎物的搬运与屠宰处理，以及接下来分享食物的策略，都需要集体配合、协调以及事先计划和安排。人类对超大型动物尸骨的搬运、屠宰和利用更是如此，尽管很多情况下人类不是通过狩猎获取这类动物的。狩猎大型动物促进了合作行为甚至语言文化的发展以及稳固的社会机制的建立。在技术和这些行为发展的基础上，相对稳定地获取动物资源的生计策略才能得以实施，并达到资源利用的最大化（狩猎大型动物，特别是其成年个体，与获取小型动物相比，通常成本更高，风险更大，但是能够获得更多的肉食）。

更新世晚期气候的频繁变化导致特定区域中有蹄类动物的数量和质量在不同的时间尺度上发生变化[2]。对大型哺乳动物特别是其成年个体的选择性获取可能是人群应对气候与季节变化的一种策略。然而，尽管欧亚大陆旧石器时代中期人群有时也采取狩猎某一两种或少数几种大、中型哺乳动物的策略，但主要反映的是季节性的资源获取策略，与资源的季节性分布和可获取性有关，总体上很少见如旧石器时代晚期晚阶段或末期那样对某一种动物大量、专门的狩猎。而遗址密度、遗址的占用强度和火塘结构表明：旧石器时代晚期以前

①Lee, R., “What hunters do for a living, or, how to make out on scarce resources.”

②Gaudzinski, S., “Monospecific or species-dominated faunal assemblages during the Middle Paleolithic in Europe.”

欧亚大陆人口规模较小，人口的密度总体较低，人群的活动范围相对有限[①②]。此时的狩猎采集社会可能没有发展出复杂的分享或交换行为[③]，因此社会关系也相对简单，并且限制了个体或群体交流的范围与程度。狩猎大型动物能够满足社会的稳定运行以及并不复杂的社会关系的维系。然而，从另一个角度来说，狩猎大型动物难度大、结果不可预测，因此，在合作机制的基础之上，这种生计特点也可能会对社会关系逐渐复杂造成影响。旧石器时代早、中期人类生计策略的变化以及区域差异更可能反映了气候条件、季节变化所带来的影响或者特定背景下生计活动的改变，而不是人口规模较大或人口增加所导致的生存压力与社会关系变化的结果。

旧石器时代晚期，欧亚大陆人群的生计策略普遍发生变化，表现为：人类更加稳定地、专业化地狩猎某种大型哺乳动物；在很大程度上拓宽食谱，把对更多的小型哺乳动物、水生动物以及鸟类资源的开发利用纳入生计活动；对动物资源进行强化利用和多样化利用等。尽管旧石器时代晚期以前很多地区的人群都具有经常性狩猎大型动物的能力，有些基于对某种动物行为习性的了解和掌握，但是这种活动发生的强度不及晚期人群。旧石器时代中期人群有时也利用水生动物或小型动物，然而对这些种类动物的开发利用同样并不常见和普遍，但有时也存在一定程度的规律性开发利用，这主要与人类生活地点的地理位置有关。例如，生活在欧洲海滨的尼安德特人和非洲海滨的早

①Gamble, C., *The Palaeolithic societies of Europe,* Cambridge: Cambridge University Press, 1999.

②Straus, L. G., "The emergence of modern-like forager capacities & behaviors in Africa and Europe: Abrupt or gradual, biological or demographic?," *Quaternary International* 247.1(2012), pp. 350–357.

③Stiner, M. C., Munro, N. D., Surovell, T. A., et al., "Paleolithic population growth pulses evidenced by small animal exploitation."

期现代人有时会获取、利用海洋哺乳动物或软体动物[①②]。对于小型动物，旧石器时代中期的人群似乎更青睐那些容易获取的、移动速度慢的种类，例如龟类[③④]。

旧石器时代晚期生计策略的变化与现代人在欧亚大陆的普遍出现、人口的增加、社会关系的显著发展以及现代人认知和技术的发展密切相关。尽管不同区域在旧石器时代晚期人口增加或变化的过程是不同的，人口的变化并不是完全呈线性增长的，但欧亚大陆很多地区的遗址数量、遗址密度、石制品等遗存的丰富程度和多样性、更为复杂的居址结构、人类占用遗址的强度都显示出与旧石器时代中期相比，人口在总体上明显增加[⑤⑥⑦]。在末次冰期最盛期结束之后，很多资源优势区域的人口密度表现出显著上升趋势。例如，法国西南部皮里戈底等地区马格德林时期的遗址数量较之前的时期大幅增加，同时出现生计对象拓宽，对小型哺乳动物和鸟类的利用加大的情况[⑧]，揭示了生计变化与人

---

①Klein, R. G., Bird, D. W., "Shellfishing and human evolution."

②Stringer, C. B., Finlayson, J. C., Barton, R. N. E., et al., "Neanderthal exploitation of marine mammals in Gibraltar," *PNAS* 105.38(2008), pp. 14319–14324.

③Straus, L. G., "The emergence of modern-like forager capacities & behaviors in Africa and Europe: Abrupt or gradual, biological or demographic?."

④Stiner, M., Munro, N., Surovell, T., "The tortoise and the hare: Small-game use, the broad-spectrum revolution, and paleolithic demography."

⑤McBrearty, S., Brooks, A. S., "The revolution that wasn't: A new interpretation of the origin of modern human behavior."

⑥Stiner, M. C., Munro, N. D., Surovell, T. A., et al., "Paleolithic population growth pulses evidenced by small animal exploitation."

⑦Mellars, P. A., French, J. C., "Tenfold population increase in western Europe at the Neandertal-to-modern human transition," *Science* 333.6042(2011), pp. 623–628.

⑧Mellars, P. A., "The character of the Middle-Upper Paleolithic transition in south-west France," In: Renfrew, C. (ed.), *The explanation of culture change: Models in prehistory*, Pittsburgh: University of Pittsburgh Press, 1973, pp. 225–276.

口增加之间的可能关系[①]。

旧石器时代晚期人口增加，同时狩猎采集人群广泛且迅速扩张，这在一定程度上导致他们的活动地域变得有限了。狩猎采集人群不得不面对资源供给造成的生存压力，与此同时，社会关系很可能发生变化，包括社会关系膨胀、群体间共生合作关系加强或者紧张的竞争关系形成。以旧石器时代晚期晚阶段或旧石器时代末期的西亚地区为例，人口密度的增加导致一些区域人群流动性下降，进而促使资源压力出现以及群体关系改变。在这种情况下，以狩猎成年大型动物为主的策略很难满足增长的人口对食物和营养的需求，人们需要调整或改变生计策略，例如增加对小型动物的获取，对某种动物幼年个体的大量狩猎，对环境资源进行充分的、更多种形式的利用，甚至在旧石器时代末期有些地区开始圈养动物和栽培植物[②③④⑤]。

在现代人发展的过程中，其行为的计划性和合作性进一步发展，并可能通过更加复杂的方式融于人类的生活与文化。人口规模扩张背景下的群体生存（特别是在更新世晚期受气候频繁、剧烈波动影响显著的地区）需要良好有效的甚至长久的合作，这种合作需要群体间深层的交流，以社会关系的延伸或拓广为前提。在欧洲，特别是北部地区，旧石器时代晚期的考古材料中发达的象征行为暗示着社会关系的

---

①Bahn, P., "Late Pleistocene economies of the French Pyrenees."

②Tchernov, E., "The impact of sedentism on animal exploitation in the southern Levant," *Archaeozoology of the Near East* 1(1993), pp. 10–26.

③Stiner, M. C., Munro, N. D., "Approaches to prehistoric diet breadth, demography, and prey ranking systems in time and space," *Journal of Archaeological Method and Theory* 9.2(2002), pp. 181–214.

④Munro, N. D., "Zooarchaeological measures of human hunting pressure and site occupation intensity in the Natufian of the southern Levant and the implications for agricultural origins."

⑤Munro, N. D., "Epipaleolithic subsistence intensification in the southern Levant: The faunal evidence."

拓展或网络化发展[①②]。以德国西南部河谷地带为例，该地区发现有旧石器时代晚期丰富的雕塑、乐器、装饰品等象征性物品，结合遗址较高的占用强度和频率以及该区域人群的栖居系统来看，该地区在这一时期人口增加，并存在着社会关系网络。与此同时，人类食谱构成显著多样化，并且对肉食资源进行了强化获取利用，这可能与本地甚至更大区域内人群的季节性聚集所导致的食物需求增加有关[③]，并为建立深入而广泛的社会关系奠定了基础。在西亚旧石器时代晚期，石器工业较为频繁的变化以及区域间的技术关联、远距离的原料交换也揭示出了更加复杂的人群流动现象与人群关系[④]。

我国旧石器时代晚期出现了与欧亚大陆西部类似的有关人类对动物资源强化开发利用和食谱拓宽的考古学证据[⑤⑥]，而生计策略的这种变化是否也受到了人口增长的影响，又或者是因为环境显著变化导致资源匮乏而发生？根据目前的考古资料，旧石器时代晚期我国人群的生计变化主要发生在末次冰期最盛期及之后的时期。末次冰期最盛期我国北方地区气候环境的变化非常显著，冬季风强劲，北方气温骤降，干冷程度达到顶峰，雨量锐减，夏季风已不能到达沙漠-黄土边界带[⑦]。草原或荒漠草原和沙漠带扩张，中高纬地区环境恶化，南方地区出现

---

①Conard, N. J., “A female figurine from the basal Aurignacian of Hohle Fels Cave in southwestern Germany.”

②Conard, N. J., Bolus, M., “The Swabian Aurignacian and its place in European Prehistory.”

③Niven, L., “From carcass to cave: Large mammal exploitation during the Aurignacian at Vogelherd, Germany.”

④Bar-Yosef, O., “The Upper Paleolithic revolution.”

⑤Prendergast, M. E., Yuan, J., Bar-Yosef, O., “Resource intensification in the Late Upper Paleolithic: A view from southern China.”

⑥王晓敏、梅惠杰：《于家沟遗址的动物考古学研究》。

⑦孔继敏、丁仲孔：《近13万年来黄土高原干湿气候的时空变迁》，《第四纪研究》1997年第2期，第168—175页。

降温、变干的情况，且在长江中下游地区相对明显。末次冰期最盛期过后，距今约1.6万年后，夏季风开始加强，气候变得相对湿润，气温回升，北方常绿阔叶林扩张。

我国旧石器时代晚期遗址的数量和密度显著增加，虽然遗址的占用特点（占用时长、占用强度等）和栖居系统有待详细、深入的研究，但这一现象在一定程度上暗示了人口规模的增加，并且这一时期技术的丰富变化揭示出了旧大陆东、西方人群交流的增加，人群关系有可能在这种情况下变得更加紧密或复杂①②。人口规模的增加和日渐复杂的社会关系导致食物需求在生计和社会层面上的扩张，因而人们需要开发利用尽可能多种类的资源，且伴随着旧石器时代晚期晚阶段气候的剧烈波动和环境压力的出现，人们需要对生计活动作出调整，可能采取了强化利用资源的措施。然而，因为我国人类迁徙和扩张的地理空间比较宽广，所以尽管人类采用了一些强化的手段，但极少到达“极端”的程度，或者没有成为很多地区广泛采用的生计策略，至少当前已知的考古资料是如此体现的。并且由于我国环境景观存在多样性，不同地理空间对气候变化的敏感性不同，因此人类生计策略的调整具有多样性。当然，对于我国旧石器时代晚期生计策略改变原因以及区域差异的更可靠解读还有赖于对我国旧石器时代动物遗存开展更多的系统研究，对区域遗址数量和遗址关系、遗址占用强度、栖居模式以及隐含的人口规模信息进行深入挖掘，对不同时期（特别是旧石器时代晚期不同阶段）和不同区域遗址中人类开发利用动物资源的特点开展比较研究。

与早期人类相比，现代人具备更加稳定、高效地获取与利用动物资源及开发更多种类资源的技术条件。欧亚大陆西部的人群在旧石器

---

①陈宥成、曲彤丽：《“石叶技术”相关问题的讨论》。

②曲彤丽、陈宥成：《试论早期骨角器的起源与发展》，《考古》2018年第3期，第68—77页。

时代晚期开始普遍使用石叶、小石叶，并在此后的时期使用细石叶和细小石器。石叶和小石叶使得人们能够获得具有更多有效刃缘的工具，并且能够被捆绑或镶嵌起来作为复合工具使用，是高效狩猎的重要工具组成。同时，端刮器、雕刻器等工具非常有利于高效处理和加工动物资源，例如处理皮子、刻画骨头或鹿角等。在我国，生计策略的变化主要发生在距今3万年以后，是小石叶技术进入我国北方地区以及骨器在南、北方地区都开始出现的时期，这些发现是现代人行为在我国出现的重要标志。在北方地区小石叶和细石叶工具为专门化狩猎提供支持。与此同时，南方地区可能更多地使用竹木器或者植物资源制作相应的设施，以及使用骨器和蚌器进行资源的充分开发与利用。旧石器时代晚期晚阶段在南方开始出现的陶器为更长期且稳定的资源强化利用创造了重要条件。

旧大陆旧石器时代晚期人类生计的整体特点和变化格局表明，人们投入更多的时间、更多的劳动专门化地狩猎成群的某种类动物，或者获取特定环境中更多种类的动物（尽管有些动物很难被捕获，或者提供的肉食与营养不如大型哺乳动物），对动物资源进行强化或全面开发与利用的策略一方面反映出现代人技术和行为能力的发展，另一方面反映出人类在末次冰期气候频繁、剧烈波动导致环境资源压力增大以及人口增长的处境下灵活的应对能力。反过来，人类生计行为的变化也促进了技术的发展，包括骨器的广泛应用与类型的多样化，早期陶器的出现等。

生计策略的改变促使人口进一步增加，并为人群以更快的速度在更广泛的空间中的扩散与交流创造条件，这在旧石器时代晚期到新石器时代的考古材料中越来越多地体现出来。特定区域内人口规模的扩大会促使社会关系外延，进而导致地区社会关系的复杂化，以及新的社会组织结构的出现，正如西亚黎凡特地区从旧石器时代末期狩猎采集人群向新石器时代早期农业人群转变过程中所记录的[①②]。基于旧石器时代晚期生计策略的变化以及技术、社会和人口发展背景，我们推测这一时期可能开始出现狩猎采集社会的复杂化发展。群体关系与社会组织的发展，以及技术的创新和快速发展赋予现代人生存优势，使得他们开发和利用环境、适应环境的能力增强，促使人口进一步增加以及特定区域中人群密度增加。因此，旧石器时代晚期生计策略的变化从人口与社会发展方面揭示了现代人之所以能够遍布全球并成为人属中唯一存留下来的种类的原因。

从区域性的比较观察来看，欧亚大陆西部和东部（特别是北方地带）在旧石器时代中期存在着相似的生计策略——狩猎大型哺乳动物，特别是获取较多成年个体。这与大部分地区同处于温带和寒温带地区、环境和资源多样性程度相似有关，也与有着相似的人口水平和相对简单且稳定的社会关系有关。旧石器时代晚期欧亚大陆各地区的生计策略显示出相同的发展变化趋势，表现为专门化狩猎、食谱拓宽，以及动物资源的多样化和强化利用。这些生计特征在旧石器时代末期会更加普遍和显著地出现，这种变化背后存在着共同的原因，即现代人扩散并在旧大陆普遍出现，人口快速增加，以及在更新世末期区域内人群流动性下降。

当然，欧亚大陆不同地区人群在晚更新世的生计策略及其变化并不完全一致，呈现出区域多样性，表现在重点开发利用的动物种类、动物资源的利用方式、开发利用的强度与多样化程度、对超大型动物资源的利用、获取动物资源的工具与技术等方面。不同地区的环境受气

---

①Bar-Yosef, O., "The Natufian culture in the Levant, threshold to the origins of agriculture."

②Bar-Yosef, O., "On the nature of transitions: The Middle to Upper Palaeolithic and the Neolithic revolution," *Cambridge Archaeological Journal* 8.2(1998), pp. 141–163.

候波动影响的程度，动物资源的分布和可获性及其在特定时间里的可预测性（与占用遗址的季节有关），人口规模和社会关系（包括紧张的竞争关系、延伸的合作关系等）的不同变化，以及不同人群面对危机或压力所选择的不同应对方式，都可能导致区域间差异①②③。

更新世晚期气候波动频繁、强烈。例如，距今7万—5万年前，大陆冰川向南、向东扩张，冰缘地带的范围扩展；距今5万—3万年前，气候尽管总体上依然寒冷，但是其中出现了多次短期的温暖的间冰阶气候条件；距今2.9万—2.4万年，气候极度干旱，气温大幅下滑并且快速波动；距今约2.4万—1.8万年，冰盖达到了最大范围的扩张；距今1.8万年后，冰盖逐渐后退，但这期间欧亚大陆北部仍然发生了气候波动④。欧亚大陆北部的植物资源、动物资源的分布和景观受到冰缘环境的影响尤其显著⑤，环境景观在大草原（极干冷时期）与广泛分布的森林（暖湿时期）之间反复变化⑥。

在法国西南部，晚更新世环境的变化曾使得大型哺乳动物种类的多样性下降，驯鹿替代了赤鹿、野马等成为动物群的主要组成部

---

①Stiner, M. C., "Carnivory, coevolution, and the geographic spread of the genus Homo," *Journal of Archaeological Research* 10.1(2002), pp. 1–63.

②Meignen, L., Bar-Yosef, O., Speth, J. D., et al., "Middle Paleolithic settlement patterns in the Levant."

③Speth, J. D., Tchernov, E., "Neandertal hunting and meat-processing in the Near East."

④Gamble, C., "Culture and society in the Upper Paleolithic of Europe," In: Bailey, G. (ed.), *Hunter-gatherer economy in prehistory,* Cambridge: Cambridge University Press, 1983, pp. 201–211.

⑤Otte, M., "From the Middle to the Upper Palaeolithic: The nature of the transition," In: Mellars, P. A. (ed.), *The emergence of modern humans: An archaeological perspective,* Ithaca: Cornell University Press, 1990, pp. 438–456.

⑥Frenzel, B., "Pleistocene vegetation of northern Eurasia," *Science* 161.3842(1968), pp. 637–649.

分[①②]。动物种类多样性的改变给人类生计活动带来重要影响，早在旧石器时代中期西欧的狩猎采集人群有时就对驯鹿进行季节性狩猎。旧石器时代晚期较晚阶段，人类对这种资源更加依赖，开发程度更强，并相应地开始出现存储食物与延时消费行为。从长期来看，这种生计策略促使人口规模和栖居模式发生变化。与西欧相比，东欧的大陆性气候更显著，冬季更加寒冷，生物总量总体上更低。东欧广泛分布着开阔的树林和大草原，猛犸象、披毛犀、野马、野驴、北极狐是更为常见的种类[③]，这样的生态环境促使了人类加深对超大型动物的开发利用，也促使了人类对动物皮毛资源的利用以及相应技术的发展。欧洲南部的气候在大多数时间里则相对温和，环境景观多样——草地、苔原、林地混杂分布。同时，这一区域拥有山地、台地、河谷和宽阔的低地平原等多种地貌，分布着非常丰富的大、中型哺乳动物种类[④]。

因此，生活在不同环境景观中的人群可以获得的资源种类不同。资源获取的可靠性随着气候和环境的变化而改变，这进而影响了人类的生计策略以及人群的流动迁徙。例如，欧洲（特别是北部地区）环境的显著变化可能迫使人类向地中海区域迁移，这可能促使欧洲北部与南部以及与西亚的人群与文化交流。西亚在晚更新世期间总体上较今天寒冷，但更为湿润。沿海地带气候变化不强烈，在末

---

①Chase, P. G., *The hunters of Combe Grenal: Approaches to Middle Paleolithic subsistence in Europe*, BAR International Series 286, 1986.

②Morin, E., "Evidence for declines in human population densities during the early Upper Paleolithic in western Europe," *PNAS* 105.1(2008), pp. 48–53.

③Hoffecker, J., *Desolate landscapes: Ice-Age settlement in eastern Europe.*

④Mellars, P. A., "The ecological basis of social complexity in the Upper Paleolithic of southwestern France," In: Brown, J. A., Price, T. D. (eds.), *Prehistoric hunter-gatherers: The emergence of cultural complexity*, Orlando: Academic Press, 1985, pp. 271–297.

次冰期最盛期，沿海山地冬季降水较丰富，被森林覆盖。总体而言，气候变化的影响在西亚没有在欧洲北部那样显著①，最主要的变化体现在湿润程度上。黎凡特地区旧石器时代分布的大、中型哺乳动物资源中，常见的黇鹿、赤鹿、羚羊、野马、原始牛、狍子、野猪，是人们狩猎的主要对象，特别是前两种。有些小型动物自旧石器时代中期起也被人类利用，比如龟。然而，人类狩猎的主要动物种类因区域环境景观差异（例如南部沙漠地带、沿海地带和内陆林地地带）而有所不同；也会因特定区域内环境变化——例如黎凡特南部和东部区域在林地和草原地带之间频繁转换②，而有所变化。在末次冰期最盛期过后，西亚地区降水量开始增加，气候转暖。然而，在新仙女木期（距今1.3万—1.15万年）降水量又显著下降，环境的剧烈变化加上已经显著增加的人口促使旧石器时代末期该地区人类在生计活动、流动性、栖居模式等方面发生改变，其中包括在更广泛的区域内对羚羊和植物资源进行强化开发利用，活动地域性加强，以及半定居或定居出现。

晚更新世时期，不同地区人口的变化以及遗址占用特点的变化过程有所不同，人类生计策略的变化也可能在这些因素的影响下而存在差异。欧亚大陆上西南欧、中欧的有些地区在旧石器时代晚期初始阶段人口并没有明显增加，被高强度占用的遗址也是在旧石器时代晚期晚阶段才更多出现。然而，有些地区，例如德国南部、希腊南部的旧石器时代晚期较早阶段的遗址数量就有明显增加，遗址的占用强度大，反映

---

①Tchernov, E., "Evolution of complexities, exploitation of the biosphere and zooarchaeology," *Archaeozoologia* 5.1(1992), pp. 9–42.

②Meignen, L., Bar-Yosef, O., Speth, J. D., et al., "Middle Paleolithic settlement patterns in the Levant."

了人口的显著增加[①②]。这些地区的人类对更多种类动物资源进行多样化开发利用，或者更多地利用低等级猎物应当是在人口增加背景下的一种生存策略的调整。

就中国而言，更新世中环境和资源分布具有显著的地区差异。不同区域的环境在气候波动中发生的变化有所不同。北方地区由大面积的草原、荒漠草原、树林-草原景观覆盖，常见动物群为赤鹿、野马、野驴、羚羊、牛科、鸵鸟等；东北地区还分布着猛犸象，例如阎家岗等遗址中的发现。东南地区多为亚热带森林、热带森林、森林-草地景观，动物群由大熊猫、剑齿象、鹿属、果子狸、猕猴、竹鼠、野猪、水牛等组成。我国旧石器时代中期北方人群主要获取的动物种类与欧洲同时期相似，常见野马、原始牛和鹿类，但鹿的具体种类有所区别。欧洲北部和中部人群经常狩猎驯鹿，在欧洲南部相对温暖的区域人们则更多地狩猎赤鹿。我国旧石器时代遗址中罕见驯鹿遗存，主要是赤鹿、斑鹿、梅花鹿等。在旧石器时代晚期，赤鹿、野马、羚羊在北方地区是被开发利用的主要对象。山西峙峪遗址发现了至少120个野马个体和88个野驴个体的遗存[③]。然而，由于缺少这些遗存的详细出土背景信息，且遗存没有经过埋藏学和系统的动物考古学研究，我们还不能就它们是否反映专门化狩猎以及如何反映该地区人群的生计策略作出评判。目前我国比较少见旧石器时代人群对具有季节性迁徙规律的动物进行集中、专门狩猎的考古资料。

①Conard, N. J., Bolus, M., Goldberg, P., et al., "The last Neanderthals and first modern humans in the Swabian Jura," In: Conard, N. J. (ed.), *When Neanderthals and modern humans met*, Tübingen: Kerns Verlag, 2006, pp. 305–341.

②Starkovich, B. M., "Paleolithic subsistence strategies and changes in site use at Klissoura Cave 1 (Peloponnese, Greece)."

③贾兰坡、盖培、尤玉柱：《山西峙峪旧石器时代遗址发掘报告》，《考古学报》1972年第1期，第39—58页。

长江以南地区环境变化程度相对较小，资源较北方相对更稳定，可预测性较高，且资源更为丰富，不会发生沙漠地带和干旱草原地区那样的资源极度匮乏的情况。在水域丰富的区域，贝类、蚌类以及其他水生动物资源在晚更新世人类的食谱中占据非常重要的地位。与气候环境的波动程度以及资源的相对稳定性和可预测性相关的人群流动性在南北方不同区域可能存在差异（以迁居流动或者后勤流动为主），从而导致了不同区域的不同生计特点。从总体上看，我国的环境资源条件具有很大的弹性空间，即使在气候严酷、环境恶化、资源匮乏的时期，也总有一些区域的环境是相对适宜，资源相对丰富或至少有保证的。因此，当有些地区受到气候变化的影响较为显著时，人群可能会迁移到资源丰富且较为稳定的地方谋求生存，为不同人群的接触、交流创造了条件。然而，目前关于晚更新世时期南、北方人群的交流的考古学证据是缺乏的，从更新世末期陶器的出现轨迹、南北方石器技术的显著差异来看，这两大区块之间的人群交流是比较有限的[①]。因此，我国不同区域的人群有可能如前所述地更多地通过调整生计策略（例如旧石器时代晚期晚阶段发生的资源强化利用）、改变居住流动性或人员流动范围和强度等不同方式对自然环境和社会人口的变化进行应对。

总之，旧大陆不同地区的人群根据动物的习性、动物分布的可预测性以及不同目的对动物进行选择性获取利用。在欧亚大陆北部，由于严酷寒冷的环境以及显著的季节性，广大地域范围中的生物总量较低。在冬季，可捕食的动物种类与数量更有限。在这种情况下，具有迁徙特点的动物——驯鹿、野马或野山羊是非常重要的战略性资源。出于对食物的需求，对捕食者的躲避，以及季节性的气候环境变化，这些动物在一年之中通常会迁徙几百公里。狩猎者通过追踪动物，或

①陈宥成、曲彤丽：《中国早期陶器的起源及相关问题》。

者在它们迁徙的固定路线上对其进行拦截的方式猎获大量个体，为人类获取充分的食物并进行储存提供条件，同时促进人类活动空间拓宽，使得较大范围中的人群交流有可能发生。在欧洲旧石器时代中期和晚期，人们对季节性迁徙动物的获取利用是重要的生计策略。位于欧亚大陆南部的黎凡特地区，在更新世期间与人类共存的动物有羚羊、黇鹿、野马、原始牛、野猪等大型哺乳动物，也是人类有能力获取到的资源。在旧石器时代中期，这些动物都被人类获取利用，以黇鹿和羚羊为主，而在旧石器时代晚期，羚羊则在人类生计中占据了绝对主体地位。以哈约尼姆遗址为例，黇鹿在旧石器时代中期占38%，羚羊占41%，而到了旧石器时代末期，羚羊占比则高达77%，而黇鹿仅占3%。羚羊在这一地区气候环境的适应性强，是可预测性相对较强的资源，反映了在社会和人口环境变化的背景下人类对这类动物资源的有意选择利用。

在处于寒冷的苔原-草原环境中的中欧、东欧和西伯利亚地区，猛犸象在更新世期间尤为丰富，有些地区的披毛犀资源也相对丰富[①②]。猛犸象遗存在这些地区的旧石器时代晚期遗址中显著增加，反映了其在人类生活中的重要地位。人们偏好利用猛犸象，除了经济方面原因，还有社会或文化价值方面的考虑。相比之下，东亚更新世晚期的人类虽然也对长鼻目等超大型动物资源进行利用，但目前没有证据表明人类通过狩猎主动获取这类动物，对它们开发利用的程度相对有限，并且可能主要以获取食物为目的。

综上，旧石器时代狩猎采集人群对动物资源开发利用的策略不

---

①Soffer, O., “Upper Paleolithic adaptations in Central and eastern Europe and man-mammoth interactions.”

②Barishnikov, G. F., Markova, A. K., “Main mammal assemblages between 24,000 and 12,000 yr BP,” In: Frenzel, B., Pécsi, M., Velichko, A. (eds.), *Atlas of paleoclimates and paleoenvironments of the northern Hemisphere,* Gustav Fischer: Budapest-Stuttgart, 1992, pp. 127–131.

仅受到环境、动物分布和动物迁徙的影响，同时也受到人类在面对环境和人口变化以及生存压力时所做出选择的影响最终呈现出区域特征。不同地区人们狩猎的动物种类构成，狩猎的侧重或偏好，狩猎所用的工具技术，对特定动物资源开发利用的程度和方式存在差异。然而，在旧石器时代晚期，随着现代人认知能力和行为能力显著发展、文化创新不断发生，现代人在旧大陆迅速扩张。欧亚大陆各地区特别是北部在地理上更为相通，存在相似的开阔草原环境，动物与人类的迁徙促进了东西方在文化上的交流和关联。很多地区的人口有所增加，甚至是显著增加。人群的交流以及人口增加导致的生存压力，促使旧石器时代晚期人类的生计策略出现了相同或相似的变化趋势。

# 第四章　以骨为材料：骨器技术的发展变化

动物是人类食物的重要来源，自人类演化早期阶段至今，人类以获取肉食为目的的对动物的开发利用始终没有改变过。然而，在旧石器时代早期的很早阶段，人类也开始利用骨头为食物资源的获取和利用服务[①]，动物之于人类，除了提供肉食，还提供了原材料。在演化的进程中，人类对骨骼材料的认识发生了变化，对于骨骼的利用变得多样和复杂，这促进了史前技术的发展，并对人类的适应生存产生了重要影响。

骨质工具指的是人类使用过的骨头（这里泛指骨骼、鹿角、牙齿）或者经过修理加工再被使用的骨头。伴随着狩猎等取食活动的开展，人们便可以获取骨头、蚌壳等资源并对其进行利用或进一步加工。从物理特性来看，骨骼、鹿角和象牙的硬度高，兼具很好的韧性，象牙尤其如此。虽然不像石器那样容易被打制、发生破裂，但是这些材料适合切割、雕刻、磨制等加工方法，而且轻便、易携带、耐用程度高。骨质工具在狩猎、渔猎、采集、石器加工、制作衣物等生计活动中发挥了重要作用，是史前人类文化的重要构成，大量地存在于史前时期的遗址中。

---

①Hanon, R., d'Errico, F., Backwell, L., et al., "New evidence of bone tool use by Early Pleistocene hominins from Cooper's D, Bloubank Valley, South Africa," *Journal of Archaeological Science* 39(2021), p. 103129.

依据制作过程或使用方式，作者将旧石器时代的骨器分为简单骨质工具与复杂骨质工具。下面对这两类工具的特点、发展与意义进行讨论，并透过这些视角，探讨史前人类与动物关系的变化、人类技术与社会的发展以及区域文化特征。

## 一、简单骨质工具

自旧石器时代早期起，人类对于动物资源的利用就超出了食用的范围。人类挑选在屠宰和消费动物过程中产生的破裂骨骼作为工具直接使用，或者对这些骨骼的边缘或尖端进行简单的打击修理后再使用[①②]。这些类型的骨质工具的制作省时、省力，不需要特别的、复杂的技术。由于缺少稳定、规范的技术操作程序，其最终产品的形态是不规则的。早期的简单骨质工具不容易得到准确判断，因为食肉动物的啃咬也可以留下类似于骨骼被敲打剥片的痕迹，甚至形成与骨器相类似的假骨器[③]。尽管如此，一些遗址中还是发现了早期人类打制骨器的证据[④]。南非斯特尔克方丹遗址和施瓦特克朗遗址以及东非奥杜威峡谷中都发现有180万—100万年前打击修理的骨器，这些工具用于处理加工猎物，挖掘植物根茎和白蚁[⑤]。旧石器时代早期晚阶段德国毕尔曾斯

①d'Errico, F., Backwell, L., "Assessing the function of early hominin bone tools," *Journal of Archaeological Science* 36.8(2009), pp. 1764–1773.

②Backwell, L. R., d'Errico, F., "The origin of bone tool technology and the identification of early hominid cultural traditions," In: d'Errico, F., Backwell, L., Malauzat, B. (eds.), *From tools to symbols: From early hominids to modern humans*, Johannesburg: Wits University Press, 2005, pp. 238–275.

③Villa, P., Bartram, L., "Flaked bone from a hyena den," *Paléo, Revue d'Archéologie Préhistorique* 8.1(1996), pp. 143–159.

④Gaudzinski, S., "Middle Palaeolithic bone tools from the open-air site Salzgitter-Lebenstedt (Germany)," *Journal of Archaeological Science* 26.2(1999), pp. 125–141.

⑤d'Errico, F., Backwell, L., "Assessing the function of early hominin bone tools."

勒本（Bilzingsleben）和西班牙阿姆布罗纳等遗址中发现有把骨头制作成与石器形态相似的工具的现象①，意大利波莱达拉遗址发现有用古菱齿象的骨骼制作成的工具②。东亚旧石器时代早期遗址中也发现有打制骨器，比如周口店第一地点、金牛山遗址等③。

简单的骨质工具在旧石器时代中期和晚期仍然存在，特别是在东亚地区。例如，山西许家窑遗址发现了两侧经过打击修理的长骨④，北京山顶洞遗址⑤、山西峙峪遗址⑥和黑龙江阎家岗遗址发现了带有打击疤痕的骨头⑦。总之，不同时期的狩猎采集社会都可能使用这类骨质工具，然而它们的功能和作用效果比较有限，主要为挖掘、切割、穿刺等⑧，在刮-磨制骨器技术普遍出现后便少有发现。

在不经修理的情况下被直接使用的骨头不容易被发现，需要结合微痕观察与大量实验工作才能够得到准确判断。与石器相似，经过使用的骨头上也会留下痕迹特征，包括条痕、尖端磨圆、磨平等。结合骨头形状和效能来考虑，穿刺和刮-抹皮子是一些未经加工的破裂骨

---

①Mania, U., “The utilization of large mammal bones in Bilzingsleben–a special variant of middle Pleistocene man’s relationship to his environment,” *Man and Environment in the Palaeolithic* (1995), pp. 239–246.

②Anzidei, A. P., Angelelli, A., Arnoldus-Huyzendveld, A., et al., “Le gisement pléistocene de la Polledrara di Cecanibbio (Rome, Italie),” *L’Anthropologie (Paris)* 93.4(1989), pp. 749–781.

③安家瑗：《华北地区旧石器时代的骨、角器》，《人类学学报》2001年第4期，第319—330页。

④贾兰坡、卫奇、李超荣：《许家窑旧石器时代文化遗址1976年发掘报告》。

⑤Pei, W. C., “The Upper Cave industry of Choukoutien,” *Palaeontologia Sinica, New Series D*. 9(1939), pp. 1–41.

⑥贾兰坡、盖培、尤玉柱：《山西峙峪旧石器时代遗址发掘报告》。

⑦黑龙江省文物管理委员会、哈尔滨市文化局、中国科学院古脊椎动物与古人类研究所东北考察队编著：《阎家岗——旧石器时代晚期古营地遗址》，文物出版社，1987年。

⑧Backwell, L. R., d’Errico, F., “The origin of bone tool technology and the identification of early hominid cultural traditions.”

骼能够承担且适合承担的两项工作。布克（Buc，2011）的骨器实验表明[①]：骨器在较强冲击力下作用在皮子和骨头上时，可以造成骨表不平整，凸起位置被磨圆且没有条痕的特征。如果骨器用来穿刺、钻皮子，骨表通常会比较平整，凸起部位出现磨圆，形成短且深的横向条痕。穿刺干皮子比穿刺新鲜皮子留下的条痕更深且更密。抹光皮子可以造成骨表比较平整，凸起的位置比较粗糙，形成窄、直、深的条痕，条痕内部比较光滑，条痕交叉分布。抹光陶器则会造成骨表不平整，使用部位磨圆，凸起位置比较平，形成较深的但宽窄不一的横向条痕，条痕交叉分布。

河南老奶奶庙遗址第3层的动物遗存中发现有可能被使用过的形态适合的动物骨骼，为破裂的大型或中型动物的肢骨。这些标本中有些带光泽，有些具有磨圆和破损疤或微疤，有些兼具上述特征。根据形态可以将其分为两类：尖状和非尖状。有一件标本为破裂动物肢骨，尖状，长95mm，宽26mm，尖部厚9.8mm，轻度风化。骨表有刮痕，骨表尖端和靠近尖端部位存在磨平面，并有光泽，尖部两侧面也有光泽并有破损微疤，骨表存在横向的或斜向交叉分布的较深且直的条痕。另一件标本为窄长条形破裂肢骨，长125mm，宽29.3mm，带有痕迹处厚10mm，轻度风化，骨表被刮过。骨骼上部一侧表面有密集的、较长的横向条痕，骨表有磨平面，与这个位置相对应的骨骼边缘部位上有磨圆和破损微疤。遗址中存在很多与上述标本形态相似的尖状破裂骨骼，但其尖部和尖部两侧都没有发现破损疤，骨表存在自然的“起伏”，没有形成平整的“磨平面”，骨表没有明显条痕。总之，与实验标本的比较显示：上述带有特别痕迹，即有骨表磨平面、条痕、磨圆、光泽和破损疤等组合特征的破裂骨骼应当与人类使用有关，可能用于处理（刮-抹或穿刺）皮子。

---

①Buc, N., “Experimental series and use-wear in bone tools,” *Journal of Archaeological Science* 38.3(2011), pp. 546–557.

旧石器时代早、中期还发现有一些用来打制和修理石器的，具有鲜明使用痕迹的动物骨头（通常是肢骨）和大型动物牙齿，这种工具被称为软锤或骨质修理器。骨质修理器的概念是十九世纪后半叶由欧洲学者提出来的。二十世纪以来，欧洲旧石器时代遗址中不断发现这种表面带有特殊痕迹的动物骨骼、鹿角、大型食肉动物的犬齿，对于它们的使用方式曾有不同的推测和解释，后来埋藏学研究和实验观察表明，这种骨头和牙齿具有修理石器的功能，形成的痕迹具有显著特征，能够与食肉动物的啃咬痕以及人类屠宰和肢解动物留下的痕迹区分开来。骨质修理器主要发现于欧洲，例如德国薛宁根遗址、西班牙格兰多利纳遗址TD10.1层、捷克库纳（Kůlna）遗址等[①②]。尽管这些时期直接使用的骨质工具的数量很少，但表明了动物对于人类而言还具有提供食物和营养以外的重要作用，人类对动物有了新的想法和新的利用策略。使用骨头修理某些岩性的石器时更容易控制着力点，可以修出平直且平整的刃缘，是石器维修或整形的有效方法。但是与硬锤修理石器的效果相比，使用骨质修理石器不一定能产生更浅或更平的修疤，有时会导致石器刃缘呈曲线形。当然，无论使用硬锤还是骨质修理器，工匠的技能和熟练度，修理工具在毛坯上的落点位置，以及毛坯刃缘本身的状态和厚薄特征，都会影响修理效果以及修理工具与加工对象上的痕迹特征。

骨质修理器作用面上的主要痕迹特征（图4-1）包括：（1）短且深的沟槽或划痕，其剖面呈V型；（2）有时沟槽的一侧面在扫描电镜下可见细微擦痕，方向与修理器打击的方向平行；（3）沟槽和划痕区域伴有

---

①Van Kolfschoten, T., Parfitt, S. A., Serangeli, J., et al., "Lower Paleolithic bone tools from the 'Spear Horizon' at Schöningen (Germany)."

②Rodríguez-Hidalgo, A., Saladié, P., Ollé, A., et al., "Hominin subsistence and site function of TD10.1 bone bed level at Gran Dolina site (Atapuerca) during the late Acheulean."

小坑疤；（4）这些痕迹通常聚集成组，近似平行地集中分布于破裂骨干靠近端部的表面；（5）疤痕整体上的分布方向与骨干的长轴垂直或斜交；（6）骨表上使用痕迹集中的地方也会出现相对粗糙的擦蹭面或擦痕。此外，骨质修理器表面的沟槽痕迹中有时会嵌有微小石制品碎屑，为我们认识这类工具的功能提供了进一步证据。需要注意的是，实验研究发现：骨表沟槽或划痕的深度、长短以及分布密集程度等特征会因骨头自身的特点（比如油脂的含量等），修理器的操作方式、使用强度，被加工的石制品的刃角，石制品岩性的不同而有所差别。

目前最早的骨质修理器发现于欧洲旧石器时代早期，以德国薛宁根遗址（距今40万—30万年前）为代表。该遗址中有很多马骨以及少量牛骨被用作修理燧石石器的工具，其中有些以干骨为材料，有些则以新鲜骨骼为材料。新鲜骨骼最有可能来自遗址上被屠宰的动物的骨骼或者被敲骨取髓的破裂骨骼，包括肢骨骨干、肋骨、髋骨，因为这些骨骼上除了带有修理石器产生的痕迹外，还存在屠宰过程中留下的切割痕。用作修理器的骨头在使用前都被刮过。以股骨为例，如果靠近远端骨骺的位置是被手握着的，那么靠近近端的上半部分骨干是修理石器时与石器接触的部位；如果靠近近端位置被手握，靠近远端的下半部分骨干上则留下了修理石器的痕迹。有些牛科骨骼表面的划痕（修理石器所形成）中还嵌着微小的燧石碎屑[①]；有些马和牛的掌跖骨被用作软锤进行剥片。此外，遗址中发现的大量石制品间接地证明了该遗址中骨质修理器的功用和重要性。石制品组合中以修理石器产生的细小碎片为主，同时还包含相当数量的使用石片和修理石片。石制品中不见石核，带有石皮的石制品和废片也非常缺乏，缺少生产石片行为的证据，说明最初的剥片不是在遗址上进行的。打制好的石片被带入遗址使用，修理

①Van Kolfschoten, T., Parfitt, S. A., Serangeli, J., et al., “Lower Paleolithic bone tools from the ‘Spear Horizon’ at Schöningen (Germany).”

石片和工具最终变得很小，因无法有效发挥功用而被废弃，表明工具经过了反复的、充分的维修[1]，而骨质修理器很可能在这个过程中发挥了重要作用。

在旧石器时代中期，骨质修理器被更多地使用，大多数以破裂的长骨为材料（图4–1），少量使用食肉类动物（例如熊）的犬齿（图4–2），常出现在尼安德特人的文化遗存之中，与欧洲典型的旧石器时代中期的石器组合共存，例如德国弗戈赫尔德、奇格施泰因（Sirgenstein）和Balver遗址中旧石器时代中期的堆积，法国基纳（La Quina）遗址、费拉希（La Ferrassie）遗址、Noisetier遗址和比利时Scladina遗址以及意大利和捷克一些遗址中的发现。尼安德特人使用骨质修理器加工锯齿刃器和凹缺刮器，这种修理方式在石器上形成的修理特征与使用石锤而形成的不同。在旧石器时代晚期，骨质修理器在欧洲更多、更普遍地被使用，与石叶、小石叶、精致骨器和雕刻艺术品等共存，在德国霍菲尔、弗戈赫尔德、奇格施泰因和霍伦斯坦–施达德（Hohlenstein-Stadel）遗址的奥瑞纳文化层，奥地利维仑多夫（Willendorf）、东欧科斯扬基等遗址的格拉维特文化层，以及意大利和法国的遗址中均有发现。这个时期石器上的修疤一般较小、较规整而且非常密集，反映了高强度和高效率的石器加工。同时，旧石器时代晚期存在的大量骨器、装饰品、雕刻艺术品体现出人类对骨、角、牙资源的高度关注和充分开发利用，在这一背景下骨质修理器的使用也是人类对石器修理和动物资源利用的集约体现。

从现有的考古材料来看，骨质修理器技术并不是某时期、某一种人群所特有的，说明这种技术可能作为石器生产方法的基本构成而被人类应用，是一种容易学习、操作较为简单的技术。使用动物骨头修

---

①Serangeli, J., Conard, N. J., “The behavioral and cultural stratigraphic contexts of the lithic assemblages from Schöningen,” *Journal of Human Evolution* 89(2015), pp. 287–297.

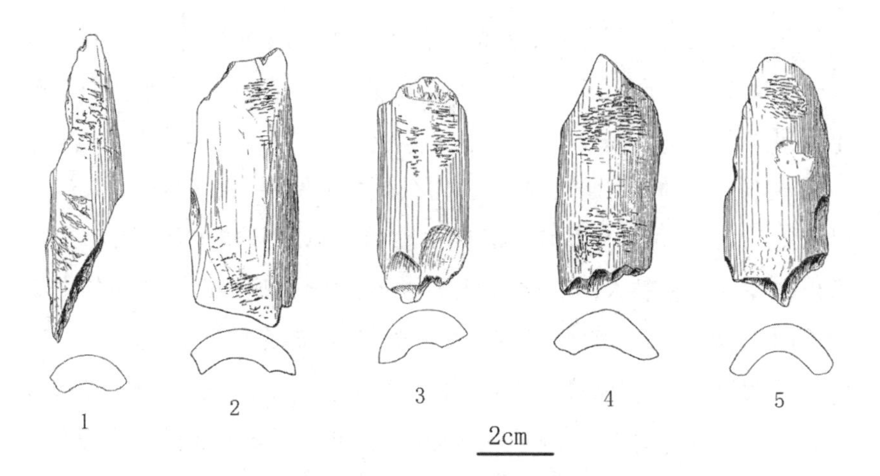


**图4-1 欧洲旧石器时代中期和晚期的骨质修理器**
**（以破裂的动物骨头为材料）①**

1. 出自奇格施泰因Ⅶ遗址，旧石器时代中期；2. 出自费拉希遗址，旧石器时代中期；3. 出自弗戈赫尔德Ⅶ遗址，旧石器时代中期；4. 出自弗戈赫尔德Ⅳ遗址，旧石器时代晚期；5. 出自弗戈赫尔德Ⅴ遗址，旧石器时代晚期

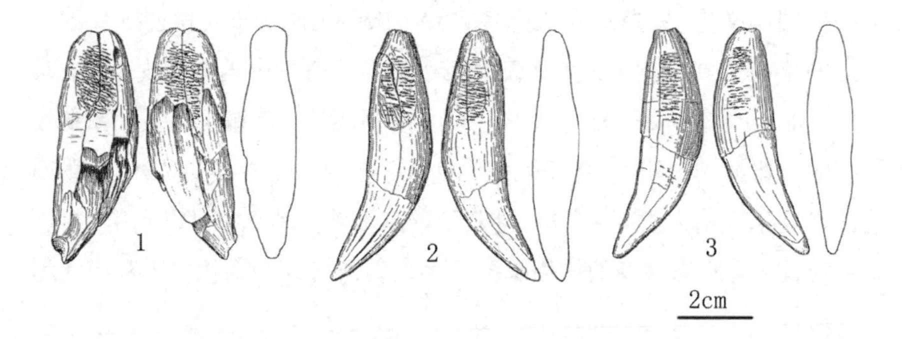


**图4-2 欧洲旧石器时代晚期的骨质修理器**
**（以食肉类动物的犬齿为材料）②**

1, 3. 出自弗戈赫尔德Ⅴ遗址；2. 出自弗戈赫尔德Ⅳ遗址

①Taute, W., “Retoucheure aus Knochen, Zahnbein, und Stein vom Mittelpalaeolithikum bis zum Neolithikum,” *Fund-berichte aus Schwaben* 17(1965), pp. 76–102.

②Taute, W., “Retoucheure aus Knochen, Zahnbein, und Stein vom Mittelpalaeolithikum bis zum Neolithikum.”

理石器是一个很好的选择，因为这类原材料容易获取，便于携带，数量充分，可灵活更换，同时，实验证明了这是修理石器的一种有效方法。目前来看，使用动物骨骼和牙齿来修理、加工石器的现象在我国非常有限，也有学者曾指出我国旧石器时代缺少软锤技术的现象①，那么骨质修理器的缺乏是否反映了技术手段的地区差异，而这种差异是否受到资源特点、人类对原材料选择利用的影响？这些问题有待我们对石器技术和动物遗存的综合研究来进一步揭示。近些年，研究人员在我国旧石器时代中期的河南灵井遗址识别出了这种骨质工具②，未来随着我们对这类物质文化遗存的认识和关注逐渐加深，或许会有更多发现。

从旧石器时代早期开始，简单骨质工具出现在了人类的生活之中。这种工具在屠宰动物和获取、消费肉食的过程中可附带获得，并且不需要复杂的制作技术。当然，实验表明生产长骨裂片或有用的骨骼裂片不一定是随机的，也很有可能是人类有意行为的结果。因此，即使是生产简单的骨质工具，人类也有可能在砍砸骨骼时注意控制力度以及着力点或着力区域。石锤的重量以及石锤作用区域的形状都是影响因素，同时砍砸的着力区域因不同骨骼部位而异，例如对于跖骨而言，最合适的着力区域是靠近骨干中心处的侧中表面③。简单骨质工具的功用并不单一，包括修理石器，作为软锤进行剥片、敲骨取髓、穿刺和刮皮子，等等。针对需要从事的活动，人们可能会选取不同的骨骼材料进行利用。

---

①林圣龙：《关于中西方旧石器文化中的软锤技术》，《人类学学报》1994年第1期，第83—92页。

②Doyon, L., Li, Z., Li, H., et al., “Discovery of circa 115,000-year-old bone retouchers at Lingjing, Henan, China,” *PLoS One* 13.3(2018), p. e0194318.

③Sadek-Kooros, H. I. N. D., “Intentional fracturing of bone: Description of criteria,” *Archaeozoological Studies* (1975), pp. 139–150.

总之，在旧石器时代，简单骨质工具的使用反映了人类对动物资源的充分且多种的利用，反映出早期人类在一定程度上较好地认识并掌握了动物资源的特点，对这些材料的利用具有一定的选择性和计划性。使用骨质工具使得人类适应生存的可能性得到拓展，人类能够相对灵活地适应特定的生存背景和状况或应对一些资源压力。然而，对比制作技术较为复杂、工艺更加精致、形制多样的磨制骨器，简单骨质工具在史前人类生活中发挥的功用和效能，或者能帮人们解决的问题仍然是非常有限的。

目前我们对于简单骨质工具（除了骨质修理器）的使用方式和功能主要是结合与其共同出土的石器、用火遗迹等其他类型遗存以及对遗址功能的判断而进行推测，对其准确可靠的分析和认识非常有限，一方面是因为相关实验开展很少，另一方面是因为使用骨器时特别是在接触软性材料的时候，如果使用强度不大，即便使用很长时间也不容易留下显著痕迹。这些因素再加上复杂的埋藏过程，给骨器功能的判断带来了很大难度。这些方面是未来研究骨质工具时需要关注的重要方向。

## 二、复杂骨器的出现与发展

与简单骨质工具相对应的是经过特定的技术过程而制成的形态规范、类型稳定的骨角工具，这里称其为“复杂骨器”，有时也被称为刮-磨制骨器或磨制骨器。我们可以根据工具上的痕迹特征——切、锯、砍、刮、磨光等，以及复制实验，对复杂骨器的制作技术和制作过程来进行判断与分析。

复杂骨器的制作工序包括选择材料、开料取坯、修理整形、局部深入加工及“装饰”。前三个工序在一件复杂骨器的制作中是必要的，但局部深入加工和“装饰”不一定发生。选材指人们根据对材料的原始形态、结构和破裂特点的认识而选择出便于修理加工的对象。骨骼和鹿角的结构特性（例如硬度和弹性等）是影响骨器制作与使用的重要因素，一方面决定了制作工具花费的时间和难度，另一方面影响着工具的效用或耐用程度。骨骼的形状和骨壁厚度因骨骼部位、动物体型大小而有所差别，也是影响骨器制作的因素。骨壁过厚的部位在制坯和加工时更加耗时耗力，不易操作，而骨壁很薄的部位，在加工和使用过程中更容易断裂，效能不高。考虑到修理加工的难易度和效率以及工具的使用效果，人们可能会选择形状上较为平直，骨壁厚度合适，特别是能够减少开料和取坯的工作量与难度的骨骼进行修理加工，比如鹿类的掌跖骨、大型动物的肋骨等。

与肢骨的髓腔结构不同，鹿角的内部完全由骨松质填满，鹿角的骨胶原含量更高，因此更富有弹性，并且鹿角具有更高的抗压力，这些结构特性使其成为更适合制作工具的材料。鹿角制成的尖状器或标枪头耐用度高，与肢骨制成的工具相比不易折断或破损。然而，与石器相比，骨角尖状器的杀伤力不如石器，但是骨角尖状器破损后更容易被迅速维修，可以在短时间内再次投入使用。

开料取坯的方法有多种。在很多情况下人们会选择形状合适的长形破裂骨片（通常一端尖锐）作为毛坯，特别是制作骨锥时，这是比较省时省力的做法。对于完整的动物肢骨而言，两端的骨骺部分结构疏松，缺少硬度和弹性，在制作工具的时候首先会被砍去。肢骨骨干为密质骨，坚硬而有弹性，适合做骨器，对骨干进行砍砸、劈裂、刻槽-楔裂或刻槽-沟裂后便可以得到毛坯[①②]。刻槽-楔裂或刻槽-沟裂技术（图4-3）是从动物的肢骨，特别是鹿类的掌跖骨上获取形状规范的毛坯的有效且相对省力的办法，为进一步刮磨整形打下良好基础。对于鹿角而言，人们可以先把它锯、砍，或刻槽-折断成几段，然后用劈裂或刻

①Liolios, D. “Reflections on the role of bone tools in the definition of the Early Aurignacian,” In: Bar-Yosef, O., Zilhão, J. (eds.), *Towards a definition of the Aurignacian: Proceedings of the Symposium held in Lisbon, Portugal, June 25–30, 2002,* pp. 37–51.

②Barth, M. M., *Familienbande? Die gravettienzeilichen Knochen-und Geweihgerate des Achtals (Schwabische Alb),* Rahden/Westf: Verlag Marie Leidorf GmbH, 2007.

槽–沟裂等技术获取毛坯[1]，但是鹿角硬度高，在锯、切、砍之前可以用水将其浸泡一段时间以减低硬度。若以大型哺乳动物的肋骨为材料，人们需要将其劈开获得两个薄片状毛坯[2]。

整形和局部加工过程中特别运用刮（或者刮后再磨）、钻孔、切割等技术。“装饰”指的是骨器表面的人工有意识的刻画。刻画的目的尚不能确定，可能具有象征或其他方面的意义。

与打制骨器或直接使用的骨头相比，磨制骨器在旧石器时代人类生存与发展过程中发挥的作用更为突出，对技术与社会发展的影响更大、更深远。这类骨器的出现反映出人类对骨骼材料结构特性的进一步认识，在此基础上新技术的产生，以及狩猎采集人群新的生计策略的出现。

1. 旧大陆西部

通过刮和磨的方法制成的形态稳定和相对规整的骨器最早出现于非洲旧石器时代中期，主要类型是尖状器和锥[3][4][5]（图4–4）。早期的磨制骨器主要分布在撒哈拉以南非洲。刚果卡唐达（Katanda）遗址发现有距今约9万年的带倒钩的和不带倒钩的骨尖状器，与之共存的

---

①Teyssandier, N., Liolios, D., “Defining the earliest Aurignacian in the Swabian Alp: The relevance of the technological study of the Geissenklösterle (Baden-Württemberg, Germany) lithic and organic productions,” In: Zilhão, J., d’Errico, F. (eds.), *The chronology of the Aurignacian and of the transitional technocomplexes: Dating, stratigraphies, cultural implications*, Lisboa: Instituto Português de Arqueologia, 2003, pp. 179–198.

②Münzel, S. C., “The production of Upper Palaeolithic mammoth bone artifacts from southwestern Germany.”

③d’Errico, F., Henshilwood, C., “Additional evidence for bone technology in the southern African Middle Stone Age,” *Journal of Human Evolution* 52(2007), pp. 142–163.

④Henshilwood, CS., d’Errico, F., Marean, C. W., et al., “An early bone tool industry from the Middle Stone Age at Blombos Cave, South Africa: Implications for the origins of modern human behavior, symbolism and language,” *Journal of Human Evolution* 41(2001), pp. 631–678.

⑤McBrearty, S., and Brooks, A., “The revolution that wasn’t: A new interpretation of the origin of modern human behavior.”

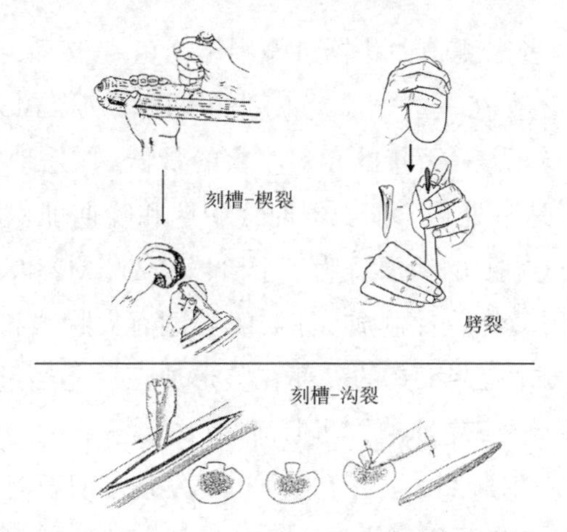


图4-3　劈裂、刻槽-楔裂和刻槽-沟裂示意图①

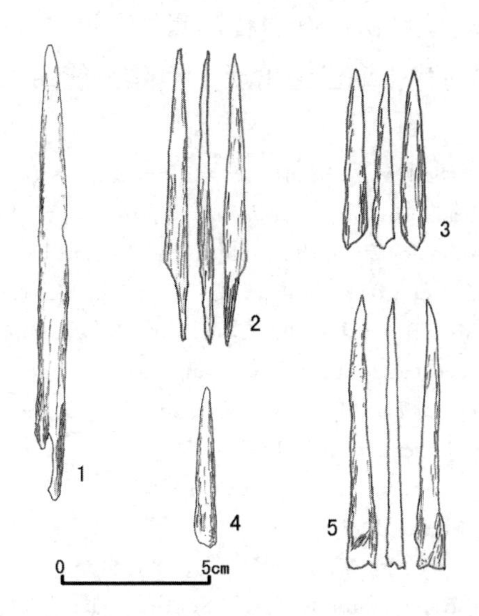


图4-4　非洲布朗姆勃斯洞穴遗址出土的中期石器时代（MSA）的骨器

1, 3, 4. 骨尖状器；2, 5. 骨锥

①Barth, M. M., *Familienbande? Die gravettienzeilichen Knochen-und Geweihgerate des Achtals (Schwabische Alb).*

还有鱼骨，有学者推测骨尖状器可能用于捕鱼[①]。然而，尖状器的年代以及出土层位还存在一些争议[②]。南非布朗姆勃斯（Blombos）遗址发现了年代距今约8万—7万年的相对丰富的骨器。该遗址位于开普敦以东300公里处，是一处包含旧石器时代中期和晚期堆积的洞穴遗址。其中旧石器时代中期的地层分为三个阶段：M1、M2和M3，M2中包含的骨器最多，用动物肢骨制成。骨器的类型有尖状器和锥，通过刮和磨的方法而制成，有些工具的尖部在整形加工后还经过火烧，以增加尖部的硬度[③]。此外，南非卡拉西斯河口（Klasies River Mouth）、斯卜杜（Sibudu）、皮尔斯（Peers）等遗址也都发现了旧石器时代中期的骨尖状器[④⑤⑥]。骨尖状器很可能作为标枪头与柄把捆绑起来而形成复合工具，用于投射狩猎[⑦⑧]。实验和破裂痕迹的观察显示：有的尖状器甚至可能作为箭头使用，由此有学者推测弓箭技术可能在距今约6万年前的非洲旧石器时代中期已经出现[⑨]，骨锥可能用于穿刺皮子等较软

①Yellen, J. E., "Barbed bone points: Tradition and continuity in Saharan and Sub-Saharan Africa," *African Archaeological Review* 15.3(1998), pp. 173–198.

②Klein, R. G., "Archeology and the evolution of human behavior."

③Henshilwood, CS., d'Errico, F., Marean, C. W., et al., "An early bone tool industry from the Middle Stone Age at Blombos Cave, South Africa: Implications for the origins of modern human behavior, symbolism and language."

④Singer, R., Wymer, J., *The Middle Stone Age at Klasies River Mouth in South Africa,* Chicago: Chicago University Press, 1982.

⑤d'Errico, F., Henshilwood, C., "Additional evidence for bone technology in the southern African Middle Stone Age."

⑥Backwell, L., d'Errico, F., Wadley, L., "Middle Stone Age bone tools from the Howiesons Poort Layers, Sibudu Cave, South Africa," *Journal of Archaeological Science* 35.6(2008), pp. 1566–1580.

⑦Singer, R., Wymer, J., *The Middle Stone Age at Klasies River Mouth in South Africa.*

⑧d'Errico, F., Henshilwood, C., "Additional evidence for bone technology in the southern African Middle Stone Age."

⑨Bradfield, J., Lombard, M., "A macrofracture study of bone points used in experimental hunting with reference to the South African Middle Stone Age," *South African Archaeological Bulletin* 66.193(2011), pp. 67–76.

的物质[①]，或者在贝壳上钻孔。

非洲旧石器时代中期是现代人出现和演变的关键阶段，此时，一系列反映新技术、新生计活动、新社会组织以及人类认知新发展的物质文化涌现出来[②]，磨制骨器就是其中之一。尽管旧石器时代早期已经出现通过刮和削的方法制作工具的行为，例如德国薛宁根遗址发现了距今约40万年的木质标枪[③]，但是把这种技术应用于骨头的加工，并结合磨、火烧等方法制成相对规则的工具，基本是在非洲旧石器时代中期才开始出现的，反映出人类对骨骼材料特性的新认识，并在此基础上对这种材料实施了较为复杂的技术。非洲旧石器时代中期复杂技术的出现不仅仅体现在骨器的制作和使用方面，还表现为使用勒瓦娄哇技术和石叶技术打制石器、制作复合工具、制作钻孔装饰品等方面。然而，总的来说，磨制骨器在非洲旧石器时代中期是比较少的[④⑤]，可能与当地人群的需求和环境特点有关，或者当时的人们更偏好选择其他更容易加工的材料，比如硬木[⑥]。与此

---

①d'Errico, F., Julien, M., Liolios, D., "Many awls in our argument. Bone tool manufacture and use from the Chatelperronian and Aurignacian layers of the Grotte du Renne at Arcy-sur-Cur," In: Zilhão, J., d'Errico, F. (eds.), *The chronology of the Aurignacian and of the transitional technocomplexes: Dating, stratigraphies, cultural implications*, pp. 247–270.

②McBrearty, S., Brooks, A., "The revolution that wasn't: A new interpretation of the origin of modern human behavior."

③Thieme, H., "Lower Palaeolithic hunting spears from Germany."

④Wadley, L., "What is cultural modernity? A general view and a South African perspective from Rose Cottage Cave," *Cambridge Archaeological Journal* 11.2(2001), pp. 201–221.

⑤McBrearty, S., Brooks, A., "The revolution that wasn't: A new interpretation of the origin of modern human behavior."

⑥Clark, J. D., "The origins and spread of modern humans: A broad perspective on the African evidence," In: Mellars, P. A., Stringer, C. (eds.), *The Human revolution: Behavioural and biological perspectives on the origins of modern humans*, Edinburgh: Edinburgh University Press, 1989, pp.566–588.

同时，非洲以外的地区几乎不见磨制骨器。

在大约距今4万年以后（旧石器时代晚期），复杂骨器在非洲以外的地区开始普遍出现，尽管各地区的骨器在数量、原料、类型等方面存在不同程度的差异。此时，人们开始更多地选择骨头、鹿角、贝壳、象牙等材料制作工具；出现了更为系统的技术步骤，即选择材料、开料取坯、整形和深入加工①，同时骨器制作的技术方法更加多样和复杂，能够生产出多样化的器物，包括形态规范且功能明确（细化或专门化）的工具、装饰品、雕塑和乐器②③④⑤。

欧洲旧石器时代晚期遗址中常见的动物遗存有驯鹿、野马、猛犸象等。这些动物是当时人类食物的重要来源，它们的骨骼、牙齿还被开发用于制作工具、装饰品，用作燃料和建筑材料等⑥⑦⑧。骨器的普遍出现一方面表明人们认识到骨头、鹿角、象牙的特性和优势——杀伤力强、容易维修、富有弹性、可加工性强；另一方面反映出旧石器时

---

①Teyssandier, N., Liolios, D., "Defining the earliest Aurignacian in the Swabian Alp: The relevance of the technological study of the Geissenklösterle (Baden-Württemberg, Germany) lithic and organic productions."

②Bar-Yosef, O., "The Upper Paleolithic revolution."

③Conard, N. J., "Palaeolithic ivory sculptures from Southwestern Germany and the origins of figurative art."

④Conard, N. J., Bolus, M., "The Swabian Aurignacian and its place in European prehistory."

⑤Conard, N. J., Malina, M., Münzel, S. C., "New flutes document the earliest musical tradition in Southwestern Germany," *Nature* 460.7256(2009), pp. 737–740.

⑥Hoffecker, J., "Innovation and technological knowledge in the Upper Paleolithic of northern Eurasia," *Evolutionary Anthropology* 14.5(2005), pp. 186–198.

⑦Conard, N. J., Langguth, K., Uerpmann, H. P., "Die Ausgrabungen in den Gravettien-und Aurignacien-Schichten des Hohle Fels bei Schelklingen, Alb-Donau-Kreis, und die kulturelle Entwicklung im fruehen Jungpalaeolithikum," *Archaeologische Ausgrabungen in Baden-Wuerttemberg* (2003), pp. 17–22.

⑧Barth, M. M., *Familienbande? Die gravettienzeilichen Knochen-und Geweihgerate des Achtals (Schwabische Alb).*

代晚期狩猎采集人群能够比较稳定地获取目标动物，人类获取动物资源的能力提高使得骨器原材料的供给充分、有保证，比如掌握了驯鹿的迁徙规律，从而有计划地成功狩猎大量驯鹿[①]。

欧洲骨器的主要类型有：尖状器、锥、抹刀、针、渔叉等[②③]（图4-5）。西欧和中欧存在一类特色工具——底端分叉尖状器，这是该区域旧石器时代晚期较早阶段（奥瑞纳文化时期）的新发明。鹿角是生产这类工具时重点使用的材料[④]。制作时除了使用刮和磨的方法进行整形，还需要在开料取坯的过程中特别运用楔裂技术。克耐西特（Knecht）的研究指出，这种工具的制作工序包括"截料，即通过刻槽-折断的方法截取鹿角的一部分作为材料，然后把鹿角楔劈成两个半圆柱形，楔劈过程中使用鹿角片或较薄的石叶、石片，或者硬木片作为楔子，接着对毛坯初步整形并且去掉鹿角内部的骨松质，使用楔裂的技术制作底端叉口，最后用刮的方法去掉毛坯表面和侧边多余的材料，达到对尖状器整体和尖部的整形；对尖状器的修形也可以达到调整叉口，使其处于合适位置的目的"（图4-6）。根据这种尖状器的形态特点以及一些实验工作的判断，这种工具可能作为标枪头被捆绑或镶嵌使用（图4-6），使人类的狩猎变得更有效[⑤⑥]。然而作者也观

---

①Enloe, J. G., "Acquisition and processing of reindeer in the Paris Basin."

②Hahn, J., *Aurignacian, das aeltere Jungpalaeolithikum im Mittel-und Osteuropa*, Koeln-Wien: Boehlau (Fundamenta; A9), 1977.

③Conard, N. J., Moreau, L., "Current research on the Gravettian of the Swabian Jura," *Mitteilungen der Gesellschaft fuer Urgeschichte* 13.2004(2006), pp. 29–59.

④Knecht, H., "Splits and wedges: The techniques and technology of early Aurignacian antler working."

⑤Hoffecker, J., "Innovation and technological knowledge in the Upper Paleolithic of northern Eurasia."

⑥Knecht, H., "Projectile points of bone, antler and stone: Experimental explorations of manufacture and use," In: Knecht, H. (ed.), *Projectile technology*, New York: Plenum Press, 1997, pp. 191–212.

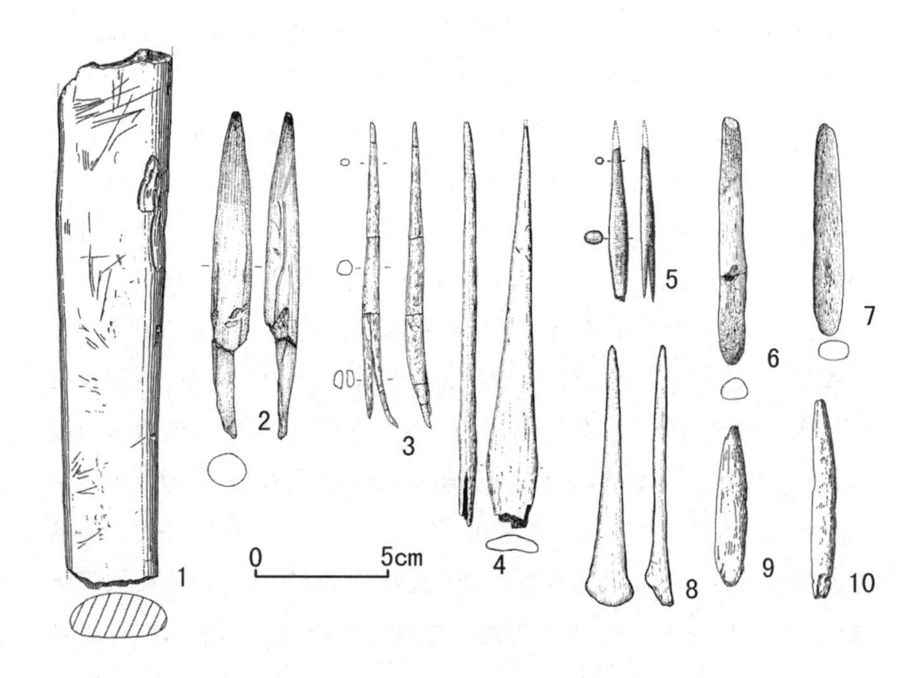


**图4–5 欧洲和西亚旧石器时代晚期的骨器**

1. 抹刀（出自捷克帕福洛夫［Pavlov］遗址）；2. 象牙尖状器（出自德国霍菲尔遗址）； 3—5. 底端分叉尖状器（分别出自德国盖森克罗斯特勒［Geissenklösterle］遗址，德国波克斯坦洞穴［Bocksteinhöhle］遗址，以色列哈约尼姆洞穴遗址）；6、7. 骨尖状器（出自德国波克斯坦洞穴遗址）；8. 骨锥（出自德国弗戈赫尔德遗址）； 9、10. 骨尖状器 （出自黎巴嫩撒·阿卡尔［Ksar Akil］遗址）

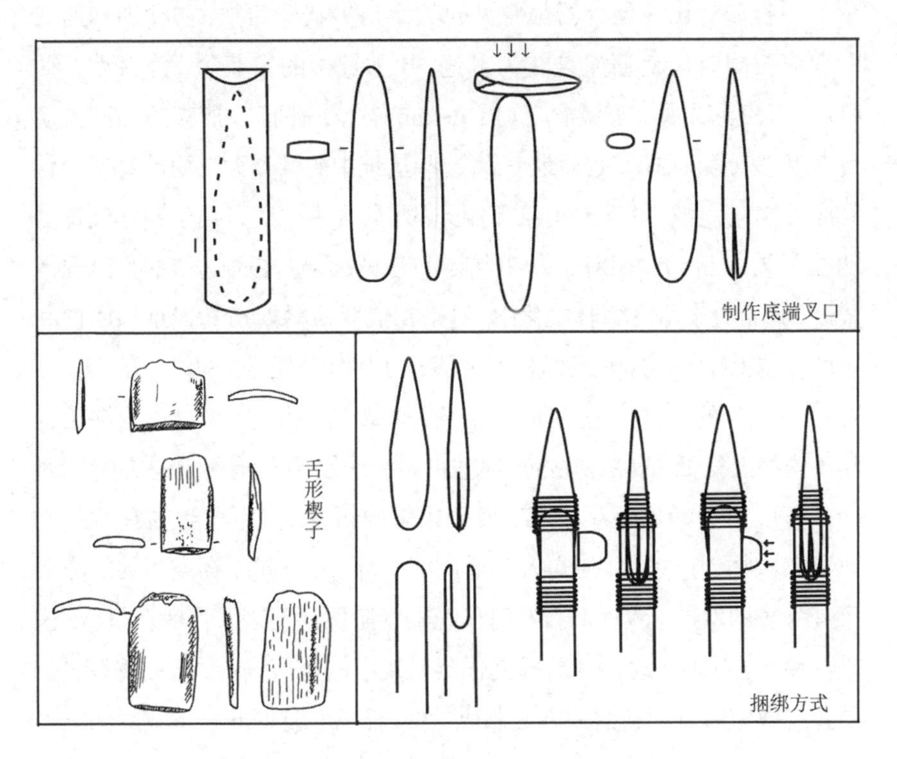


**图4-6　底端分叉尖状器的制作和捆绑方式**①

①Knecht, H., "Splits and wedges: The techniques and technology of early Aurignacian antler working."

察到：有些底端分叉的尖状器整体上单薄，从硬度、强度和杀伤力的角度看，似乎不适合作为标枪头使用，这种尖状器也有可能存在其他功用或技术内涵。

旧石器时代晚期骨器最常见的类型是尖状器和锥，在欧洲和西伯利亚旧石器时代晚期遗址较为普遍，比如德国的霍菲尔、盖森克罗斯特勒、弗戈赫尔德、眼镜洞穴（Brillenhöhle）等遗址[①]，捷克帕福洛夫遗址[②]，俄罗斯科斯扬基14遗址[③]等，这些遗址中的骨器大多用动物的肋骨和肢骨制成，也有少量是用象牙制作的（象牙主要还是用于制作装饰品和雕刻艺术品[④]）。相对于骨尖状器和骨锥，骨针在西欧和中欧出现得较晚，通常见于马格德林文化中，但是在俄罗斯科斯扬基遗址和西伯利亚的托尔巴嘎（Tolbaga）遗址，分别发现了年代为距今3.5万—3万年和3.5万—2.8万年的骨针[⑤]，这些地区位于欧亚大陆的北部，生物资源缺乏，年平均气温很低，且在末次冰期更加寒冷干燥，骨针有可能是在特别寒冷的环境里为满足生存需求而发展出来的新技术，为人类更有效地制作御寒衣物创造条件，使得人类适应极寒环境、开拓生存空间的能力有了进一步的发展。欧洲旧石器时代晚期晚阶段还出现了骨柄石刃器，这是一种复合工具。这种骨器的制作具有复杂的步骤，需要把动物肢骨、肋骨或鹿角通过刮和磨的方法制成骨柄，然后在骨柄的一侧或两侧刻出

---

①Conard, N. J., Moreau, L., “Current research on the Gravettian of the Swabian Jura.”

②Svoboda, J., Králík, M., Čulíková, V., et al., “Pavlov VI: An Upper Palaeolithic living unit,” *Antiquity* 83.320(2009), pp. 282–295.

③Anikovich, M. V., Sinitsyn, A. A., Hoffecker, J. F., et al., “Early Upper Paleolithic in eastern Europe and implications for the dispersal of modern humans,” *Science* 315.5809(2007), pp. 223–226.

④Barth, M. M., *Familienbande? Die gravettienzeilichen Knochen-und Geweihgerate des Achtals (Schwabische Alb).*

⑤Hoffecker, J., “Innovation and technological knowledge in the Upper Paleolithic of northern Eurasia.”

凹槽，最后嵌入小石叶、细石叶、琢背刀等石器，制成刀形或镖形工具。骨柄石刃工具的直接考古证据最早出现在西伯利亚地区，距今约1.4万年[①]。该地区发现了带凹槽的鹿角，以及与之共出的细石叶。欧洲西部马格德林文化人群也大量应用石叶、细石叶、细石器，以及把琢背小石叶粘嵌在骨尖状器的边缘而制成的投射狩猎工具。渔叉的出现也较晚，见于马格德林文化时期。渔叉的制作相比其他类型工具更加复杂、费时，尤其需要切刻出若干倒钩。这种工具可能与捕鱼的活动密切相关，反映了旧石器时代晚期晚阶段人类扩大资源利用范围，加强对水生动物资源利用。除了骨针和渔叉，旧石器时代晚期晚阶段西欧还新出现了骨质投射器——一种与标枪结合在一起使用的骨柄，这种骨质工具的一端通常雕刻有动物造型或刻画了动物图案。投射器扮演了延长人类手臂的角色，使标枪投得更远、更有力度[②]，能够提高狩猎大型动物和快速移动动物的效率。旧石器时代晚期晚阶段新出现的骨质工具进一步反映了骨器制作与应用技术的复杂化发展。

在欧洲中石器时代，多功能的细石器工具仍然非常丰富，经济活动呈现广谱化的特点，并且对水生资源的利用也有所加强。对水生动物资源的利用除了体现在动物遗存方面，还表现在多样且发达的捕鱼和狩猎工具上，比如鱼钩、鱼镖、多种材质的标枪头等[③]。欧洲很多地区，特别是北部地区发现有丰富的骨柄和鹿角柄工具[④⑤]。从生态角度看，欧洲人群大量使用骨器以及新的骨器类型与技术的不断发明，可能与很多地区因处于苔原环境或草原环境而缺乏木材有关，这使得人们只能

---

①Klein, R. G., *The human career: Human biological and cultural origins* (3rd edn.).

②Klein, R. G., *The human career: Human biological and cultural origins* (3rd edn.).

③Price, T. D., “The Mesolithic of western Europe.”

④Bailey, G., Spikins, P., *Mesolithic Europe*.

⑤Zhilin, M., “Mesolithic bone arrowheads from Ivanovskoye 7 (central Russia): Technology of the manufacture and use-wear traces,” *Quaternary International* 427(2017), pp. 230–244.

更多地依赖骨头、鹿角，甚至象牙资源①。

总之，从旧石器时代晚期到中石器时代，骨器在欧洲总体上丰富，技术稳定、精湛、更复杂②，这一点可能代表着某种意义上的专业化手工生产已经出现。这些高效的技术工具组合反映了在人口规模增加、人群流动性逐渐减弱、定居逐渐出现、社会进一步复杂化的背景下③，人类选择实施强化、高效的生计策略，特别是强化开发海洋或水生动物资源。

与欧洲相比，旧石器时代骨器在近东地区并不普遍，数量和丰富性总体有限④⑤。黎巴嫩撒·阿卡尔遗址出土了相对丰富的骨器，原材料来自黇鹿、狍子、山羊、羚羊的骨头，以及前两者的角。工具类型包括尖状器和锥，还有一类特色工具是带铤的尖状器。个别尖状器的尖部或底部呈黑色，可能经过火烧，这一做法是为了使工具变得坚硬⑥。土耳其余撒吉兹尔（Üçağızlı）遗址中也发现了较多的骨器，大多数用骨头制成，鹿角器少见，但存在用鹿角制成的楔子。骨器的类型以锥、小尖状器为主。骨器的整形主要用刮的方法，伴随少量磨制⑦⑧。以色列的

---

①Butzer, K. W., *Environment and archeology: An ecological approach to prehistory* (2rd edn.), Chicago: Aldine-Atherton, 1971.

②Price, T. D., *Europe before Rome: A site-by-site tour of the Stone, Bronze, and Iron Ages.*

③Price, T. D., "Foragers of southern Scandinavia," In: Price, D., Brown, J. (eds.), *Prehistoric hunter-gatherers: The emergence of cultural complexity,* New York: Academic Press, 1985, pp. 212–236.

④Schyle, D., "Near eastern Upper Paleolithic cultural stratigraphy," *Biehefte zum Tübinger Atlas des Vorderen Orients, Reihe B (Geisteswissenschaften) Nr. 59.*, Wiesbaden: Dr. Ludwig Reichert, 1992.

⑤Kuhn, S. L., Stiner, M. C., Güleç, E., "The Early Upper Paleolithic occupations at Üçağızlı Cave (Hatay, Turkey)," *Journal of Human Evolution* 56.2(2009), pp. 87–113.

⑥Newcomer, M. H., "Study and replication of bone tools from Ksar Akil (Lebanon)," *World Archaeology* 6.2(1974), pp. 138–153.

⑦Kuhn, S. L., Stiner, M. C., Güleç, E., "The Early Upper Paleolithic occupations at Üçağızlı Cave (Hatay, Turkey)."

⑧Kuhn, S. L., "Paleolithic archaeology in Turkey," *Evolutionary Anthropology* 11.5(2002), pp. 198–210.

哈约尼姆、克巴拉遗址发现了底端分叉的骨尖状器①。黎凡特地区自旧石器时代晚期较晚阶段起发现有大量新月形和几何形细石器。欧哈娄Ⅱ(Ohallo Ⅱ)遗址(距今2.3万年)发现了大量截头琢背小石叶，其中有19件小石叶上面带有黏合剂②。小石叶和细石器很可能与骨柄或木柄组合成复合工具③。黎凡特地区的骨器自纳吐夫文化出现后开始变得丰富起来④⑤⑥，这一时期的骨器使用羚羊、鹿、狍子的肢骨或角制成。骨器的类型包括鱼镖、鱼钩和骨柄等⑦。纳吐夫文化时期的人群采取更为稳定的居住方式，人口明显增加，聚落越来越大，社会关系更加复杂。

---

①Bar-Yosef, O., "The Middle and early Upper Paleolithic in Southwest Asia and neighbouring regions," In: Bar-Yosef, O., Pilbeam, D., Peabody Museum of Archaeology Ethnology (eds.), *The geography of Neandertals and modern humans in Europe and the greater Mediterranean*, Cambridge: Peabody Museum of Harvard University, 2000, pp. 107–156,.

②Goring-Morris, A. N., Belfer-Cohen, A., "Structures and dwellings in the Upper and Epi-Palaeolithic (ca 42–10K BP) Levant: Profane and symbolic uses," In: Vasil'ev, S. A., Soffer, O., Kozlowski, J. (eds.), *Perceived landscapes and built environments: The cultural geography of Late Paleolithic Eurasia*, BAR International Series 1122, 2003, pp. 65–81.

③Goring-Morris, A. N., "Complex hunter/gatherers at the end of the Palaeolithic," In: Levy, T. E. (ed.), *The archaeology of society in the Holy Land,* London: Leicester University Press, 1995, pp. 141–168.

④Goring-Morris, A. N., Belfer-Cohen, A., "Structures and dwellings in the Upper and Epi-Palaeolithic (ca 42–10K BP) Levant: Profane and symbolic uses."

⑤Bar-Yosef, O., "Symbolic expressions in later prehistory of the Levant: Why are they so few?." In: Conkey, M. W., Soffer, O., Stratmann, D., et al. (eds.), *Beyond art: Pleistocene image and symbol*, San Francisco: Memoirs of the California Academy of Science, 1997, pp. 161–187.

⑥Bar-Yosef, O., "The world around Cyprus: From Epi-Paleolithic foragers to the collapse of the PPNB civilization," In: Swiny, S. (ed.), *The earliest prehistory of Cyprus: From colonization to exploitation*, Boston: American Schools of Oriental Research, 2001, pp. 129–164.

⑦Bar-Yosef, O., "The Natufian culture in the Levant, threshold to the origins of agriculture."

纳吐夫文化晚期人们还要面对气候的剧烈变化所导致的环境恶化，增加的人口以及环境变化的压力使得该地区狩猎采集者采取不同的方式或策略进行应对，其中包括使用高效的、专业化的工具对资源进行充分、有效的获取与强化利用。微痕分析和实验观察表明纳吐夫文化中发现的琢背细石器被作为箭头镶嵌在柄把中制成复合的投射武器①；而有些小石叶的两面都带有光泽（光泽是在与植硅体反复接触过程中形成的），很可能是与骨柄或木柄结合制成镰刀形态的工具，用来收割和加工植物，这种工具被称为石叶镰刀，是人类以新的方式开发利用植物资源的重要体现。这种复合工具在该地区新石器时代早期有更多的发现，被看作是与农业出现相伴的重要技术发明②。

从旧石器时代晚期起旧大陆骨器的重要发展还表现为带刻画纹的骨器出现。非洲边界洞遗址（Border Cave）③，德国霍菲尔、弗戈赫尔德、眼镜洞穴等遗址④，俄罗斯科斯扬基14遗址⑤，黎巴嫩撒·阿卡尔遗址⑥，近东地区纳吐夫文化遗址以及中国江西万年仙人洞和吊桶环等

①Akkermans, P. M. M. G., Schwartz, G. M., *The archaeology of Syria: From complex hunter-gatherers to early urban societies (ca. 16,000–300 BC)*, Cambridge: Cambridge University Press, 2003.

②Bar-Yosef, O., "The Natufian culture in the Levant, threshold to the origins of agriculture."

③d'Errico, F., Backwell, L., Villa, P., et al., "Early evidence of San material culture represented by organic artifacts from Border Cave, South Africa," *Proceedings of the National Academy of Sciences of the United States of America* 109.33(2012), pp. 13214–13219.

④Conard, N. J., Uerpmann, H. P., "Die Ausgrabungen 1997 und 1998 im Hohle Fels bei Schelklingen, Alb-Donau-Kreis," *Archäeolgische Ausgrabungen in Baden-Wüerttemberg 1998* (1999), pp. 47–52.

⑤Anikovich, M. V., Sinitsyn, A. A., Hoffecker, J., et al., "Early Upper Paleolithic in eastern Europe and implications for the dispersal of modern humans."

⑥Newcomer, M. H., "Study and replication of bone tools from Ksar Akil (Lebanon)."

遗址都有发现[①②]。刻画纹是由一系列几乎平行或交叉的短刻画线组成（图4-7）。刻画的内涵与目的尚没有定论，可能代表符号或记号[③]，或具有其他的象征性含义。需要指出的是，带有刻画纹的文化遗存，包括骨头残片、赭石、鸵鸟蛋壳碎片在非洲旧石器时代中期已经出现[④]。这些物品与旧石器时代晚期欧亚大陆较为广泛出现的带刻画纹的骨器之间的关系，以及它们分别在什么情况下使用，刻画的目的有无变化等问题仍有待进一步探讨。

2. 中国

根据现有的考古材料，刮-磨制骨器在我国最早出现于距今3.5万—3万年，属于旧石器时代晚期早阶段。该阶段虽然出土骨器的数量不多，但是在中国南、北方的多个遗址都有所报道（表4-1），包括贵州马鞍山、福建船帆洞、宁夏水洞沟、北京山顶洞、辽宁小孤山等遗址。其中马鞍山遗址的第6、第5层（距今约3.5万—3.4万年［校正后］）发现有骨锥、骨矛头等[⑤]。船帆洞上层发现的骨锥和角铲，年代为距今3万年[⑥]。水洞沟遗址第2地点出土了骨针，年代为距今3万年[⑦]。山顶

①Bar-Yosef, O., "The world around Cyprus: From Epi-Paleolithic foragers to the collapse of the PPNB civilization."

②北京大学考古文博学院、江西省文物考古研究所编著：《仙人洞与吊桶环》，文物出版社，2014年。

③Marshack, A., "Upper Paleolithic notation and symbol," *Science* 178.4063(1972), pp. 817–828.

④d'Errico, F., Henshilwood , C. S., Nilssen, P., "An engraved bone fragment from ca. 75 kyr Middle Stone Age levels at Blombos Cave, South Africa: Implications for the origin of symbolism and language," *Antiquity* 75(2001), pp. 309–318.

⑤Zhang, S. Q., d'Errico, F., Backwell, L., et al., "Ma'anshan Cave and the origin of bone tool technology in China," *Journal of Archaeological Science* 65(2016), pp. 57–69.

⑥福建省文物局、福建博物院、三明市文物管理委员会：《福建三明万寿岩旧石器时代遗址：1999—2000、2004年考古发掘报告》，文物出版社，2006年。

⑦宁夏回族自治区文物考古研究所、中国科学院古脊椎动物与古人类研究所编，高星、王惠民、裴树文等著：《水洞沟：2003~2007年度考古发掘与研究报告》。

**表4-1 旧石器时代晚期骨器的主要发现情况**

| 遗址/类型 | 锥（含角锥） | 针 | 镖 | 铲（含角铲） | 矛头（镞） | 刀 | 骨柄石刃器 |
|---|---|---|---|---|---|---|---|
| 马鞍山（第6—5层） | + | | | | + | | |
| 马鞍山（第3层） | | | + | | + | | |
| 船帆洞 | 1 | | | 1 | | | |
| 玉蟾岩 | + | + | | + | | | |
| 仙人洞 | 17 | 2 | 3 | 18 | 4 | | |
| 吊桶环 | 20 | 2 | 6 | 3 | | | |
| 白莲洞 | + | | | | | | |
| 鲤鱼嘴 | + | + | | | | | |
| 大岩 | + | | | | | | |
| 庙岩 | + | | | + | | | |
| 独石仔[①] | 3 | | | | 1 | | |
| 牛栏洞 | 12 | 4 | | 3 | | | |
| 猫猫洞 | 5 | | | 8 | | 1 | |
| 山顶洞 | | 1 | | | | | |
| 小孤山 | | 3 | 1 | | 1 | | |
| 水洞沟第1地点 | 1 | | | | | | |
| 水洞沟第2地点 | | 1 | | | | | |
| 水洞沟第12地点 | | 7 | | | | | 1 |
| 泥河湾二道梁 | 1 | | | | | | |

（注：+表示存在，但数量不详）

①邱立诚、宋方义、王令红：《广东阳春独石仔新石器时代洞穴遗址发掘》。

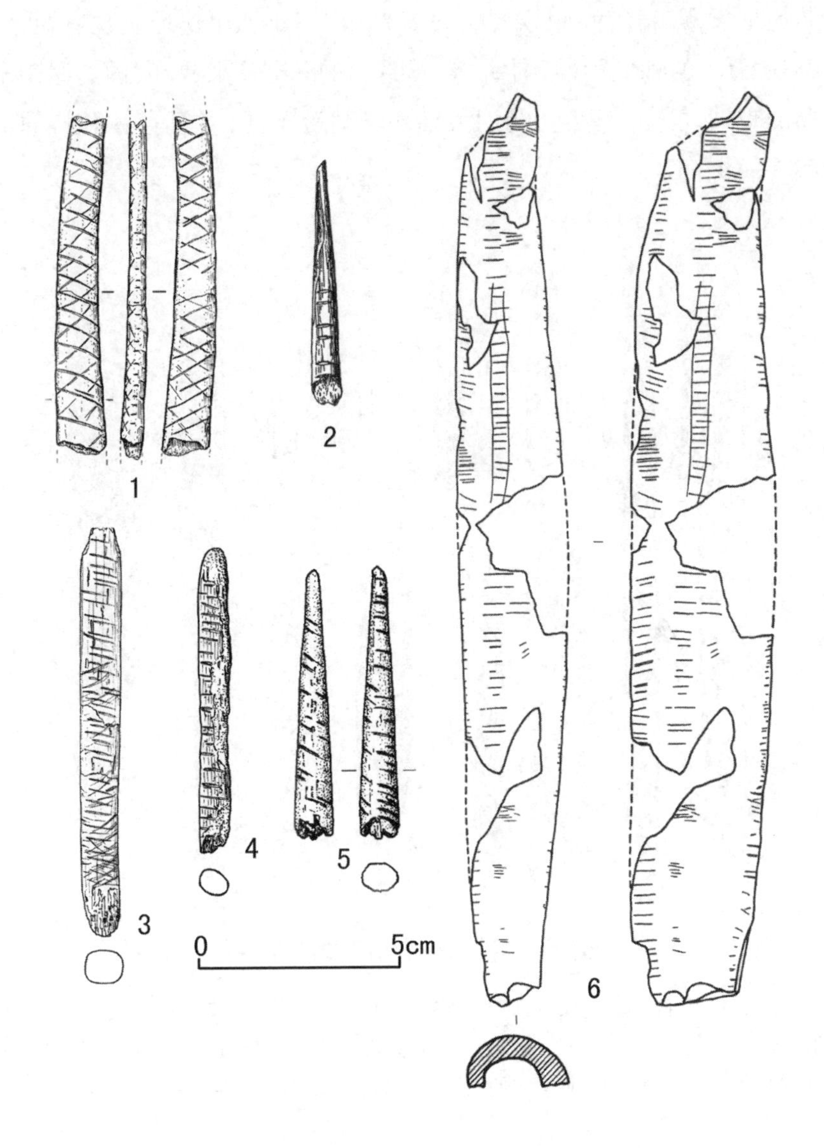


**图4-7　旧石器时代晚期带刻画纹的骨器和鹿角**

1. 出自德国弗戈赫尔德遗址；2. 出自黎巴嫩撒·阿卡尔遗址；3、4. 出自德国波克斯坦洞穴；5. 出自德国霍菲尔遗址；6. 出自中国吊桶环遗址

洞遗址发现有骨针，距今2.7万—2.3万年①。小孤山遗址发现有距今3万—2万年的骨尖状器、骨针等②（图4-8）。比较来看，我国这些最早期的骨器在丰富程度上与旧大陆西部显著不同，并且存在独特的类型——铲。

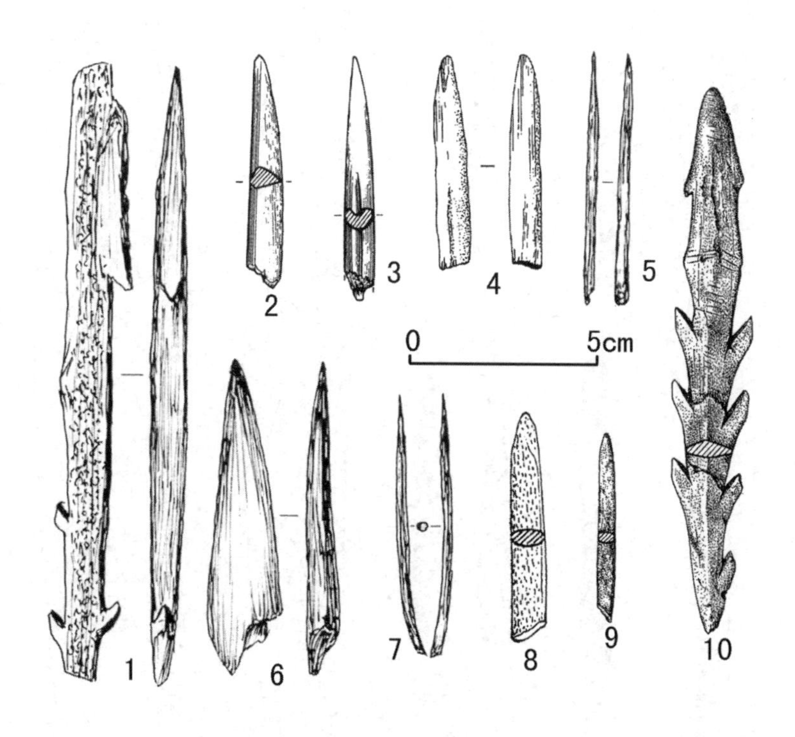


**图4-8　中国旧石器时代晚期的骨器**

1. 镖（辽宁小孤山遗址）；2、3. 骨锥（广西甑皮岩遗址一期）；4. 骨锥（福建船帆洞遗址）；5. 骨针（辽宁小孤山遗址）；6. 骨尖状器（辽宁小孤山遗址）；7. 骨针（北京山顶洞遗址）；8、9. 骨锥（江西万年仙人洞遗址）；10. 镖（江西万年仙人洞遗址）

①Pei, W. C., “The Upper Cave industry of Choukoutien.”

②辽宁省文物考古研究所编著，黄慰文、傅仁义主编：《小孤山：辽宁海城史前洞穴遗址综合研究》，科学出版社，2009年。

旧石器时代晚期的晚阶段，特别是末次冰期最盛期之后，骨器在我国呈现增加趋势①，然而与旧大陆西部相比，总体数量仍然很有限。这个时期骨器的制作普遍运用刮和磨的方法，有时还存在用火烤的现象②。骨器类型主要包括：锥、铲、针、镖、镞（图4-8），其中锥最为常见，一般占有最高或次高比例，然后为铲、针和镖，见于江西仙人洞和吊桶环遗址、湖南玉蟾岩遗址、广东牛栏洞遗址等。锥，以动物的肢骨为原料或者利用自然的鹿角尖磨制而成。用肢骨制作骨锥的一种方法是保留肢骨一端的关节部位和部分骨干的原貌，将肢骨破裂的一端磨成尖刃；另一种方法则是把骨片进行通体或大部分刮磨，尖端部分磨成尖刃。骨铲有较为稳定的形态，多以动物肢骨为毛坯，把肢骨劈开或砍砸开，然后打击或磨制骨头的一端使之形成光滑的小面，器身则保留破裂长骨的原始形态（有的破裂骨头的两侧边经过打击加工），有的器身还保留着原始肢骨的关节部位。角铲则是以鹿角主干为材料，对破裂的鹿角片状坯材的端部进行磨制，形成弧刃，或者以断裂的鹿角主干的横断面为刃，对刃部进行刮削和磨平，铲的器身保持着鹿角的原始形态。骨针通常以长骨为原料，经通体刮-磨而成。有的骨针断面为圆形，有的为扁圆形。很多骨针顶端残断缺失，无法判断针眼情况。镖，通常为带倒钩的长尖状器，多为双排倒钩，如辽宁小孤山遗址、江西仙人洞遗址中的发现。前者的倒钩比较短，倒钩间距大；后者的倒钩较密。镞（或矛头）没有铤，截面多为扁圆形，器身经过磨制，两侧边磨制成刃状。在旧石器时代末期我国还出现了骨柄石刃器，宁夏水洞沟遗址第12地点（主要文化层的年代距今约1.12万年）发现有1件带刃槽的骨柄（骨柄中可镶嵌细石叶），刃槽对侧的背缘有

---

①Qu, T. L., Bar-Yosef, O., Wang, Y., et al., “The Chinese Upper Paleolithic: Geography, chronology, and techno-typology.”

②中国社会科学院考古研究所、广西壮族自治区文物工作队、桂林甑皮岩遗址博物馆等编：《桂林甑皮岩》，文物出版社，2003年。

刻画纹。除骨柄外，该遗址还发现有骨针、骨锥等骨器。同时，遗址中存在大量细石叶、石叶[①]。根据目前的考古材料，距今2.6万—2.5万年前小石叶和细石叶技术开始在中国出现[②]，旧石器时代末期、距今1万多年以前细石叶工业在北方地区迅速扩散和发展[③]。从细石叶的尺寸与形态看，这种石制品只有制成复合工具才能得到更好、更有效的使用。因此，如果以细石器工业在我国的出现为线索，那么骨柄石刃器有可能出现得更早，并且后来在北方相应地区得到传播。

总之，旧石器时代晚期晚阶段骨器在我国狩猎采集人群生活中发挥的作用开始增大。南方发现的骨器集中在长江中下游、岭南和云贵地区的洞穴或岩厦中，如江西万年仙人洞和吊桶环[④]，湖南玉蟾岩[⑤]，广西甑皮岩[⑥]、庙岩、大岩、白莲洞[⑦]和独石仔[⑧]，广东牛栏洞和黄门岩，贵州马鞍山、穿洞和猫猫洞[⑨⑩]等遗址（表4-1）。旧大陆东部在现代人到达之后还出现了使用贝壳工具的行为，东南亚发现有距今3.2万—2.8万年

①宁夏回族自治区文物考古研究所、中国科学院古脊椎动物与古人类研究所编，高星、王惠民、裴树文等著：《水洞沟：2003~2007年度考古发掘与研究报告》。

②陈宥成、曲彤丽：《"石叶技术"相关问题的讨论》。

③Qu, T. L., Bar-Yosef, O., Wang, Y., et al., "The Chinese Upper Paleolithic: Geography, chronology, and techno-typology."

④北京大学考古文博学院、江西省文物考古研究所:《仙人洞与吊桶环》。

⑤袁家荣：《湖南旧石器时代文化与玉蟾岩遗址》，第210—211页。

⑥中国社会科学院考古研究所、广西壮族自治区文物工作队、桂林甑皮岩遗址博物馆等：《桂林甑皮岩》。

⑦周国兴：《再论白莲洞文化》，《中日古人类与史前文化渊源关系国际学术研讨会论文集》，中国国际广播出版社，1994年。

⑧邱立诚、宋方义、王令红：《广东阳春独石仔新石器时代洞穴遗址发掘》，《考古》1982年第5期，第456—459页。

⑨张森水：《穿洞史前遗址（1981年发掘）初步研究》，《人类学学报》1995年第2期，第132—146页。

⑩曹泽田：《猫猫洞的骨器和角器研究》，《人类学学报》1982年第1期，第36—41页。

的贝壳工具[①②]。我国东南地区在距今2万年左右较多地出现了蚌器——以蚌壳为原料修理而成的工具，或者在不修理的情况下直接使用壳体的一部分。蚌器的制作通常经过打制、穿孔等技术程序，有些经过磨制[③]。仙人洞、玉蟾岩、庙岩、甑皮岩、大岩、黄门岩、牛栏洞等遗址都发现有早期蚌器（图4-9）。直到新石器时代，蚌器仍然是该地区一类重要的工具。我国目前发现的蚌器存在单孔、双孔、无孔类型，有的刃缘存在崩疤，有的刃缘比较厚钝，可能是使用的结果[④⑤]。实验及微痕观察发现有些种类的蚌壳和海贝贝壳在未经修理的情况下可以被直接使用，有些蚌壳和贝壳更适于修理加工后再使用。蚌壳和贝壳工具可以发挥多样的功能，既能用于硬物质的处理加工，也可用于较软物质的处理加工，例如刮削块茎类植物、屠宰动物（例如切割皮、切割肉、把骨表的肉剔或刮下来）等[⑥]。然而，用蚌器或贝壳屠宰动物所用时间要比用石器长，并且需要频繁地再修理使其变得锋利[⑦]。蚌器和贝壳工具是晚更新世晚期人们开始开发利用水生动物资源的重要表现，从已发现

---

①Szabó, K., Brumm, A., Bellwood, P., et al., "Shell artefact production at 32,000–28,000 BP in Island Southeast Asia: Thinking across media?," *Current Anthropology* 48.5(2007), pp. 701–723.

②Szabó, K., Koppel, B., "Limpet shells as unmodified tools in Pleistocene Southeast Asia: An experimental approach to assessing fracture and modification," *Journal of Archaeological Science* 54(2015), pp. 64–76.

③中国社会科学院考古研究所、广西壮族自治区文物工作队、桂林甑皮岩遗址博物馆等：《桂林甑皮岩》。

④广东省珠江文化研究会岭南考古研究专业委员会、中山大学地球科学系、英德市人民政府等编著：《英德牛栏洞遗址——稻作起源与环境综合研究》，科学出版社，2013年，第120页。

⑤北京大学考古文博学院、江西省文物考古研究所：《仙人洞与吊桶环》，第99—107页。

⑥Szabó, K., Brumm, A., Bellwood, P., et al., "Shell artefact production at 32,000–28,000 BP in Island Southeast Asia: Thinking across media?."

⑦Toth, N., Woods, M., "Molluscan shell knives and experimental cut-marks on bones," *Journal of Field Archaeology* 16.2(1989), pp. 250–255.

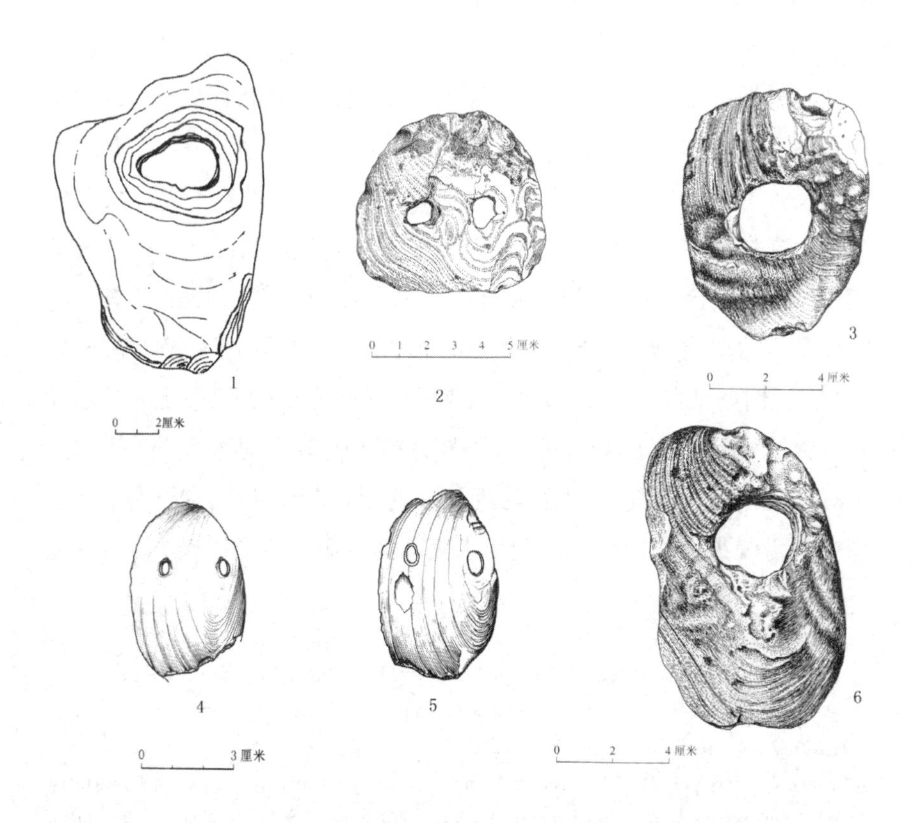


**图4-9　我国出土的晚更新世晚期—全新世早期蚌器**

1. 出自牛栏洞遗址第三期；2、3、6. 出自仙人洞遗址；4、5. 出自甑皮岩遗址第一期

的考古材料以及可能的使用功能来看，蚌器或贝壳工具的制作与使用反映了人类在水域较为发达和多样的亚热带、热带环境中，或在石器技术简单、缺乏有效或精致的其他材料的工具环境中的技术选择与生计策略。

北方地区旧石器时代晚期晚段或末次冰期最盛期之后出土骨器的遗址非常少，包括水洞沟第12地点[①]、泥河湾盆地二道梁[②]和马鞍山遗址[③]等（表4-1），骨器在数量和类型上都不如南方丰富。骨器和蚌器在南方显著增加的时期，细石器在北方地区迅速发展和扩张，该地区突显以细石器为主要工具套的专业化狩猎和流动性强的生活方式，例如泥河湾盆地虎头梁遗址群[④]、柿子滩S29地点[⑤]、水洞沟第12地点[⑥]等遗址所展现的。然而，细石器丰富的遗址中骨质工具非常少见。

就现有考古资料看，骨器在我国南方的发展比北方迅速和突出。南方地区在晚更新世晚期环境相对稳定，没有受到气候波动的强烈影响。这个地区的石器工业面貌为石核-石片工业，并表现出鲜明的资源广谱化利用。以玉蟾岩遗址、仙人洞遗址、甑皮岩遗址第一期为例，除了陆生哺乳动物，水禽类、螺蚌类、鱼类资源也都被广泛利用。与同时

---

①Zhang, Y., Gao, X., Pei, S. W., et al., "The bone needles from Shuidonggou locality 12 and implications for human subsistence behaviors in North China," *Quaternary International* 400.2(2016), pp. 149–157.

②李罡、任雪岩、李珺：《泥河湾盆地二道梁旧石器时代晚期遗址发掘简报》，《人类学学报》2016年第4期，第509—521页。

③梅惠杰：《泥河湾盆地旧、新石器时代的过渡——阳原于家沟遗址的发现和研究》。

④盖培、卫奇：《虎头梁旧石器时代晚期遗址的发现》，《古脊椎动物与古人类》1977年第4期，第287—300页。

⑤山西大学历史文化学院、山西省考古研究所：《山西吉县柿子滩遗址S29地点发掘简报》。

⑥宁夏回族自治区文物考古研究所、中国科学院古脊椎动物与古人类研究所编，高星、王惠民、裴树文等著：《水洞沟：2003~2007年度考古发掘与研究报告》。

期北方地区的生计策略或者开发利用的动物种类组合相比，骨器在南方地区的生计策略中很可能发挥着更加多样的作用。制作骨器所花费的时间和需要的技术程序通常多于使用简单的石核-石片技术，甚至多于用更为复杂的剥片技术生产石器。制作骨器包括开料获取毛坯、刮、磨、穿孔或装饰等一系列步骤，少则需要15分钟，多则需要几个小时[①②]。骨器的制作和使用可能与相对稳定的生活状态（这里指资源和环境波动不大，可获取的食物资源特别是水生资源丰富，并且资源获取的可预测性较高，容易获取，栖居流动性不太高）密切相关。旧石器时代晚期，华南地区出现的多项技术发明，例如陶器、局部或全身磨光的石器则暗示着人群流动性的降低。在一处地点相对长时间、稳定的栖居以及广谱化的生计方式增加了人类对多种类型的骨器、蚌器的需求，并为人类稳定地生产这些用具创造了条件。与此同时，该地区各人群之间在更新世末期可能发生了更多的交流，建立了更多的联系，这使得骨器、蚌器、陶器、磨制石器等技术在更新世末期成为华南地区有别于北方和西南地区的普遍文化构成和区域文化传统。

新石器时代初始，人类技术复杂化的趋势在更多区域显现[③]。这个时期我国北方更多遗址出现了磨盘、磨棒、陶器。然而，很多遗址仍然是打制石器居多，常见细石器。狩猎陆生哺乳动物仍是主要的生计活动。更多遗址中出现墓葬、灰坑遗迹。此时，北方人群从高流动性的狩猎生活转向流动性较低或半定居的栖居方式。在南方地区，陶器的制作和使用显著增加[④]，局部磨制的石器和穿孔石器仍有使用。南方人群（尤指东南地区）的饮食仍然保持或进一步凸显多样化，人类生计

①黄蕴平：《小孤山骨针的制作和使用研究》。

②中国社会科学院考古研究所、广西壮族自治区文物工作队、桂林甑皮岩遗址博物馆等：《桂林甑皮岩》。

③陈宥成、曲彤丽：《试析华北地区距今1万年左右的社会复杂现象》。

④陈宥成、曲彤丽：《中国早期陶器的起源及相关问题》。

方式包括对块茎类植物的掘取，也包括对各类动物资源，例如贝类、鱼类、鸟类、哺乳类的捕捞和猎取[①]。

骨器依然是新石器时代早期各地区文化的重要构成，此时骨器在南方文化中的地位和作用相比北方仍然突出。骨器类型组合以锥、铲、针、镖为主，伴有少量镞、骨柄石刃器（表4-2），其中骨锥占有绝对优势地位，例如广西甑皮岩遗址（第一—三期）[②]、福建奇和洞遗址（第二期）[③]、北京东胡林遗址[④]、河北南庄头遗址[⑤⑥]中的发现。从形态和制作技术来看，锥、针、铲的形态和制作与前一个阶段非常相似。有些遗址中的骨匕是以破裂动物肢骨为毛坯，端部经过刮、磨而形成铲状刃缘，与骨铲相似。骨镞用动物肢骨制成，镞身可能经过打击剥片处理，尖端经过磨制比较光滑锋利，与旧石器时代晚期骨镞没有显著差异。骨柄石刃器在新石器时代早期仍有发现，以东胡林遗址（距今1.1万—9000年）为代表。该遗址发现有2件骨柄，其中1件出土时嵌有细石叶，骨柄上部刻有花纹[⑦]，同时遗址中出土了较多细石叶，微痕分析显示：骨柄石刃刀主要用于肉类资源的处理，细石叶主要用于处理动物遗存，少量作用于植物性遗存[⑧]。骨柄石刃器经常与细石器共存，主要分布在我

---

①中国社会科学院考古研究所、广西壮族自治区文物工作队、桂林甑皮岩遗址博物馆等：《桂林甑皮岩》。

②陈宥成、曲彤丽：《试析华北地区距今1万年左右的社会复杂现象》。

③福建博物院、龙岩市文化与出版局：《福建漳平市奇和洞史前遗址发掘简报》，《考古》2013年第5期，第7—19页。

④北京大学考古文博学院、北京大学考古学研究中心、北京市文物研究所：《北京市门头沟区东胡林史前遗址》，《考古》2006年第7期，第3—8页。

⑤河北省文物研究所、保定市文物管理所、徐水县文物管理所等：《1997年河北徐水南庄头遗址发掘报告》，《考古学报》2010年第3期，第361—392、429—432页。

⑥保定地区文物管理所、徐水县文物管理所、北京大学考古系等：《河北徐水县南庄头遗址试掘简报》，《考古》1992年第11期，第961—970页。

⑦福建博物院、龙岩市文化与出版局：《福建漳平市奇和洞史前遗址发掘简报》。

⑧崔天兴：《东胡林遗址石制品研究——旧新石器时代过渡时期的石器工业和人类行为》，北京大学博士学位论文，2010年。

国北方草原地区，与狩猎、渔猎人群的关系非常密切[①]。总的来看，锥、针、镖、铲较前一个时期的出现率增加，且精致程度较前一个阶段有所提升，是骨器发展的表现，但骨器形态的规范程度仍不是很高，不同遗址或区域中骨器的加工程度有较明显的差异。新石器时代早期生计活动、栖居形态、人口和社会等方面虽然发生变化，但变化不显著，改变不强烈。同时，南、北方地区依然延续着自旧石器时代以来的文化差异[②]。在这种背景下，骨器亦虽有发展和拓广，但十分有限。

**表4–2 新石器时代早期骨器的主要发现情况**

| 遗址/类型 | 锥（含角锥） | 针 | 镖 | 铲（含角铲） | 镞（矛头） | 骨柄刀 | 匕 |
| --- | --- | --- | --- | --- | --- | --- | --- |
| 东胡林 | + | | + | | | + | |
| 南庄头[②③] | 15 | 1 | | | 2 | | 2 |
| 西河[④]（新石器早期遗存） | + | + | | | | | |
| 甑皮岩（第一期） | 66 | 1 | 2 | 13 | | | |
| 甑皮岩（第二期） | 23 | 1 | 1 | 7 | | | |
| 甑皮岩（第三期） | 42 | 6 | 2 | 3 | | | |
| 大岩（第三期） | + | | | | | | |
| 奇和洞[⑤]（第二期） | + | + | | | | | |

（注：+表示存在，但数量不详）

①郎树德：《甘肃史前石刃骨器研究》，《内蒙古文物考古》1993年第1、2期，第9—15页。
②陈宥成、曲彤丽：《中国早期陶器的起源及相关问题》。
③河北省文物研究所、保定市文物管理所、徐水县文物管理所等：《1997年河北徐水南庄头遗址发掘报告》。
④保定地区文物管理所、徐水县文物管理所、北京大学考古系等：《河北徐水县南庄头遗址试掘简报》。
⑤山东省文物考古研究所：《山东章丘市西河新石器时代遗址1997年的发掘》，《考古》2000年第10期，第15—28页。
⑥福建博物院、龙岩市文化与出版局：《福建漳平市奇和洞史前遗址发掘简报》。

新石器时代中期，我国人群生活和社会发生重要转变：定居的生活方式基本确立，作物栽培和家畜饲养在很多地区出现，村落在不同地区逐渐发展，在新的经济活动基础之上技术进一步发展与复杂化，但同时狩猎采集的生计方式仍然占有重要地位。这一时期社会复杂化程度加强，新的信仰与仪式体系初步建立，同时地区文化显示出较之前时期更多的关联和更显著的差异。在这个时期，骨器进入了繁荣和快速发展的阶段，各个地区发现的骨器数量明显增加，骨器类型和技术进一步多样化（表4-3）。北方地区以内蒙古小河西文化遗址[①]、兴隆洼遗址[②]、白音长汗遗址[③]和哈克遗址（第一阶段）[④]，河北磁山遗址[⑤]，山东小荆山遗址[⑥]，陕西白家村遗址[⑦]等为代表；南方地区以河南贾湖遗址[⑧]，浙江跨湖桥遗址[⑨]和田螺山遗址[⑩]，广西顶蛳山遗址[⑪]等为代表。这一时期常见的骨器组合是：锥、镞、镖、匕、针等，新出现

①杨虎、林秀贞：《内蒙古敖汉旗小河西遗址简述》，《北方文物》2009年第2期，第3—6页。

②中国社会科学院考古研究所内蒙古工作队：《内蒙古敖汉旗兴隆洼遗址发掘简报》，《考古》1985年第10期，第865—874页。

③内蒙古自治区文物考古研究所编著：《白音长汗：新石器时代遗址发掘报告》，科学出版社，2004年。

④中国社会科学院考古研究所、内蒙古自治区文物考古研究所、内蒙古自治区呼伦贝尔民族博物馆等编著：《哈克遗址：2003—2008年考古发掘报告》，文物出版社，2010年。

⑤河北省文物管理处、邯郸市文物保管所：《河北武安磁山遗址》，《考古学报》1981年第3期，第303—338页。

⑥山东省文物考古研究所、章丘市博物馆：《山东章丘市小荆山遗址调查、发掘报告》，《华夏考古》1996年第2期，第1—23页。

⑦中国社会科学院考古研究所陕西六队：《陕西临潼白家村新石器时代遗址发掘简报》，《考古》1984年第11期，第961—970页。

⑧河南省文物考古研究所：《舞阳贾湖》，科学出版社，1999年。

⑨浙江省文物考古研究所、萧山博物馆：《跨湖桥》，文物出版社，2004年。

⑩浙江省文物考古研究所、余姚市文物保护管理所、河姆渡遗址博物馆：《浙江余姚田螺山新石器时代遗址2004年发掘简报》，《文物》2007年第11期，第5—24页。

⑪中国社会科学院考古研究所广西工作队、广西壮族自治区文物工作队、南宁市博物馆：《广西邕宁县顶蛳山遗址的发掘》，《考古》1998年第11期，第11—33页。

的类型包括耜、凿、锯、鱼钩等（图4–10）。骨锥在绝大多数遗址中占据绝对优势地位，依然延续旧石器时代晚期和新石器时代早期的两种主要技术类型，但锥的形态更为规范和稳定。骨镖，多为双排倒钩形态，也有少数为单排倒钩。贾湖遗址的镖为双排倒钩，倒钩对称性强，倒钩有的位于镖体，有的位于铤部，大多数骨镖上的倒钩排列紧密。贾湖遗址中带倒钩的镖，很多整体形态与镞非常相似，区别在于镖的铤部带倒钩，它们可能具有和镞相似的功能。贾湖遗址还报道过不带倒钩的骨镖。这些骨镖中有的带有被磨成圆锥状的铤部，有的铤部不明显，这种类型也可以理解为具有投射功能的长尖状器[①]。在同时期的遗址中，贾湖遗址的骨镖类型和数量尤为丰富，是该地区狩猎或其他投射活动发达的表现。骨镞，多数情况下器身经过刮和磨光处理，形态规整但富于变化，包括不带铤或铤部不明显的镞以及带铤的镞，铤部长短、形态及铤部与器身衔接的形态等具有多样性[②③]（图4–11）。与较早的阶段相比，新石器时代中期的骨镞在技术类型上具有向复杂化发展的特点。镞的总体出现率及其在遗址出土骨器中所占比例在新石器时代中期开始显著上升，骨镞多者可达上百件，尤以贾湖遗址出土数量最多，在出土骨器中所占比例高于30%，磁山遗址中骨镞约占出土骨器的23%。这种工具有可能用于狩猎，但也有可能在战争和冲突中发挥作用。骨柄石刃器较之前阶段有所增加，但仍主要分布于内蒙古和东北地区。骨凿，以长条形肢骨骨片为毛坯，通体磨光，并将一端磨成圆弧形刃或斜直刃，另一端可能保留肢骨关节部

①中国社会科学院考古研究所广西工作队、广西壮族自治区文物工作队、南宁市博物馆：《广西邕宁县顶蛳山遗址的发掘》。

②中国社会科学院考古研究所广西工作队、广西壮族自治区文物工作队、南宁市博物馆：《广西邕宁县顶蛳山遗址的发掘》。

③河南省文物考古研究院、中国科学技术大学科技史与科技考古系编著：《舞阳贾湖（二）》，科学出版社，2015年。

位。骨锯，以动物肩胛骨或肋骨为材料，修整锉齿而成。骨耜，通常用动物肩胛骨制成，骨头上凿双孔用来系绳，是一种装柄的复合工具。骨耜除柄以外，其他部位十分光滑，刃部大多具有明显的非自然作用磨擦而成的痕迹，可能是工具长期与泥土接触所致[①②]。出土骨耜的遗址中发现有早期作物栽培的证据，这种新型工具的出现可能与特定地区早期的农业活动有关[③]。

新石器时代中期骨器类型趋于稳定，形态规范程度增加，反映出更加稳定、成熟的制作技术。同时，出现了具有地区特色的新式骨器，比如白家村[④]和西山坪[⑤]的骨锯，跨湖桥[⑥]、田螺山[⑦]和贾湖[⑧]等遗址中的耜。骨器的使用范围拓宽，不仅用于狩猎和渔猎，也用于作物栽培；不仅用于日常生活，也可能用于群体冲突或战争。不同类型骨器的存在及其所占比例因遗址和所在区域而有所差异，与不同地区的生计活动特点、人群文化选择或文化传统有关。当然，也要考虑到遗址功能和埋藏情况。

综上，我国旧石器时代晚期至新石器时代中期骨器的主要技术类型包括锥、针、铲、镞、镖、骨柄石刃器、骨耜，其中有些类型具有明显的区域性。骨锥在旧石器时代晚期到新石器时代的骨器组合中一直占据主体地位（贾湖遗址例外），并且数量总体上呈显著增加的

---

①黄渭金：《河姆渡文化“骨耜”新探》，《文物》1996年第1期，第61—65页。

②汪宁生：《河姆渡文化的“骨耜”及相关问题》，《东南文化》1991年第1期，第240—242页。

③黄渭金：《河姆渡文化“骨耜”新探》。

④中国社会科学院考古研究所陕西六队：《陕西临潼白家村新石器时代遗址发掘简报》。

⑤中国社会科学院考古研究所甘肃工作队：《甘肃省天水市西山坪早期新石器时代遗址发掘简报》，《考古》1988年第5期，第385—392页。

⑥浙江省文物考古研究所、萧山博物馆：《跨湖桥》。

⑦浙江省文物考古研究所、余姚市文物保护管理所、河姆渡遗址博物馆：《浙江余姚田螺山新石器时代遗址2004年发掘简报》。

⑧河南省文物考古研究所：《舞阳贾湖》。

趋势。保留近端关节的破裂尺骨和其他破裂肢骨骨干是制作骨锥的主要毛坯，形成了两种稳定的类型，制作上较其他类型相对省时、省力（图4−12）。骨针也一直是一类重要类型，从旧石器时代晚期到新石器时代变化不大，大多通体磨光，器身或圆或扁，或直或弯，长短不等，加工比较精致。骨针与衣物的制作密切相关。骨镖在旧石器时代晚期出现，以贵州马鞍山遗址和辽宁小孤山遗址的发现为代表。与骨锥相似，镖也是常见工具，可用于捕鱼或狩猎（图4−13）。然而，直到新石器时代中期，镖的总体数量比较有限（贾湖遗址除外），在遗址中所占比例一直比较低，这种情况在南、北方的差异不大，但镖的形态类型存在一定的区域特征。随着农业的发展和生计方式的转变，镖的使用逐渐减弱，也可能与网坠的普及或其他类型骨器的应用有关。

骨镞最早见于旧石器时代晚期，主要位于南方地区。新石器时代早期骨镞罕见，然而到新石器时代中期，镞的数量显著增加且形制多样化，主要见于中原地区和长江流域。旧石器时代晚期到新石器时代早期，镞身主要是打击修理，形态不甚规整，而新石器时代中期的镞身多经过刮削和磨光，器形变得规整，并且出现带铤的新式镞。骨镞在贾湖遗址的骨器中所占比例高于30%，在磁山遗址中的占比可达23%，表明这种工具在人类生活中开始占据相当重要的地位，在缺乏细石器的地区可能用于发达的狩猎活动，也可能在人群冲突中发挥作用，与较为复杂的社会关系的形成与发展具有一定关联。在东北等地区，骨镞不甚丰富，可能与这些地区较为发达的细石器工业有关，该区域很多遗址中都发现有较多小石叶或细石叶、石镞、琢背工具等，可以制成杀伤力很强的复合投射工具。

骨柄石刃器，指把石器镶嵌在骨柄中制成的复合工具，形态主要为镖或刀。这种工具常常与石叶、细石器工业共存，在狩猎特别是屠宰动物方面具有较好的效能。但其制作成本比较高，尤其是在骨柄的制作

**表4-3　新石器时代中期骨器的主要发现情况**

| 遗址/类型 | 锥（含角锥） | 针 | 镖 | 铲（含角铲） | 镞 | 矛 | 鱼钩 | 匕 | 刀 | 骨柄（刀、镖） | 凿 | 耜 | 锯（或锯齿形器） |
|---|---|---|---|---|---|---|---|---|---|---|---|---|---|
| 小河西文化（杨虎&林秀贞） | + |  | + |  |  |  |  | 6 |  | 1 |  |  |  |
| 兴隆洼[①] | + |  | + |  |  |  |  | + |  | + |  |  |  |
| 白音长汗[②] | 5 | 2 | 1 |  | 2 | 1 |  | 1 | 6 | 3 |  |  |  |
| 南台子遗址[③]（兴隆洼文化遗存） | 26 |  |  |  | 3 |  |  | 4 |  | 6 |  |  |  |
| 哈克遗址[④]（第一阶段） | 11 | 5 | 2 | 1 | 1 |  |  |  | 1 | 1 |  |  |  |

①中国社会科学院考古研究所内蒙古工作队：《内蒙古敖汉旗兴隆洼遗址发掘简报》。

②内蒙古自治区文物考古研究所：《白音长汗：新石器时代遗址发掘报告》。

③内蒙古文物考古研究所：《克什克腾旗南台子遗址》，魏坚主编、内蒙古文物考古研究所编《内蒙古文物考古文集》（第二辑），中国大百科全书出版社，1997年。

④中国社会科学院考古研究所、内蒙古自治区文物考古研究所、内蒙古自治区呼伦贝尔民族博物馆、内蒙古自治区呼伦贝尔市海拉尔博物馆：《哈克遗址：2003—2008年考古发掘报告》。

续表

| 遗址/类型 | 锥（含角锥） | 针 | 镖 | 铲（含角铲） | 镞 | 矛 | 鱼钩 | 匕 | 刀 | 骨柄（刀、镖） | 凿 | 耜 | 锯（或锯齿形器） |
|---|---|---|---|---|---|---|---|---|---|---|---|---|---|
| 新乐[①] | 1 | | | | 1 | | | | | 1 | | | |
| 泥河湾黑土坡[②] | 4 | | | | | | | 6 | | | | | |
| 磁山 | 145 | 48(含梭针) | 16 | | 73 | | | 27 | 8 | | 16 | | |
| 小荆山[③] | 26 | | 3 | | 1 | | | 5 | | | | | |
| 裴李岗[④] | 1 | | | | 1 | | | 1 | | | | | |
| 贾湖 | 59 | 207 | 181 | | 333 | 5 | | 65 | 17 | | 21 | 1 | |
| 大地湾（第一期） | 25 | 1 | | | 3 | | | | | | | | |
| 白家村（早期） | 4 | 1 | | | 2 | 6 | | 1 | 3 | | | | 1 |
| 白家村（晚期） | 10 | 10 | | 1 | 6 | 11 | | | 2 | | | | 1 |
| 西山坪（第一期） | + | + | | | | | | | | | + | | + |

①沈阳市文物管理办公室、沈阳故宫博物馆：《沈阳新乐遗址第二次发掘报告》，《考古学报》1985年第2期，第209—222页。

②谢飞、李珺、刘连强：《泥河湾旧石器文化》。

③山东省文物考古研究所、章丘市博物馆：《山东章丘市小荆山遗址调查、发掘报告》。

④开封地区文物管理委员会、新郑县文物管理委员会、郑州大学历史系考古专业：《裴李岗遗址一九七八年发掘简报》，《考古》1979年第3期，第197—205页。

续表

| 遗址/类型 | 锥（含角锥） | 针 | 镖 | 铲（含角铲） | 镞 | 矛 | 鱼钩 | 匕 | 刀 | 骨柄（刀、镖） | 凿 | 耜 | 锯（或锯齿形器） |
|---|---|---|---|---|---|---|---|---|---|---|---|---|---|
| 双墩[①] | 4 | | | | 4 | | | | | | | | |
| 城背溪[②] | + | + | | + | | | | | | | | | |
| 跨湖桥 | 24 | 13 | 4 | | 7 | | | 10 | | | | 4 | 2 |
| 田螺山 | + | + | | | >100 | | | | | | + | 2 | |
| 顶蛳山[③]（第二期） | 6 | 1 | | 2 | 3 | | | | | | | | |
| 顶蛳山（第三期） | 14 | 4 | | | 17 | 4 | | | | | | | |
| 奇和洞(第三期晚段） | 8 | 5 | | 1 | 2 | | 1 | 1 | | | 2 | | |
| 穿洞[④] | + | + | | + | | | | | | | | | |

（注：+表示存在，但数量不详）

①安徽省文物考古研究所、安徽省蚌埠市博物馆：《安徽蚌埠双墩新石器时代遗址发掘》，《考古学报》2007年第1期，第97—126页。

②湖北省文物考古研究所编著：《宜都城背溪》，文物出版社，2001年。

③中国社会科学院考古研究所广西工作队、广西壮族自治区文物工作队、南宁市博物馆：《广西邕宁县顶蛳山遗址的发掘》。

④张森水：《穿洞史前遗址（1981年发掘）初步研究》。

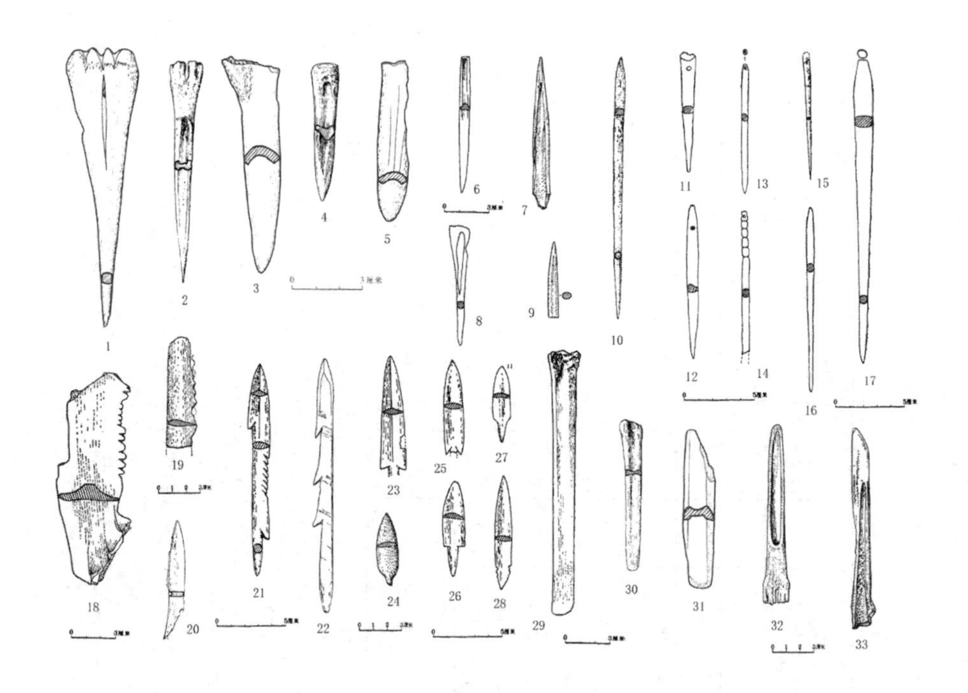

**图4-10　新石器时代中期的骨器**

1、3、5. 骨锥（大地湾一期）；2、4. 骨锥（兴隆洼遗址）；6. 骨锥（西山坪遗址）；7、9. 骨锥（白家村遗址）；8. 骨锥（磁山遗址）；10. 骨尖状器（兴隆洼遗址）；11—14、16、17. 骨针（磁山遗址）；15. 骨针（西山坪遗址）；18. 骨锯（西山坪遗址）；19. 骨锯（白家村遗址）；20. 骨柄石刃器（兴隆洼遗址）；21. 骨镖（磁山遗址）；22. 骨镖（兴隆洼遗址）；23、25—28. 骨镞（磁山遗址）；24. 骨镞（白家村遗址）；29. 骨凿（西山坪遗址）；30. 骨匕（兴隆洼遗址）；31. 骨凿（大地湾一期）；32、33. 骨刀（白家村遗址）

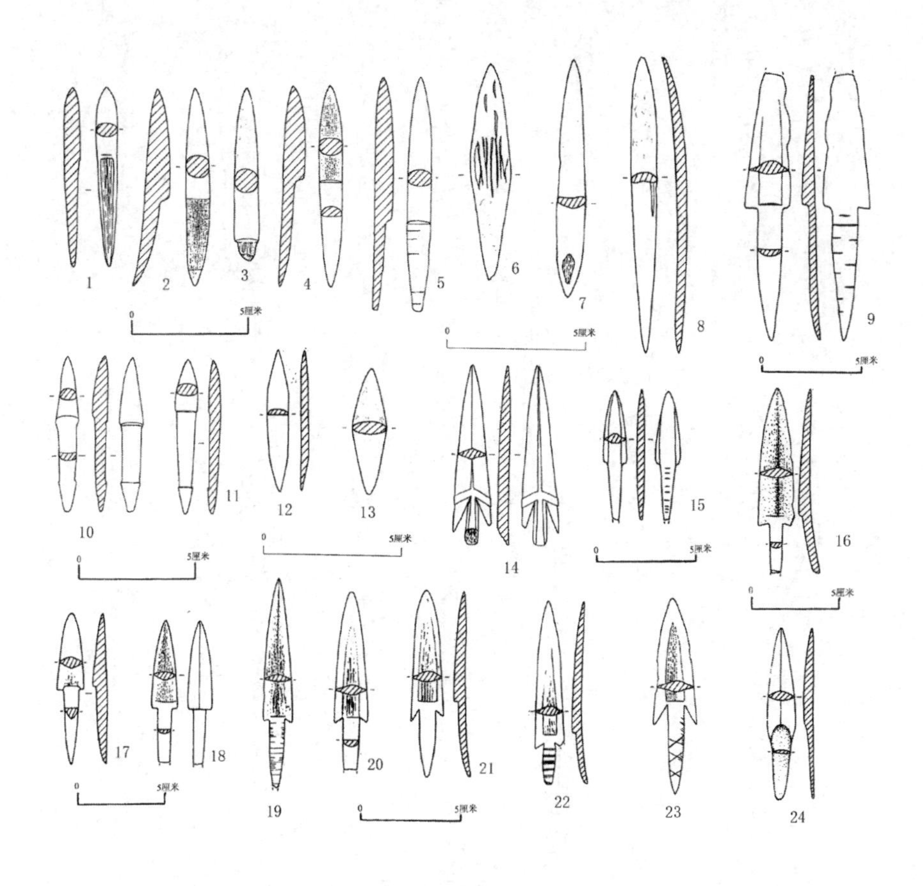


图4-11　贾湖遗址的骨镞

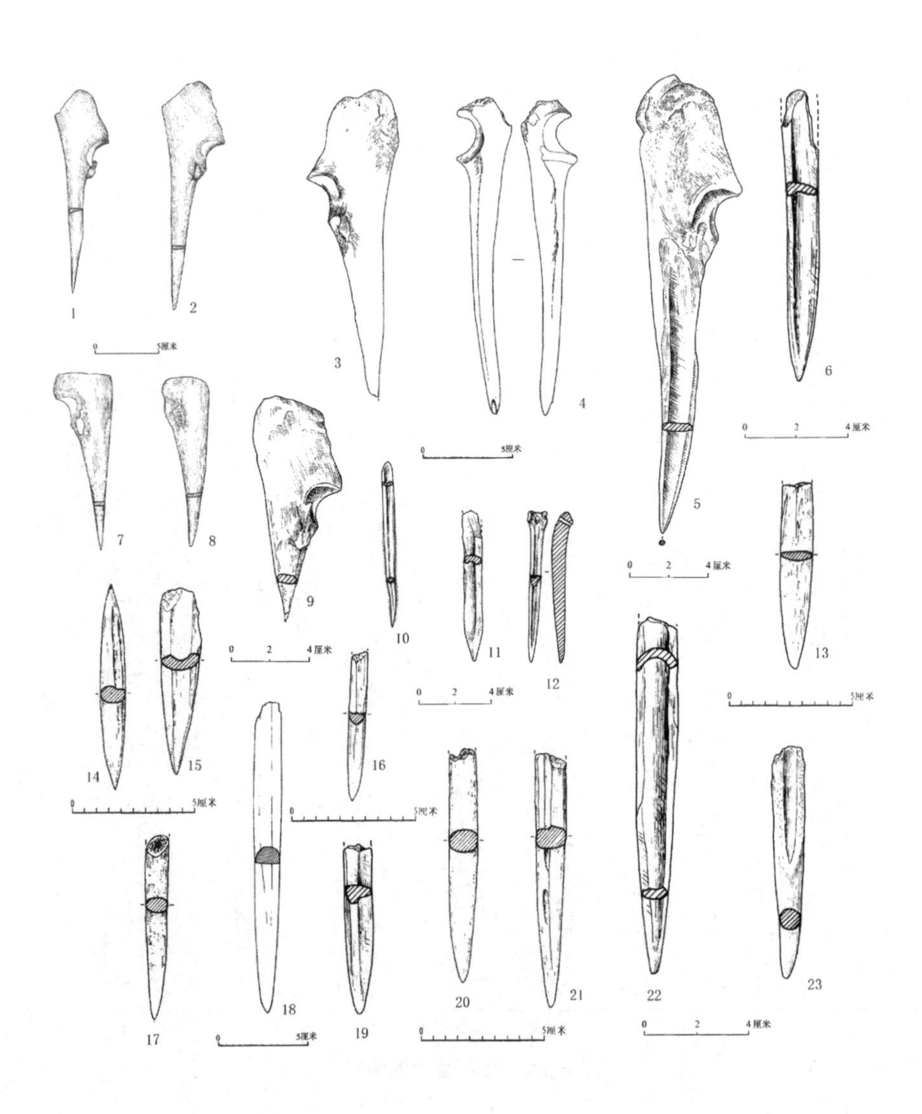


**图4-12　新石器时代中期的骨锥**

1、2、3、4、7、8、18. 出自贾湖遗址；5、6、9、10、11、12、19、22、23. 出自跨湖桥遗址；13、16、17. 出自顶蛳山遗址（第三期）；14、15、20、21. 出自顶蛳山遗址（第二期）

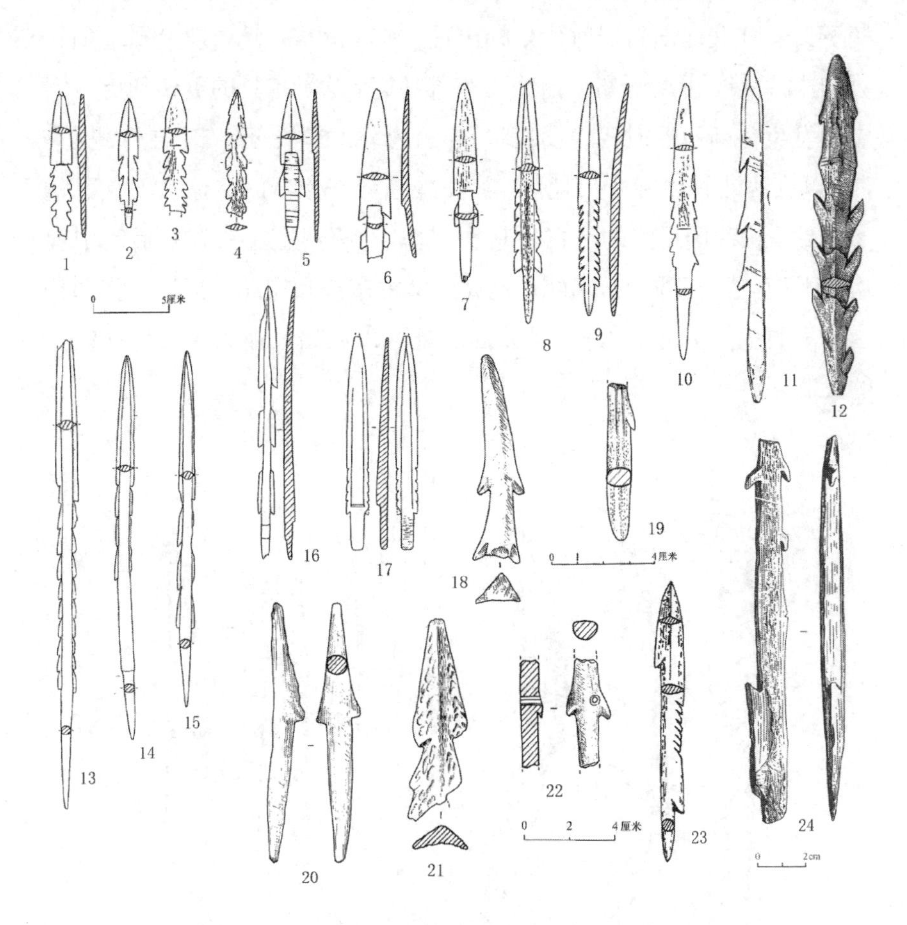


**图4-13　旧石器时代晚期到新石器时代中期的骨镖**

1—10、13—17. 出自贾湖遗址；11. 出自兴隆洼遗址；12. 出自仙人洞遗址；18、20、21、22. 出自跨湖桥遗址；19. 出自白音长汗遗址（二期乙类遗存）；23. 出自磁山遗址；24. 出自小孤山遗址

与石器镶嵌方面。刃缘损坏或效能降低后需要对镶嵌的石器进行维修更新或更换，这便要求人们要能够比较及时地获取到合适的原料。骨柄石刃器在我国旧石器时代末期出现，在新石器时代中期呈现增加趋势（图4-14），主要分布于内蒙古东部地区。这种工具的更多和更广泛应用发生在新石器时代晚期，其分布从内蒙古扩展至辽宁、吉林、黑龙江，以及西北甘肃和青海地区。其发展趋势与骨器的整体发展状况基本一致。从我国目前的考古材料看，骨柄石刃器主要在狩猎活动中使用，但它存在于不同的人群中，比如内蒙古东部和东北地区以渔猎和狩猎为主要生计方式的人群，以及西北地区以原始农业为主要生计活动的人群。

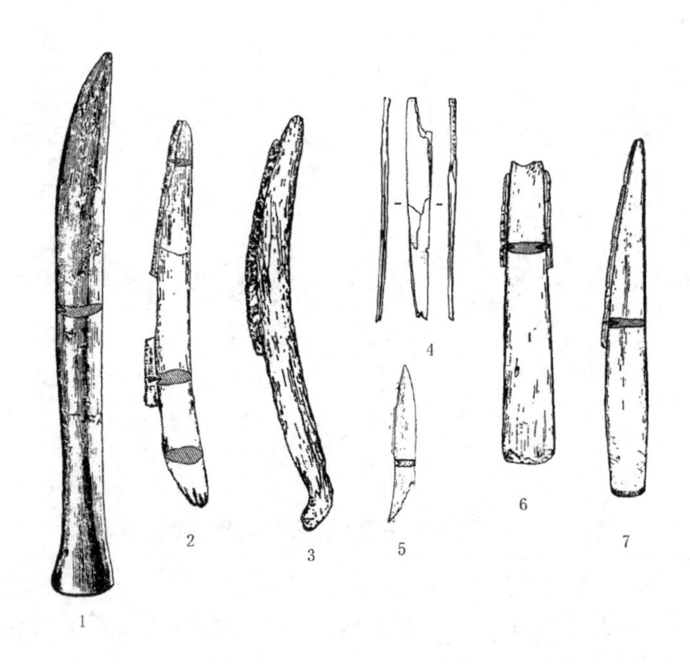


**图4-14　中国史前时期的骨柄石刃器**

1. 出自内蒙古富河沟门遗址；2、3. 出自吉林靶山墓地；4. 出自甘肃花寨子墓葬；5. 出自内蒙古兴隆洼遗址；6、7. 出自甘肃鸳鸯池墓地

骨耜作为新的类型在新石器时代中期农业活动逐渐占据重要地位的过程中出现，在贾湖、跨湖桥和田螺山等遗址中都有发现。根据目前的考古材料，早期骨耜主要发现在长江流域的遗址中，最北分布到贾湖遗址，与这些地区早期农业活动的发生和发展有关。

## 三、比较与讨论

早期复杂骨器的出现反映了史前狩猎采集人群在技术和认知上的革新与不断发展。骨质工具兼具较高硬度与韧性，具有不同于石器、木器的材料特性，耐用性高。复杂骨器是狩猎采集人群生产和生活用具扩展的重要标志，可用于制作衣物、有效获取和强化利用多样化的食物资源等，具有石器或其他材质工具无法或很难替代的功能，使得人类的生存手段变得多样和有效，改善了生存条件，扩展了生存环境和地域空间，并从更多方面满足了社会文化需求[①]。从世界范围看，刮-磨制骨器在非洲旧石器时代中期至少距今约8万年前出现，代表了现代人对动物资源的新认识以及现代人的技术发明。距今5万—4万年前，刮-磨制骨器在非洲以外地区普遍出现，在我国距今3万多年前开始出现[②]。复杂骨器在旧大陆普遍出现后，在数量与类型的丰富程度、原料利用、技术类型特点和复杂性等方面展现出区域性与历时性的特点。当基本生产技术被掌握之后，人们对骨器的利用程度、骨器工业的发展变化受到可替代资源的可获取性与丰富程度，动物骨骼资源的多寡与可获取性，人类在特定环境中的生存需求、生计策略、生存压力以及人群交流的影响。在欧洲，特别是北部地区，骨器非常丰富，直到中石器时代人类对这种工具的利用程度都非常高，骨器技术发展迅速。在西亚地区，

①曲彤丽、Nicholas J. Conard：《德国旧石器时代晚期骨角器研究及启示》。
②曲彤丽、陈宥成：《试论早期骨角器的起源与发展》。

骨器在旧石器时代末期纳吐夫文化之后才明显增加，但被利用的程度不及旧石器时代晚期和中石器时代的欧洲。在我国，骨器的数量在旧石器时代晚期很长一段时间里非常有限，多数遗址通常只发现有1件或者几件，直到末次冰期最盛期结束后的旧石器时代末期，骨器才开始有所发展，但发展较为缓慢且不均衡。在欧洲旧石器时代晚期鹿角和猛犸象的骨头与象牙得到充分开发与利用，而在同时期的亚洲这种现象并不显著。我国北方在旧石器时代晚期分布有猛犸象，南方存在剑齿象，但是尚未发现利用象骨和象牙制作装饰品的现象，利用象骨制作工具的证据非常稀少。鹿科动物在西亚、东亚也有着丰富的分布，但根据现有的考古材料，这些地区的旧石器时代人群对鹿角的使用并不充分。相比之下，在东亚和东南亚，蚌壳或贝壳更多地被开发制作成工具。在复杂骨器技术已经被人们认识、掌握并传播开来的背景下，上述现象反映了不同地区人群的文化选择。

具体到骨器在我国的发展变化轨迹，从旧石器时代晚期到新石器时代早期，目前的考古材料显示骨器在长江以南地区的发展比华北、西北地区突出，这样的发展趋势以及区域特征一直延续到新石器时代早期。骨器在南方的显著发展与较低的栖居流动性、广谱经济以及特定区域内较多的人群交流存在着一定的关系。南方地区的万年仙人洞、道县玉蟾岩、桂林甑皮岩等遗址中，与骨器共出的有打制的砾石石器和石片石器、磨制石器、陶器。共出的动物遗存种类多样，虽然鹿科或者中型有蹄类是主体，但水生动物、鸟类或小型哺乳动物也存在[①②③]。当时这一地区人群虽然栖居流动性降低，但仍然以狩猎为生，并且食谱明显拓宽。这种生计方式为骨器的生产提供了充分的原料资源，比如鹿的掌

①北京大学考古文博学院、江西省文物考古研究所编著：《仙人洞与吊桶环》。

②袁家荣：《湖南旧石器时代文化与玉蟾岩遗址》。

③Prendergast, M. E., Yuan, J., Bar-Yosef, O., “Resource intensification in the Late Upper Paleolithic: A view from southern China.”

跖骨、鹿角等都是加工骨器的理想材料。同时，对水生动物资源和小型动物的捕获促使了对骨器的开发利用，因为在这些地区似乎缺乏狩猎或渔猎的专业小型化石器。此外，南方地区植被资源普遍丰富，骨器还可能在植物纤维的加工与利用方面发挥作用，用于进一步制作能获取动物资源的工具或其他生活用具。

在北方细石器被广泛使用的地区，目前骨器的发现比较有限。一种可能的解释是，使用细石器的狩猎采集人群流动性较强，在存在一定可替代性工具的情况下，他们没有花较多的时间和精力生产骨器；另一方面，细石器（指复合工具）具有专业化的高效的狩猎功能，并且能够满足人类屠宰或加工利用动物资源的需求，因而有些类型比如锥、镞、镖等没有得到广泛的生产和应用。尽管骨器类型缺乏，但是与细石器结合制作成的骨石复合工具可能是这个时期该区域骨器的主要形式，只不过目前复合的骨柄石刃工具在旧石器时代晚期和新石器时代早期的发现很少。

新石器时代早期北方的东胡林遗址的器物组合包括骨器、石器、陶器、装饰品。石器之中打制石器居多，其中包含一定数量的细石器，磨制石器很少。此外，还发现有墓葬、灰坑等遗迹。动物遗存中以鹿类骨骼居多①。当时这一地区人群的生计方式应当仍是狩猎采集，但栖居的流动性降低了。附近地区的南庄头遗址同样发现了骨器、陶器和石器的组合。其中，石器数量不多，主要为磨制石器，打制石器少且主要为简单的石片。动物遗存以鹿科为主，但同时存在鸟类和鱼等多种动物资源。这些发现反映了这一时期相对更加稳定的栖居模式出现，狩猎采集仍然是主要的生计方式，且南庄头可能还出现了对动物的饲养②。可以看

---

①北京大学考古文博学院、北京大学考古学研究中心、北京市文物研究所：《北京市门头沟区东胡林史前遗址》。

②河北省文物研究所、保定市文物管理所、徐水县文物管理所等：《1997年河北徐水南庄头遗址发掘报告》，第361—392页。

到，细石器在这一地区的工具组合中没有占据非常突出的地位，特别是南庄头遗址中不存在细石器或精致丰富的打制石器工业，而这些遗址中，骨器数量和类型却是比较丰富的，也就是说骨器的可替代性资源不突出。与此同时，这些地区人类的食谱也呈现出变宽的趋势，生计活动更为多样，骨器有了更多的应用空间，但是生计策略的广谱性没有南方地区那么突出。当然，这方面的更多认识有待于系统的新石器时代早期人类生计研究的开展。同时期的南方地区，依然延续旧石器时代晚期晚阶段以来工具组合的特点以及骨器的发展趋势。旧石器时代晚期到新石器时代早期，细石叶技术、陶器的区域发展轨迹都反映出我国南、北方地区似乎存在着不同的文化传统。两大地区之间的人群交流总体上是比较有限的[①]。这一阶段骨器在两个地区的应用程度以及变化过程的不同可能在一定程度上也是地区人群文化差异的一部分。

新石器时代中期骨器有了显著发展，表现为数量明显增加、类型多样化、工序技术复杂化以及区域性的精细化和一定程度的"规模化"生产。磁山和贾湖遗址是这一时期骨器突出发展的代表，这两处遗址都具有鲜明的陶器、石器、骨器组合。陶器占有很高比例，石器包括打制和磨制的。这时磨制石器居多，打制石器减少但仍占相当比例。从生计方式来看，磁山人群主要依赖广谱的狩猎–渔猎方式，但农业已经出现并起辅助作用[②]。贾湖遗址是以狩猎、捕捞、采集为主，农业种植、家畜饲养为辅的广谱性经济[③]。这一时期，农业虽不是生计活动中的主体，但已有明显发展。骨器的应用显示出与石器，特别是打制石器的一定的长消关系，这在南方地区比较明显，比如在田螺山遗址骨器是出土

①陈宥成、曲彤丽：《中国早期陶器的起源及相关问题》。

②赵志军：《中国农业起源概述》，《遗产与保护研究》2019年第1期，第1—7页。

③来茵、张居中、尹若春：《舞阳贾湖遗址生产工具及其所反映的经济形态分析》，《中原文物》2009年第2期，第22—28页。

数量和种类最多的器物，而石器所占比例很小[1]；在贾湖遗址，骨质工具数量超过石质工具，且打制石器数量非常少[2]。总之，定居发展、人群规模增加[3]、农业活动发展为新石器时代中期骨器的精细制作和较大量制作提供了时间、人员的条件，使得骨器生产更为稳定地开展。同时，狩猎-渔猎-农业的混合式生计模式以及逐渐复杂的人群或社会关系使得骨器的应用空间与需求增加。新石器时代中期以后，北方北部细石器较为发达的地区，骨器也有较为明显的发展，数量和类型都更为丰富，可能与采用不同生计方式的人群之间的交流有关。从总体上看，新石器时代中期北方地区骨器的数量与类型的丰富度以及应用程度有明显发展，并与南方的差异显著缩小，应当与前者农业的发展、人口密度增加以及人群交流存在关联，但是南方对骨器的应用还是更加突出，这是一种文化选择的结果。

综上，骨器在我国的发展变化趋势受到生计策略的变化，包括广谱经济、农业的出现与发展、定居模式与人口规模的发展以及人群间交流的影响。史前早期骨器生产技术与应用的发展为此后复杂社会中骨器的专门化与规模化生产奠定了基础，并在一定程度上成为了社会组织复杂化发展的重要组成部分。

---

①浙江省文物考古研究所、余姚市文物保护管理所、河姆渡遗址博物馆：《浙江余姚田螺山新石器时代遗址2004年发掘简报》。

②来茵、张居中、尹若春：《舞阳贾湖遗址生产工具及其所反映的经济形态分析》。

③刘莉、陈星灿：《中国考古学：旧石器时代晚期到早期青铜时代》。

# 第五章　动物的象征性利用：史前社会的发展变化

现代人出现后，人类的认知、生存能力发生了飞跃。在这一过程中，人类对动物资源的利用进一步扩展，动物开始作为象征符号帮助人类表达和传递知识与情感、交换信息，帮助人类思考自然、思考自己，人类甚至通过动物认识和解读现在与未来的生活[①]。动物在人类社会中的新角色通过具有象征意义的物质文化遗存得到直接的展现和记录。从当前的考古学材料看，象征思维和象征行为至少在旧石器时代中期开始显现，主要由贝壳装饰品、带刻画纹样的赭石与鸵鸟蛋壳表现，它们是现代人行为的重要标志[②]。旧石器时代晚期起，具有象征意义的物品开始在欧亚大陆普遍出现，并且以更丰富的形式出现。以雕塑，装饰品，带有刻画图案的骨头、鹿角和象牙，洞穴壁画，岩画为载体的象征行为进一步发展，展现了现代人的技术创新与文化繁荣。知识、思想、信息的传递与交换对于史前人类来说具有重要的，甚至关系生死存亡的影响，能够促进复杂社会关系的建立与维系，更好地满足经济、人口和精神需求。因此，可以说现代人出

①Guthrie, R. D., *The nature of Paleolithic art,* p. 220.

②McBrearty, S., and Brooks, A., "The revolution that wasn't: A new interpretation of the origin of modern human behavior."

现以后旧石器时代人类社会与动物的关系发生了非常重要的变化，并对此后时期里人类生活和社会的发展产生了重要影响。下面重点围绕史前遗址中的装饰品和雕塑就人类对动物资源的象征性利用进行阐述。

## 一、装饰品

### 1. 旧大陆西部

旧石器时代中期，随着现代人的出现和早期扩散，非洲和西亚出现了用贝壳或鸵鸟蛋壳制作的装饰品，反映了人类对动物资源的新认识和开发利用[①]。最常见的装饰品是珠子或带有孔的可以佩戴的挂饰。装饰品是人类认识自我、展示身份、表达和传递信息与情感的媒介[②]，它的意义不仅体现在日常生活中，还可能存在于特殊的集体活动之中[③④⑤]。

最早的装饰品发现于晚更新世早期非洲和西亚黎凡特地区，以

---

①Qu, T. L., Bar-Yosef, O., Wang, Y., et al. “The Chinese Upper Paleolithic: Geography, chronology, and techno-typology.”

②Kuhn, S. L., Stiner, M. C., “Paleolithic ornaments: Implications for cognition, demography and identity,” *Diogenes* 54.2(2007), pp. 40–48.

③Gamble, C., “Interaction and alliance in Palaeolithic society,” *Man* 17.1(1982), pp. 92–107.

④d’Errico, F., Henshilwood, C., Lawson, G., et al., “Archaeological evidence for the emergence of language, symbolism, and music–An alternative multidisciplinary perspective,” *Journal of World Prehistory* 17.1(2003), pp. 1–70.

⑤Bar-Yosef, O., “The Upper Paleolithic revolution.”

南非布朗姆勃斯洞穴遗址（距今约7.5万年）[1][2]、摩洛哥鸽子洞穴（Grotte des Pigeons）遗址（距今8.2万年）[3]，以色列卡夫泽（距今10万—9万年）[4]和斯虎尔遗址（距今13.5万—10万年）[5]等为代表。这些装饰品的材质和基本形态为带孔的海贝壳，有些孔是人工的，例如布朗姆勃斯遗址中的发现[6]；有些孔则是自然形成的，非人类行为所致，例如卡夫泽遗址中的发现[7]。鸽子洞穴遗址中有些贝壳上的孔是人类有意打的，而有些则是自然形成但被人类选择利用的[8]。对贝壳埋藏过程的分析、形态测量以及微痕分析显示，这些贝壳应当是作为装饰品佩戴的。无论孔的形成原因是什么，这些贝壳上都有使用痕迹，可能是用绳子将贝壳串起来佩戴时，贝壳与绳子或其他贝壳相互摩擦而形成。此外，这几处遗址中的一些装饰品上可以见到红色赭石染色的痕迹。

①d'Errico, F., Henshilwood, C., Vanhaeren, M., et al., "Nassarius kraussianus shell beads from Blombos Cave: Evidence for symbolic behaviour in the Middle Stone Age," *Journal of human evolution* 48.1(2005), pp. 3–24.

②Henshilwood, C., d'Errico, F., Vanhaeren, M., et al., "Middle stone age shell beads from South Africa," *Science* 304.5669(2004), pp. 404–404.

③Bouzouggar, A., Barton, N., Vanhaeren, M., et al., "82,000-year-old shell beads from North Africa and implications for the origins of modern human behavior," *PNAS* 104.24(2007), pp. 9964–9969.

④Mayer, D. E. B. Y., Vandermeersch, B., Bar-Yosef, O., "Shells and ochre in Middle Paleolithic Qafzeh Cave, Israel: Indications for modern behavior," *Journal of Human Evolution* 56.3(2009), pp. 307–314.

⑤Vanhaeren, M., d'Errico, F., Stringer, C., et al., "Middle Paleolithic shell beads in Israel and Algeria," *Science* 312.5781(2006), pp. 1785–1788.

⑥Henshilwood, C., d'Errico, F., Vanhaeren, M., et al., "Middle stone age shell beads from South Africa."

⑦Kuhn, S. L., Stiner, M. C., "Paleolithic ornaments: implications for cognition, demography and identity."

⑧Bouzouggar, A., Barton, N., Vanhaeren, M., et al., "82,000-year-old shell beads from North Africa and implications for the origins of modern human behavior."

距今约4万年以后装饰品在非洲和西亚更多地出现[①]，并且在世界其他地区广泛出现。西亚发现有来自地中海的更多种类的贝壳被用于制作装饰品。哈约尼姆、曼诺特（Manot）、埃尔–瓦德（El-Wad）等遗址还发现有穿孔动物牙齿、穿孔骨头等[②]。在旧石器时代末期纳吐夫文化中，该地区装饰品材质更加多样，除了上述材料，还包含石灰岩、玄武岩、绿岩石块。其中绿岩石块做的珠子很常见，这种材料的产地很远，反映了100—200公里的交换或运输[③]。

在欧洲，尽管有些观点认为在旧石器中–晚期过渡阶段已经出现了装饰品并可能代表了尼安德特人的行为，但这个问题存在着争议。普遍的观点认为装饰品主要在该地区旧石器时代晚期随着现代人的出现而出现，并在距今3万年以后在中欧和东欧更加广泛分布[④]。德国西南部施瓦比河谷中的弗戈赫尔德、霍菲尔、盖森克罗斯特勒等遗址发现有丰富的装饰品，其出现时间早至奥瑞纳文化早期，距今4万—3.5万年。在此后的格拉维特文化时期装饰品更加丰富。装饰品类型包括穿孔狐狸犬齿、穿孔马牙、穿孔熊犬齿以及用猛犸象门齿制成的珠子[⑤]。东欧旧石器时代晚期早阶段也开始出现装饰品，俄罗斯科斯扬基XVII遗址第2层发现了穿孔北极狐牙齿、穿孔贝壳、穿孔石头；

---

①Kuhn, S. L., Stiner, M. C., Reese, D. S., et al., “Ornaments of the earliest Upper Paleolithic: New insights from the Levant,” *PNAS* 98.13(2001), pp. 7641–7646.

②Tejero, J., Rabinovich, R., Yeshurun, R., et al., “Personal ornaments from Hayonim and Manot caves (Israel) hint at symbolic ties between the Levantine and the European Aurignacian.”

③Bar-Yosef, O., “Symbolic expressions in later prehistory of the Levant: Why are they so few?.”

④Hahn, J., “Aurignacian signs, pendants and art objects in Central and Eastern Europe,” *World Archaeology* 3.3(1972), pp. 252–266.

⑤Conard, N. J., Bolus, M., “The Swabian Aurignacian and its place in European Prehistory.”

俄罗斯桑吉尔（Sungir）遗址的墓葬中出土了大量象牙制成的装饰品。在格拉维特时期，乌克兰莫洛多瓦V遗址第7层、俄罗斯科斯扬基XII遗址第1层、科斯扬基XIV遗址第2层、科斯扬基XV遗址等发现了用食肉类动物牙齿、贝壳、象牙、骨头制成的挂饰或珠子[①②③]。再往东，在俄罗斯阿尔泰山一带，丹尼索瓦洞穴（Denisova）和乌斯特卡拉科（Ust-Karako）遗址等也出土了大量丰富的装饰品，多由动物牙齿、鸵鸟蛋壳、贝壳制成，时间上可以追溯至距今5万—4万年左右[④⑤]。西欧也存在装饰品，但似乎没有中欧和东欧丰富，出现的时间相比中欧稍晚一点，较早的发现有葡萄牙瓦勒波义（Vale Boi）遗址出土的距今3.2万年前的贝壳装饰品[⑥]。

总之，旧石器时代晚期装饰品的材质非常多样，除了贝壳、骨头以外，还出现了很多种类动物的牙齿，例如赤鹿、驯鹿、野马、野牛、洞熊、狐狸、猛犸象等动物的门齿、犬齿、前臼齿和臼齿，特别是门齿和犬齿。此外，鸵鸟蛋壳和石头也被选用。装饰品的形式主要为珠子或穿孔挂饰。装饰品的生产程序总体上具有一致性。首先，在产地挑选

---

①Abramova, Z. A., “Palaeolithic art in USSR,” *Arctic Anthropology* 4.2(1967), pp. 1–179.

②Hoffecker, J., *Desolate landscapes: Ice-Age settlement in eastern Europe.*

③Hoffecker, J., “Innovation and technological knowledge in the Upper Paleolithic of northern Eurasia.”

④Derevianko, A. P., Shunkov, M. V., “Formation of the Upper Paleolithic traditions in the Altai,” *Archaeology, Ethnology and Anthropology of Eurasia* 3(2004), pp. 12–40.

⑤Derevianko, A. P., Shunkov, M. V., Markin, S. V., *The dynamics of the Paleolithic industries in Africa and Eurasia in the Late Pleistocene and the issue of the Homo sapiens origin*, Novosibirsk: Institute of Archaeology and Ethnography Siberian Branch of Russian Academy of Sciences Press, 2014.

⑥Tátá, F., Cascalheira, J., Marreiros, J., et al., “Shell bead production in the Upper Paleolithic of Vale Boi (SW Portugal): An experimental perspective,” *Journal of Archaeological Science* 42(2014), pp. 29–41.

某些种类的贝壳或者带孔的贝壳并带到遗址所在地点，或者通过交换获得这些材料，抑或选择特定种类的动物，例如狼、狐狸、熊、鹿的犬齿或猛犸象的门齿作为原材料。其次，在这些原料上打孔或钻孔。对于贝壳而言，外部直接压制、内部直接压制、内部间接打击、外部直接打击的方法经实验证明是有效的[①]。对于骨骼和牙齿而言，主要通过钻的方式制孔。旧石器时代晚期常见的石质雕刻器、石钻以及骨锥具有这方面的功能。对于珠子而言，需要对材料的外围进行打磨，达到尺寸和形态基本一致的结果。最后，将珠子或穿孔挂饰用绳子串起使用。日常使用会在装饰品上形成磨光面，绳子悬挂的部分会形成破损或者凹缺。

2. 中国

中国旧石器时代的装饰品数量比较少，目前主要发现于黄河以北的地区（表5-1；图5-1）。目前最早的装饰品出自北京山顶洞遗址、辽宁小孤山遗址、宁夏水洞沟遗址，时代上晚于旧大陆西部。我国南方地区更新世晚期和末期的装饰品很少见，以玉蟾岩遗址发现的用鹿类犬齿、小型食肉类犬齿制作的装饰品（犬齿根部刻一周凹槽）为代表[②]。南方地区存在着与北方地区相同的骨器，且更加丰富，拥有着相同的对动物骨骼材料的认知和技术，因此南方地区装饰品的缺乏可能表明南北方人群拥有不同的文化传统，他们对群体身份表达有着不同的想法与方式。我国旧石器时代装饰品的材料亦非常多样，包括贝壳、蚌壳、动物牙齿、鸵鸟蛋壳、石头、鱼骨和鸟骨。山顶洞遗址发现了海贝壳装饰品，由于没有进一步的种类鉴定结果，我们尚不知晓海贝壳具体产自哪个海域，但是遗址所在位置距离海洋较远，因此贝壳装饰品暗示着远距离交换或运输行为的存在。北方地区以鸵鸟蛋壳为材料的装饰品

①Tátá, F., Cascalheira, J., Marreiros, J., et al., “Shell bead production in the Upper Paleolithic of Vale Boi (SW Portugal): An experimental perspective.”

②袁家荣：《湖南旧石器时代文化与玉蟾岩遗址》，第211页。

尤为常见，与更新世鸵鸟在我国北方地区的广泛分布密切相关。在旧石器时代晚期广谱化的生计策略中，鸵鸟也成为我国北方地区人群开发利用的对象。鸵鸟这种动物非常机警敏锐且奔跑速度飞快，不易抓获，但是鸵鸟蛋相对容易获取，旧石器时代人们可以食用鸵鸟蛋、把蛋壳当作容器使用、使用蛋壳制作装饰品。装饰品材料和类型与旧大陆西部具有相似性或一致性。此外，有些装饰品上附着有赤铁矿粉末或有红色染色痕迹，例如小孤山遗址①、山顶洞遗址②、水洞沟遗址第2地点③的发现。

**表5-1　中国北方地区旧石器时代晚期的装饰品**

| 遗址 | 距今年代（BP） | 类型 | 数量 |
|---|---|---|---|
| 辽宁小孤山④ | ca. 40,000—20,000 | 穿孔动物牙齿、经钻孔和磨光的骨片 | 5件 |
| 宁夏水洞沟第2地点⑤（第2文化层） | 29,900—31,300（校正后） | 鸵鸟蛋壳串珠（表面磨光） | 70多件 |
| 宁夏水洞沟第7地点⑥ | 27,500±1000 | 鸵鸟蛋壳串珠 | 2件 |

①张镇洪、傅仁义、陈宝峰等：《辽宁海城小孤山遗址发掘简报》，《人类学学报》1985年第1期，第70—78页。

②Pei, W. C., “The Upper Cave industry of Choukoutien.”

③宁夏回族自治区文物考古研究所、中国科学院古脊椎动物与古人类研究所编，高星、王惠民、裴树文等著：《水洞沟：2003~2007年度考古发掘与研究报告》，第72页。

④辽宁省文物考古研究所编著，黄慰文、傅仁义主编：《小孤山：辽宁海城史前洞穴遗址综合研究》，第147—148页。

⑤宁夏回族自治区文物考古研究所、中国科学院古脊椎动物与古人类研究所编，高星、王惠民、裴树文等著：《水洞沟：2003~2007年度考古发掘与研究报告》，第71—72页。

⑥宁夏回族自治区文物考古研究所、中国科学院古脊椎动物与古人类研究所编，高星、王惠民、裴树文等著：《水洞沟：2003~2007年度考古发掘与研究报告》，第129页。

续表

| 遗址 | 距今年代（BP） | 类型 | 数量 |
| --- | --- | --- | --- |
| 宁夏水洞沟第12地点① | ca. 11,000 | 钻孔石制品（石制品通体磨光、表面有刻画纹） | 1件 |
| 山西峙峪② | 33,851—31,545（校正后） | 经钻孔和磨制的石墨 | 1件 |
| 北京山顶洞③④ | ca. 38,000—35,000（校正后） | 石珠、穿孔小砾石、穿孔贝壳、穿孔鱼骨和动物牙齿 | 共141件 |
| 山西柿子滩S29地点第2—7文化层⑤ | ca. 24,500—18,000（校正后） | 穿孔蚌壳和穿孔鸵鸟蛋壳 | 穿孔蚌壳1件，穿孔鸵鸟蛋壳20件 |
| 河北于家沟⑥ | ca. 11,000 | 穿孔贝壳、鸵鸟蛋壳珠子、鸟骨管珠、钻孔石珠、钻孔齿轮状蚌饰 | 若干 |
| 河北马鞍山⑦ | 13,080±120 | 钻孔骨饰品 | 不详 |
| 河北虎头梁⑧ | ca. 13,000/12,000 | 穿孔贝壳、鸟骨扁珠<br>鸵鸟蛋壳扁珠、钻孔石珠 | 13件 |

①宁夏回族自治区文物考古研究所、中国科学院古脊椎动物与古人类研究所编，高星、王惠民、裴树文等著：《水洞沟：2003~2007年度考古发掘与研究报告》，第252页。

②贾兰坡、盖培、尤玉柱：《山西峙峪旧石器时代遗址发掘报告》。

③Pei, W. C., “The Upper Cave industry of Choukoutien.”

④Li, F., Bae, C. J., Ramsey, C. B., et al., “Re-dating Zhoukoudian Upper Cave, northern China and its regional significance,” *Journal of Human Evolution* 121(2018), pp. 170–177.

⑤山西大学历史文化学院、山西省考古研究所：《山西吉县柿子滩遗址S29地点发掘简报》，《考古》2017年第2期，第35—51页。

⑥谢飞、李珺、刘连强：《泥河湾旧石器文化》，第167页。

⑦谢飞、李珺、刘连强：《泥河湾旧石器文化》，第175页。

⑧盖培、卫奇：《虎头梁旧石器时代晚期遗址的发现》。

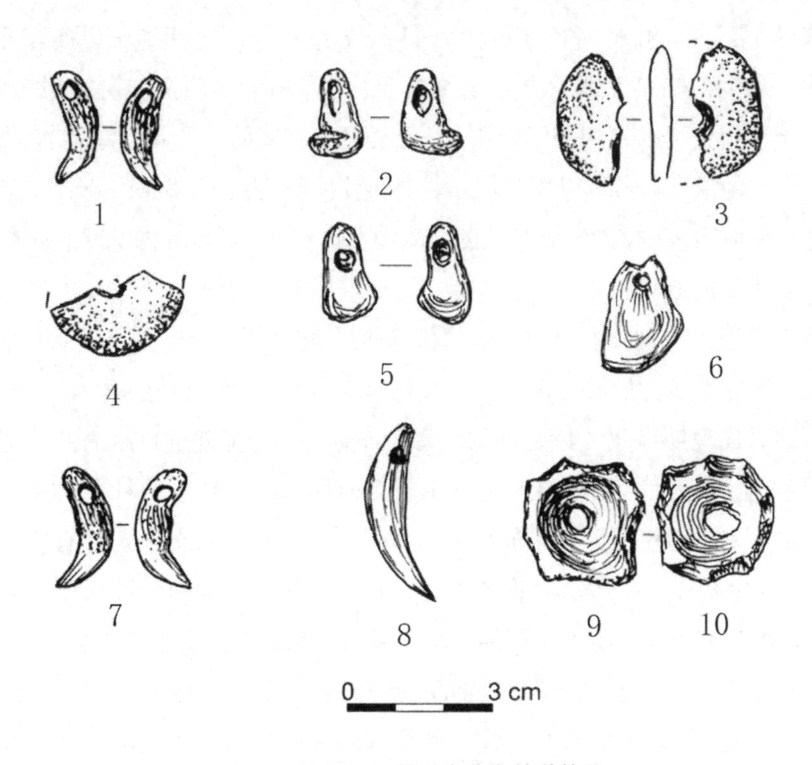


**图5-1　中国旧石器时代晚期的装饰品**

1、2、5、7—10. 出自山顶洞遗址；3. 出自峙峪遗址；4、6. 出自小孤山遗址

3. 小结

装饰品最早出现于旧石器时代中期的非洲和西亚，在距今4万年的旧石器时代晚期以后在旧大陆普遍出现并显著发展。在旧石器时代中期人类制作装饰品以前，人类对动物资源获取和利用的主要目的是获取肉食，有时也把骨头当作工具直接使用。装饰品的出现意味着人类对动物资源的新认识以及对动物资源开发利用的新内容和新方式。最早期的装饰品主要以贝壳为原材料，旧石器时代晚期原料更加多样化，包括动物骨头、鸵鸟蛋壳和牙齿，动物牙齿主要是在这一时期用于装饰品制作的。从材料特性来说，装饰品制作的难度在晚期明显增加。从技术

来说，装饰品的制作和利用包含了打孔或钻孔、磨光、用绳子串连等方法。从内涵来说，装饰品具有重要的象征意义和社会意义。串珠项链、挂饰等首先可以起到装饰作用，是人类自我认知的发展；其次，装饰品作为一种象征符号可以用来展示群体或个人身份，用于交换，或者传递信息与情感，在社会生活和人群交流中发挥作用。很多考古发现表明制作装饰品的原材料不只来自本地，甚至来自很远的地方。例如，以色列卡夫泽遗址中制作装饰品的贝壳的产地距离遗址45—50公里。摩洛哥鸽子洞穴遗址中的贝壳来自地中海东岸，与遗址相距有40公里。欧洲旧石器时代晚期赤鹿牙齿坠饰的地理分布远超过了赤鹿的自然栖息地范围①。遗址地远离原材料产地暗示了交换体系或大范围的社会关系网络的存在，这种社会关系能够跨越文化边界，使不同文化人群有所关联，发生交流②。然而，尽管各地区存在着相同或相似的装饰品技术理念，装饰品具有本质上相同的象征含义，但装饰品原材料的选用、加工方法或串珠的钻孔技术③、装饰品的形态和丰富程度等方面存在着区域多样性，反映了旧石器时代不同地理环境中狩猎采集人群的资源开发利用特点以及人群或社会的不同的自我认识或自我表达④，也与人群交流的程度和交流特点有关。

---

①Tejero, J., Rabinovich, R., Yeshurun, R., et al., "Personal ornaments from Hayonim and Manot caves (Israel) hint at symbolic ties between the Levantine and the European Aurignacian."

②Bouzouggar, A., Barton, N., Vanhaeren, M., et al., "82,000-year-old shell beads from North Africa and implications for the origins of modern human behavior."

③White, R., "Systems of personal ornamentation in the Early Upper Palaeolithic: Methodological challenges and new observations," In: Mellars, P. A., Boyle, K., Bar-Yosef, O., et al. (eds.), *Rethinking the human revolution: New behavioural and biological perspectives on the origin and dispersal of modern humans,* Cambridge: McDonald Institute for Archaeological Research, 2007, pp. 287–302.

④Bar-Yosef, O., Belfer-Cohen, A., "Following Pleistocene road signs of human dispersals across Eurasia," *Quaternary International* 285(2013), pp. 30–43.

## 二、早期雕塑

欧亚大陆的气候在更新世晚期频繁且剧烈地发生变化，环境与资源受到影响，北部地区受到的影响尤其显著，为狩猎采集人群的生活带来了压力和挑战。为了应对生存压力，人们可能会调整生计策略或发明新的技术，以获得尽可能多的生活资源。同时，人们也可能通过大范围迁徙，进入更适宜的环境中，从而改变生活状况。然而，进入新环境后仍需要做一番适应与调整，并与已经存在的人群建立关系。如果新环境中的人口密度已经很大，则还存在竞争的问题。当然，无论人类采用哪种方式进行应对并生存下去，他们都离不开社会关系的支撑，需要不同空间尺度上的群体间的团结互助、信息共享或交换，并形成相对复杂的社会关系网络。象征性物品和象征行为在史前社会关系发展过程中发挥了重要作用，如前所述，装饰品、雕塑、乐器等遗存为我们解读史前社会关系提供了重要线索[①②]，同时揭示出了动物与人类关系的重大变化。这部分将重点透过欧亚大陆早期雕塑的出现和发展，在比较的视野中窥探史前早期人类对动物资源的象征性利用以及不同地区象征性文化的发展轨迹。

### 1. 欧亚大陆西部

目前最早的雕塑出现在旧石器时代晚期中欧地区。德国西南部施瓦比河谷的霍菲尔、弗戈赫尔德、盖森克罗斯特勒等遗址出土了距今4万—3万年前主要以象牙（门齿）为材料的雕塑，属于奥瑞纳文

---

①Gamble, C., “Culture and society in the Upper Paleolithic of Europe.”

②Conard, N. J., “Palaeolithic ivory sculptures from southwestern Germany and the origins of figurative art.”

化[①②③④]。这些雕塑有动物造型、人物造型和狮头人身像，其中以动物造型居多（图5-2）。雕塑所展现的动物种类非常丰富，包括猛犸象、马、狮子、熊、鸟、乌龟、鱼等[⑤]。雕塑栩栩如生，雕刻精细。动物的腿部、腹部、背部等部位上还可见交叉的X形或其他形式的刻画纹[⑥]。弗戈赫尔德洞穴中的马和猛犸象雕塑还显示出了所代表动物的性别[⑦]。上述种类动物的骨骼遗存在遗址中也几乎都有所发现[⑧]，也就是说，雕塑所刻画的动物是狩猎采集人群日常生活中经常可以见到或利用的。中欧摩拉维亚地区在格拉维特时期出现了用粘土烧成的雕塑（距今2.6万年前），代表了欧洲最早的陶土技术[⑨]。陶塑动物在捷克下维斯特尼采遗址有着非常丰富的发现，包括熊、狮子、猛犸象、披毛犀、马、狐狸等形象。雕塑的分布位置多靠近火塘，大量陶塑作品是不完整或破

---

①Hahn, J., "Aurignacian signs, pendants and art objects in Central and Eastern Europe."

②Conard, N. J., "Palaeolithic ivory sculptures from southwestern Germany and the origins of figurative art."

③Conard, N. J., "A female figurine from the basal Aurignacian of Hohle Fels Cave in southwestern Germany."

④Conard, N. J., Bolus, M., "The Swabian Aurignacian and its place in European Prehistory."

⑤Conard, N. J., "Palaeolithic ivory sculptures from southwestern Germany and the origins of figurative art."

⑥Hahn, J., "Aurignacian signs, pendants and art objects in Central and Eastern Europe."

⑦Hahn, J., "Aurignacian art in central Europe," In: Knecht, H., Pike-Tay, A., White, R. (eds.), *Before Lascaux: The complex record of the Early Upper Paleolithic*, Boca Raton: CRC Press, 1993, pp. 229–241.

⑧Münzel, S. C., Conard, N., "Change and continuity in subsistence during the Middle and Upper Palaeolithic in the Ach Valley of Swabia (south-west Germany)," *International Journal of Osteoarchaeology* 14.3–4(2004), pp. 225–243.

⑨Budja, M., "The transition to farming and the ceramic trajectories in western Eurasia from ceramic figurines to vessels," *Documenta Praehistorica* 33(2006), pp. 183–201.

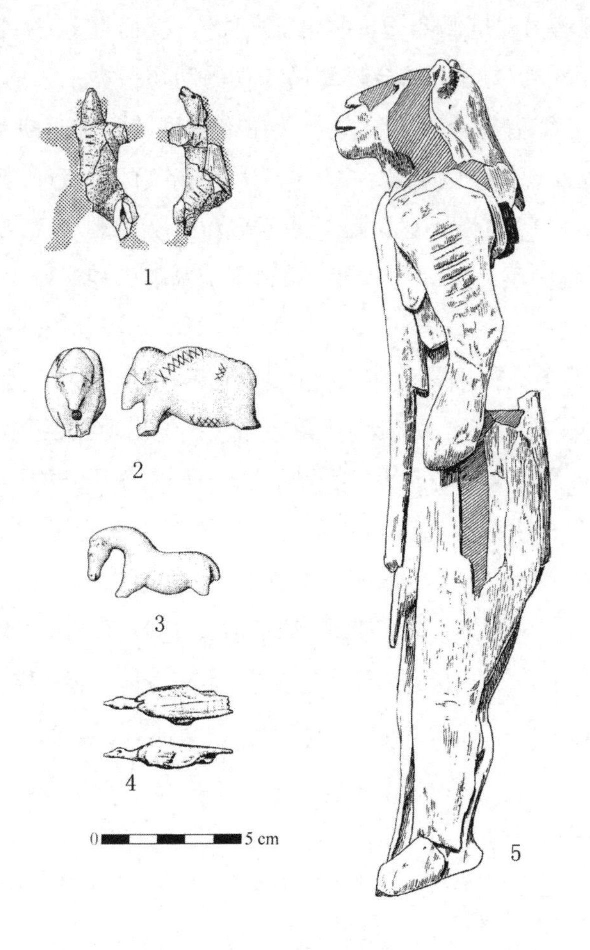


**图5-2　德国旧石器时代晚期奥瑞纳文化中的象牙雕塑①**

1. 出自盖森克罗斯特勒；2、3. 出自弗戈赫尔德；4. 出自霍菲尔；5. 出自霍伦斯坦-施达德

①Conard, N. J., Bolus, M., “The Swabian Aurignacian and its place in European Prehistory.”

碎的，研究者由此推测雕塑可能用于某种仪式，而且多为一次性使用，在仪式过程中被打破。结合雕塑所表现的动物种类来看，这样的仪式可能与祈祷狩猎安全成功有关[①②]。在格拉维特文化时期及之后的时期，东欧也发现有动物雕塑，主要见于科斯扬基I、IV遗址，阿迪沃遗址（Avdeevo）等。东欧地区的雕塑也常以象牙为材料[③]，造型包括猛犸象、野牛、食肉类动物等[④]。然而，该地区动物雕塑相对较少，人形雕塑是主体。

人形雕塑在德国霍菲尔遗址距今3.5万年的层位中已有发现[⑤]。然而，与动物题材的艺术品相比，人形雕塑更多地出现在距今3万年以后。在欧洲格拉维特文化时期，尽管不同区域人群的栖居结构、生计策略、象征行为的表达都存在着不同程度的差异[⑥]，但人形雕塑普遍分布在东欧、中欧和西欧[⑦]。人形雕塑的材料主要是象牙[⑧]，也有黏土和石块。在中欧，捷克下维斯特尼采遗址、帕福洛夫I遗址发现有以象牙为材料的女性雕像和陶塑人像，既有完整雕塑，也有身体残像，雕塑年代为距今2.7万—2.5万年。这两处遗址中的雕塑与其他具有象征意义的物品，

---

①Soffer, O., Vandiver, P., "Case of the exploding figurines," *Archaeology* 46.1(1993), pp. 36–39.

②Vandiver, P., Soffer, O., Klima, B., et al., , "The origins of ceramic technology at Dolní Věstonice, Czechoslovakia," *Science* 246.4933(2011), pp. 1002–1008.

③Amirkhanov, H., Lev, S., "A unique paleolithic sculpture from the site of Zaraysk (Russia)," *Antiquity* 76.293(2002), pp. 613–614.

④Hoffecker, J., *Desolate landscapes: Ice-Age settlement in eastern Europe.*

⑤Conard, N. J., "A female figurine from the basal Aurignacian of Hohle Fels Cave in southwestern Germany."

⑥Delporte, H., "Gravettian female figurines: A regional survey," In: Knecht, H., Pike-Tay, A., White, R. (eds.), *Before Lascaux: The complex record of the Early Upper Paleolithic*, Boca Raton: CPC Press, 1993, pp. 243–257.

⑦Gamble, C., "Culture and society in the Upper Paleolithic of Europe."

⑧Abramova, Z. A., "Palaeolithic art in USSR."

例如带刻画纹的猛犸象骨骼、装饰品共存[①②]。捷克Petřkovice遗址发现有用赤铁矿雕刻的女性身体像，年代为距今2.3万—2.1万年。奥地利维仑多夫II遗址的第9层发现有用软石制作的女性人像，年代距今2.5万—2.3万年。斯洛伐克也发现了象牙材质的女性躯体雕塑。东欧乌克兰麦钦遗址发现了刻画有女性人物图案以及鸟类图案的象牙，年代距今1.8万—1.4万年。莫洛多瓦V遗址的第7层发现了刻画有人物形象的鹿角，年代距今2.4万—2.3万年。俄罗斯科斯扬基I遗址和科斯扬基XIII遗址分别发现有象牙材质的女性身体雕像和软石材质的女性雕塑，后者还发现有一件象牙材质的人头像残块，年代均为距今2.4万—2.1万年。西伯利亚马尔他（Mal'ta）遗址和布列契遗址发现有距今2万年前的象牙材质的纤细女性雕塑[③]。

上述地区的人形雕塑具有相同的造型或风格主旨，即突出的腹部、下垂的乳房以及夸大的臀部，传递了与女性有关的信息。这种雕塑通常被认为突出了女性在群体中的角色或社会地位，被视为女性丰产或母亲崇拜的象征，抑或是社会群体联系的纽带[④⑤]。相同或相似形制的艺术品在如此广泛的地域之中的发现，暗示了广泛的社会关系与文化交流。然而，人形雕塑在形态细节上也存在区别，特别表现在头部和面部

---

①Vandiver, P., Soffer, O., Klima, B., et al., "The origins of ceramic technology at Dolní Věstonice, Czechoslovakia."

②Price, T. D., *Europe before Rome: A site-by-site tour of the Stone, Bronze, and Iron Ages.*

③Svoboda, J. A., "Upper Palaeolithic anthropomorph images of northern Eurasia," In: Renfrew, C., Morley, I. (eds), *Image and imagination,* Cambridge: McDonald Institute Monographs, 2007, pp. 57–68.

④Marshack, A., "The female image: A 'time-factored' symbol (A study in style and aspects of image use in the Upper Palaeolithic)," *Proceedings of the Prehistoric Society* 57.1(1991), pp. 17–31.

⑤McDermott, L., "Self-representation in Upper Paleolithic female figurines," *Current Anthropology* 37.2(1996), pp. 227–275.

的形态与细节的处理程度、体型宽窄度等方面，有些雕塑，例如西伯利亚布列契遗址中的发现还整体雕刻有衣帽[①]。

雕塑是欧洲旧石器时代晚期的文化创新，反映了人类认知的发展——人类对动物资源、自然环境以及人与动物关系的新认识。其制作展现出精湛、稳定的技能，反映了技术的创新，包括雕刻技术、陶土烧制技术等。旧石器时代晚期早阶段的雕塑主要分布在中欧和东欧，而在中欧出现的时间早于东欧，并且前者更加丰富，在西欧则很少有发现[②]。格拉维特时期以后，东欧的雕塑显著丰富起来，尽管存在动物造型雕塑，但女性人形雕塑却是最常见的[③]，并且与中欧具有相似性。此外，东欧的装饰品、石器技术、骨器技术等其他文化方面也都与中欧存在相似性和密切关联。雕塑在西欧的出现可能具有同东欧类似的情况[④]。风格相同、造型相似的人物雕塑从格拉维特时期起分布在西欧至西伯利亚的广阔空间中，多数位于地理格局上紧密关联的欧亚大陆北部的草原地带[⑤]。中欧旧石器时代晚期早阶段一系列行为革新的发生以及现代人文化的繁荣发展，促进了这个地区人口的增长和人口密度的增加[⑥]，同时在旧石器时代晚期特别是MIS2阶段气候频繁发生剧烈波动的背景下，人群的流动性增强，发生了广泛、快速的迁徙，使得更大范围的文化交流成为可能。雕塑的分布情况暗示了人群

①Hoffecker, J., “Innovation and technological knowledge in the Upper Paleolithic of northern Eurasia.”

②Conkey, M. W., “Ritual communication, social elaboration, and the variable trajectories of Paleolithic material culture,” In: Brown, J., Price, T. (eds.), *Prehistoric hunter-gatherers: The emergence of cultural complexity (Studies in archaeology)*, Orlando: Academic Press, 1985, pp. 299–323.

③Delporte, H., “Gravettian female figurines: A regional survey.”

④Gamble, C., “Interaction and alliance in Palaeolithic society.”

⑤Svoboda, J. A., “Upper Palaeolithic anthropomorph images of northern Eurasia.”

⑥Conard, N. J., “A female figurine from the basal Aurignacian of Hohle Fels Cave in southwestern Germany.”

从中欧向欧亚大陆东部（直到西伯利亚）或者从中欧向西欧的大范围的迁徙流动[①]，随着人群之间关联和交流的增加，欧亚大陆可能广泛存在着共同的象征体系或群体标志。另外，透过雕塑艺术品我们也可以看到风格多样的区域文化，比如在旧石器时代晚期早阶段动物雕塑主要出现在中欧，在西欧如法国[②]、西班牙[③]等地少见。西欧存在较多刻划动物图案的石头、骨头、象牙、鹿角；而带有刻画纹样或几何图案的骨头和象牙在东欧和中欧的格拉维特时期比较少见，后来才有所增加，比如麦兹芮希、麦钦等遗址中发现了带有用红色赭石画的几何图案的猛犸象骨[④⑤⑥]。

在中欧、东欧、西伯利亚地区，猛犸象是受偏爱、被重点开发利用的一项资源。很多遗址中发现有猛犸象骨骼和牙齿，有些象骨和门齿被用来制作矛头、抹刀等工具，门齿还特别被用来制作雕塑和装饰品。在有些遗址，人们甚至用象骨搭建房屋或挡风设施等[⑦]，这些行为体现了旧石器时代中欧、东欧等地人类开发利用动物资源和适应生存的特色。这些地区遗址出土的动物遗存经常以猛犸象遗存为主体，说明更新世晚期猛犸象在这些地区广泛分布，是动物群的主要构成。在捷

---

①Kozlowski, J. K., "The Gravettian in Central and Eastern Europe," *Advances in World Archaeology* 5.3(1986), pp. 131–200.

②Hahn, J., "Aurignacian signs, pendants and art objects in Central and Eastern Europe."

③Straus, L. G., "Stone Age prehistory of northern Spain," *Science* 230.4725(1985), pp. 501–507.

④Abramova, Z. A., "Palaeolithic art in USSR."

⑤Marshack, A., Bandi, H. G., Christensen, J., et al., "Upper Paleolithic symbol systems of the Russian Plain: Cognitive and comparative analysis," *Current Anthropology* 20.2(1979), pp. 271–311.

⑥Soffer, O., "Patterns of intensification as seen from the Upper Paleolithic of the Central Russian Plain."

⑦Abramova, Z. A., "The Late Paleolithic of the Asian part of the USSR," *Paleolithic of the USSR* (1984), pp. 302–346.

克下维斯特尼采遗址猛犸象骨骼的数量位居动物遗存之首。大多数猛犸象个体为幼年个体，猛犸象有可能是人类通过狩猎而不是拣拾获得的。相比之下，西欧虽然也存在象牙材质的雕塑，但遗址中的动物遗存经常以驯鹿骨骼为主体，驯鹿是人类狩猎的主要对象。这些现象表明猛犸象是中欧、东欧、西伯利亚等地人类可获取的且数量丰富的资源。有观点认为，旧石器时代的雕塑在欧亚大陆的广泛分布或传播，与猛犸象的广泛分布和移动密切相关，是人类追寻、选择利用这种资源的结果①。这些地区还存在着其他种类的动物资源，但是猛犸象却得到了重点利用，同时人类对猛犸象的利用也是选择性的：象牙主要用来制作雕塑和装饰品，特别是前者；象骨用于制作工具或用作其他用途。这一方面表现了人类对象牙材料特性的认识，另一方面可能说明了人们使用较为珍贵、数量稀少的象牙制作对于他们来说更加珍贵或具有重要象征意义的物品——雕塑②。

西亚在旧石器时代中期距今约10万年前已经出现用贝壳制作的装饰品，并在墓葬中发现了可能具有象征意义的赭石。然而，雕塑艺术品在旧石器时代末期的纳吐夫文化时期才开始显现③，尽管该地区旧石器时代晚期发现有极少的带刻画的石灰岩石块和动物骨头（多为抽象线条）④。纳吐夫文化是西亚史前文化变革的重要代表，这个时期的狩猎采集人群开始定居或半定居；使用新的工具和技术，更加有效地从事资源开发利用活动；人与动物之间新的关系在

---

①Soffer, O., “Upper Paleolithic adaptations in Central and Eastern Europe and man-mammoth interactions.”

②Barth, M. M., *Familienbande? Die gravettienzeilichen Knochen-und Geweihgerate des Achtals (Schwabische Alb).*

③Bar-Yosef, O., “Symbolic expressions in later prehistory of the Levant: Why are they so few?.”

④Belfer-Cohen, A., Bar-Yosef, O., “The Aurignacian at Hayonim Cave,” *Paléorient* 7.2(1981), pp. 19–42.

这一时期也有所体现，比如安·马拉哈（Ain Mallaha）遗址中狗作为随葬品出现在墓葬里[①]。纳吐夫文化时期的遗址中发现有以石灰岩为材料的动物雕塑，其形态包括：乌龟、羚羊等，有的雕塑的两端分别为狗和猫头鹰，有的雕塑一端为人，另一端为有蹄类动物[②③]（图5–3）。人形雕塑少见，即使出现，也多为人头部。此外，一些工具上还带有刻画的动物图案[④⑤]。

在前陶新石器时代，黎凡特地区的社会再次发生重要变化，狩猎采集人群转变为早期农人，出现了从事作物栽培、饲养动物的社会群体。这个时期出现了新的原料开发利用策略和新的技术；具有象征意义的物品或遗迹增加，人口规模显著增加，社会复杂程度上升[⑥]。前陶新石器时代雕塑的数量较纳吐夫文化时期明显增加，其中包含大量人形雕塑（多为女性）[⑦]。前陶新石器时代A时期（PPNA，距今11700—10650年［校正后］）[⑧]的女性雕塑（特点为胸部突出）用石灰岩、石膏或黏土制成，似乎意在突显女性的地位，比如吉嘎尔（Gil-

①Davis, S. J. M., Valla, F., "Evidences for the domestication of the dog in the Natufian of Israel 12,000 years ago," *Nature* 276.5688(1978), pp. 608–610.

②Bar-Yosef, O., Belfer-Cohen, A., "Natufian imagery in perspective," *Rivista di Scienze Prehistoriche* 49(1998), pp. 247–263.

③Belfer-Cohen, A., "The Natufian in the Levant," *Annual Review of Anthropology* 20(1991), pp. 167–186.

④Bar-Yosef, O., "The Natufian culture in the Levant, threshold to the origins of agriculture."

⑤Bar-Yosef, O., "Symbolic expressions in later prehistory of the Levant: Why are they so few?."

⑥Bar-Yosef, O., "The PPNA in the Levant–An overview," *Paléorient* 15(1989), pp. 57–63.

⑦Bar-Yosef, O., Belfer-Cohen, A., "From sedentary hunter-gatherers to territorial farmers in the Levant," In: Gregg, S. A. (ed.), *Between bands and states*, Carbondale: Center for Archaeological Investigations, 1991, pp. 181–202.

⑧Byrd, B., "Reassessing the emergence of village life in the Near East," *Journal of Archaeological Research* 13.3(2005), pp. 231–290.

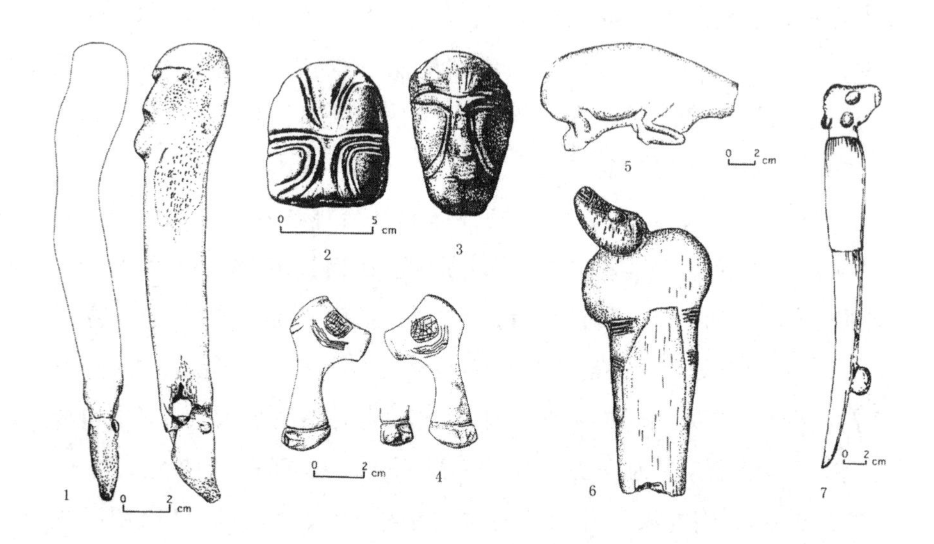


**图5-3 纳吐夫文化中的雕塑**[①]

1. 角心的两端分别为人头雕塑和有蹄动物雕塑，出自纳哈尔·奥兰（Nahal Oren）；2、3. 人头雕塑，分别出自安·马拉哈和埃尔-瓦德；4. 动物雕塑，出自纳哈尔·奥兰；5. 动物雕塑，出自祖瓦提纳（Umm ez-Zuweitina）；6、7. 工具柄把上的动物雕塑，分别出自艾·瓦德和克巴拉

①Bar-Yosef, O., “Natufian: A complex society of foragers.”

gal）、纳哈尔·奥兰、穆瑞贝（Mureybet）、哈格达（Netiv Hugdud）等遗址[①②]（图5-4）。很多人形雕塑都是破损、不完整的，仅为头部或身体部分，有些发现于用火遗迹中，可能是被扔在火中故意烧坏的，是某种仪式的反映[③]。动物雕塑包括有蹄类动物和鸟类[④]。前陶新石器时代B时期（PPNB，距今10650—8400年［校正后］）[⑤]，各类雕塑艺术品尤为发达和繁荣。黎凡特地区几乎所有这个时期的遗址都包含动物雕塑和人物雕塑[⑥⑦]，主要出自房屋、灰坑、特殊的埋葬坑或储存遗迹[⑧⑨]。安·噶扎尔（'Ain Ghazal）、加泰土丘（Çatal Höyük）、查约努（Çayönü）、哈霍瑞（Kfar HaHoresh）、纳哈尔·赫马尔（Nahal

---

①Bar-Yosef, O., "A figurine from a Khiamian Site in the Lower Jordan Valley," *Paléorient* 6(1980), pp. 193–200.

②Bar-Yosef, O., Belfer-Cohen, A., "From sedentary hunter-gatherers to territorial farmers in the Levant."

③Rollefson, G. O., "Ritual and social structure at Neolithic 'Ain Ghazal," In: Kuijt, I. (ed.), *Life in Neolithic farming communities: Social organization, identity, and differentiation (Fundamental issues in archaeology)*, New York: Kluwer Academic/Plenum, 2000, pp. 165–190.

④Bar-Yosef, O., "Natufian: A complex society of foragers."

⑤Byrd, B., "Reassessing the emergence of village life in the Near East."

⑥Verhoeven, M., "Ritual and ideology in the Pre-Pottery Neolithic B of the Levant and southeast Anatolia," *Cambridge Archaeological Journal* 12.2(2002), pp. 233–258.

⑦Bar-Yosef, O., "Early Egypt and the agricultural dispersals," In: Gebel, H., Hermansen, B., Jensen, C., et al. (eds.), *Magic practices and ritual in the Near Eastern Neolithic: Proceedings of a workshop held at the 2nd International Congress on the Archaeology of the Ancient Near East (ICAANE), Copenhagen University, May, 2000*, Berlin: Ex oriente, 2002, pp. 49–65.

⑧Meskell, L. Nakamura, C., King, R., Farid, S., "Figured life worlds and depositional practices at Çatalhöyük," *Cambridge Archaeological Journal* 18.2(2008), pp. 139–161.

⑨Garfinkel, Y., "Ritual burial of cultic objects: The earliest evidence," *Cambridge Archaeological Journal* 4.2(1994), pp. 159–188.

Hemar）等遗址发现有比较多的动物和人形雕塑，其材质包括陶、灰泥、石灰岩、骨头（图5-4）。这一时期的动物雕塑造型丰富多样，包括牛、羊、马、猪等，其中牛的雕塑数量突出，且牛的形象常见于其他形式的物品上，这说明牛在西亚地区新石器时代早期具有尤为重要的象征意义[①②③④]。在安·噶扎尔遗址，陶塑牛占据绝对主体，还发现有山羊、马、猪等其他动物造型的陶塑。遗址的一个浅坑里发现有两件陶塑牛，其上带有燧石小石叶，分别从身体侧面刺入胸腔位置以及从胸前刺入心脏区域，其中一件陶塑牛的头部还有小石叶刺入[⑤]。在黎凡特地区，动物雕塑所代表的动物种类、雕塑尺寸、动物造型具有一致性[⑥]，带有角的动物可能是人们特别选择的，成为雕塑制作的主题。动物雕塑可能是狩猎巫术的体现，是人们表达对充分获取野生动物或家养动物资源的愿望的体现[⑦]，同时也可能具有其他象征意义。这一时期人形雕塑明显增加，包括女性、男性和不能判断性别的人物头像或身体像。大多数人像的出土状态都是破损的，表现为头部缺失或身体部位缺失。有些女性人像具有突出的胸部和宽大的腹部，其象征意

①Rollefson, G. O., Simmons, A. H., Kafafi, Z., "Neolithic cultures at 'Ain Ghazal, Jordan," *Journal of Field Archaeology* 19(1992), pp. 443–470.

②Bar-Yosef, O., Schick, T., "Early neolithic organic remains from Nahal Hemar cave," *National Geographic Research* 5.2(1989), pp. 176–190.

③Rollefson, G. O., "Neolithic 'Ain Ghazal (Jordan): Ritual and ceremony, II," *Paléorient* 12(1986), pp. 45–52.

④Schmandt-Besserat, D., "Animal symbols at 'Ain Ghazal," *Expedition Magazine* 39.1(1997), pp. 48–57.

⑤Rollefson, G. O., "Neolithic 'Ain Ghazal (Jordan): Ritual and ceremony, II."

⑥Schmandt-Besserat, D., "Animal symbols at 'Ain Ghazal."

⑦Voigt, M. M., "Çatal Höyük in context: Ritual at Early Neolithic sites in central and eastern Turkey," In: Kuijt, I. (ed.), *Life in Neolithic farming communities: Social organization, identity, and differentiation (Fundamental issues in archaeology)*, New York: Kluwer Academic/Plenum, 2000, pp. 253–293.

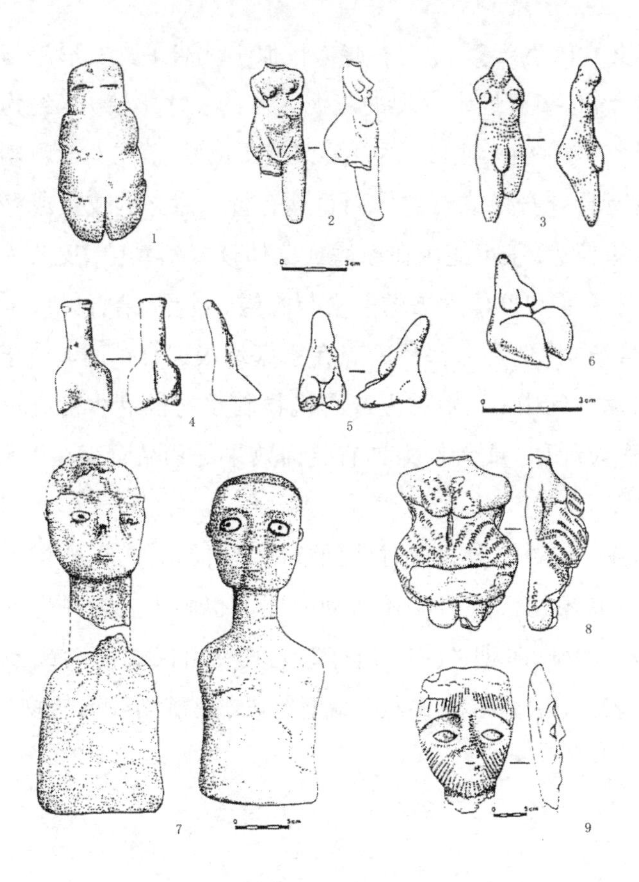

图5-4　西亚前陶新石器时代的雕塑①

1、2、4. 前陶新石器时代A时期的人形雕塑（1. 萨利比亚［Salibiya］，2. 穆瑞贝，4. 哈格达）；3、5、6、7、8、9. 前陶新石器时代B时期的人形雕塑（3. 查法尔［Çafer］，5、6. 查约努，7、8. 安·噶扎尔，9. 杰力科［Jericho］）

①Bar-Yosef, O., "Symbolic expressions in later prehistory of the Levant: Why are they so few?."

义可能与女性的生产有关①，有些人像似乎代表了真实形象与幻想形象的结合②。有些遗址中发现的灰泥人像的尺寸比较大，约为真人大小的一半③，具有引人注目、适合公共展示的特点④。人形雕塑可能是人类对具有特殊身份或对群体而言具有特殊意义的成员或群体的情感与想法的表达，很可能用在家庭或集体仪式活动中，反映人类对自然、对群体关系和群体发展的期求与愿望。当然，结合民族学资料来看，有些雕塑，特别是那些只废弃在家庭垃圾遗存中而非位于与仪式相关的活动空间中的、用黏土或有机物制成的耐用性相对较差的雕塑，可能作为玩具，或者作为具有装饰效果的物品而存在于人类的日常生活中⑤。

在西亚，从纳吐夫文化时期到前陶新石器时代在雕塑出现的同时，其他反映象征行为和仪式活动的证据也同步显现并呈现愈加鲜明的趋势。PPNB时期的文化遗存上尤其突出仪式活动或象征思维的多样化表达，表现在石面具、墙壁绘画、带雕刻纹饰的物品、用灰

①Rollefson, G. O., "Ritual and social structure at Neolithic 'Ain Ghazal."

②Bar-Yosef, O., "Early Egypt and the agricultural dispersals."

③Twiss, K. C., "Transformations in an early agricultural society: Feasting in the southern Levantine Pre-Pottery Neolithic," *Journal of Anthropological Archaeology* 27(2008), pp. 418–442.

④Grissom, C. A., "Neolithic statues from 'Ain Ghazal: Construction and form," *American Journal of Archaeology* 104.1(2000), pp. 25–45.

⑤Ucko, P. J., *Anthropomorphic figurines of predynastic Egypt and Neolithic Crete with comparative material from the prehistoric Near East and mainland Greece*, Royal Anthropological Institute Occasional Paper 24, London: Andrew Szmidla, 1968.

泥和其他材料塑形和装饰的人头骨等物质文化遗存上[①②③④⑤⑥]。例如，巴斯塔（Basta）遗址发现有石面具，杰力科、安·噶扎尔和哈霍瑞等遗址发现有包裹灰泥的人头骨[⑦⑧]。在新石器时代早期，不同功能的活动场所和活动空间的分割或界线更加凸显，与仪式活动有关的空间、小型遗址或特殊建筑越来越多地出现[⑨]。土耳其东部戈贝克力（Göbekli Tepe）遗址是新石器时代早期的一处区域性仪式活动中心，发现有PPNA时期的T形石柱，其上雕刻有各种野生动物形象，比如野

---

①Rosenberg, M., Redding, R. W., “Hallan Çemi and early village organization in eastern Anatolia,” In: Kuijt, I. (ed.), *Life in Neolithic farming communities: Social organization, identity, and differentiation (Fundamental issues in archaeology)*, New York: Kluwer Academic/Plenum, 2000, pp. 39–62.

②Goring-Morris, A. N., Horwitz, L, K., “Funerals and feasts during the Pre-Pottery Neolithic B of the Near East,” *Antiquity* 81.314(2007), pp. 902–919.

③Goring-Morris, A. N., Ashkenazi, H., Barzilai, O., et al., “The 2007–8 excavation seasons at Pre-Pottery Neolithic B Kfar HaHoresh, Israel,” *Antiquity* 82.318(2008), p. 1151.

④Fletcher, A., Pearson, J., Ambers, J., “The manipulation of social and physical identity in the Pre-Pottery Neolithic,” *Cambridge Archaeological Journal* 18.3(2008), pp. 309–325.

⑤Bar-Yosef, O., Schick, T., “Early neolithic organic remains from Nahal Hemar cave.”

⑥Bar-Yosef, O., “Early Egypt and the agricultural dispersals.”

⑦Rollefson, G. O., “Neolithic ‘Ain Ghazal (Jordan): Ritual and ceremony, II.”

⑧Rollefson, G. O., “Ritual and ceremony at Neolithic ‘Ain Ghazal (Jordan),” *Paléorient* 9.2(1983), pp. 29–38.

⑨Goring-Morris, A. N., Belfer-Cohen, A., “Symbolic behaviour from the Epipalaeolithic and Early Neolithic of the Near East: Preliminary observations on continuity and change,” In: Gebel, H., Hermansen, B., Jensen, C., et al. (eds.), *Magic practices and ritual in the Near Eastern Neolithic: Proceedings of a workshop held at the 2nd International Congress on the Archaeology of the Ancient Near East (ICAANE), Copenhagen University, May,* 2000, Berlin: Exorizente, 2002, pp. 67–79.

牛、野猪、狮子、狐狸、蛇、鸟类等[①②]。约旦安·噶扎尔遗址的一处房屋二层的某个区域发现有5对羚羊角。另外，一处庭院中发现埋有4个人头骨，其中两个头骨上保留有小块的灰泥，还带有沥青的“眼线”装饰[③]。遗址中发现了多种与日常住所不同的建筑遗迹，例如小型的圆形建筑、长方形的“神庙”等[④⑤]。有些建筑整体与杰力科遗址的神庙建筑相似[⑥]。其中一处建筑中曾建有一个小型房屋，屋内有一个大型火塘，房屋地面经过了8次更新，8层地面层层叠压，每层都涂成了红色，这种处理方式可能与某种特殊活动有关[⑦]。约旦北哒（Beidha）遗址发现有一系列曾被多次使用的大型建筑遗迹，位于村落中心的位置。这些建筑比一般的房屋大3倍，且含有大型中心火塘。在建筑遗迹的B阶段，火塘旁边的地面中嵌有石碗和石板；C阶段发现了用石头垒砌的坑和两个石盆。这些建筑显然与家庭生活建筑不同，可能与集体活动或仪式活动有关[⑧]。以色列北部的哈霍瑞遗址的一处灰坑中发现有肢解的人骨与羚羊骨，并且被刻意地摆成了动物的轮廓[⑨]；该遗址还发现

---

①Schmidt, K., “Göbekli Tepe, southeastern Turkey: A preliminary report on the 1995–1999 excavations,” *Paléorient* 26.1(2000), pp. 45–54.

②Watkins, T., “New light on Neolithic revolution in south-west Asia,” *Antiquity* 84.325(2010), pp. 621–634.

③Rollefson, G. O., “‘Ain Ghazal (Jordan): Ritual and ceremony, III,” *Paléorient* 24(1998), pp. 43–58.

④Rollefson, G. O., “‘Ain Ghazal (Jordan): Ritual and ceremony, III.”

⑤Rollefson, G. O., “Ritual and social structure at Neolithic ‘Ain Ghazal.”

⑥Kenyon, K. M., *Excavations at Jericho/Vol. 3, The architecture and stratigraphy of the Tell Plates,* London: British School of Archeology in Jerusalem, 1981, p. 307.

⑦Rollefson, G. O., “The uses of plaster at Neolithic ‘Ain Ghazal Jordan,” *Archaeomaterials* 4.1(1990), pp. 33–54.

⑧Twiss, K. C., “Transformations in an early agricultural society: Feasting in the southern Levantine Pre-Pottery Neolithic.”

⑨Goring-Morris, A. N., Burns, R., Davidzon, A., et al., “The 1997 season of excavations at the mortuary site of Kfar HaHoresh, Galilee, Israel,” *Neo-Lithics* 3.98(1998), pp. 1–4.

有一只被宰杀的羚羊尸骨与一个灰泥人头模型共存的现象，位于一处墓葬旁边[①]。巴勒斯坦约旦河西岸的杰力科遗址发现有集中存放人头骨的遗迹[②]。土耳其的查约努和加泰土丘等遗址的房屋里或坑里发现带有牛角的完整牛头[③]。

总之，在PPNB时期雕塑与仪式活动繁荣发展，不同层面——家庭层面和群体层面的仪式性活动在社会生活中的地位迅速而显著地提升，以人与人关系为核心的象征行为占据了重要地位。动物雕塑或者与动物相关（含有动物图案或包含动物遗存的特殊遗迹）的仪式行为反映了人与动物关系出现了新的内涵，尽管与动物相关的仪式活动仍然包含着人类对获取资源和生活得到保障的愿望，但动物的象征性内涵在人类社会中越来越多地融入复杂人群或社会关系的运行体系中。这些变化体现了以农业的出现和早期发展、人口迅速增加、社会规模迅速扩大、人群关系复杂化为背景的象征思维的变化，甚至可以说人类在这一过程中产生了新的信仰[④⑤⑥]。

①Goring-Morris, A. N., "The quick and the dead. The social context of Aceramic mortuary practices as seen from Kfar Ha Horesh," In: Kuijt, I. (ed.) *Life in Neolithic farming communities: Social organization, identity, and differentiation* (*Fundamental issues in archaeology*), New York: Kluwer Academic/Pleum, 2000, pp. 103–136.

②Kenyon, K. M., "Excavations at Jericho 1953," *Palestine Excavation Quarterly* 85.2(1953), pp. 81–96.

③Rosenberg, M., Redding, R. W. "Hallan Çemi and early village organization in eastern Anatolia."

④Bar-Yosef, O., "Guest editorial: East to west–Agricultural origins and dispersal into Europe," *Current Anthropology* 45.Supplement(2004), pp. S1–S3.

⑤Bar-Yosef, O., "From sedentary foragers to village hierarchies: The emergence of social institutions."

⑥Rosenberg, M., Davis, M., "Hallan Çemi Tepesi, an early Aceramic Neolithic site in eastern Anatolia: Some preliminary observations concerning material culture," *Anatolica* 18.1(1992), pp. 1–18.

2. 中国

我国现有的考古材料显示：具有象征意义的文化遗存在旧石器时代晚期开始出现，以装饰品和赭石颜料的形式存在。然而，最早的雕塑在新石器时代中期（距今约9000—7000年）才开始出现，例如北方地区白音长汗二期的一座房址里发现有一件石雕人像，位于靠近室内中央火塘的地方，该房屋被认为是与祭祀活动有关的场所。此外，该遗址还发现有石雕熊、人面蚌饰和人面石饰等①（图5-5）。内蒙古哈克遗址第一阶段文化遗存中发现有一件象牙人面小雕像②。河北北福地遗址一期发现有动物形象面具和大量人面面具，前者包括猪、猴和猫科动物，该遗址出土的面具基本都属于陶制品，仅一件为石质（图5-5）。面具多见于房址，其次为灰坑。此外，遗址的祭祀场中还发现一件石雕动物头像③，其形态似猪头。河南裴李岗遗址发现猪头陶塑两件、羊头陶塑一件，以及似羊头陶塑一件④（图5-5）。河南莪沟北岗遗址的灰坑中发现一件人头陶塑，呈现出宽鼻深目、下颏前突的特征，陶塑颈部以下残断⑤。河南贾湖遗址出土的陶塑，有的像动物，有的像人，有的则过于抽象，陶塑形态总体上不甚清晰，随意性强⑥。山东小荆山遗址的房址中发现一件陶猪，形态较清晰但简单⑦⑧。西河遗址的

---

①内蒙古自治区文物考古研究所：《白音长汗：新石器时代遗址发掘报告》。

②中国社会科学院考古研究所、内蒙古自治区文物考古研究所、内蒙古自治区呼伦贝尔民族博物馆等：《哈克遗址：2003—2008年考古发掘报告》。

③河北省文物考古研究所：《北福地：易水流域史前遗址》，文物出版社，2007年。

④开封地区文物管理委员会、新郑县文物管理委员会、郑州大学历史系考古专业：《裴李岗遗址一九七八年发掘简报》。

⑤河南省博物馆、密县博物馆：《河南密县莪沟北岗新石器时代遗址发掘报告》，《河南文博通讯》1979年第3期，第30—41页。

⑥河南省文物考古研究所：《舞阳贾湖》。

⑦山东省文物考古研究所、章丘市博物馆：《山东章丘市小荆山遗址调查、发掘报告》。

⑧宁荫棠：《浅谈小荆山遗址的文化特征》，《中原文物》1995年第4期，第70—74页。

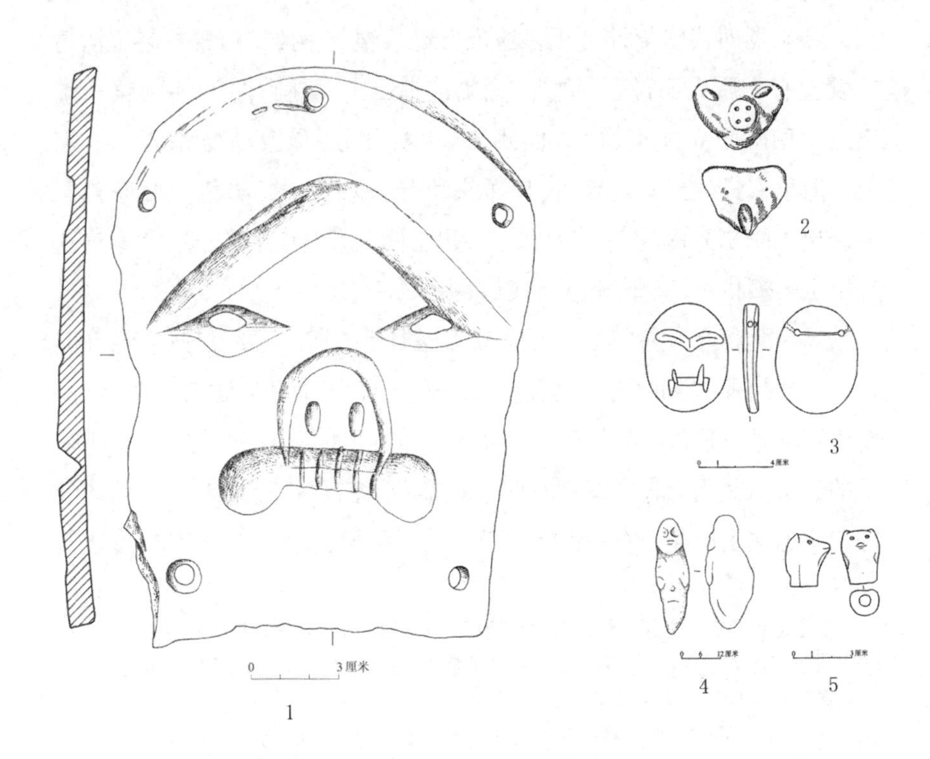


**图5-5　中国北方地区的早期雕塑**

1. 刻陶人面具（北福地遗址）；2. 陶猪（裴李岗遗址）；3. 人面石饰（白音长汗遗址）；4. 石雕人（白音长汗遗址）；5. 石雕熊（白音长汗遗址）

房址中发现有一件陶猪和一件人面陶塑[①]。甘肃大地湾遗址灰坑中发现有一件陶塑，形状近椭圆形，上下左右均向外突出，造型模糊，很难判断其所代表的形象[②]。

新石器时代晚期北方更多遗址出现雕塑[③]。例如，内蒙古赵宝沟遗址发现有陶质人面像[④]；辽宁东山嘴遗址出土女性陶像[⑤]；牛河梁遗址出土大型陶塑女性头像、人像残块（上身部分）以及动物陶塑[⑥]；北京上宅遗址二期出土有陶猪头、陶羊头和石羊头、石猴、石龟[⑦]；山东焦家遗址出土陶猪和陶狗[⑧]；陕西北首岭出土陶人像（上身部分），何家湾遗址出土陶塑猪头、鸟形陶塑、骨雕人头像等[⑨⑩]。

南方地区早期雕塑也始见于新石器时代中期，主要发现包括：江苏顺山集遗址第二期出土一定数量的陶塑，包含人面和动物面部造型，陶塑比较简单，形态不甚清晰，造型种类的辨识度不高[⑪]。湖南彭头山遗址的彭头山文化遗存中发现有两个陶塑，形态似家畜动物；八十垱遗址的彭头山文化遗存中有一件较完整的鸟形陶塑（图5-6），出自房屋建筑

---

①山东省文物考古研究所：《山东章丘市西河新石器时代遗址1997年的发掘》。

②甘肃省博物馆、秦安县文化馆、大地湾发掘小组：《甘肃秦安大地湾新石器时代早期遗存》，《文物》1981年第4期，第1—8页。

③王吉怀：《史前时期的雕刻与陶塑》，《东南文化》2005年第1期，第6—14页。

④中国社会科学院考古研究所编著：《敖汉赵宝沟——新石器时代聚落》，中国大百科全书出版社，1997年。

⑤陈星灿：《丰产巫术与祖先崇拜——红山文化出土女性塑像试探》，《华夏考古》1990年第3期，第92—98页

⑥孙守道、郭大顺：《牛河梁红山文化女神头像的发现与研究》，《文物》1986年第8期，第18—24页。

⑦宋大川主编：《北京考古发现与研究：1949—2009（上）》，科学出版社，2009年。

⑧章丘市博物馆：《山东章丘市焦家遗址调查》，《考古》1998年第6期，第20—38页。

⑨中国社会科学院考古研究所宝鸡工作队：《一九七七年宝鸡北首岭遗址发掘简报》，《考古》1979年第2期，第97—106页。

⑩魏京武、杨亚长：《我国最早的骨雕人头像》，《考古与文物》1982年第5期，第5页。

⑪南京博物院考古研究所、泗洪县博物馆：《江苏泗洪县顺山集新石器时代遗址》，《考古》2013年第7期，第3—14页。

内，另一件陶塑残破，形态不明。此外还有一件以砂岩为材料的似人头像（图5–6），出自地层中[①]。八十垱遗址还发现了可能与仪式活动有关的高台式建筑。安徽双墩遗址发现有石质雕塑和陶塑（图5–6），其中石质雕塑2件，以灰色砂岩为材料，形象不清晰，似人头，人面部无雕刻痕迹，头后部有雕刻痕迹；陶塑若干件，包括人头像、动物形象以及似玩具的小物件，其中有1件人头像最为清晰，五官齐全且生动形象。动物雕塑以及有些人面雕塑比较粗糙，形态不甚清晰。双墩遗址没有发现仪式性或具有特殊功能的遗迹，雕塑均出自地层中[②]。新石器时代晚期，长江流域的雕塑显著发展，以浙江河姆渡遗址的动物陶塑（有猪、羊、狗、鱼等形象）、人头像陶塑、象牙雕塑以及田螺山遗址第3A层的象头形陶塑为代表[③][④]。此后湖北邓家湾遗址的石家河文化遗存中发现了大量陶塑，包括动物和人物形象（前者多于后者），人像雕塑姿态各异，有很多为全身像。动物陶塑的种类非常多样，既有家养动物，也有野生哺乳动物、鸟类和水生动物[⑤]。陶塑主要出自灰坑、灰沟和地层中，但灰坑很多位于祭祀遗址边缘或分布在祭祀遗迹之间，暗示了这些陶塑对于当时的人群而言可能存在的社会意义。湖北柳林溪遗址第一期文化遗存（晚于城背溪文化而早于大溪文化）中发现有一件石雕人像，人物呈蹲坐状，形象非常清晰生动，是早期雕塑技术发展的重要代

---

①湖南省文物考古研究所编著：《彭头山与八十垱》，科学出版社，2006年。

②安徽省文物考古研究所、蚌埠市博物馆编著：《蚌埠双墩：新石器时代遗址发掘报告》，科学出版社，2008年。

③浙江省文物考古研究所：《河姆渡：新石器时代遗址考古发掘报告》，文物出版社，2003年。

④浙江省文物考古研究所、余姚市文物保护管理所、河姆渡遗址博物馆：《浙江余姚田螺山新石器时代遗址2004年发掘简报》。

⑤湖北省文物考古研究所、北京大学考古系、湖北省荆州博物馆编著：《邓家湾：天门石家河考古报告之二》，文物出版社，2003年。

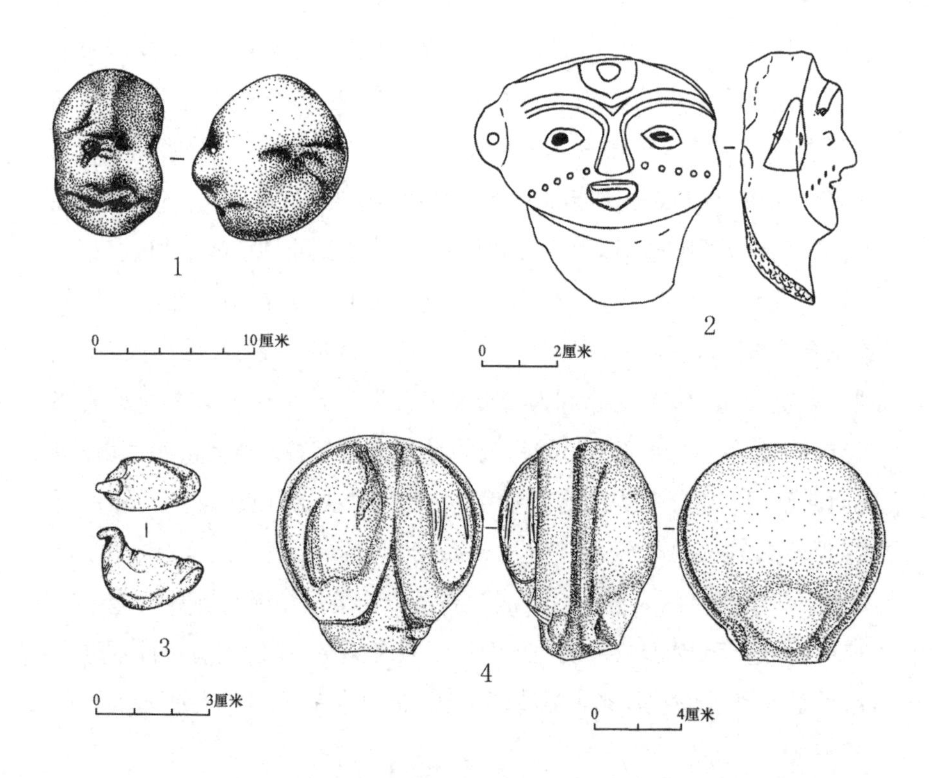


**图5-6 中国南方地区的早期雕塑**

1. 头像石塑（八十垱遗址）；2. 人头像陶塑（双墩遗址）；3. 鸟形陶塑（八十垱遗址）；4. 人头像石塑（双墩遗址）

表[①]。大溪文化汤家岗遗址出土了似人头和似狗头的陶塑[②]。总之，新石器时代晚期雕塑数量显著增加，很多具有更加清晰、生动逼真的形象，工艺也更加精细。

总的来看，我国的早期雕塑（指新石器时代中期的发现）包含动物造型和人像或人面具，既有陶质也有石质，动物雕塑和人形雕塑几乎在同一时期开始出现。与新石器时代晚期相比，这个时期的雕塑数量很有限，人像更少（个别遗址例外），大多数雕塑造型简单，有些还非常抽象，造型的准确度和生动程度弱，制作风格和技艺比较简单、不稳定。人像或人面具在东北和华北地区似乎更为突出。早期的人形雕塑主要是面具，或者人头像，几乎不见全身雕塑。北方地区发现的雕塑多出自房子或灰坑中，与雕塑同时出现并逐渐增加的还包括具有特殊功能和内涵的埋葬现象以及与仪式活动有关的遗迹，例如，在查海遗址，人们用玄武岩石块摆塑成龙的形象，有一处房址中出土了带有浮雕蛇衔蛙的大陶罐，可能为仪式所用的特殊器物[③]。北福地遗址发现一处祭祀场，该遗迹位于高台地上，祭祀活动面上分组排列不同类型的祭祀遗物，包括中小型陶器、磨制石器、玉器、石雕动物头像、水晶等[④]。磁山遗址发现有诸多储存粮食的窖穴，有的在粮食堆积的底部出土了猪或狗的骨架[⑤]。贾湖遗址发现有专门埋葬狗的坑，有的分布在墓地或边缘地带，有的则位于居址之中或房基旁边。此外，还有灰坑中埋葬龟甲以及将龟甲置于房基中

---

①湖北省文物考古研究所：《湖北秭归县柳林溪遗址1998年发掘简报》，《考古》2000年第8期，第13—22页。

②湖南省博物馆：《湖南安乡县汤家岗新石器时代遗址》，《考古》1982年第4期，第341—354页。

③辽宁省文物考古研究所编著：《查海：新石器时代聚落遗址发掘报告》，文物出版社，2012年。

④河北省文物考古研究所：《北福地：易水流域史前遗址》。

⑤河北省文物管理处、邯郸市文物保管所：《河北武安磁山遗址》。

等特殊现象[①]。顺山集遗址第一期发现有埋葬整狗的坑，位于居住区房址附近[②]。然而，南方地区的早期雕塑主要发现于地层中，并且很少发现与雕塑同时的具有鲜明仪式性或特殊功能的遗迹。这或许暗示了南、北方地区早期雕塑的用途或通过雕塑传递信息和思想的方式有所区别。

## 三、比较与讨论

旧石器时代晚期装饰品在旧大陆普遍出现，反映了各地区人类对动物资源相同的利用方式。与骨器的制作和使用类似，尽管旧大陆各地区人群所处环境不同，具体的生计活动以及石器技术存在差异，但他们都制作和使用类型相同或相似的装饰品，反映出相同的技术行为以及相似的传递信息、表达想法和情感的方式。装饰品在出现的早期阶段可能用于个体独特性的展现，后来随着一系列现代行为的普遍出现，由于装饰品能持久保存且便于携带，这类物品起到了在不同规模、不同层面的群体之间传递各类信息的作用[③]。从目前的年代数据来看，距今4万年前装饰品在欧亚大陆很多地区开始出现，并在距今3.5万—3万年期间基本遍布欧亚大陆，包括西欧、中欧、东欧、西伯利亚、西亚和东亚。装饰品在相对短的时间内在欧亚大陆各个地区的广泛出现与现代人广泛而快速的扩散相呼应，新的知识、技术和自我认知的表达在广阔空间中迅速传播，并成为不同人群之间文化交流的重要纽带。同

①河南省文物考古研究所：《舞阳贾湖》。

②南京博物院考古研究所、泗洪县博物馆：《江苏泗洪县顺山集新石器时代遗址》。

③Kuhn, S. L., Stiner, M. C., “Body ornamentation as information technology: Towards an understanding of the significance of early beads,” In: Mellars, P. A., et al. (eds.), *Rethinking the human revolution: New behavioural and biological perspectives on the origin and dispersal of modern humans (McDonald Institute monographs)*, Cambridge: McDonald Institute for Archaeological Research, 2007, pp. 45–54.

时，随着人口的增加以及气候更加频繁剧烈地波动，人类生存压力增加，促使人群关系发生调节与变化。在这一背景下，装饰品在旧石器时代晚期晚段更为广泛地分布并呈现进一步加强的趋势，作为个体或群体身份的象征，装饰品可能促进了新的社会关系的形成与运行，在维系或调节不同人群之间越来越复杂的社会关系中起到重要作用。从长远来看，这进一步为现代人开拓新的生存空间、成功生存及文化的繁荣和加速发展创造了条件。

然而，尽管装饰品是旧大陆各地在旧石器时代晚期以来的共同文化组成，但是装饰品在不同地区的丰富程度存在明显差异：在欧洲尤为丰富，并且从旧石器时代晚期早段就有较多发现，在旧石器时代晚期晚阶段则分布更广且更加丰富，而在西亚，装饰品早在旧石器时代中期就有发现，但直到旧石器时代末期才有显著增加。在东亚，旧石器时代晚期装饰品数量总体有限并且区域不平衡现象显著，这一方面与不同人群的文化选择有关，另一方面受到区域内人群的流动特点、人口密度及社会关系的变化的影响。

旧石器时代晚期人类开始制作雕塑，这是人类艺术创作的早期表现形式，赋予了动物资源以重要的社会意义和象征意义。雕塑的创作源于欧洲旧石器时代晚期，亦是现代人认知与技术发展的重要标志。特定区域——多瑙河沿岸人口的增加可能促进了人群交流以及社会关系网络的建立，刺激了文化创新的发生，以多种具有象征意义的物品，如雕塑、乐器、装饰品为标志[①]。动物雕塑开始集中出现的时间正是现代人在欧洲出现的早期阶段。它们主要分布在中欧，见有象牙雕塑、陶塑等，其中陶塑是具有强烈区域特点的一个类型。西欧地区的动物形象更多地以刻画纹样的形式出现在骨头、鹿角上或者绘在

---

①Conard, N. J., Bolus, M., “The Swabian Aurignacian and its place in European Prehistory.”

洞壁上，这说明不同地区的狩猎采集者采用不同的方式记录日常的生活，特别是与之密切相关的动物，或者以不同的形式进行人与自然的沟通。欧亚大陆的早期雕塑中，动物形象非常多样，再现了一个地区存在的动物种类，人们通过这样的物品或方式记录下自己的生活与自然现象。与早期人类相比，现代人在自然界中的优势地位不断加强，生存能力大大提升，人类在技术、知识和经验的积累下能够有效地获取到想要利用的多种动物资源，对动物的情况“了如指掌”。雕塑展现了人类对动物和环境的熟知，也可能表达了崇拜和敬畏的情感，特别是对于一些不太容易获取或难以接近的凶猛、强壮的动物。生活在旧石器时代的狩猎采集人群可能认为“万物有灵”，人与动物之间是可以进行交流的，不存在控制或依附的关系，动物雕塑可能是人与动物沟通的一种媒介。此外，欧洲奥瑞纳文化中发现的狮头人身雕塑可能用于特定的仪式，反映了人类对于人与自然关系的想象，人类用这样的方式把真实的世界和幻想的世界结合起来。从社会关系的角度看，早期雕塑能够以可视的方式传递与生存环境密切相关的信息，也是史前人群进行思想和文化交流的媒介，甚至代表了特定的时空格局中某个或某些群体的共同信仰[①]。在此基础上，群体可以开拓、维系更广泛的社会关系，帮助他们开发新环境、度过自然或社会危机等[②③]。雕塑的这种意义无论在欧亚大陆旧石器时代晚期的狩猎采集人群，还是新石器时代早期的农业人群中都是有所体现的。

人形雕塑与动物雕塑基本在同一时期——现代人到达欧洲的早期阶段开始出现，但人形雕塑主要存在于格拉维特文化时期及此后的

①Price, T. D., *Europe before Rome: A site-by-site tour of the Stone, Bronze, and Iron Ages.*

②Gamble, C., “Interaction and alliance in Palaeolithic Society.”

③Balter, M., “On the origin of art and symbolism,” *Science* 323.5915(2009), pp. 709–711.

时期，其分布非常广泛，西至西欧，东至西伯利亚[①]。制作人形雕塑的材料多种多样，包括软石、象牙、黏土等。人像的整体风格和造型主旨具有一致性，但同时，具体形态和部位细节存在差异，反映了更广泛空间之中的文化和情感交流以及共同的信仰。把旧石器时代的雕塑放在更大的空间尺度来看，我们就会发现欧洲地区在人口密度增加、狩猎采集人群关系更加密切的背景下的特有文化。雕塑在中石器时代欧洲有衰落之趋势，但仍可以见到在砾石上的绘画、带刻画的木头、带装饰的骨头和鹿角等[②③]。

西亚地区的雕塑出现于旧石器时代末期的纳吐夫文化，数量有限，其中多为动物造型，很少有人的造型。雕塑多为石灰岩材料。前陶新石器时代的雕塑数量显著增加，其中人形雕塑增加明显且形态更为多样，雕塑技术进一步发展。这一时期陶塑比例增加，也有仍用石灰岩制作的。在前陶新石器时代的西亚地区，动物雕塑包括丰富的野生动物形象和饲养的动物的形象。当时的社会采用栽培作物、饲养动物，兼有狩猎的生计方式，动物雕塑依然融于并记录着日常生活。然而，此时的动物雕塑对于人类而言，也被赋予了新的涵义，体现在人类新的习俗和信仰之中。在前陶新石器时代，特别是在PPNB时期，野生动物的形象常见于雕塑或雕刻上。有些遗址出土的动物遗存甚至全部属于野生动物种类，而这些种类的遗存常见于特殊遗迹之中[④⑤⑥]。在很多遗迹中，动物

①Gamble, C., "Interaction and alliance in Palaeolithic Society."

②Price, T. D., "The Mesolithic of western Europe."

③Price, T. D., "The Mesolithic of northern Europe."

④Cauvin, J., *Naissance des divinités, naissance de l'agriculture: La révolution des symboles au néolithique,* Cambridge: Cambridge University Press, 2000.

⑤Twiss, K. C., "Transformations in an early agricultural society: Feasting in the southern Levantine Pre-Pottery Neolithic."

⑥Verhoeven, M., "Ritual and ideology in the Pre-Pottery Neolithic B of the Levant and southeast Anatolia."

骨骼经过了特殊处理和埋葬，有些动物骨骼与人骨或代表人物形象的象征性物品埋葬在一起，反映了人类与动物的新关系。人形雕塑，以及与人像相关的象征性物品（包括灰泥人形塑像、涂灰泥的人头骨、人面面具等）在西亚前陶新石器时代显著增加，反映出在新石器时代新的社会背景下，人类对于自身角色和群体发展的新认识。人像及面具等可能用于家庭或公共的仪式活动，反映了群体中新出现的人物角色或有特殊身份、地位的人员及其在社会生活中的作用①。与此同时，仪式性建筑和公共活动场所在西亚前陶新石器时代B时期有着丰富的发现，进一步表明仪式活动在社会生活中占据重要地位，且其角色不断得到彰显和强化，促进了集体记忆的形成和社会组织的发展，是社会复杂化的重要体现②③④。随着农业的发生以及社会复杂化程度的逐渐增加，在象征体系中，人与人的关系或社会群体间的关系在一定意义上超越了在过去很长时间里人类对人与动物或自然环境关系的依赖，或者说超越了人类通过与动物和自然界沟通，祈求丰产或期待好的生存状态的地位，尽管后者在早期农业社会甚至更晚时期的人类社会中仍然存在并扮演重要角色。

在中国，雕塑最早出现于距今约8000—7000年前，动物雕塑和人形雕塑几乎在同一时期开始出现，包括陶塑和石质雕塑。新石器时代晚期出现其他材质的雕塑，并且越来越多地出现作为陶器附件的动物雕塑和

---

①Bar-Yosef, O., "Early Neolithic stone masks," In: Özdoğan, M., Hauptmann, H., Başgelen, N. (eds.), *From village to cities: Studies presented to Ufuk Esin*, Istanbul: Arkeoloji ve Sanat Publications, 2003, pp. 73−86.

②Verhoeven, M., "Ritual and ideology in the Pre-Pottery Neolithic B of the Levant and southeast Anatolia."

③Watkins, T., "Architecture and the symbolic construction of new worlds," In: Banning, E., Chazan, M. (eds.), *Domesticating space: Aonstruction, aommunity, and aosmology in the Late Prehistoric Near Eas*t, Berlin: Ex Oriente, 2006, pp.15−24.

④Bar-Yosef, O., "The world around Cyprus: From Epi-Paleolithic foragers to the collapse of the PPNB civilization."

动物形象的陶器[①]。我国早期的陶塑制作不十分精致，多为头部或面部，很难见到完整的全身造型，多数陶塑所代表的形象不清晰或非常简单。与欧亚大陆西部相比，中国早期雕塑的数量、精细度和复杂程度有限。从多数中国早期动物雕塑的出土单位、雕塑所刻画的动物种类，以及在晚期大量作为陶器附件的动物雕塑和动物形状陶器出现等情况来看，动物雕塑充分体现着日常的生产生活。同时，人与动物在新石器时代中期出现新的关联，动物在人类生活中被赋予新的意义，与西亚前陶新石器时代的情况相似。早期动物雕塑所反映的主要动物种类，如猪和狗，与埋葬坑中所埋葬或墓葬中所随葬的动物种类相似，暗示着这些动物在人类生活中的重要性，甚至关联着人的生与死。根据目前的考古材料，我国早期雕塑在北方地区的出现相对更早。人像、人面具更多地出现于淮河以北地区，以华北和东北地区居多，结合这些地区早期的仪式性遗迹来看，雕塑可能代表了区域性的习俗和信仰；同时暗示了北方地区与欧亚大陆西部可能存在文化交流。相比于早期动物雕塑，人像和面具的仪式性意义更加突出，相关的仪式活动可能与祈求多产、丰收有关，也可能与家庭或族群的祖先或者特殊人群，抑或想象中的“神”或超自然力量有关[②]。此外，中国早期的信仰还在逐渐发展的以仪式空间和墓葬为代表的文化体系中显现，且在新石器时代中期以后还蕴意于其他材质或形式的文化遗存，比如刻符骨头、陶器、玉器等。

---

①王吉怀：《史前时期的雕刻与陶塑》。

②孙守道、郭大顺：《牛河梁红山文化女神头像的发现与研究》。

# 结　语

## 一、研究展望

动物考古学在考古学理论基础上特别应用了解剖学、生物学、生态学等理论，形成了由动物遗存的发现与收集、观察与鉴定、统计与分析及解释所组成的研究体系。由于遗址堆积或动物骨骼堆积形成的复杂性、动物遗存的保存特点以及狩猎采集人群的行为与生活特点，旧石器时代动物考古具有独特性。研究时特别需要结合埋藏学、行为生态理论等，在研究方法中应采取适用于旧石器时代动物遗存与解答旧石器时代考古学问题的设计。在遗存的发现与收集过程中特别要注意全面收集，并注意对遗存出土状态和环境背景进行详细、全面记录。旧石器时代的动物遗存通常破裂程度较高，为种属和骨骼部位的鉴定带来很大难度。然而，即使这些方面无法鉴定，也要注意对遗存进行其他方面的详细观察与测量，例如改造特征的属性和程度、改造痕迹的位置、破裂特点、破裂程度、遗存的尺寸等。统计与分析应围绕着遗存的保存状况、骨骼部位构成特点及其成因、动物死亡年龄结构、改造特征等方面展开，目的是对骨骼堆积形成和变化的作用因素，人类发现、获取、搬运和利用动物资源的方式与策略，以及人类的栖居与行为模式进行分析。同时，分析时应注意考虑动物本身的身体与骨骼特点、行为习性等。这些分析结果最终推动我们对早期人类演化、人类适应生存行为的发展、现代人及现代行为的出现与发展等考古学问题的深入探讨。

我国的旧石器时代动物考古研究在研究目标与研究方法上正在发生转变，在相关问题的认识方面也取得了重要进展，但是仍然存在着进一步完善和深入研究的空间。本书在比较视野下，对旧大陆东、西方旧石器时代动物遗存研究所反映的人类获取与利用资源策略的发展变化、技术的发展变化以及史前社会的发展变化作了尝试性探讨，发现了旧大陆东、西方相似的变化趋势，但同时也揭示了区域差异。然而，作者在研究过程中发现，由于东、西方旧石器时代动物遗存研究不均衡——东方长期以来以旧石器时代人类与动物关系为目标的动物考古研究资料比较缺乏，人类适应行为的形成及区域特征尚待广泛而深入的讨论。目前来看，随着与国际一致的研究理念与研究方法体系的应用，我们将会积累到更丰富的用于不同地区比较研究的资料和数据，为旧石器时代人类与动物关系问题的探讨奠定基础。就研究方法而言，一方面我们需要加强对出土动物遗存开展系统的埋藏学分析，即结合遗址或堆积单位的环境及其他背景资料，通过动物遗存种属构成、骨骼部位构成、动物死亡年龄结构、骨骼改造特征与保存状况所提供的线索分析动物骨骼堆积形成过程或者骨骼堆积与人类活动的关系，这是解读动物遗存的文化内涵、解读人类开发利用动物资源行为的前提与基础。另一方面，加强针对旧石器时代动物遗存特点的实验考古研究，比如开展有关骨骼破裂的实验，对不同骨骼部位在人工砍砸作用力下发生破裂的特点或破裂模式进行规律观察和总结，对骨骼在不同状态下的破裂模式进行观察。同时，在破裂的基础上，特别观察不同骨骼部位的内部结构。旧石器时代动物遗存破裂程度高，骨骼表面的形态特征很多时候无法保留，为鉴定带来很大难度。然而，不同骨骼部位的内在结构存在差异，如果能够发现其中的规律特征，将有利于我们最大程度地鉴定骨骼部位，并从骨头中尽可能多地获取研究信息。另外，还应加强骨器制作与骨器或骨头使用痕迹的研究。过去我国学者开展了骨器制作和使用的实验，为我们复原史前骨器制作技术、认识骨器的功效奠定了重要基础。未来开展骨器制作实验则应当注意观察和分析制作过程中留下的副产品和废品的特征，注意观察非终级产品上产生的痕迹以及破裂形态，这将有助于我们复原骨器的生产过程，详细揭示人类行为链条。旧石器时代遗址中经常发现带有磨圆的或者有特殊疤痕的破裂骨头，容易被判断为骨质工具。然而，骨头在埋藏过程中很可能经历自然作用力的复杂改造，形成与人工加工、使用痕迹相似的特征。因此，观察未经修理的骨头和经过刮-磨制成的形态规范的骨器在不同使用方式和使用程度下所产生的痕迹特征也是实验考古的重要方向，这将有助于我们准确评判出土动物骨骼的使用状况，以及在此基础上解读人类生计活动。

烧骨是动物遗存受到改造的最为常见的形式之一。烧骨可以提供有关人类用火行为和栖居特点的线索，但前提是能够准确判断骨头曾被烧过。过去我们通常根据颜色对烧骨进行判断，但是这样容易把被矿物浸染的深色骨骼当作烧骨，因此，未来针对烧骨的鉴定应更多地结合红外光谱以及微形态等方法。同时，通过烧骨与非烧骨的比例关系，烧骨与其他遗物，例如石制品、木炭、灰烬的关系，以及烧骨堆积的结构特征、烧骨与火塘或者与遗址中功能明确的活动区域的空间关系等判断烧骨形成于怎样性质的燃烧事件、形成的过程如何，识别原地堆积和经过自然作用或人类活动搬运的二次堆积，为揭示人类用火行为与空间利用行为提供依据。

未来，旧石器时代动物考古研究还需特别开展的工作是空间分析。遗物的空间分布是判定遗址或堆积性质的重要依据，也为复原人类空间利用行为和栖居特点[①]以及人群规模提供信息。尽管目前旧石

①Clark, A. E., “Time and space in the middle paleolithic: Spatial structure and occupation dynamics of seven open-air sites.”

器时代考古研究中空间分析的主要对象是石制品，但是动物遗存作为遗址中最常见的堆积物构成，其空间分布信息也是至关重要的。很多旧石器时代遗址是缺乏明确遗迹的，遗存从表面上看通常是随机地成堆分布在一起，但其实人类活动的遗存能够形成特定的空间分布模式。民族学资料显示：人类围绕火塘从事活动的时候，较小或微小的遗物更有可能掉落、分布在活动者身旁或相对靠近火塘的区域，而尺寸较大的遗物往往被扔到距离火塘相对较远的区域，比如，骨骼碎片和碎屑分布更多地聚集在掉落区，而关节部位集中在丢弃区[①]。但是人类对居住场所进行打扫和清理会导致不同尺寸的遗物混合在一起，并被堆放到远离活动中心区或睡觉休息区的地方，或者靠近遗址利用度最低的边缘区域，例如被堆放到靠近洞壁或者洞穴较深的地方。活动中心区域则可能只剩下数量不多的微小遗物。从理论上说，一处地点被占用的时间越长，或者被多次反复占用的话，遗物从中心活动区域向外“移动”的程度就越高，遗物在人类走动过程中被踢走、踢远的可能性就越大[②]。如果人类对遗址占用时间较长或者反复占用，那么可能造成动物遗存在纵向上的密集分布，反之遗存纵向分布密度可能会较低。因此，在不存在遗迹的情况下，我们也可以围绕不同类型的动物遗存展开空间分析，例如动物遗存的分布密度，不同骨骼部位的空间分布，带有某类改造痕迹的动物骨骼的空间分布及其与不具有这类改造痕迹的骨骼的空间关系，不同尺寸的动物遗存的空间分布，等等。在此基础上，进一步结合其他类型的遗存或堆积物，比如石制品、天然石块的空间分布对它们之间的空间关系进行研究，从而为解读遗址功能与人类的空间利用行为以及遗址占用模式增添更多可靠的证据。

---

①Binford, L. R., “Dimensional analysis of behavior and site structure: learning from an Eskimo hunting stand.”

②Clark, A. E., “Using spatial context to identify lithic selection behaviors,” *Journal of Archaeological Science: Reports* 24(2019), pp. 1014–1022.

需要注意的是，我们所发现的遗物空间分布通常并不能与当时的人类行为直接或完全对应，必须考虑到自然作用造成遗物发生位移、改变遗存原始空间分布模式的可能；后来的人类占据活动也可能对前一次占据事件所形成的空间结构进行改造。如果遗址受到很大的扰动，遗物的分布可能是完全混乱的，也可能围绕着障碍物，例如大型石块、倒塌的树干而堆积，或者在某种特定的地势（例如洼地、沟槽）中堆积下来，出现“密集分布”的现象，有时很大的石块或骨头下会压着石制品碎屑或骨骼碎块。踩踏作用可以造成遗物在平面上的位移①，改变遗物的纵向分布。此外，水流、冻融、沉积物的干湿变化和地下水位的变化等也可以改变遗物的纵向分布②。在空间分析时还特别需要考虑到成岩作用给动物遗存空间分布造成的影响。总之，在开展空间分析时必须考虑到旧石器时代遗址埋藏过程的复杂性。

综上，随着旧石器时代动物考古资料的积累，在生物学和考古学的理论框架中，以及在研究理念与方法完善与扩展的基础上，我们将获得旧石器时代人类与动物关系更多新的和深入的认识，进而推动我们对不同地区人类适应生存行为、人群迁徙和交流以及文化发展多样性的讨论。

## 二、人类与动物关系的发展变化

动物考古的主要目标是探讨人类与动物的关系。动物与人类共存于自然界，二者相生相依、密不可分。直到今天，动物与人类的关系仍然是我们关注和探讨的主题。在史前时期，动物塑造了人类的生活环

①Gifford-Gonzalez, D. P., Damrosch, D. B., Damrosch, D. R., et al., “The third dimension in site structure: An experiment in trampling and vertical dispersal.”

②Villa, P., Courtin, J., “The interpretation of stratified sites: A view from underground,” *Journal of Archaeological Science* 10.3(1983), pp. 267–281.

境，为人类的生存和繁衍提供必要资源，并影响着人类的抉择。动物对于人类而言，具有尤为重要的物质经济价值和社会价值，并随着人类社会的发展变化在史前人类精神生活中扮演越来越重要的角色。人类与动物关系的发展变化在史前人类对动物资源的开发利用中得到了充分的体现，对这个问题的认识可以帮助我们更好地认识人类自身的由来与发展。

在人类演化的早期阶段，大脑和身体结构的变化、认知和行为的发展与动物资源的获取、消费、分享密切相关。肉、骨髓、油脂是人类食物和营养的关键来源，早期的直立人已具有狩猎的能力，他们可以通过耐力长跑和追踪的方式在相对安全的状态下获取动物或者使用手斧等工具狩猎，只不过有关旧石器时代早期早阶段人类狩猎工具和方式的考古学证据并不是特别充分，有些还存在争议。人类较为稳定地、经常性地猎取动物的行为从旧石器时代早期较晚阶段，距今约40万—30万年前开始较多地出现。这一时期狩猎活动的动物考古学证据有所增加，并且出现了更为直接的反映人类狩猎技术和方法的证据。旧石器时代中期，尽管不同地区人类所面对的景观和动物种类有所区别，但经常性地狩猎大、中型哺乳动物是旧大陆人群普遍的生计策略，是人类计划行为和合作行为显著发展的标志。人类通过选择性捕获成年个体或者较稳定地获取成年个体，以及大量、高强度地敲骨取髓来实现食物和资源的最大化利用。在旧石器时代早期晚段和旧石器时代中期，人类对动物资源的利用除了获得肉食与营养外，还包括使用动物骨头和牙齿打制、修理石器或进行其他砍砸活动。

尽管在旧石器时代早、中期人类已经具有狩猎能力，但是人类与大型食肉动物共存于生态系统中，拥有相同的猎物目标。食肉动物对人类经常造成威胁，与人类竞争“领地”和食物。直到旧石器时代中期甚至更晚，人类仍然会通过拣食食肉类吃剩的动物尸骨而获取一些肉食。有些遗址，例如北京周口店第一地点中的人骨上存在食肉动物啃咬或破坏的痕迹，尽管很难判断人骨受到破坏所发生的具体情境①。人类与食肉动物对洞穴的轮流占据也是旧石器时代人类和食肉动物关系的常见表现②。在旧石器时代晚期以前的出土动物遗存组合中常见大型食肉动物，并且有时数量比较丰富（注：相比较之下，旧石器时代晚期遗址中发现的食肉类动物明显减少，并且多为小型，比如狐、獾、貉、鼬等），反映了这一时期食肉动物占据遗址或者在遗址上活动的频率比较高。周口店第一地点中下部（第5层以下）堆积中发现了很多成层分布的食肉动物粪化石（绝大多数为鬣狗粪），说明这些时期洞穴经常被鬣狗占据③。根据德国施瓦比河谷旧石器时代中期的洞穴遗址在冬季曾经被鬣狗和洞熊占据④⑤，以色列卡夫泽洞穴中大型食肉动物遗存所占的比例、幼小鬣狗个体遗存的发现以及食肉动物与食草类动物遗存的比例关系，可以看出在旧石器时代中期和晚期遗址上都曾有食肉动物活动，洞穴在较长时间里都曾被鬣狗据为巢穴⑥。此外，动物对遗址的频繁占据以及人类的间断占据，反映了人类在特定区域的暂时性活动⑦，以及相对较小的人群规模或人口密度。

---

①Camarós, E., Münzel, S. C., Cueto, M., et al., "The evolution of Paleolithic hominin-carnivore interaction written in teeth: Stories from the Swabian Jura (Germany)."

②Camarós, E., Cueto, M., Teira, L., et al., "Bears in the scene: Pleistocene complex interactions with implications concerning the study of Neanderthal behavior," *Quaternary International* 435(2017), pp. 237–246.

③林圣龙：《周口店第一地点的大型哺乳动物化石和北京猿人的狩猎行为》。

④Conard, N. J., "The demise of the Neanderthal cultural niche and the beginning of the Upper Paleolithic in Southwestern Germany."

⑤Münzel, S. C., Conard, N. J., "Change and continuity in subsistence during the Middle and Upper Palaeolithic in the Ach Valley of Swabia (south-west Germany)."

⑥Rabinovich, R., Hovers, E., "Faunal analysis from Amud Cave: Preliminary results and interpretations."

⑦Bar-Yosef, O., "Eat what is there: Hunting and gathering in the World of Neanderthals and their neighbours," *International Journal of Osteoarchaeology* 14 (2004), pp. 333–342.

旧石器时代早、中期古老人群具有狩猎的能力，并且狩猎技术和行为能力在旧石器时代中期有所发展，具体表现在对大型动物成年个体的经常性猎取与利用以及复合工具的使用方面。狩猎、搬运和处理加工大型猎物离不开群体成员之间的合作；对复合工具的制作也需要合作，因为生产这种工具需要打制石器、切割或切锯柄把、捆绑或黏合等多道工序，需要花费更多的时间和精力，而其中一部分时间或精力原本是被花费在觅食或者照料孩子等方面的[①]。从这个角度说，复合工具技术的出现在一定程度上促进了合作，同时反映出这一阶段人群计划行为的发展。然而，在旧石器时代早、中期人们很少猎取某些种类的动物或不经常获取很多种类的动物，例如鸟类、鱼类以及超大型动物。就超大型动物而言，这一时期人们偶尔通过拣拾的方式获取自然死亡的长鼻目动物，消费肉食或利用它们的骨骼打制工具，但他们对超大型动物的获取具有偶然性，缺少复杂的计划性，利用方式也很有限。

现代人出现后，成为了自然界中的强者，随之人口增加，活动范围扩大，人类对某个地点或某个区域的占用强度与占用时间在旧大陆很多地区都明显增加，人类文化呈现出前所未有的繁荣。伴随着人类认知、技术和行为能力的发展，在人口和社会关系变化以及环境压力增加的多重驱动下，旧石器时代晚期现代人的生计活动对象逐渐显著多样化，对大型和小型哺乳动物、食肉动物和食草动物、水生动物和鸟类等各种动物资源进行全面开发利用。现代人的生计策略总体上具有灵活性、多样性和充分性的特点。很多地区的人群对某些种类的动物进行专门、强化的获取与利用，例如对某种动物幼年个体的大量捕获、对动物骨头中油脂的充分提取。欧亚大陆北部草原地带的人群甚至能够通过多种方式（包括狩猎、拣拾等）获取并充分利用超大型的猛犸象，

---

①Bar-Yosef, O., Kuhn, S. L., “The big deal about blade: Laminar technologies and human evolution,” *American Anthropologist* 101.2(1999), pp. 322–338.

这是现代人在资源比较贫乏或者缺少替代性资源的环境之中所采取的生存策略。欧亚大陆旧石器时代晚期，特别是较晚阶段，现代人广泛、迅速地迁徙扩散，人口增加，在这一背景下，很多地区的人类生计活动呈现出相似或相同的变化趋势。人类对动物资源的多样化、强化开发利用不仅使他们在特定环境背景下获得更多的食物，或者在面对生存压力时供养更多的人口，还可以使其获得更丰富的生活资源，例如动物皮毛、油脂等，这些资源对于在高纬度地区的生存尤为重要。也就是说，对于人类生存而言，动物的经济价值被现代人史无前例地充分开发出来。

在生计策略总体变化趋势一致的情况下，人类生计的变化也存在区域特点。从目前的考古材料看，我国旧石器时代晚期生计的变化主要发生在距今2万—1万年。南方地区（主要是东南部）生计出现变化的时间较早，在距今2万—1.8万年左右，表现为食谱拓宽，对水生动物资源突出利用，以及对鹿科动物强化利用，以湖南玉蟾岩、江西仙人洞和吊桶环等遗址为代表。北方生计策略的显著变化较南方稍晚，主要发生在末次冰期最盛期之后的旧石器时代末期。与南方多湖泊，水域发达的环境不同，北方很多区域中水禽类、鱼类、软体动物相对不丰富，但人们对羚羊等草原动物或者小型哺乳动物（例如兔子）存在专门化的狩猎以及强化利用，以河北于家沟遗址、宁夏水洞沟遗址第12地点为代表。然而，与我国地域的广阔性相比，人类生计行为方面的考古资料仍十分稀少，并存在着年代上的缺环。我国现代人出现后人类开发利用动物资源的行为特点与变化原因的研究仍有赖于对更多区域深入研究的资料。

技术为动物资源的获取和利用提供保障、创造条件，同时人类生计的变化促进了技术的发展或改变。旧石器时代不断出现新的狩猎工具：从早期的石核-石片工业、阿舍利工业，变为中期的勒瓦娄哇技术工业，再到晚期的石叶工业、小石叶工业或细石叶工业，狩猎工具的生产技术和功能向着“高效”方向发展变化，终极产品向着轻小型化变化，更加适于人群快速、大范围的迁徙和流动。在旧石器时代晚期，动物资源的获取技术进一步多样化，包括利用石叶、小石叶或细石叶及弓箭、复合型骨器、绳索或陷阱等高效地捕获动物或者捕获到更多种类的动物。旧石器时代晚期晚阶段很多地区大量生产小石叶、细石叶或琢背工具等细石器，通常作为复合工具的配件使用，便于更换，提高了狩猎的效率。然而，大量生产“配件”以及完成复合工具的整体制作需要人们投入更多的时间和精力，这便要求群体成员间有效地合作，使他们在生产有效工具的同时不耽误对食物的获取以及其他生计活动的开展，并使他们有可能在特定区域更稳定地生存，或者使觅食者有充分的时间和工具储备去开拓更大的区域以获得资源。技术的变化还体现在动物屠宰、消费、利用等方面，例如使用端刮器处理加工动物的皮，使用骨针等工具缝制皮质物品，使用陶器等容器和火烧煮骨头获取油脂、加工食物以及储存食物等。技术工具促进了人们对动物资源的有效获取和相对长期的利用，使人们能够更灵活地应对自然环境与社会的变化，对人群的生存与扩张产生重要影响。

虽然很多地区在旧石器时代晚期都出现了新的石器技术，例如我国北方地区随着人群迁徙或文化交流出现了小石叶和细石叶技术，以及与之相关的行为模式，但是大多数地区的石器技术变化并不显著，或者说稳定性更强，例如我国南方地区和东南亚地区，尽管这些地区在动物资源的开发利用方面发生了明显的变化或出现了新的因素。在这些地区，狩猎或利用动物资源的工具非常丰富，除石器以外，竹木工具、网绳等可能都是重要的选择，并且我国南方地区在距今2万—1.8万年的旧石器时代晚期晚段出现了陶器。陶器在对食物资源，特别是水生动物资源进行拓展利用和强化利用的过程中扮演了重要角色。旧石器时代晚期，我国北方和南方在动物资源开发利用行为上的共性与差异、地区间石器技术面貌的差异以及各地区与资源开发利用技术的不同出现过程（例如陶器和磨制石器），暗示了南、北方人群存在与欧亚大陆西部人群不同的交流路径，以及在环境和人口压力下不同的生存策略选择，同时反映出南、北方地区在这一时期的交流比较有限[①]。

在旧石器时代早期早阶段，人类便能够对动物骨头进行直接的使用，主要用于砍砸、挖掘或者修理石器，也可能用于穿刺或刮抹。然而，这种骨质工具的功效不高，不是人类生活用具的主要组成部分。当然，我们并不能完全否认这类工具在这一时期，甚至在有些地区更晚时期的人类生活中发挥了一定的，或许比较重要的作用，比如骨质修理器。尽管如此，有关骨头使用痕迹的实验还很少，关于骨头是否被使用及使用程度和使用方式的判别标准还没有完全建立起来。非洲石器时代中期开始出现了通过刮、磨的方法制作形态规范的骨器的技术，这种技术代表了人类对动物资源的新认识，是现代人行为的重要标志，为现代人在多种环境乃至恶劣环境中适应生存、改善生存条件和改变食物资源获取策略创造了重要条件，对于现代人生存地域的广泛拓展具有重要意义。距今4万年以后这种技术在欧亚大陆普遍出现，但在不同地区的发展过程不甚相同。在欧洲，特别是北部地区，从旧石器时代晚期早阶段至旧石器时代末期，再至中石器时代，骨器一直非常丰富，是物质文化尤为重要的组成部分。在西亚旧石器时代晚期，骨器并不是特别丰富，自纳吐夫文化时期起才有明显的增加，并在前陶新石器时代的狩猎采集社会和农业社会中发挥着重要作用。我国旧石器时代晚期的骨器数量不多，末次冰期最盛期之后，骨器开始出现增加的趋势，但存在地区差异，南方在数量上高于北方，并且南方较多地使用蚌器。在新石器时代中期，我国骨器发展繁荣，骨器制作技术更加规范、稳定与复杂，出现了新的类型。此时，尽管南北方在

①陈宥成、曲彤丽：《中国早期陶器的起源及相关问题》。

骨器数量与类型丰富程度上的差异缩小，但南方对骨器的应用还是更为突出。生计策略的变化、定居的出现与人口规模的发展以及人群间交流的影响，为更为广泛和稳定的骨器生产创造了条件，并扩大了骨器的应用空间与需求。

复杂骨器技术随着现代人的迁徙、扩散，在欧亚大陆不同地区几乎同时期迅速、广泛出现，在现代人踏足世界各个角落并成功生存的过程中扮演了重要角色。尽管不同地区的现代人都知晓并掌握这种技术，但是在面对丰富程度不同的植物性资源或者说动物骨头的替代性资源，在不同环境中采取不同流动策略的情况下（骨器的利用程度与定居的出现和发展存在关联），不同人群可能对这种技术有着不同程度的利用或依赖。在欧亚格局中，骨器在史前早期的欧洲广泛存在，以及我国南方地区对骨器的应用较北方地区丰富，都反映出了区域内的文化交流（指欧洲内部不同地区之间的交流，我国南方地区人群之间的交流）和不同区域人群的文化选择。

在人类生计策略适应性、生存技术与认知能力都有所发展的同时，旧石器时代的社会也发生着变化，这种变化在晚期尤为显著，与现代人人口增长以及人群关系加强或不断变化密切相关，而这些改变与象征性文化的出现与发展互相推动或影响。旧石器时代晚期的现代人较普遍地以动物资源为材料制作装饰品和艺术品，用动物象征或指代环境与他们的生活。在旧石器时代晚期，多种动物（包括大型凶猛动物）的形象被记录在雕塑和洞穴壁画上，表现人类与大型动物关系的狩猎场景也出现在洞穴壁画或刻画物品上。人类通过形象的方式表达自己对动物的认识和思考，在一定程度上寄托了对生活的期望。人类还对猛犸象这类超大型动物进行有计划、有目的的充分获取，并进行多方面的利用，有些地区的人们甚至对猛犸象十分依赖，特别关注和偏好象牙，象牙开始在人们的认知中成为珍贵的或者具有特殊价值的物质，成为象征思维和行为的重要载体。人类也利用贝壳、洞熊、狐狸、鹿等动物的犬齿或门齿制作装饰品[①]。这些都是现代人出现后人类对动物资源利用的新形式，是人类与动物关系发生变化的重要标志。动物被赋予深层的社会与文化含义，人类通过象征的方式表达他们关于动物对人类生活的影响的认识和重视，表现出对动物的关注与敬畏，以及对自然与人类生存的关系的预期。人类对动物的这些开发利用方式赋予了人类更强大、灵活的生存能力，特别推动了人群交流和社会关系的发展。

装饰品的制作始于非洲和西亚的旧石器时代中期。在旧石器时代晚期，随着现代人活动的广泛扩展，装饰品在欧亚大陆普遍出现，但在各地区的丰富程度存在差异，这一点与骨器的情况类似。雕塑的制作始于中欧旧石器时代晚期，在此后很短的时间里，雕塑普遍出现于西欧到东欧以及西伯利亚的广阔空间里，反映出广泛区域内可能存在较大规模的频繁交流的人群，生计活动和可能存在的情感交流作为社会纽带将他们联系在一起。在西亚，动物的社会角色的显著增加以及象征行为的发展主要从旧石器时代末期纳吐夫文化时期开始，并在前陶新石器时代晚期达到“鼎盛”，雕塑的材质更加多样，雕塑的造型反映了当地的动物资源特色，人物雕塑的造型和风格也与欧洲存在明显区别。由于西亚在这些时期，技术、生计、居住模式（出现定居）、人口、社会结构（出现很多需要集体或有一定社会组织才能完成的活动或任务）发生显著变化，因而雕塑的象征性内涵也与欧洲旧石器时代的雕塑存在区别。此时西亚的区域性人口规模增加，大规模的社会群体对加强集体凝聚力、减缓社会压力的需求可能促进了家庭和集体的仪式

---

①Kitagawa, K., Krönneck, P., Conard, N. J., et al., “Exploring cave use and exploitation among cave bears, carnivores and hominins in the Swabian Jura, Germany,” *Journal of Taphonomy* 10.3–4(2012), pp. 439–461.

活动的开展和保持[①]。因此，雕塑呈现增加趋势的同时，出现了多种形式的仪式性或象征性的遗迹现象，例如“神庙”或集体活动空间，很多遗迹现象与动物直接相关，可能是人类为了某种仪式或宴享活动、庆祝活动而屠宰动物[②]。在这种背景下，雕塑体现了动物与人以及人与人之间在新的社会背景下新的关系。在东亚，以装饰品为代表的象征行为出现在旧石器时代晚期，但并不丰富。以陶塑、石质雕塑、石质面具为代表的象征行为是在新石器时代中期出现并发展的，此时人口明显增加，农业出现且有了初步发展。雕塑的造型、精致程度、数量丰富程度与欧亚大陆西部的早期雕塑存在差异。与西亚相似，雕塑出现并增加的同时，与象征性或仪式性空间有关的遗迹现象开始增加，社会关系出现复杂化发展趋势，但仪式空间的形式和内容以及相关遗迹的丰富程度与西亚存在区别，体现了不同的象征文化表达。

动物造型的雕塑和人类造型的雕塑反映了人类对于人与动物、人与自然关系的新认识，以及人类对社会关系在人类适应生存中的影响的认识与利用。尽管人类造型雕塑和动物造型雕塑在旧石器时代晚期狩猎采集社会中可能承担着不同的社会角色，但人形雕塑有可能是在人类对自然界和动物的认知改变、对它们重视程度加强的基础上，以及在其所促使的社会关系发生变化的基础上出现并广泛发展起来，并进一步推动社会的复杂化发展。这种对动物资源象征性的利用以及与人类认识、感知动物和自然界有关的人类行为方式，反映了现代人对自然环境富有想象力的思考和认识，扩展了群体生活的“社会空间”，使人群间的关系变得更加紧密和复杂，为群体在面对危机或困难状况时

①Bar-Yosef, O., “Symbolic expressions in later prehistory of the Levant: Why are they so few?.”

②Hodder, I., “Neo-thingness,” In: Cherry, J., Scarre, C., Shennan, S. (eds), *Explaining social change: Studies in honour of Colin Renfrew*, Cambridge: McDonald Institute Monographs, 2004, pp. 45–52.

的生存提供条件。同时，开始变得复杂的社会关系也刺激了人群的扩散和对更多地域空间的开拓和占据。从更大尺度的地区间关系看，欧亚大陆旧石器时代晚期相同风格和相似技术的象征性物品的广泛分布，以及多种原材料的远距离运输或交换[①]都展现了在广阔地理空间中人群流动、人群交流，甚至在特定空间范围里形成了社会关系网络的可能。如此广泛空间中的人群迁徙与交流在极地和高纬度地区的现代狩猎人群中也是有所记录的[②]。大范围的人群流动与交流对后来西亚以及东亚地区象征行为的出现或发展都可能产生了一定的影响。然而，雕塑在不同地区出现后，结合当地生活方式的变化以及社会复杂化进程，发展出了具有各自特点的象征文化体系。

综上，不同地区的生计策略在旧石器时代晚期现代人普遍出现后发生了相同的变化，并且骨器和象征性物品在不同地区普遍出现，与现代人迅速、大范围的迁徙以及人群交流直接相关，暗示了史前欧亚大陆的“一体化”。装饰品在人类社会中存在了近10万年，雕塑存在了近4万年，有些象征性物品分布在欧亚大陆从西欧向东至西亚再至东欧、西伯利亚，甚至东亚的广阔空间中。虽然这些物质文化遗存在各地区出现的时间、风格、题材、丰富程度具有多样性，但它们在制作技术、理念以及功能上具有相似性。虽然它们不一定代表相同的文化人群，但是也不能被完全割裂开。这类文化遗存暗示着不同地区的文化人群中存在某种形式或程度的关联或交流。象征行为的普遍存在，及其在旧石器时代晚期到新石器时代的文化中的突出地位，都与现代人人口规模和密度增加、现代人及其文化表达方式迅速扩张有关，并在社会关系的复杂化发展过程中发挥了重要作用。特定区域内人口密度的显著增加可

---

①Klein, R. G., *Ice-age hunters of the Ukraine*, Chicago: University of Chicago Press, 1973.

②Kelly, R. L., *The foraging spectrum: Diversity in hunter-gatherer lifeways,* Washington: Smithsonian Institution Press, 1995.

能导致相邻人群在空间和资源使用方面竞争增加、人群关系紧张，由此导致地域界限出现或地域区分增加，人们需要使用某种形式的物质来象征群体身份或彰显对地域范围和资源的控制[①②]。在旧石器时代末期至新石器时代早期，由于定居生活方式的出现以及人口密度显著增加，群体内的社会结构随之变得复杂，群体间的关系可能出现某种形式的强化。区域性人口增加导致社会关系的层次增加，群体间或个体间的交流互动随之增加，促使生计策略或生计方式发生改变，甚至出现集体的象征性活动，进而促使区域内形成较大规模的、维系时间更长的群体。这种社会结构有助于更加有效和安全地开发利用资源[③]，为应对区域性资源供给的波动和不可预测性提供更长远的保障。在这种背景下，象征性物品和象征性活动发挥了越来越大的作用，促使群体内部凝聚力和对外关系加强[④]，同时为人们积极、有效地应对环境改变、人口变化或紧张的群体关系带来的威胁或危机创造条件。象征行为在这方面的社会意义既存在于狩猎采集社会中也存在于史前早期的农业社会中。

同时，旧大陆自旧石器时代以来显示出鲜明的区域文化特征。虽然

---

①Binford, L. R., *Constructing frames of reference: An analytical method for archaeological theory building using hunter-gatherer and environmental data sets,* Berkeley: University of California Press, 2001.

②Rowley-Conwy, P., "Time, change and the archaeology of hunter-gatherers: How original is the 'Original Affluent Society'," In: Panter-Brick, C., Layton, R., Rowley-Conwy, P. (eds.), *Hunter-gatherers: An interdisciplinary perspective,* Cambridge: Cambridge University Press, 2001, pp. 39–72.

③Binford, L. R., *Constructing frames of reference: An analytical method for archaeological theory building using hunter-gatherer and environmental data sets.*

④Conkey, M. W., "Context, structure, and efficacy in Paleolithic art and design," In: Foster, M., Brandes, S. (eds.), *Symbol as sense: New approaches to the analysis of meaning (Language, thought, and culture)*, New York: Academic Press, 1980, pp. 225–248.

旧石器时代晚期人类的生计策略具有相似的变化趋势，但是各地区的变化并不是完全相同的，也并非具有完全一致的变化步调，因为目前很多地区的考古材料显示，晚更新世以来的生计策略主要受到人口增加及其所带来的生存资源压力的影响而发生变化。在旧石器时代晚期，现代人人口普遍增加，但不同地区的人口密度存在差异，且在地区环境和资源弹性空间不同的情况下，人口密度与资源供给之间的关系也存在地区差异。此外，不同地区的骨器技术、象征行为等人类对动物资源开发利用的方式也存在着差异，反映了新技术以及人类对资源和自我生存认知的新理念在各地区出现后的不同发展，与不同地区人群对地方资源的选择偏好、栖居模式的差异（栖居流动性的改变与定居的出现和发展）、人口密度与资源开发利用策略、人群交流的频繁度与广度，以及社会关系复杂发展的程度可能存在着关联。

# 参考文献

## 一、中文文献


安徽省文物考古研究所、蚌埠市博物馆编著:《蚌埠双墩: 新石器时代遗址发掘报告》, 科学出版社, 2008年。

安家瑗:《华北地区旧石器时代的骨、角器》,《人类学学报》2001年第4期, 第319—330页。

保定地区文物管理所、徐水县文物管理所、北京大学考古系等:《河北徐水县南庄头遗址试掘简报》,《考古》1992年第11期, 第961—970页。

北京大学考古文博学院、北京大学考古学研究中心、北京市文物研究所:《北京市门头沟区东胡林史前遗址》,《考古》2006年第7期, 第3—8页。

北京大学考古文博学院、江西省文物考古研究所编著:《仙人洞与吊桶环》, 文物出版社, 2014年。

北京大学考古文博学院、郑州市文物考古研究院:《河南新郑赵庄旧石器时代遗址发掘简报》,《中原文物》2018年第6期, 第8—15页。

北京大学考古文博学院、郑州市文物考古研究院编著:《登封方家沟遗址发掘报告》, 科学出版社, 2020年。

布鲁斯·特里格（Bruce G. Trigger）：《考古学思想史》（第2版），陈淳译，中国人民大学出版社，2010年。

曹泽田：《猫猫洞的骨器和角器研究》，《人类学学报》1982年第1期，第36—41页。

陈鹏主编：《动物地理学》，高等教育出版社，1986年。

陈胜前：《史前的现代化中国农业起源过程的文化生态考察》，科学出版社，2013年。

陈星灿：《丰产巫术与祖先崇拜——红山文化出土女性塑像试探》，《华夏考古》1990年第3期，第92—98页。

陈勇：《人类生态学原理》，科学出版社，2012年。

陈宥成、曲彤丽、汪松枝等：《郑州老奶奶庙遗址空间结构初步研究》，《中原文物》2020年第3期，第41—50页。

陈宥成、曲彤丽：《"勒瓦娄哇技术"源流管窥》，《考古》2015年第2期，第71—78页。

陈宥成、曲彤丽：《"两面器技术"源流小考》，《华夏考古》2015年第1期，第18—25页。

陈宥成、曲彤丽：《"石叶技术"相关问题的讨论》，《考古》2018年第10期，第76—84页。

陈宥成、曲彤丽：《旧大陆东西方比较视野下的细石器起源再讨论》，《华夏考古》2018年第5期，第37—43页。

陈宥成、曲彤丽：《旧大陆东西方比较视野下磨制石器起源探讨》，《考古》2020年第10期，第78—89页。

陈宥成、曲彤丽：《旧大陆视野下的中国旧石器晚期小型两面器溯源》，《人类学学报》2020年第1期，第21—29页。

陈宥成、曲彤丽：《盘状石核相关问题探讨》，《考古》2016年第2期，第88—94页。

陈宥成、曲彤丽：《试论旧大陆旧石器时代琢背刀》，《北方文物》

2021年第4期，第24—32页。

陈宥成、曲彤丽：《试析华北地区距今1万年左右的社会复杂现象》，《中原文物》2012年第3期，第20—26页。

陈宥成、曲彤丽：《中国早期陶器的起源及相关问题》，《考古》2017年第6期，第82—92页。

陈宥成：《嵩山东麓MIS3阶段人群石器技术与行为模式——郑州老奶奶庙遗址研究》，北京大学博士学位论文，2015年。

陈哲英：《石球的再研究》，《文物世界》2008年第1期，第34—40页。

崔天兴：《东胡林遗址石制品研究——旧新石器时代过渡时期的石器工业和人类行为》，北京大学博士学位论文，2010年。

丹尼尔·利伯曼（Daniel Lieberman）：《人体的故事：进化、健康与疾病》，蔡晓峰译，浙江人民出版社，2017年。

邓涛、薛祥煦：《中国的真马化石及其生活环境》，海洋出版社，1999年。

福建博物院、龙岩市文化与出版局：《福建漳平市奇和洞史前遗址发掘简报》，《考古》2013年第5期，第7—19页。

福建省文物局、福建博物院、三明市文物管理委员会：《福建三明万寿岩旧石器时代遗址：1999—2000、2004年考古发掘报告》，文物出版社，2006年。

盖培、卫奇：《虎头梁旧石器时代晚期遗址的发现》，《古脊椎动物与古人类》1977年第4期，第287—300页。

甘肃省博物馆、秦安县文化馆、大地湾发掘小组：《甘肃秦安大地湾新石器时代早期遗存》，《文物》1981年第4期，第1—8页。

高星、彭菲、付巧妹等：《中国地区现代人起源问题研究进展》，《中国科学：地球科学》2018年第1期，第30—41页。

古脊椎动物研究所高等脊椎动物研究室编：《中国脊椎动物化石

手册（哺乳动物部分）》，科学出版社，1960年。

广东省珠江文化研究会岭南考古研究专业委员会、中山大学地球科学系、英德市人民政府等编著：《英德牛栏洞遗址——稻作起源与环境综合研究》，科学出版社，2013年。

河北省文物管理处、邯郸市文物保管所：《河北武安磁山遗址》，《考古学报》1981年第3期，第303—338页。

河北省文物考古研究所：《北福地：易水流域史前遗址》，文物出版社，2007年。

河北省文物研究所、保定市文物管理所、徐水县文物管理所等：《1997年河北徐水南庄头遗址发掘报告》，《考古学报》2010年第3期，第361—392、429—432页。

河南省博物馆、密县文化馆：《河南密县莪沟北岗新石器时代遗址发掘报告》，《河南文博通讯》1979年第3期，第30—41页。

河南省文物考古研究所：《舞阳贾湖》，科学出版社，1999年。

河南省文物考古研究所：《许昌灵井旧石器时代遗址2006年发掘报告》，《考古学报》2010年第1期，第73—100、133—140页。

河南省文物考古研究院、中国科学技术大学科技史与科技考古系编著：《舞阳贾湖（二）》，科学出版社，2015年。

黑龙江省文物管理委员会、哈尔滨市文化局、中国科学院古脊椎动物与古人类研究所东北考察队编著：《阎家岗：旧石器时代晚期古营地遗址》，文物出版社，1987年。

湖北省文物考古研究所、北京大学考古系、湖北省荆州博物馆编著：《邓家湾：天门石家河考古报告之二》，文物出版社，2003年。

湖北省文物考古研究所：《湖北秭归县柳林溪遗址1998年发掘简报》，《考古》2000年第8期，第13—22页。

湖南省博物馆：《湖南安乡县汤家岗新石器时代遗址》，《考古》1982年第4期，第341—354页。

湖南省文物考古研究所编著:《彭头山与八十垱》,科学出版社,2006年。

黄渭金:《河姆渡文化"骨耜"新探》,《文物》1996年第1期,第61—65页。

黄蕴平:《小孤山骨针的制作和使用研究》,《考古》1993年第3期,第260—268页。

贾兰坡、盖培、尤玉柱:《山西峙峪旧石器时代遗址发掘报告》,《考古学报》1972年第1期,第39—58页。

贾兰坡、卫奇、李超荣:《许家窑旧石器时代文化遗址1976年发掘报告》,《古脊椎动物与古人类》1979年第4期,第277—293页。

贾兰坡、卫奇:《阳高许家窑旧石器时代文化遗址》,《考古学报》1976年第2期,第97—114页。

贾兰坡:《中国猿人(北京人)》,龙门联合书局,1950年。

开封地区文物管理委员会、新郑县文物管理委员会、郑州大学历史系考古专业:《裴李岗遗址一九七八年发掘简报》,《考古》1979年第3期,第197—205页。

科林·伦福儒、保罗·巴恩主编:《考古学:关键概念》,陈胜前译,中国人民大学出版社,2012年。

克里斯·斯特林奇(Chris Stringer)、彼得·安德鲁(Peter Andrew):《人类通史》,李大伟、王传超译,王重阳校,北京大学出版社,2017年。

孔继敏、丁仲孔:《近13万年来黄土高原干湿气候的时空变迁》,《第四纪研究》1997年第2期,第168—175页。

来茵、张居中、尹若春:《舞阳贾湖遗址生产工具及其所反映的经济形态分析》,《中原文物》2009年第2期,第22—28页。

郎树德:《甘肃史前石刃骨器研究》,《内蒙古文物考古》1993年第1、2期,第9—15页。

李超荣：《石球的研究》，《文物季刊》1994年第3期，第103—108页。

李锋、高星：《东亚现代人来源的考古学思考：证据与解释》，《人类学学报》2018年第2期，176—191页。

李罡、任雪岩、李珺：《泥河湾盆地二道梁旧石器时代晚期遗址发掘简报》，《人类学学报》2016年第4期，第509—521页。

李炎贤、文本亨：《观音洞——贵州黔西旧石器时代初期文化遗址》，文物出版社，1986年。

李意愿：《石器工业与适应行为：澧水流域晚更新世古人类文化研究》，上海古籍出版社，2020年。

李占扬、董为：《河南许昌灵井旧石器遗址哺乳动物群的性质及时代探讨》，《人类学报》2007年第4期，第345—360页。

栗静舒：《许家窑遗址马科动物的死亡年龄与季节研究》，中国科学院古脊椎动物与古人类研究所博士学位论文，2016年。

辽宁省文物考古研究所编著，黄慰文、傅仁义主编：《小孤山：辽宁海城史前洞穴遗址综合研究》，科学出版社，2009年。

辽宁省文物考古研究所编著：《查海：新石器时代聚落遗址发掘报告》，文物出版社，2012年。

林圣龙：《关于中西方旧石器文化中的软锤技术》，《人类学学报》1994年第1期，第83—92页。

林圣龙：《周口店第一地点的大型哺乳动物化石和北京猿人的狩猎行为》，吴汝康、任美锷、朱显谟等《北京猿人遗址综合研究》，科学出版社，1985年。

林彦文：《埋藏过程对考古出土动物遗存量化的影响》，见河南省文物考古研究所编《动物考古（第1辑）》，文物出版社。

林壹、顾万发、汪松枝等：《河南登封方家沟遗址发掘简报》，《人类学学报》2017年第1期，第17—25页。

刘德银、王幼平:《鸡公山遗址发掘初步报告》,《人类学学报》2001年第2期,第102—114页。

刘莉、陈星灿:《中国考古学:旧石器时代晚期到早期青铜时代》,生活·读书·新知三联书店,2017年。

吕遵谔、黄蕴平:《大型食肉类动物啃咬骨骼和敲骨取髓破碎骨片的特征》,北京大学考古系编《纪念北京大学考古专业三十周年论文集》,文物出版社,1990年。

马萧林:《西方动物考古学简要回顾》,《中国文物报》2007年10月12日,第007版。

梅惠杰:《泥河湾盆地旧、新石器时代的过渡——阳原于家沟遗址的发现与研究》,北京大学博士学位论文,2007年。

米歇尔·余莲、孙建民:《旧石器时代社会的民族学研究试探——以潘色旺遗址的营地为例》,《华夏考古》2002年第3期,第89—99页。

南京博物院考古研究所、泗洪县博物馆:《江苏泗洪县顺山集新石器时代遗址》,《考古》2013年第7期,第3—14页。

内蒙古自治区文物考古研究所编著:《白音长汗:新石器时代遗址发掘报告》,科学出版社,2004年。

宁夏回族自治区文物考古研究所、中国科学院古脊椎动物与古人类研究所编,高星、王惠民、裴树文等著:《水洞沟:2003~2007年度考古发掘与研究报告》,科学出版社,2013年,第157—252页。

宁荫棠:《浅谈小荆山遗址的文化特征》,《中原文物》1995年第4期,第70—74页。

裴树文、牛东伟、高星等:《宁夏水洞沟遗址第7地点发掘报告》,《人类学学报》2014年第1期,第1—16页。

祁国琴:《内蒙古萨拉乌苏河流域第四纪哺乳动物化石》,《古脊椎动物与古人类》1975年第4期,第239—249页。

邱立诚、宋方义、王令红:《广东阳春独石仔新石器时代洞穴遗址发掘》,《考古》1982年第5期，第456—459页。

曲彤丽、Nicholas J Conard:《德国旧石器时代晚期骨角器研究及启示》,《人类学学报》2013年第2期，第169—181页。

曲彤丽、陈宥成:《试论早期骨角器的起源与发展》,《考古》2018年第3期，第68—77页。

瑞兹(Reiz, E. J.)、维恩(Wing, E. S.):《动物考古学》,中国社会科学院考古研究所译，科学出版社，2013年。

山东省文物考古研究所、章丘市博物馆:《山东章丘市小荆山遗址调查试掘简报》,《华夏考古》1996年第2期，第1—23页。

山东省文物考古研究所:《山东章丘市西河新石器时代遗址1997年的发掘》,《考古》2000年第10期，第15—28页。

山西大学历史文化学院、山西省考古研究所:《山西吉县柿子滩遗址S29地点发掘简报》,《考古》2017年第1期，第35—51页。

尚玉昌编著:《动物行为学》,北京大学出版社，2005年。

沈阳市文物管理办公室、沈阳故宫博物馆:《沈阳新乐遗址第二次发掘报告》,《考古学报》1985年第2期，第209—222页。

盛和林、王培潮、陆厚基等编著:《哺乳动物学概论》,华东师范大学出版社，1985年。

施雅风、李吉均、李炳元等:《晚新生代青藏高原的隆升与东亚环境变化》,《地理学报》1999年第1期，第10—20页。

宋大川主编:《北京考古发现与研究：1949—2009(上)》,科学出版社，2009年。

宋艳花、石金鸣:《山西吉县柿子滩旧石器时代遗址出土装饰品研究》,《考古》2013年第8期，第46—57页。

孙守道、郭大顺:《牛河梁红山文化女神头像的发现与研究》,《文物》1986年第8期，第18—24页。

童金南、殷鸿富主编:《古生物学》,高等教育出版社，2015年。

汪宁生:《河姆渡文化的“骨耜”及相关问题》,《东南文化》1991年第1期,第240—242页。

王吉怀:《史前时期的雕刻与陶塑》,《东南文化》2005年第1期。

王小庆、张家富:《龙王辿遗址第一地点细石器加工技术与年代——兼论华北地区细石器的起源》,《南方文物》2016年第4期,第49—56页。

王晓敏、梅惠杰:《于家沟遗址的动物考古学研究》,文物出版社,2019年。

王幼平:《更新世环境与中国南方旧石器文化发展》,北京大学出版社,1997年。

王志浩、侯亚梅、杨泽蒙等:《内蒙古鄂尔多斯市乌兰木伦旧石器时代中期遗址》,《考古》2012年第7期,第3—13页。

卫奇、吴秀杰:《许家窑遗址地层时代讨论》,《地层学杂志》2011年第2期,第193—199页。

魏京武、杨亚长:《我国最早的骨雕人头像》,《考古与文物》1982年第5期,第5页。

吴新智:《中国古人类进化连续性新辩》,《人类学学报》2006年第1期,第17—25页。

武仙竹、Drozdov NI:《试论动物考古中的小哺乳动物研究》,《人类学学报》2016年第3期,第418—430页。

夏正楷:《环境考古学—— 理论与实践》,北京大学出版社,2012年。

谢飞、李珺、刘连强:《泥河湾旧石器文化》,花山文艺出版社,2006年。

新疆文物考古研究所、北京大学考古文博学院:《新疆吉木乃县通天洞遗址》,《考古》2018年第7期,第3—14页。

杨虎、林秀贞:《内蒙古敖汉旗小河西遗址简述》,《北方文物》2009年第2期,第3—6页。

仪明洁、高星、裴树文:《石球的定义、分类与功能浅析》,《人类学学报》2012年第4期,第355—363页。

尤玉柱:《史前考古埋藏学概论》,文物出版社,1989年。

袁家荣:《湖南旧石器时代文化与玉蟾岩遗址》,岳麓书社,2013年。

袁靖:《中国动物考古学》,文物出版社,2015年。

约翰·F. 霍菲克尔(John F. Hoffecker):《北极史前史:人类在高纬度地区的定居》,崔艳嫣、周玉芳、曲枫译,社会科学文献出版社,2020年。

张乐、Christopher J. Norton、张双权等:《量化单元在马鞍山遗址动物骨骼研究中的运用》,《人类学学报》2008年第1期,第79—90页。

张乐、王春雪、张双权等:《马鞍山旧石器时代遗址古人类行为的动物考古学研究》,《中国科学:地球科学》2009年第9期,第1256—1265页。

张乐、张双权、徐欣等:《中国更新世末全新世初广谱革命的新视角:水洞沟第12地点的动物考古学研究》,《中国科学:地球科学》2013年第4期,第628—633页。

张立民:《内蒙古乌兰木伦遗址埋藏学的初步研究》,中国科学院古脊椎动物与古人类研究所硕士学位论文,2013年。

张孟闻编著:《脊椎动物比较解剖学》,高等教育出版社,1986年。

张森水:《穿洞史前遗址(1981年发掘)初步研究》,《人类学学报》1995年第2期,第132—146页。

张双权、高星、张乐等:《灵井动物群的埋藏学分析及中国北方旧石器时代中期狩猎-屠宰遗址的首次记录》,《科学通报》2011年第35期,第2988—2995页。

张双权、裴树文、张乐等:《水洞沟遗址第7地点动物化石初步研究》,《人类学学报》2014年第3期,第343—354页。

张双权、张乐、栗静舒等:《晚更新世晚期中国古人类的广谱适应生存——动物考古学的证据》,《中国科学:地球科学》2016年第8期,第1024—1036页。

张双权:《河南许昌灵井动物群的埋藏学研究》,中国科学院研究生院博士学位论文,2009年。

张镇洪、傅仁义、陈宝峰等:《辽宁海城小孤山遗址发掘简报》,《人类学学报》1985年第1期,第70—78页。

章丘市博物馆:《山东章丘市焦家遗址调查》,《考古》1998年第6期,第20—38页。

赵静芳:《嵩山东麓MIS3阶段人类象征性行为的出现:新郑赵庄遗址综合研究》,北京大学博士学位论文,2015年。

赵志军:《中国农业起源概述》,《遗产与保护研究》2019年第1期,第1—7页。

浙江省文物考古研究所、萧山博物馆:《跨湖桥》,文物出版社,2004年。

浙江省文物考古研究所、余姚市文物保护管理所、河姆渡遗址博物馆:《浙江余姚田螺山新石器时代遗址2004年发掘简报》,《文物》2007年第11期,第5—24页。

浙江省文物考古研究所:《河姆渡:新石器时代遗址考古发掘报告》,文物出版社,2003年。

郑作新编著:《脊椎动物分类学》,农业出版社,1964年。

中国社会科学院考古研究所、广西壮族自治区文物工作队、桂林甑皮岩遗址博物馆等编:《桂林甑皮岩》,文物出版社,2003年。

中国社会科学院考古研究所、内蒙古自治区文物考古研究所、内蒙古自治区呼伦贝尔民族博物馆等编著:《哈克遗址:2003—2008年考古发掘报告》,文物出版社,2010年。

中国社会科学院考古研究所、山西省考古研究所编著:《下川:旧石器时代晚期文化遗址发掘报告》,科学出版社,2016年。

中国社会科学院考古研究所宝鸡工作队:《一九七七年宝鸡北首岭遗址发掘简报》,《考古》1979年第2期,第97—106页。

中国社会科学院考古研究所编著:《敖汉赵宝沟——新石器时代聚落》,中国大百科全书出版社,1997年。

中国社会科学院考古研究所甘肃工作队:《甘肃省天水市西山坪早期新石器时代遗址发掘简报》,《考古》1988年第5期,第385—392页。

中国社会科学院考古研究所广西工作队、广西壮族自治区文物工作队、南宁市博物馆:《广西邕宁县顶蛳山遗址的发掘》,《考古》1998年第11期,第11—33页。

中国社会科学院考古研究所内蒙古工作队:《内蒙古敖汉旗兴隆洼遗址发掘简报》,《考古》1985年第10期,第865—874页。

中国社会科学院考古研究所陕西六队:《陕西临潼白家村新石器时代遗址发掘简报》,《考古》1984年第11期,第961—970页。

周国兴:《再论白莲洞文化》,《中日古人类与史前文化渊源关系国际学术研讨会论文集》,中国国际广播出版社,1994年。

## 二、外文文献

Abramova, Z. A., "Palaeolithic art in USSR," *Arctic Anthropology* 4.2(1967), pp. 1–179.

Abramova, Z. A., "The Late Paleolithic of the Asian part of the USSR," *Paleolithic of the USSR*(1984), pp. 302–46.

Abramova, Z. A., "Two examples of terminal Paleolithic adaptations," In: Soffer, O., Praslov, N. (eds.), *From Kostenki to Clovis*, Boston: Springer, 1993, pp. 85–100.

Adler, D., Bar-Oz, G., Belfer-Cohen, A., et al., "Ahead of the Game: Middle and Upper Palaeolithic Hunting Behaviors in the southern Caucasus," *Current Anthropology* 47.1(2006), pp. 89–118.

Agogino, G., Boldurian, A., "Review of the Colby mammoth site," *Plains Anthropologist* 32.115(1987), pp. 105–107.

Aiello, L. C., Wheeler, P., "The expensive-tissue hypothesis: The brain and the digestive system in human and primate evolution," *Current Anthropology* 36.2(1995), pp. 199–221.

Akkermans, P. M. M. G., Schwartz, G. M., *The archaeology of Syria: From complex hunter-gatherers to early urban societies (ca. 16,000–300 BC)*, Cambridge: Cambridge University Press, 2003.

Alperson-Afil, N, Goren-Inbar, N., "Out of Africa and into Eurasia with controlled use of fire: Evidence from Gesher Benot Ya'aqov, Israel," *Archaeology, Ethnology and Anthropology of Eurasia* 28.4(2006), pp. 63–78.

Ambrose, S. H., "Paleolithic technology and human evolution," *Science* 291.5509(2001), pp. 1748–1753.

Amirkhanov, H., Lev, S., "A unique paleolithic sculpture from the site of Zaraysk (Russia)," *Antiquity* 76.293(2002), pp. 613–614.

Anikovich, M. V., Sinitsyn, A. A., Hoffecker, J., et al., "Early Upper Paleolithic in eastern Europe and implications for the dispersal of modern humans," *Science* 315.5809(2007), pp. 223–226.

Anzidei, A. P., "Tools from elephant bones at La Polledrara di Cecanibbio and Rebibbia-Casal de'Pazzi," In: Cavarretta, G., Gioia, P., Mussi, M., et al. (eds.) *The world of elephants,* Roma: Consiglio Nazionale delle Ricerche, 2001, pp. 415–418.

Anzidei, A. P., Angelelli, A., Arnoldus-Huyzendveld, A., et al., "Le gisement pléistocene de la Polledrara di Cecanibbio (Rome, Italie)," *L' Anthropologie (Paris)* 93.4(1989), pp. 749–781.

Anzidei, A. P., Arnoldus-Huyzendveld, A., Caloi, L., et al., "Two

Middle Pleistocene sites near Rome (Italy): La Polledrara di Cecanibbio and Rebibbia-Casal de' Pazzi," In: Römisch-Germanisches Zentralmuseum Mainz (ed.), *The role of early humans in the accumulation of European Lower and Middle Palaeolithic bone assemblages*, Mainz: Verlag des Römisch-Germanisches Zentralmuseums, 1999, pp. 173—195.

Backwell, L., d'Errico, F., "The origin of bone tool technology and the identification of early hominid cultural traditions," In: d'Errico, F., Backwell, L., Malauzat, B. (eds.), *From tools to symbols: From early hominids to modern humans*, Johannesburg: Wits University Press, 2005, pp. 238–275.

Backwell, L., d'Errico, F., Wadley, L., "Middle Stone Age bone tools from the Howiesons Poort layers, Sibudu Cave, South Africa," *Journal of Archaeological Science* 35.6(2008), pp. 1566–1580.

Bae, K., "Origin and patterns of the Upper Paleolithic industries in the Korean Peninsula and movement of modern humans in East Asia," *Quaternary International* 211.1–2(2010), pp. 103–112.

Bahn, P., "Late Pleistocene economies of the French Pyrenees," In: Bailey, G. (ed.), *Hunter-gatherer economy in prehistory: A European perspective*, Cambridge; New York: Cambridge University Press, 1983, pp. 167–185.

Bailey, G., Spikins, P., *Mesolithic Europe*, New York: Cambridge University Press, 2008.

Balter, M., "On the origin of art and symbolism," *Science* 323.5915(2009), pp. 709–711.

Bar-Oz, G., *Epipaleolithic subsistence strategies in the Levant: A zooarchaeological perspective,* Boston: Brill Academic Publishers, 2004.

Barth, M. M., *Familienbande? Die gravettienzeilichen Knochen–und Geweihgerate des Achtals (Schwabische Alb),* Rahden/Westf: Verlag Marie Leidorf GmbH, 2007.

Bar-Yosef, O., "A figurine from a Khiamian site in the Lower Jordan Valley," *Paléorient* 6(1980), pp. 193–200.

Bar-Yosef, O., "Early Egypt and the agricultural dispersals," In: Gebel, H., Hermansen, B., Jensen, C., et al. (eds.), *Magic practices and ritual in the Near Eastern Neolithic: Proceedings of a workshop held at the 2nd International Congress on the Archaeology of the Ancient Near East (ICAANE), Copenhagen University, May, 2000*, Berlin: Ex oriente, 2002, pp. 49–65.

Bar-Yosef, O., "Early Neolithic stone masks," In: Özdoğan, M., Hauptmann, H., Başgelen, N. (eds.), *From village to cities: Studies presented to Ufuk Esin*, Istanbul: Arkeoloji ve Sanat Publications, 2003, pp. 73–86.

Bar-Yosef, O., "Eat what is there: Hunting and gathering in the World of Neanderthals and their neighbours," *International Journal of Osteoarchaeology* 14(2004), pp. 333–342.

Bar-Yosef, O., "From sedentary foragers to village hierarchies: The emergence of social institutions," In: Runciman, W., British Academy (eds.), *The origin of human social institutions (Proceedings of the British Academy),* Oxford: Oxford University Press, 2001, pp. 1–38.

Bar-Yosef, O., "Guest editorial: East to west–Agricultural origins and dispersal into Europe," *Current Anthropology* 45. Supplement(2004), pp. S1–S3.

Bar-Yosef, O., "Natufian: A complex society of foragers," In: Fitzhugh, B., Habu, J. (eds.), *Beyond foraging and collecting: Evolutionary change in hunter-gatherer settlement systems*, New York: Kluwer Academic (Plenum), 2002, pp. 91–149.

Bar-Yosef, O., "On the nature of transitions: The Middle to Upper Palaeolithic and the Neolithic revolution," *Cambridge Archaeological Journal* 8.2(1998), pp. 141–163.

Bar-Yosef, O., "Symbolic expressions in Later Prehistory of the Levant: Why are they so few?," In: Conkey, M. W., Soffer, O., Stratmann, D., et al. (eds.), *Beyond art: Pleistocene image and symbol*, San Francisco: Memoirs of the California Academy of Science, 1997, pp. 161–187.

Bar-Yosef, O., "The Middle and Early Upper Paleolithic in southwest Asia and neighbouring regions," In: Bar-Yosef, O., Pilbeam, D., Peabody Museum of Archaeology Ethnology (eds.), *The geography of Neandertals and modern humans in Europe and the Greater Mediterranean*, Cambridge: Peabody Museum of Harvard University, 2000, pp. 107–156.

Bar-Yosef, O., "The Natufian culture in the Levant, threshold to the origins of agriculture," *Evolutionary Anthropology* 6.5(1998), pp. 159–176.

Bar-Yosef, O., "The PPNA in the Levant–An overview," *Paléorient* 15(1989), pp. 57–63.

Bar-Yosef, O., "The Upper Paleolithic revolution," *Annual Review of Anthropology* 31.1(2002), pp. 363–393.

Bar-Yosef, O., "The world around Cyprus: From Epi-Paleolithic foragers to the collapse of the PPNB civilization," In: Swiny, S. (ed.), *The earliest prehistory of Cyprus: From colonization to exploitation*, Boston: American Schools of Oriental Research, 2001, pp. 129–164.

Bar-Yosef, O., Belfer-Cohen, A., "Following Pleistocene road signs of human dispersals across Eurasia," *Quaternary International* 285(2013), pp.30–43.

Bar-Yosef, O., Belfer-Cohen, A., "From Africa to Eurasia–Early dispersals," *Quaternary International* 75.1(2001), pp.19–28.

Bar-Yosef, O., Belfer-Cohen, A., "From sedentary hunter-gatherers to territorial farmers in the Levant," In: Gregg S. A. (ed.), *Between Bands and States*, Carbondale: Center for Archaeological Investigations, 1991, pp. 181–202.

Bar-Yosef, O., Belfer-Cohen, A., "Natufian imagery in perspective," *Rivista di Scienze Prehistoriche* 49(1998), pp. 247–263.

Bar-Yosef, O., Eren, M. I., Yuan, J., et al. "Were bamboo tools made in prehistoric Southeast Asia?: An experimental view from South China," *Quaternary International* 269(2012), pp. 9–21.

Bar-Yosef, O., Kuhn, S. L., "The big deal about blade: Laminar technologies and human evolution," *American Anthropologist* 101.2(1999), pp. 322–338.

Bar-Yosef, O., Schick, T., "Early neolithic organic remains from Nahal Hemar cave," *National Geographic Research* 5.2(1989), pp. 176–190.

Barishnikov, G. F., Markova, A. K., "Main mammal assemblages between 24,000 and 12,000 yr BP," In: Frenzel, B., Pécsi, M., Velichko, A. (eds.), *Atlas of paleoclimates and paleoenvironments of the northern Hemisphere,* Gustav Fischer: Budapest-Stuttgart, 1992, pp. 127–131.

Basilyan, A. E., Anisimov, M. A., Nikolskiy, P. A., et al., "Wooly mammoth mass accumulation next to the Paleolithic Yana RHS site, Arctic Siberia: Its geology, age, and relation to past human activity," *Journal of Archaeological Science* 38.9(2011), pp. 2461–2474.

Berger, T. D., Trinkaus, E., "Patterns of trauma among the Neandertals," *Journal of Archaeological Science* 22.6(1995), pp. 841–852.

Behrensmeyer, A. K., "Taphonomic and ecologic information from bone weathering," *Paleobiology* 4.2(1978), pp. 150–162.

Belfer-Cohen, A., "The Natufian in the Levant," *Annual Review of Anthropology* 20(1991), pp. 167–186.

Belfer-Cohen, A., Bar-Yosef, O., "The Aurignacian at Hayonim Cave," *Paléorient* 7.2(1981), pp.19–42.

Berna, F., Matthews, A., Weiner, S., "Solubilities of bone mineral from archaeological sites: The recrystallization window," *Journal of Archaeological Science* 31.7(2004), pp. 867–882.

Binford, L. R., "Butchering, sharing, and the archaeological record," *Journal of Anthropological Archaeology* 3.3(1984), pp. 235–257.

Binford, L. R., "Dimensional analysis of behavior and site structure: Learning from an Eskimo huntingstand," *American Antiquity* 43.3(1978), pp. 330–361.

Binford, L. R., "Human ancestors: Changing views of their behavior," *Journal of Anthropological Archaeology* 4.4(1985), pp. 292–327.

Binford, L. R., *Bones: Ancient men and modern myths*, New York: Academic Press, 1981.

Binford, L. R., *Constructing frames of reference: An analytical method for archaeological theory building using hunter-gatherer and environmental data sets*, Berkeley: University of California Press, 2001.

Binford, L. R., *Debating archaeology (Studies in archaeology)*, San Diego: Academic Press, 1989.

Binford, L. R., *In pursuit of the past: Decoding the archaeological record*, California: University of California Press, 2002.

Binford, L. R., Ho, C. K., Aigner, J. S., et al., "Taphonomy at a distance: Zhoukoudian, 'The Cave Home of Beijing Man'?," *Current Anthropology* 26.4(1985), pp. 413–442.

Binford, L. R., *Nunamiut ethnoarchaeology,* New York: Academic Press, 1978.

Binford, L. R., Stone, N. M., Aigner, J. S., et al., "Zhoukoudian: A closer look," *Current Anthropology* 27.5(1986), pp. 453–475.

Blasco, R., Rosell, J., Gopher, A., et al., "Subsistence economy and social life: A zooarchaeological view from the 300 kya central hearth at Qesem Cave, Israel," *Journal of Anthropological Archaeology* 35(2014), pp. 248–268.

Blumenschine, R. J., "An experimental model of the timing of hominid and carnivore influence on archaeological bone assemblages," *Journal of Archaeological Science* 15.5(1988), pp.483–502.

Blumenschine, R. J., "Hominid carnivory and foraging strategies, and the socio-economic function of early archaeological sites," *Philosophical Transactions of the Royal Society of London Series B-Biological Sciences* 334.1270(1991), pp. 211–221.

Blumenschine, R. J., "Percussion marks, tooth marks, and experimental determinations of the timing of hominid and carnivore access to long bones at FLK Zinjanthropus, Olduvai Gorge, Tanzania," *Journal of Human Evolution* 29.1(1995), pp. 21–51.

Blumenschine, R. J., Bunn, H. T., Geist, V., et al., "Characteristics of an early hominid scavenging niche," *Current Anthropology* 28.4(1987), pp. 383–407.

Blumenschine, R. J., Madrigal, T. C., "Variability in long bone marrow yields of East African ungulates and its zooarchaeological implications," *Journal of Archaeological Science* 20.5(1993), pp. 555–587.

Blumenschine, R. J., Marean, C. W., "A carnivore's view of archaeological bone assemblages," In: Hudson, J. (ed.), *From bones to behavior: Ethnoarchaeological and experimental contributions to the interpretations of faunal remains,* Carbondale: Southern Illinois University Press, 1993, pp. 271–300.

Boaretto, E., Wu, X. H., Yuan, J. R., et al., "Radiocarbon dating of charcoal and bone collagen associated with early pottery at Yuchanyan Cave, Hunan Province, China," *PNAS* 106.24(2009), pp. 9595–9600.

Bochenski, Z. M., Tomek, T., Wilczyński, J., et al., "Fowling during the Gravettian: The avifauna of Pavlov I, the Czech Republic," Journal of Archaeological Science 36.12(2009), pp. 2655–2665.

Bocherens, H., Drucker, D. G., Billiou, D., et al., "Isotopic evidence for diet and subsistence pattern of the Saint-Césaire I Neanderthal: Review and use of a multi-source mixing model," *Journal of Human Evolution* 49.1(2005), pp. 71–87.

Boëda, E., Geneste, J. M., Griggo, C., et al., "A Levallois point embedded in the vertebra of a wild ass (Equus africanus): Hafting, projectiles and Mousterian hunting weapons," *Antiquity* 73.280(1999), pp. 394–402.

Bouzouggar, A., Barton, N., Vanhaeren, M., et al., "82,000-year-old shell beads from North Africa and implications for the origins of modern human behavior," *PNAS* 104.24(2007), pp. 9964–9969.

Bradfield, J., Lombard, M., "A macrofracture study of bone points used in experimental hunting with reference to the South African Middle Stone Age," *South African Archaeological Bulletin* 66.193(2011), pp. 67–76.

Brain, C. K., "Some criteria for the recognition of bone-collecting agencies in African caves," In: Behrensmeyer, A. K., Hill, A. P. (eds.), *Fossils in the making*, Chicago: University of Chicago Press, 1980, pp. 107–130.

Brain, C. K., *The hunters or the hunted?: An introduction to African cave taphonomy*, Chicago: University of Chicago Press, 1981.

Bramble, D. M., Lieberman, D. E., "Endurance running and the evolution of Homo," *Nature* 432.7015(2004), pp. 345.

Brink, J. W., "Fat content in leg bones of Bison bison, and applications to archaeology," *Journal of Archaeological Science* 24.3(1997), pp. 259–274.

Buc, N., "Experimental series and use-wear in bone tools," *Journal of Archaeological Science* 38.3(2011), pp. 546–557.

Budja, M., "The transition to farming and the ceramic trajectories in western Eurasia from ceramic figurines to vessels," *Documenta Praehistorica* 33(2006), pp. 183–201.

Bunn, H. T., "Archaeological evidence for meat-eating by Plio-Pleistocene hominids from Koobi Fora and Olduvai Gorge," *Nature* 291.5816(1981), pp. 574–577.

Bunn, H. T., "Hunting, power scavenging, and butchering by Hadza foragers and by Plio-Pleistocene Homo," In: Stanford, C. B., Bunn, H. T. (eds), *Meat-eating and human evolution,* Oxford: Oxford University Press, 2001, pp. 199–218.

Bunn, H. T., "Meat-eating and human evolution: Studies on the diet and subsistence patterns of Plio-Pleistocene hominids in East Africa," unpublished Ph.D. thesis, University of California, Berkeley, 1982.

Bunn, H. T., Bartram, L. E., Kroll, E. M., “Variability in bone assemblage formation from Hadza hunting, scavenging, and carcass processing,” *Journal of Anthropological Archaeology* 7(1988), pp.412–457.

Bunn, H. T., Kroll, E. M., “Systematic butchery by Plio/Pleistocene hominids at Olduvai Gorge, Tanzania,” *Current Anthropology* 27(1986), pp. 431–452.

Burch, E. S., “The caribou/wild reindeer as a human resource,” *American Antiquity* 37.3(1972), pp. 339–368.

Butzer, K. W., *Archaeology as human ecology: Method and theory for a contextual approach,* Cambridge: Cambridge University Press, 1982.

Butzer, K. W., *Environment and archeology: An ecological approach to prehistory* (2rd edn.), Chicago: Aldine-Atherton, 1971.

Byrd, B., “Reassessing the emergence of village life in the Near East,” *Journal of Archaeological Research* 13.3(2005), pp. 231–290.

Camarós, E., Cueto, M., Teira, L., et al., “Bears in the scene: Pleistocene complex interactions with implications concerning the study of Neanderthal behavior,” *Quaternary International* 435(2017), pp. 237–246.

Camarós, E., Münzel, S. C., Cueto, M., et al., “The evolution of Paleolithic hominin-carnivore interaction written in teeth: Stories from the Swabian Jura (Germany),” *Journal of Archaeological Science: Reports* 6(2016), pp. 798–809.

Capaldo, S. D., “Inferring hominid and carnivore behavior from dual-patterned archaeological assemblages,” Ph.D thesis, Rutgers University, New Brunswick, 1995.

Capaldo, S. D., Blumenschine, R. J., “A quantitative diagnosis of notches made by hammerstone percussion and carnivore gnawing on bovid long bones," *American Antiquity* 59.4(1994), pp. 724–748.

Cauvin, J., *Naissance des divinités, naissance de l'agriculture: La révolution des symboles au néolithique,* Cambridge: Cambridge University Press, 2000.

Cavallo, J. A., "A re-examination of Isaac's central-place foraging hypothesis," Ph.D. thesis, Rutgers University, New Brunswick, 1998.

Chase, P. G., *The hunters of Combe Grenal: Approaches to Middle Paleolithic subsistence in Europe,* BAR International Series 286, 1986.

Chen, F., Welker, F., Shen, C. C., et al., "A late middle pleistocene denisovan mandible from the tibetan plateau," *Nature* 569.7756(2019), pp. 409–412.

Chen, H., Hou, Y., Yang, Z., et al., "A preliminary study on human behavior and lithic function at the Wulanmulun site, Inner Mongolia, China," *Quaternary International* 347(2014), pp. 133–138.

Chen, H., Lian, H., Wang, J., et al., "Hafting wear on quartzite tools: An experimental case from the Wulanmulun Site, Inner Mongolia of north China," *Quaternary International* 427(2017), pp. 184–192.

Childe, V., *Prehistoric migrations in Europe,* Oslo (Instituter for Sammenlignende Kulturforskning), London: Kegan Paul, 1950.

Churchill, S. E., "Weapon technology, prey size selection, and hunting methods in modern hunter-gatherers: Implications for hunting in the palaeolithic and mesolithic," *Archeological Papers of the American Anthropological Association* 4.1(1993), pp. 11–24.

Clark, A. E., "Time and space in the middle paleolithic: Spatial structure and occupation dynamics of seven open-air sites," *Evolutionary Anthropology* 25.3(2016), pp. 153–163.

Clark, A. E., "Using spatial context to identify lithic selection behaviors," *Journal of Archaeological Science: Reports* 24(2019), pp. 1014–1022.

Clark, G., *Economic prehistory,* Cambridge: Cambridge University Press, 1989.

Clark, J. D., "Bone tools of the earlier Pleistocene," In: Arensburg, B., Bar-Yosef, O. (eds.), *Memorialme for Moshe Stekelis,* Jerusalem: Hebrew University of Jerusalem, 1977, pp. 23–27.

Clark, J. D., "The origins and spread of modern humans: A broad perspective on the African evidence," In: Mellars, P., Stringer, C. (eds.), *The Human revolution: Behavioural and biological perspectives on the origins of modern humans*, Edinburgh: Edinburgh University Press, 1989, pp. 566–588.

Conard, N. J., "A female figurine from the basal Aurignacian of Hohle Fels Cave in southwestern Germany," *Nature* 459.7244(2009), pp. 248–252.

Conard, N. J., "An overview of the patterns of behavioural change in Africa and Eurasia during the Middle and Late Pleistocene," In: d'Errico, F., Backwell, L. (eds.), *From tools to symbols: From early hominids to modern humans,* Johanesburg: Witwatersrand University press, 2005, pp.294–332.

Conard, N. J., "Palaeolithic ivory sculptures from southwestern Germany and the origins of figurative art," *Nature* 426.6968(2003), pp. 830–832.

Conard, N. J., "The demise of the Neanderthal cultural niche and the beginning of the Upper Paleolithic in southwestern Germany," In: Conard, N. J., Richter, J. (eds.), *Neanderthal lifeways, subsistence and technology,* Dordrecht: Springer, 2011, pp. 223–240.

Conard, N. J., Bolus, M., "The Swabian Aurignacian and its place in European Prehistory," In: Bar-Yosef, O., Zilhão, J., (eds.), *Towards a definition of the Aurignacian: Proceedings of the Symposium held in Lisbon, Portugal, June 25–30,2002,* Lisbon: American School of Prehistoric Research/Instituto Português de Arqueologia, 2006, pp. 211–239.

Conard, N. J., Bolus, M., Goldberg, P., et al., "The last Neanderthals and first Modern Humans in the Swabian Jura," In: Conard, N. J. (ed.), *When Neanderthals and modern humans met,* Tübingen: Kerns Verlag, 2006, pp. 305–341.

Conard, N. J., Kitagawa, K., Krönneck, P., et al., "The importance of fish, fowl and small mammals in the Paleolithic diet of the Swabian Jura, southwestern Germany," In: Clark, J. L., Speth, J. D. (eds), *Zooarchaeology and modern human origins,* Dordrechtz: Springer, 2013, pp. 173–190.

Conard, N. J., Langguth, K., Uerpmann, H. P., "Die Ausgrabungen in den Gravettien-und Aurignacien-Schichten des Hohle Fels bei Schelklingen, Alb-Donau-Kreis, und die kulturelle Entwicklung im fruehen Jungpalaeolithikum," *Archaeologische Ausgrabungen in Baden-Wuerttemberg* (2003), pp. 17–22.

Conard, N. J., Malina, M., Münzel, S. C., "New flutes document the earliest musical tradition in Southwestern Germany," *Nature* 460.7256(2009), pp.737–740.

Conard, N. J., Moreau, L., "Current research on the Gravettian of the Swabian Jura," *Mitteilungen der Gesellschaft fuer Urgeschichte* 13.2004(2006), 2006, pp. 29–59.Conard, N. J., Walker, S. J., Kandel, A. W., "How heating and cooling and wetting and drying can destroy dense faunal elements and lead to differential preservation," *Palaeogeography, Palaeoclimatology, Palaeoecology* 266.3–4(2008), pp. 236–245.

Conard, N. J., Uerpmann, H. P., "Die Ausgrabungen 1997 und 1998 im Hohle Fels bei Schelklingen, Alb-Donau-Kreis," *Archaeolgische Aus-grabungen in Baden-Wuerttemberg 1998* (1999), pp. 47–52.

Conkey, M. W., "Context, structure, and efficacy in Paleolithic art and design," In: Foster, M., Brandes, S. (eds.), *Symbol as sense: New approaches to the analysis of meaning (Language, thought, and culture)*, New York: Academic Press, 1980, pp. 225–248.

Conkey, M. W., "Ritual communication, social elaboration, and the variable trajectories of Paleolithic material culture," In: Brown, J., Price, T. (eds.), *Prehistoric hunter-gatherers: The emergence of cultural complexity (Studies in archaeology)*, Orlando: Academic Press, 1985, pp. 299–323.

Cordain, L., Brand-Miller, J., Eaton, S. B., et al., "Plant-animal subsistence ratios and macronutrient energy estimations in worldwide hunter-gatherer diets," *American Journal of Clinical Nutrition* 71.3 (2000), pp. 682–692.

Crader, D., "Recent single-carcass bone scatters and the problem of 'butchery' sites in the archaeological record," In: Clutton-Brock, J., Grigson, C. (eds.), *Animals and archeology: Hunters and their prey*, British Archaeological Reports International Series 163, 1983, pp. 107–141.

Cruz-Uribe, K., "Distinguishing hyena from hominid bone accumulations," *Journal of Field Archaeology* 18.4(1991), pp. 467–486.

Daly, P., "Approaches to faunal analysis in archaeology," *American Antiquity* 34(1969), pp. 146–153.

Dart, R. A., *Makapansgat australopithecine osteodontokeratic culture*, Pan-African Congress, 1955.

Dart, R. A., *The osteodontokeratic culture of Australopithecus pro–*

*metheus*, Pretoria: Transvaal Museum Memoir 10, 1957.

Darwin, C., *The descent of man*, New York: Random House, 1871.

Davis, S. J. M., Valla, F., "Evidences for the domestication of the dog in the Natufian of Israel 12,000 years ago," *Nature* 276.5688(1978), pp. 608–610.

Davis, S. J. M., *The archaeology of animals,* London: Batsford, 1987.

Deacon, J., "Later Stone Age people and their descendants in southern Africa," In: Klein, R. (ed.), *Southern African Prehistory and Paleoenvironments,* Rotterdam: A. A. Balkema, 1984, pp. 221–328.

De Heinzelin, J., Clark, J. D., White, T., et al., "Environment and behavior of 2.5-million-year-old Bouri hominids," *Science* 284.5414(1999), pp. 625–629.

Delagnes, A., Rendu, W., "Shifts in Neandertal mobility, technology and subsistence strategies in western France," *Journal of Archaeological Science* 38.8(2011), pp.1771–1783.

Delporte, H., "Gravettian female figurines: A regional survey," In: Knecht, H., Pike-Tay, A., White, R. (eds.), *Before Lascaux: The complex record of the Early Upper Paleolithic,* Boca Raton: CRC Press, 1993, pp. 243–257.

Derevianko, A. P., Shunkov, M. V., "Formation of the Upper Paleolithic traditions in the Altai," *Archaeology, Ethnology and Anthropology of Eurasia* 3(2004), pp. 12–40.

Derevianko, A. P., Shunkow, M. V., Markin, S. V., *The dynamics of the Paleolithic industries in Africa and Eurasia in the Late Pleistocene and the issue of the Homo sapiens origin,* Novosibirsk: Institute of Archaeology and Ethnography Siberian Branch of Russian Academy of Sciences Press, 2014.

d'Errico, F., Backwell, L., "Assessing the function of early hominin bone tools," *Journal of Archaeological Science* 36.8(2009), pp. 1764–1773.

d'Errico, F., Backwell, L., Villa, P., et al., "Early evidence of San material culture represented by organic artifacts from Border Cave, South Africa," *Proceedings of the National Academy of Sciences of the United States of America* 109.33(2012), pp. 13214–13219.

d'Errico, F., Henshilwood, C., "Additional evidence for bone technology in the southern African Middle Stone Age," *Journal of Human Evolution* 52(2007), pp. 142–163.

d'Errico, F., Henshilwood, C., Lawson, G., et al., "Archaeological evidence for the emergence of language, symbolism, and music–An alternative multidisciplinary perspective," *Journal of World Prehistory* 17.1(2003), pp. 1–70.

d'Errico, F., Henshilwood, C., Nilssen, P., "An engraved bone fragment from ca. 75 kyr Middle Stone Age levels at Blombos Cave, South Africa: Implications for the origin of symbolism and language," *Antiquity* 75(2001), pp. 309–318.

d'Errico, F., Henshilwood, C., Vanhaeren, M., et al., "Nassarius kraussianus shell beads from Blombos Cave: Evidence for symbolic behaviour in the Middle Stone Age," *Journal of Human Evolution* 48.1(2005), pp. 3–24.

d'Errico, F., Julien, M., Liolios, D., "Many awls in our argument. Bone tool manufacture and use from the Chatelperronian and Aurignacian layers of the Grotte du Renne at Arcy-sur-Cur," In: Zilhǎo, J., d'Errico, F. (eds.), *The chronology of the Aurignacian and of the transitional technocomplexes: Dating, stratigraphies, cultural implications,*

Lisboa: Instituto Português de Arqueologia, 2003, pp. 247–270.

d'Errico, F., Stringer, C. B., "Evolution, revolution or saltation scenario for the emergence of modern cultures?," *Philosophical Transactions of the Royal Society of London Series B-Biological Sciences* 366.1567(2011), pp. 1060–1069.

Dibble, H., "Interpreting typological variation of Middle Paleolithic scrapers: Function, style, or sequence of reduction ?," *Journal of Field Archaeology* 11.4(1984), pp. 431–436.

Domínguez-Rodrigo, M., "Are all Oldowan sites palimpsests? If so, what can they tell us about hominid carnivory?," In: Delson, E., Macphee, R. D. E. (eds.), *Interdisciplinary approaches to the Oldowan,* Dordrecht: Spinger, 2009, pp. 129–147.

Domínguez-Rodrigo, M., "Hunting and scavenging by early humans: The state of the debate," *Journal of World Prehistory* 16.1(2002), pp. 1–54.

Domínguez-Rodrigo, M., "Meat-eating by early hominids at the FLK 22Zinjanthropussite, Olduvai Gorge (Tanzania): An experimental approach using cut-mark data," *Journal of Human Evolution* 33.6(1997), pp. 669–690.

Domínguez-Rodrigo, M., Barba, R., "New estimates of tooth mark and percussion mark frequencies at the FLK Zinj site: The carnivore-hominid-carnivore hypothesis falsified," *Journal of Human Evolution* 50.2(2006), pp. 170–194.

Domínguez-Rodrigo, M., Barba, R., Egeland, C. P., *Deconstructing Olduvai: A taphonomic study of the Bed I sites,* Dordrecht: Springer, 2007.

Domínguez-Rodrigo, M., Bunn, H. T., Yravedra, J., "A critical re-evaluation of bone surface modification models for inferring fossil hominin and carnivore interactions through a multivariate approach: Application to the FLK Zinj archaeofaunal assemblage (Olduvai Gorge, Tanzania)," *Quaternary International* 322–323(2014), pp. 32–43.

Domínguez-Rodrigo, M., De Juana, S., Galan, A. B., et al., "A new protocol to differentiate trampling marks from butchery cut marks," *Journal of Archaeological Science* 36.12(2009), pp. 2643–2654.

Domínguez-Rodrigo, M., Pickering, T. R., "Early hominid hunting and scavenging: A zooarcheological review," *Evolutionary Anthropology* 12.6(2003), pp. 275–282.

Domínguez-Rodrigo, M., Piqueras, A., "The use of tooth pits to identify carnivore taxa in tooth-marked archaeofaunas and their relevance to reconstruct hominid carcass processing behaviours," *Journal of Archaeological Science* 30.11(2003), pp. 1385–1391.

Domínguez-Rodrigo, M., Yravedra, J., "Why are cut mark frequencies in archaeofaunal assemblages so variable? A multivariate analysis," *Journal of Archaeological Science* 36.3(2009), pp. 884–894.

Domínguez-Rodrigo, M., Yravedra, J., Organista, E., et al., "A new methodological approach to the taphonomic study of paleontological and archaeological faunal assemblages: A preliminary case study from Olduvai Gorge (Tanzania)," *Journal of Archaeological Science* 59(2015), pp. 35–53.

Enloe, J. G., "Acquisition and processing of reindeer in the Paris Basin," In: Costamagno, S., Laroulandie, V. (eds.), *Mode de Vie au Magdalenien: Apports de l'Archeozoologie (Zooarchaeological insights into Magdalenian Lifeways),* BAR International Series 1144, 2003, pp. 23–31.

Enloe, J. G., "Fauna and site structure at Verberie, implications for domesticity and demography," In: Zubrow, E., Audouze, F., Enloe, J. (eds.), *The Magdalenian household: Unraveling domesticity,* Albany: State University of New York Press, 2010, pp. 22–50.

Enloe, J. G., "Subsistence organization in the Early Upper Paleolithic: Reindeer hunters of the Abri du Flageolet, couche V.," In: Knecht, H., Pike-Tay, A., White, R. (eds), *Before Lascaux: The complex record of the Early Upper Paleolithic,* Boca Raton: CRC Press, 1993, pp. 101–115.

Fagan, B. M., Durrani, N., *People of the earth: An introduction to world prehistory,* New York: Pearson Education, 2014.

Fletcher, A., Pearson, J., Ambers, J., "The manipulation of social and physical identity in the Pre-Pottery Neolithic," *Cambridge Archaeological Journal* 18.3(2008), pp.309–325.

Fisher, D. C., "Season of death, growth rates, and life history of North American mammoths," *Proceedings of the International Conference on Mammoth Site Studies* 22(2001), pp. 121–135.

Fisher, J. W., "Bone surface modifications in zooarchaeology," *Journal of Archaeological Method and Theory* 2.1(1995), pp. 7–68.

Fisher, J. W., "Observations on the Late Pleistocene bone assemblage from the Lamb Spring Site, Colorado," In: Stanford, D. J., Day, J. S. (eds.), *Ice Age hunters of the Rockies,* Denver: University Press of Colorado, 1992, pp. 51–81.

Frenzel, B., "Pleistocene vegetation of northern Eurasia," *Science* 161.3842(1968), pp. 637–649.

Frison, G. C., "Experimental use of Clovis weaponry and tools on African elephants," *American Antiquity* 54.4(1989), pp. 766–784.

Gamble, C., "Culture and society in the Upper Paleolithic of Europe," In: Bailey, G. (ed.), *Hunter-gatherer economy in prehistory,* Cambridge: Cambridge University Press, 1983, pp. 201–211.

Gamble, C., "Interaction and alliance in Palaeolithic society," *Man* 17.1(1982), pp. 92–107.

Gamble, C., "The center at the edge," In: Soffer, O., Praslov, N. D. (eds.), *From Kostenki to Clovis,* New York: Plenum Press, 1993, pp. 313–321.

Gamble, C., *The Palaeolithic settlement of Europe*, New York: Cambridge University Press, 1986.

Gamble, C., *The Palaeolithic societies of Europe,* Cambridge: Cambridge University Press, 1999.

Gao, X., Norton, C. J., "A critique of the Chinese 'Middle Palaeolithic'," *Antiquity* 76.292(2002), pp. 397–412.

Garfinkel, Y., "Ritual burial of cultic objects: The earliest evidence," *Cambridge Archaeological Journal* 4.2(1994), pp. 159–188.

Gaudzinski-Windheuser, S., "Middle Palaeolithic bone tools from the openair site Salzgitter-Lebenstedt (Germany)," *Journal of Archaeological Science* 26.2(1999), pp. 125–141.

Gaudzinski-Windheuser, S., "Monospecific or species-dominated faunal assemblages during the Middle Paleolithic in Europe," In: Hovers, E., Kuhn, S. L. (eds.), *Transitions before the transition: Evolution and stability in the Middle Paleolithic and Middle Stone Age (Interdisciplinary contributions to archaeology),* New York: Springer, 2006, pp. 137–147.

Gaudzinski-Windheuser, S., "The faunal record of the Lower and Middle Palaeolithic of Europe: Remarks on human interference," In: Roebroeks, W., Gamble, C. (eds.), *The Middle Palaeolithic occupation of*

*Europe,* Leiden: University of Leiden, 1999, pp. 215–233.

Gaudzinski-Windheuser, S., "Wallertheim revisited: A re-analysis of the fauna from the Middle Palaeolithic site of Wallertheim (Rheinhessen/Germany)," *Journal of Archaeological Science* 22.1(1995), pp. 51–66.

Gaudzinski-Windheuser, S., Roebroeks, W., "On Neanderthal subsistence in last interglacial forested environments in northern Europe," In: Conard, N. J., Richter, J. (eds), *Neanderthal lifeways, subsistence and technology: One hundred fifty years of Neanderthal study,* Dordrecht: Springer, 2011, pp. 61–71.

Gaudzinski-Windheuser, S., Turner, E., Anzidei, A. P., et al., "The use of Proboscidean remains in every-day Palaeolithic life," *Quaternary International* 126(2005), pp. 179–194.

Gauvrit, R. E., Cattin, M., Yahemdi, I., et al. "Reconstructing Magdalenian hunting equipment through experimentation and functional analysis of backed bladelets," *Quaternary International* 554(2020), pp. 107–127.

Germonpré, M., Sablin, M., Khlopachev, G. A., et al., "Possible evidence of mammoth hunting during the Epigravettian at Yudinovo, Russian Plain," *Journal of Anthropological Archaeology* 27.4(2008), pp. 475–492.

Gifford-Gonzalez, D. P., "Ethnographic analogues for interpreting modified bones: Some cases from East Africa," *Bone Modification* (1989), pp. 179–246.

Gifford-Gonzalez, D. P., Damrosch, D. B., Damrosch, D. R., et al.,"The third dimension in site structure: An experiment in trampling and vertical dispersal," *American Antiquity* 50.4(1985), pp. 803–818.

Goring-Morris, A. N., "Complex hunter/gatherers at the end of the Palaeolithic," In: Levy, T. E. (ed.), *The archaeology of society in the Holy Land,* London: Leicester University Press, 1995, pp. 141–168.

Goring-Morris, A. N., "The quick and the dead. The social context of Aceramic mortuary practices as seen from Kfar Ha Horesh," In: Kuijt, I. (ed.), *Life in Neolithic farming communities: Social organization, identity, and differentiation (Fundamental issues in archaeology),* New York: Kluwer Academic/Plenum, 2000, pp. 103–136.

Goring-Morris, A. N., Ashkenazi, H., Barzilai, O., et al., "The 2007–8 excavation seasons at Pre-Pottery Neolithic B Kfar HaHoresh, Israel," *Antiquity* 82.318(2008), p. 1151.

Goring-Morris, A. N., Belfer-Cohen, A., "Structures and dwellings in the Upper and Epi-Palaeolithic (ca 42–10K BP) Levant: Profane and Symbolic Uses," In: Vasil'ev, S. A, Soffer, O, Kozlowski, J. (eds.), *Perceived landscapes and built environments: The cultural geography of Late Paleolithic Eurasia*, BAR International Series 1122, 2003, pp. 65–81.

Goring-Morris, A. N., Belfer-Cohen, A., "Symbolic behaviour from the Epipalaeolithic and Early Neolithic of the Near East: Preliminary observations on continuity and change," In: Gebel, H., Hermansen, B., Jensen, C., et al. (eds.), *Magic practices and ritual in the Near Eastern Neolithic: Proceedings of a workshop held at the 2nd International Congress on the Archaeology of the Ancient Near East (ICAANE), Copenhagen University, May, 2000,* pp. 67–79.

Goring-Morris, A. N., Burns, R., Davidzon, A., et al., "The 1997 season of excavations at the mortuary site of Kfar HaHoresh, Galilee, Israel," *Neo-Lithics* 3.98(1998), pp. 1–4.

Goring-Morris, A. N., Horwitz, L, K., "Funerals and feasts during the Pre-Pottery Neolithic B of the Near East," *Antiquity* 81.314(2007), pp. 902–919.

Goval, E., Hérisson, D., Locht, J., et al., "Levallois points and tri-angular flakes during the Middle Palaeolithic in northwestern Europe: Considerations on the status of these pieces in the Neanderthal hunt-ing toolkit in northern France," *Quaternary International* 411(2016), pp. 216–232.

Grayson, D. K., Delpech, F., "Pleistocene reindeer and global warming," *Conservation Biology* 19.2(2005), pp.557–562.

Grissom, C. A., "Neolithic statues from 'Ain Ghazal: Construction and form," *American Journal of Archaeology* 104.1(2000), pp. 25–45.

Guan, Y., Wang, X., Wang, F., et al., "Microblade remains from the Xishahe site, North China and their implications for the origin of microblade technology in Northeast Asia," *Quaternary International* 535.3(2019), pp. 38–47.

Guthrie, R. D., *The nature of Paleolithic art,* Chicago: University of Chicago Press, 2005.

Habermehl, K-H., *Die Altersbestimmung bei Haus-und Labortieren,* Berlin und Hamburg: Verlag Paul Parey, 1975.

Hahn, J., "Aurignacian art in central Europe," In:Knecht, H., Pike-Tay, A., White, R. (eds.), *Before Lascaux: The complex record of the Early Upper Paleolithic*, Boca Raton: CRC Press, 1993, pp. 229–241.

Hahn, J., "Aurignacian signs, pendants and art objects in Central and Eastern Europe," *World Archaeology* 3.3(1972), pp. 252–266.

Hahn, J., *Aurignacian, das aeltere Jungpalaeolithikum im Mittel-und Osteuropa,* Koeln-Wien: Boehlau (Fundamenta; A9), 1977.

Hanon, R., d'Errico, F., Backwell, L., et al., "New evidence of bone tool use by Early Pleistocene hominins from Cooper's D, Bloubank Valley, South Africa," *Journal of Archaeological Science* 39 (2021) , p. 103129.

Hawkes, K., "Showing off: Tests of a hypothesis about men's foraging goals," *Ethology and Sociobiology* 12(1991), pp. 29–54.

Hawkes, K., Hill, K., O'Connell, J. F., "Why hunters gather-optimal foraging and the Ache of eastern Paraguay," *American Ethnologist* 9(1982), pp. 379–398.

Hawkes, K., O'Connell, J. F., Blurton Jones, N. G., "Hadza women's time allocation, offspring provisioning, and the evolution of long postmenopausal life spans," *Current Anthropology* 38.4(1997), pp. 551–577.

Hawkes, K., O'Connell, J. F., Jones, N. B., "Hadza meat sharing," *Evolution and Human Behavior* 22.2(2001), pp. 113–142.

Hayden, B., Chisholom, B., Schwartz, H. P., "Fishing and foraging. Marine resources in the Upper Paleolithic of France," In: Soffer, O. (ed.), *The pleistocene old world: Regional perspectives*, New York: Springer, 1987.

Haynes, G., "Evidence of carnivore gnawing on Pleistocene and Recent mammalian bones," *Paleobiology* 6(1980), pp. 341–351.

Haynes, G., "Longitudinal studies of African elephant death and bone deposits," *Journal of Archaeological science* 15.2(1988), pp. 131–157.

Haynes, G., "Mammoth landscapes: Good country for hunter-gatherers," *Quaternary International* 142/143(2006), pp. 20–29.

Haynes, G., *Mammoths, mastodons and elephants: Biology, behavior, and the fossil record,* Cambridge: Cambridge University Press, 1991.

Henshilwood, C., d'Errico, F., Marean, C. W., et al., "An early bone tool industry from the Middle Stone Age at Blombos Cave, South

Africa: Implications for the origins of modern human behavior, symbolism and language," *Journal of Human Evolution* 41(2001), pp. 631–678.

Henshilwood, C., d'Errico, F., Vanhaeren, M., et al., "Middle stone age shell beads from South Africa," *Science* 304.5669(2004), pp. 404–404.

Hillson, S., *Teeth,* Cambridge: Cambridge University Press, 2005.

Hodder, I., "Neo-thingness," In: Cherry, J., Scarre, C., Shennan, S. (eds), *Explaining social change: Studies in honour of Colin Renfrew*, Cambridge: McDonald Institute Monographs, 2004, pp. 45–52.

Hoffecker, J., "Innovation and technological knowledge in the Upper Paleolithic of northern Eurasia," *Evolutionary Anthropology* 14.5(2005), pp. 186–198.

Hoffecker, J., "Neanderthal and modern human diet in eastern Europe," In: Hublin, J., Richards, M. P. (eds.), *The evolution of hominin diets* (*Vertebrate paleobiology and paleoanthropology series*), Dordrecht: Springer, 2009, pp. 87–98.

Hoffecker, J., *Desolate landscapes: Ice-Age settlement in eastern Europe,* New Brunswick: Rutgers University Press, 2003.

Hofman, J. L., Enloe, J. G., *Piecing together the past: Applications of refitting studies in archaeology*, BAR International Series 578, 1992.

Holliday, T. W., "The ecological context of trapping among recent hunter-gatherers: Implications for subsistence in terminal Pleistocene Europe," *Current Anthropology* 39.5(1998), pp. 711–719.

Holliday, T. W., Churchill, S. E., *Mustelid hunting by recent foragers and the detection of trapping in the European Paleolithic*, BAR International Series 1564, 2006.

Hublin, J. J., Ben-Ncer, A., Bailey, S. E., et al., "New fossils from

Jebel Irhoud, Morocco and the pan-African origin of Homo sapiens," *Nature* 546.7657(2017), pp. 289–292.

Igreja, M., Porraz, G., "Functional insights into the innovative Early Howiesons Poort technology at Diepkloof Rock Shelter (Western Cape, South Africa)," *Journal of Archaeological Science* 40.9(2013), pp. 3475–3491.

Ikawa-Smith, F., "Humans along the Pacific margin of North East Asia before the Last Glacial Maximum," In: D. B. Madsen (ed.), *Entering America: Northeast Asia and Beringia before the Last Glacial Maximum,* Salt Lake City University of Utah Press, 2004, pp. 287–309.

Isaac, G., "The food-sharing behavior of protohuman hominids," *Scientific American* 238. 4(1978), pp. 90–108.

Jochim, M., "The Lower and Middle Palaeolithic," In: Milisauskas, S. (ed.), *European prehistory: A survey*, New York: Kluwer Academic/Plenum Publishers, 2002, pp. 15–54.

Jochim, M., "The Upper Palaeolithic," In: Milisauskas, S. (ed.), *European prehistory: A survey*, New York: Kluwer Academic/Plenum Publishers, 2002, pp. 55–113.

Jones, E. L., "Dietary evenness, prey choice, and human-environment interactions," *Journal of Archaeological Science* 31.3(2004), pp. 307–317.

Julien, M., "Les harpons magdaléniens," *Supplément à Gallia Préhistoire Paris* 17(1982), pp. 1–293.

Kaplan, H., Hill, K., "The evolutionary ecology of food acquisition," In: Smith, E., Winterhalder, B. (eds.), *Evolutionary ecology and human behavior*, Hawthorne, NY: Aldine, 1992, pp. 167–201.

Keeley, L., *Experimental determination of stone tool uses: A microwear analysis,* Chicago: Chicago University Press, 1980.

Kelly, R. L., *The foraging spectrum: Diversity in hunter-gatherer lifeways,* Washington: Smithsonian Institution Press, 1995.

Kenyon, K. M., "Excavations at Jericho 1953," *Palestine Excavation Quarterly* 85.2(1953), pp. 81–96.

Kenyon, K. M., *Excavations at Jericho/Vol.3, The architecture and stratigraphy of the Tell Plates,* London: British School of Archeology in Jerusalem, 1981.

Kitagawa, K., Krönneck, P., Conard, N. J., et al., "Exploring cave use and exploitation among cave bears, carnivores and hominins in the Swabian Jura, Germany," *Journal of Taphonomy* 10.3–4(2012), pp. 439–461.

Klein, R. G., "Anatomy, behavior, and modern human origins," *Journal of World Prehistory* 9.2(1995), pp. 167–198.

Klein, R. G., "Archeology and the evolution of human behavior," *Evolutionary Anthropology: Issues, News, and Reviews* 9.1(2000), pp. 17–36.

Klein, R. G., "Out of Africa and evolution of human behavior," *Evolutionary Anthropology* 17(2008), pp. 267–281.

Klein, R. G., "Patterns of ungulate mortality and ungulate mortality profiles from Langebaanweg (Early Pliocene) and Elandsfontein (Middle Pleistocene), south-western Cape Province, South Africa," *Annals of the South African Museum* 90.2(1982), pp. 49–64.

Klein, R. G., Bird, D. W., "Shellfishing and human evolution," *Journal of Anthropological Archaeology* 44(2016), pp. 198–205.

Klein, R. G., Cruz-Uribe, K., "Exploitation of large bovids and seals at Middle and Later Stone Age sites in South Africa," *Journal of Human Evolution* 31.4(1996), pp. 315–334.

Klein, R. G., Cruz-Uribe, K., "Middle and later stone age large mammal and tortoise remains from Die Kelders Cave 1, Western Cape Province, South Africa," *Journal of Human Evolution* 38.1(2000), pp. 169–195.

Klein, R. G., Cruz-Uribe, K., "*The analysis of animal bones from archaeological sites*," University of Chicago press, 1984.

Klein, R. G., *Ice-age hunters of the Ukraine*, Chicago: University of Chicago Press, 1973.

Klein, R. G., Steele, T. E., "Archaeological shellfish size and later human evolution in Africa," *PNAS* 110.27(2013), pp. 10910–10915.

Klein, R. G., *The human career: Human biological and cultural origins* (3rd edn.), Chicago: The University of Chicago Press, 2009.

Knecht, H., "Projectile points of bone, antler and stone: Experimental explorations of manufacture and use," In: Knecht, H. (ed.), *Projectile technology*, New York: Plenum Press, 1997, pp. 191–212.

Knecht, H., "Splits and wedges: The techniques and technology of early Aurignacian antler working," In: Knecht, H., Pike-Tay, A., White, R. (eds.), *Before Lascaux: The complex record of the Early Upper Paleolithic,* Boca Raton: CRC Press, 1993, pp. 137–162.

Kozlowski, J. K., "The Gravettian in Central and Eastern Europe," *Advances in World Archaeology* 5.3(1986), pp. 131–200.

Kuhn, S. L., "Paleolithic archaeology in Turkey," *Evolutionary Anthropology* 11.5(2002), pp. 198–210.

Kuhn, S. L., Stiner, M. C., "Body ornamentation as information technology: Towards an understanding of the significance of early beads," In: Mellars, P., et al. (eds.), *Rethinking the human revolution: New behavioural and biological perspectives on the origin and dispersal of modern humans (McDonald Institute monographs)*, Cambridge: McDonald Institute for Archaeological Research, 2007, pp. 45–54.

Kuhn, S. L., Stiner, M. C., "Paleolithic ornaments: Implications for cognition, demography and identity," *Diogenes* 54.2(2007), pp. 40–48.

Kuhn, S. L., Stiner, M. C., "The antiquity of hunter-gatherers," In: Panter-Brick, C., Layton, R., Rowley-Conwy, P. (eds.), *Hunter-gatherers: An interdisciplinary perspective,* New York: Cambridge University Press, 2001, pp. 99–142.

Kuhn, S. L., Stiner, M. C., Güleç, E., "The Early Upper Paleolithic occupations at Üçağızlı Cave (Hatay, Turkey)," *Journal of Human Evolution* 56.2(2009), pp. 87–113.

Kuhn, S. L., Stiner, M. C., Reese, D. S., et al., "Ornaments of the earliest Upper Paleolithic: New insights from the Levant," *PNAS* 98.13(2001), pp. 7641–7646.

Kuman, K., Li, C., Li, H., "Large cutting tools in the Danjiangkou Reservoir Region, central China," *Journal of Human Evolution* 76.C(2014), pp. 129–153.

Lam, Y. M., Chen, X., Marean, C. W., et al., "Bone density and long bone representation in archaeological faunas: Comparing results from CT and photon densitometry," *Journal of Archaeological Science* 25.6(1998), pp. 559–570.

Lam, Y. M., Chen, X., Pearson, O. M., "Intertaxonomic variability in patterns of bone density and the differential representation of Bovid, Cervid, and Equid elements in the archaeological record," *American Antiquity* 64.2(1999), pp. 343–362.

Laughlin, W. S., "Hunting: An integrating biobehavior system and its evolutionary importance," In: Lee, R., DeVore, I. (eds.), *Man the*

*Hunter*, Chicago: Aldine, 1968, pp. 304–320.

Lavrillier, A., *Nomadisme et adaptations sédentaires chez les Évenks de Sibérie postsoviétique: «jouer» pour vivre avec et sans chamanes*, Doctoral dissertation, ÉCOLE PRATIQUE DES HAUTES ÉTUDES, Sorbonne V ème section, SCIENCES RELIGIEUSES, 2005, pp. 224.

Lazuén, T., "European Neanderthal stone hunting weapons reveal complex behaviour long before the appearance of modern humans," *Journal of Archaeological Science* 39.7(2012), pp. 2304–2311.

Lee, R., "Hunter-gatherer studies and the millennium: A look forward (and back)," *Bulletinof the National Museum of Ethnology* 23.4(1999), pp. 821–845.

Lee, R., "What hunters do for a living, or, how to make out on scarce resources," In Lee, R., DeVore, I., (eds.), *Man the Hunter,* Chicago: Aldine, 1968, pp. 30–48.

Lee, R., DeVore, I. (eds.), *Man the Hunter*, Chicago: Aldine, 1968.

Leechman, D., "Bone grease," *American Antiquity* 16.4(1951), pp. 355–356.

Levine, M. A., "Eating horses: The evolutionary significance of hippophagy," *Antiquity* 72.275(1998), pp. 90–100.

Levine, M. A., "Mortality models and the interpretation of horse population structure," In: Bailey, G. (ed.), *Hunter-gatherer economy in prehistory: A European perspective*, Cambridge: Cambridge University Press, 1983, pp. 23–46.

Li, F., "Fact or fiction: The Middle Palaeolithic in China," *Antiquity* 88.342(2014), pp. 1303–1309.

Li, F., Bae, C. J., Ramsey, C. B., et al., "Re-dating Zhoukoudian Upper Cave, northern China and its regional significance," *Journal of*

*Human Evolution* 121(2018), pp. 170–177.

Li, F., Kuhn, S. L., Chen, F., et al., "The easternmost middle paleolithic (Mousterian) from Jinsitai cave, north China," *Journal of Human Evolution* 114(2018), pp. 76–84.

Li, Z. Y., Wu, X. J., Zhou, L. P., et al., "Late Pleistocene archaic human crania from Xuchang, China," *Science* 355.6328(2017), pp. 969–972.

Lieberman, D., *The story of the human body: Evolution, health, and disease*, New York: Vintage Books, 2014.

Liolios, D. "Reflections on the role of bone tools in the definition of the Early Aurignacian," In: Bar-Yosef, O., Zilhão, J. (eds.), *Towards a definition of the Aurig-nacian: Proceedings of the Symposium held in Lisbon, Portugal, June 25–30, 2002,* pp. 37–51.

Liu, W., Jin, C. Z., Zhang, Y. Q., et al., "Human remains from Zhirendong, South China, and modern human emergence in East Asia," *PNAS* 107.45(2010), pp. 19201–19206.

Lombard, M., "A method for identifying Stone Age hunting tools," *South African Archaeological Bulletin* 60.182(2005), pp. 115–120.

Lombard, M., "Thinking through the Middle Stone Age of sub-Saharan Africa," *Quaternary International* 270(2012), pp. 140–155.

Lombard, M., Philipson, L., "Indications of bow and stone-tipped arrow use 64,000 years ago in KwaZulu-Natal," *Antiquity* 84.325(2010), pp. 635–648.

Lubinski, P. M., "A comparison of methods for evaluating ungulate mortality distributions," *Archaeozoologia* XI(2000), pp. 121–134.

Luc, D., Li, Z., Li, H., et al., "Discovery of circa 115,000-year-old bone retouchers at Lingjing, Henan, China," *PLoS One* 13.3(2018), e0194318.

Lupo, K. D., "Archaeological skeletal part profiles and differential transport: Ethnoarchaeological example from Hadza bone assemblages," *Journal of Anthropological Archaeology* 20(2001), pp. 361–378.

Lupo, K. D., "Butchering marks and carcass acquisition strategies: Distinguishing hunting from scavenging in Archaeological contexts," *Journal of Archaeological Science* 21.6(1994), pp. 827–837.

Lupo, K. D., "Evolutionary foraging models in zooarchaeological analysis: Recent applications and future challenges," *Journal of Archaeological Research* 15. 2(2007), pp. 143–189.

Lupo, K. D., "Experimentally derived extraction rates for marrow: Implications for body part exploitation strategies of Plio-Pleistocene hominid scavengers," *Journal of Archaeological Science* 25.7(1998), pp. 657–675.

Lupo, K. D., "What explains the carcass field processing and transport decisions of contemporary hunter-gatherers? Measures of economic anatomy and zooarchaeological skeletal part representation," *Journal of Archaeological Method and Theory* 13.1(2006), pp.19–66.

Lupo, K. D., O'Connell, J. F., "Cut and tooth mark distributions on large animal bones: Ethnoarchaeological data from the Hadza and their implications for current ideas about early human carnivory," *Journal of Archaeological Science* 29.1(2002), pp. 85–109.

Lyman, R. L., Houghton, L. E., Chambers, A. L., "The effect of structural density on marmot skeletal part representation in archaeological sites," *Journal of Archaeological Science* 19.5(1992), pp. 557–573.

Lyman, R. L., *Vertebrate taphonomy*, Cambridge: Cambridge University Press, 1994.

Maier, A., *The Central European Magdalenian*, Dordrecht: Springer, 2015.

Mania, U., "The utilization of large mammal bones in Bilzingsleben-a special variant of middle Pleistocene man's relationship to his environment," *Man and Environment in the Palaeolithic* (1995), pp. 239–246.

Marean, C. W., Abe, Y., Frey, C. J., et al., "Zooarchaeological and taphonomic analysis of the Die Kelders Cave 1 layers 10 and 11 middle stone age larger mammal fauna," Journal of Human Evolution 38.1(2000), pp. 197–233.

Marean, C. W., Assefa, Z., "Zooarcheological evidence for the faunal exploitation behavior of Neandertals and early modern humans," *Evolutionary Anthropology: Issues, News, and Reviews* 8.1 (1999), pp. 22–37.

Marshack, A., "The female image: A 'time-factored' symbol (A study in style and aspects of image use in the Upper Palaeolithic)," *Proceedings of the Prehistoric Society* 57.1(1991), pp. 17–31.

Marshack, A., "Upper Paleolithic notation and symbol," *Science* 178.4063(1972), pp. 817–828.

Marshack, A., Bandi, H. G., Christensen, J., et al., "Upper Paleolithic symbol systems of the Russian Plain: Cognitive and comparative analysis," *Current Anthropology* 20.2(1979), pp. 271–311.

Marín-Arroyo, A. B., "Economic adaptations during the Late Glacial in northern Spain. A simulation approach," *Before Farming* 2(2009), pp. 27–36.

Marín-Arroyo, A. B., "Palaeolithic human subsistence in Mount Carmel (Israel). A taphonomic assessment of Middle and Early Upper Palaeolithic faunal remains from Tabun, Skhul and el-Wad," *International Journal of Osteoarchaeology* 23.3(2013), pp. 254–273.

Maschenko, E. N., "New data on the morphology of a foetal mammoth (Mammuthus primigenius) from the Late Pleistocene of southwestern Siberia," *Quaternary International* 142(2006), pp. 130–146.

Mayer, D. E. B. Y., Vandermeersch, B., Bar-Yosef, O., "Shells and ochre in Middle Paleolithic Qafzeh Cave, Israel: Indications for modern behavior," *Journal of Human Evolution* 56.3(2009), pp. 307–314.

Mazza, P. P. A., Martini, F., Sala, B., et al., "A new Palaeolithic discovery: Tar-hafted stone tools in a European Mid-Pleistocene bone-bearing bed," *Journal of Archaeological Science* 33.9(2006), pp. 1310–1318.

McBrearty, S., Brooks, A. S., "The revolution that wasn' t: A new interpretation of the origin of modern human behavior," *Journal of Human Evolution* 39.5(2000), pp. 453–563.

McDermott, L., "Self-representation in Upper Paleolithic female figurines," *Current Anthropology* 37.2(1996), pp. 227–275.

McDougall, I., Brown, F. H., Fleagle, J. G. "Stratigraphic placement and age of modern humans from Kibish, Ethiopia," *Nature* 433.7027(2005), pp. 733–736.

McNeil, P., Hills, L. V., Kooyman, B., et al., "Mammoth tracks indicate a declining Late Pleistocene population in southwestern Alberta, Canada," *Quaternary Science Reviews* 24.10–11(2005), pp. 1253–1259.

Meadow, R. H., "Animal bones: Problems for the archaeologist together with some possible solutions," *Paléorient* 6(1980), pp. 65–77.

Meignen, L., Bar-Yosef, O., Speth, J. D., et al., "Middle Paleolithic settlement patterns in the Levant," In: Hovers, E., Kuhn, S.(eds.), *Transitions before the transition: Evolution and stability in the Middle Paleolithic and Middle Stone Age (Interdisciplinary contributions to archaeology)*,

New York: Springer, 2006, pp. 149–169.

Mellars, P. A., "The character of the Middle-Upper Paleolithic transition in south-west France," In: Renfrew, C. (ed.), *The explanation of culture change: Models in prehistory*, Pittsburgh: University of Pittsburgh Press, 1973, pp. 225–276.

Mellars, P. A., "The ecological basis of social complexity in the Upper Paleolithic of southwestern France," In: Brown, J. A., Price, T. D. (eds.), *Prehistoric hunter-gatherers: The emergence of cultural complexity*, Orlando: Academic Press, 1985, pp. 271–297.

Mellars, P. A., French, J. C., "Tenfold population increase in Western Europe at the Neandertal-to-modern human transition," *Science* 333.6042(2011), pp. 623–628.

Mellars, P. A., *Technological changes across the Middle-Upper Palaeolithic transition: Economic, social and cognitive perspectives*, Princeton university Press, 1989, pp. 339–365.

Mercier, N., Valladas, H., Bar-Yosef, O., et al., "Thermoluminescence date for the Mousterian burial site of Es-Skhul, Mt. Carmel," *Journal of Archaeological Science* 20.2(1993), pp. 169–174.

Meskell, L. Nakamura, C., King, R., Farid, S., "Figured life worlds and depositional practices at Çatalhöyük," *Cambridge Archaeological Journal* 18.2(2008), pp. 139–161.

Metcalfe, D., Barlow, K. R., "A model for exploring the optimal trade-off between field processing and transport," *American Anthropologist* 94.2(1992), pp. 340–356.

Metcalfe, D., Jones, K. T., "A reconsideration of animal body part utility indices," *American Antiquity* 53(1988), pp. 486–504.

Milton, K., "A hypothesis to explain the role of meat-eating in human evolution," *Evolutionary Anthropology: Issues, News, and Reviews* 8.1(1999), pp. 11–21.

Morin, E., "Evidence for declines in human population densities during the early Upper Paleolithic in western Europe," *PNAS* 105.1(2008), pp. 48–53.

Morlan, R. E.,"Toward the definition of criteria for the recognition of artificial bone alterations," *Quaternary Research* 22.2(1984), pp. 160–171.

Munro, N. D., "Epipaleolithic subsistence intensification in the southern Levant: the faunal evidence," In: Hublin, J., Richards, M. P. (eds.), *The evolution of hominin diets (Vertebrate paleobiology and paleoanthropology series),* Dordrecht: Springer, 2009, pp. 141–155.

Munro, N. D., "Zooarchaeological measures of hunting pressure and occupational intensity in the Natufian: Implications for agricultural origins," *Current Anthropology* 45(2004), pp. S5–S34.

Munro, N. D., Bar-Oz, G., "Gazelle bone fat processing in the Levantine Epipalaeolithic," *Journal of Archaeological Science* 32.2(2005), pp. 223–239.

Münzel, S. C., "The production of Upper Palaeolithic mammoth bone artifacts from southwestern Germany," In: Cavarretta, G., Gioia, P., Mussi, M., et al. (eds.), *The world of elephants,* Roma: Consiglio Nazionale delle Ricerche, 2001, pp. 448–454.

Münzel, S. C., Conard, N., "Change and continuity in subsistence during the Middle and Upper Palaeolithic in the Ach Valley of Swabia (south-west Germany)," *International Journal of Osteoarchaeology* 14.3–4(2004), pp. 225–243.

Newcomer, M. H., "Study and replication of bone tools from Ksar

Akil (Lebanon)," *World Archaeology* 6.2(1974), pp. 138–153.

Niven, L., "From carcass to cave: Large mammal exploitation during the Aurignacian at Vogelherd, Germany," *Journal of Human Evolution* 53.4(2007), pp. 362–382.

Niven, L., Martin, H., "Zooarcheological analysis of the assemblage from the 2000–2003 Excavations," In: Dibble, H., McPherron, S., Goldberg, P., et al. (eds.), *The Middle Paleolithic site of Pech de l'Azeì IV,* Switzerland: Springer, 2018, pp. 95–116.

Niven, L., Steele, T. E., Rendu, W., et al., "Neandertal mobility and large-game hunting: The exploitation of reindeer during the Quina Mousterian at Chez-Pinaud Jonzac (Charente-Maritime, France)," *Journal of Human Evolution* 63.4(2012), pp. 624–635.

Niven, L., *The Palaeolithic occupation of Vogelherd Cave: Implications for the subsistence behavior of late Neanderthals and early modern humans,* Tübingen: Kerns, 2006.

Norton, C. J., Bae, K., Harris, J. W., et al., "Middle Pleistocene handaxes from the Korean peninsula," *Journal of Human Evolution* 51.5(2006), pp. 527–536.

Norton, C. J., Gao, X., "Hominin-carnivore interactions during the Chinese Early Paleolithic: Taphonomic perspectives from Xujiayao," *Journal of Human Evolution* 55.1(2008), pp. 164–178.

Oakley, K. P., Andrews, P., Keeley, L. H., et al., "A reappraisal of the Clacton spearpoint," *Proceedings of the Prehistoric Society* 43(1977), pp. 13–30.

O'Brien, E. M., "The projectile capabilities of an Acheulian handaxe from Olorgesailie," *Current Anthropology* 22.1(1981), pp. 76–79.

O'Connell, J. F., Hawkes, K., Blurton, J. N., "Patterns in the distribution, site structure and assemblage composition of Hadza kill–butchering sites," *Journal of Archaeological Science* 19.3(1992), pp. 319–345.

O'Connell, J. F., Hawkes, K., Jones, N. B., "Hadza hunting, butchering and bone transport and their archaeological implications," *Journal of Anthropological Research* 44.2(1988), pp. 113–161.

O'Connell, J. F., Hawkes, K., Jones, N. B., "Reanalysis of large mammal body part transport among the Hadza," *Journal of Archaeological Science* 17.3(1990), pp. 301–316.

O'Connell, J. F., Hawkes, K., Lupo, K. D. et al., "Male strategies and Plio-Pleistocene archaeology," *Journal of Human Evolution* 43.6(2002), pp. 831–872.

Olsen, S. L., Shipman, P.,"Surface modification on bone: Trampling versus butchery," *Journal of Archaeological Science* 15.5(1988), pp. 535–553.

Otte, M., "From the Middle to the Upper Palaeolithic: The nature of the transition," In: Mellars, P. (ed.), *The Emergence of Modern Humans: An Archaeological Perspective,* Ithaca: Cornell University Press, 1990, pp. 438–456.

Outram, A. K., "A new approach to identifying bone marrow and grease exploitation: Why the 'indeterminate' fragments should not be ignored," *Journal of Archaeological Science* 28.4(2001), pp. 401–410.

Outram, A. K., Rowley-Conwy, P., "Meat and marrow utility indices for horse (Equus)," *Journal of Archaeological Science* 25.9(1998), pp. 839–849.

Pearson, R., "The social context of early pottery in the Lingnan region of south China," *Antiquity* 79(2005), pp. 819–828.

Pei, W. C., "The Upper Cave industry of Choukoutien," *Palaeontologia Sinica, New Series D.* 9(1939), pp. 1–41.

Petraglia, M. D., Alsharekh, A., "The Middle Palaeolithic of Arabia: Implications for modern human origins, behaviour and dispersals," *Antiquity* 77.298(2003), pp. 671–684.

Petraglia, M. D., Shipton, C., "Large cutting tool variation west and east of the Movius Line," *Journal of Human Evolution* 55.6(2008), pp. 962–966.

Pidoplichko, I., *Upper Palaeolithic dwellings of mammoth bones in the Ukraine,* BAR international series 712, Oxford: Archaeopress, 1998.

Potts, R., *Early hominid activities at Olduvai*, New York: Aldine de Gruyter, 1988.

Potts, R., Shipman, P., "Cutmarks made by stone tools on bones from Olduvai Gorge, Tanzania," *Nature* 291.5816(1981), pp. 577–580.

Prendergast, M. E., Yuan, J., Bar-Yosef, O., "Resource intensification in the Late Upper Paleolithic: A view from southern China," *Journal of Archaeological Science* 36.4(2009), pp. 1027–1037.

Price, T. D., "Foragers of southern Scandinavia," In: Price, T. D., Brown, J. (ed.), *Prehistoric hunter-gatherers: The emergence of cultural complexity,* New York: Academic Press, 1985, pp. 212–236.

Price, T. D., "The European Mesolithic," *American Antiquity* 48.4(1983), pp. 761–778.

Price, T. D., "The Mesolithic of northern Europe," *Annual Review of Anthropology* 20.1(1991), pp. 211–233.

Price, T. D., "The Mesolithic of western Europe," *Journal of World Prehistory* 1.3(1987), pp. 225–305.

Price, T. D., *Europe before Rome: A site-by-site tour of the Stone,*

*Bronze, and Iron Ages*, London: Oxford University Press, 2013.

Qu, T. L., Bar-Yosef, O., Wang, Y., et al., "The Chinese Upper Paleolithic: Geography, chronology, and techno-typology," *Journal of Archaeological Research* 21.1(2013), pp. 1–73.

Qu, T. L., Chen, Y. C., Bar-Yosef, O., et al., "Late Middle Palaeolithic subsistence in the central plain of China: A zooarchaeological View from the Laonainaimiao Site, Henan Province," *Asian Perspectives* 57.2(2018), pp. 210–221.

Rabinovich, R., Gaudzinski-Windheuser, S., Goren-Inbar, N., "Systematic butchering of fallow deer (Dama) at the early middle Pleistocene Acheulian site of Gesher Benot Ya'aqov (Israel)," *Journal of Human Evolution* 54.1(2008), pp. 134–149.

Rabinovich, R., Hovers, E., "Faunal analysis from Amud Cave: Preliminary results and interpretations," *International Journal of Osteoarchaeology* 14.3–4(2004), pp. 287–306.

Reiz, E. J., Wing, E. S., *Zooarchaeology* (2nd edition), Cambridge: Cambridge University Press, 2008.

Richards, M. P., Jacobi, R. M., Cook, J., et al., "Isotope evidence for the intensive use of marine foods by Late Upper Palaeolithic humans," *Journal of Human Evolution* 49.3(2005), pp. 390–394.

Richards, M. P., Pettitt, P. B., Stiner, M. C., et al., "Stable isotope evidence for increasing dietary breadth in the European mid-Upper Paleolithic," *PNAS* 98.11(2001), pp. 6528–6532.

Rieder, H., "Die altpalaolithischen Wurfspeere von Schöningen, ihre Erprobung und ihre Bedeutung für die Lebensumwelt des Homo erectus," *Praehistoria Thuringica* 5(2000), pp. 68–75.

Riek, G., *Die Eiszeitjägerstation am Vogelherd im Lonetal*, Tübingen:

Akademische Verlagsbuchhandlung Heine, 1934.

Rodríguez-Hidalgo, A., Saladié, P., Ollé, A., et al., "Hominin subsistence and site function of TD10.1 bone bed level at Gran Dolina site (Atapuerca) during the late Acheulean," *Journal of Quaternary Science* 30.7(2015), pp. 679–701.

Rollefson, G. O., " 'Ain Ghazal (Jordan): Ritual and ceremony, III," *Paléorient* 24(1998), pp. 43–58.

Rollefson, G. O., "Neolithic 'Ain Ghazal (Jordan): Ritual and ceremony, II," *Paléorient* 12(1986), pp. 45–52.

Rollefson, G. O., "Ritual and ceremony at Neolithic 'Ain Ghazal (Jordan)," *Paléorient* 9.2(1983), pp. 29–38.

Rollefson, G. O., "Ritual and social structure at Neolithic 'Ain Ghazal," In: Kuijt, I. (ed.), *Life in Neolithic farming communities: Social organization, identity, and differentiation (Fundamental issues in archaeology)*, New York: Kluwer Academic/Plenum, 2000, pp. 165–190.

Rollefson, G. O., "The uses of plaster at Neolithic 'Ain Ghazal Jordan," *Archaeomaterials* 4.1(1990), pp. 33–54.

Rollefson, G. O., Simmons, A. H., Kafafi, Z., "Neolithic cultures at 'Ain Ghazal, Jordan," *Journal of Field Archaeology* 19(1992), pp. 443–470.

Rosenberg, M., Davis, M., "Hallan Çemi Tepesi, an early Aceramic Neolithic site in eastern Anatolia: Some preliminary observations concerning material culture," *Anatolica* 18.1(1992), pp. 1–18.

Rosenberg, M., Redding, R. W., "Hallan Çemi and early village organization in eastern Anatolia," In: Kuijt, I. (ed.), *Life in Neolithic farming communities: Social organization, identity, and differentiation (Fundamental issues in archaeology)*, New York: Kluwer Academic/Plenum, 2000, pp. 39–62.

Rowley-Conwy, P., “Time, change and the archaeology of hunter-gatherers: How original is the ‘Original Affluent Society’,” In: Panter-Brick, C., Layton, R., Rowley-Conwy, P. (eds.), *Hunter-gatherers: An interdisciplinary perspective,* Cambridge: Cambridge University Press, 2001, pp. 39–72.

Sadek-Kooros, H. I. N. D., “Intentional fracturing of bone: Description of criteria,” *Archaeozoological Studies* (1975), pp. 139–150.

Schiegl, S., Goldberg, P., Pfretzschner, H., et al., “Paleolithic burnt bone horizons from the Swabian Jura: Distinguishing between in situ fireplaces and dumping areas,” *Geoarchaeology* 18.5(2003), pp. 541–565.

Schmandt-Besserat, D., “Animal symbols at ‘Ain Ghazal,” *Expedition Magazine* 39.1(1997), pp. 48–57.

Schmid, E., *Atlas of animal bones,* Amsterdam: Elsevier Publishing Company, 1972.

Schmidt, K., “Göbekli Tepe, southeastern Turkey: A preliminary report on the 1995–1999 excavations,” *Paléorient* 26.1(2000), pp.45–54.

Schmidt, C., Symes, S., *The analysis of burned human remains,* London: Academic Press, 2008.

Schoch, W. H., Bigga, G., Böhner, U., et al., “New insights on the wooden weapons from the Paleolithic site of Schöningen,” *Journal of Human Evolution* 89(2015), pp. 214–225.

Schwarcz, H. P., Grün, R., Vandermeersch, B., et al., “ESR dates for the hominid burial site of Qafzeh in Israel,” *Journal of Human Evolution* 17.8(1988), pp. 733–737.

Schyle, D., “Near Eastern Upper Paleolithic cultural stratigraphy,” *Biehefte zum Tübinger Atlas des Vorderen Orients, Reihe B, Geisteswis-*

*senschaften; Nr. 59*, Wiesbaden: Dr. Ludwig Reichert Verlag, 1992.

Serangeli, J., Conard, N. J., "The behavioral and cultural stratigraphic contexts of the lithic assemblages from Schöningen," *Journal of Human Evolution* 89(2015), pp. 287–297.

Sharon, G., "A week in the life of the Mousterian hunter," In: Nishiaki, Y., Akazawa, T., and International Conference on "Replacement of Neanderthals Modern Humans" (eds.), *The Middle and Upper Paleolithic archeology of the Levant and beyond*, Singapore: Springer, 2018, pp. 35–47.

Shea, J. J., "A functional study of the lithic industries associated with hominid fossils in the Kebara and Qafzeh caves, Israel," In: Mellars, P., Stringer, C. B. (eds.), *The Human revolution: Behavioural and biological perspectives on the origins of modern humans,* Princeton: Princeton University Press, 1989, pp. 611–625.

Shea, J. J., "Neandertal and early modern human behavioral variability a regional-scale approach to lithic evidence for hunting in the Levantine Mousterian," *Current Anthropology* 39.S1(1998), pp. S45–S78.

Shea, J. J., "The origins of lithic projectile point technology: Evidence from Africa, the Levant, and Europe," *Journal of Archaeological Science* 33.6(2006), pp. 823–846.

Shea, J. J., Brown, K. S., Davis, Z. J., "Controlled experiments with Middle Palaeolithic spear points: Levallois points," *Experimental Archaeology: Replicating past objects, behaviors, and processes* 1035(2002), pp. 55–72.

Shimelmitz, R., Barkai, R., Gopher, A., "Systematic blade production at Late Lower Paleolithic (400–200 kyr) Qesem Cave, Israel," *Journal of Human Evolution* 61.4(2011), pp. 458–479.

Shipman, P., "Scavenging or hunting in early hominids: Theoretical frameworks and tests," *American Anthropology* 88.1(1986), pp. 27–43.

Shipman, P., Foster, G., Schoeninger, M., "Burnt bones and teeth: An experimental study of color, morphology, crystal structure and shrinkage," *Journal of Archaeological Science* 11.4(1984), pp. 307–325.

Shipman, P., Rose, J., "Early hominid hunting, butchering, and carcass-processing behaviors: Approaches to the fossil record," *Journal of Anthropological Archaeology* 2.1(1983), pp. 57–98.

Shoshani, J., "Skeletal and other basic anatomical features of elephants," In: Shoshani, J., Tassy, P. (eds.), *The Proboscidea: Evolution and palaeoecology of elephants and their relatives,* Oxford: Oxford University Press, 1996, pp. 9–20.

Silver, I., "The ageing of domestic animals," In: Brothwell, D., Higgs, E. (eds.), *Science in archaeology* (2nd edn.), London: Thames, 1969, pp. 283–302.

Sinclair, A., "The technique as a symbol in Late Glacial Europe," *World Archaeology* 27.1(1995), pp. 50–62.

Singer, R., Wymer, J., *The Middle Stone Age at Klasies River Mouth in South Africa,* Chicago: Chicago University Press, 1982.

Sisson, S., Grossman, J. D., *The anatomy of the domestic animal* (4th edn.), Philadelphia: W.B. Saunders Company, *1953.*

Smith, E. A., "Anthropological applications of optimal foraging theory: A critical review," *Current Anthropology* 24(1983), pp. 625–651.

Smith, F. H., Ahern, J. C. M., Janković, I., et al., "The assimilation model of modern human origins in light of current genetic and genomic knowledge," *Quaternary International* 450(2017), pp. 126–136.

Smith, G. M., "Taphonomic resolution and hominin subsistence behaviour in the Lower Palaeolithic: Differing data scales and interpretive frameworks at Boxgrove and Swanscombe (UK)," *Journal of Archaeological Science* 40.10(2013), pp. 3754–3767.

Soffer, O., "Patterns of intensification as seen from the Upper Paleolithic of the Central Russian Plain," In: Brown, J., Douglas, P. (eds.), *Prehistoric hunters-gatherers: The emergence of cultural complexity,* Orlando: Academic Press, 1985, pp. 235–270.

Soffer, O., "Upper Paleolithic adaptations in Central and Eastern Europe and man-mammoth interactions," In: Soffer, O, Praslov, N. (eds.), *From Kostenki to Clovis,* Boston: Springer, 1993, pp. 31–49.

Soffer, O., Adovasio, J. M., Kornietz, N. L., et al., "Cultural stratigraphy at Mezhirich, an Upper Palaeolithic site in Ukraine with multiple occupations," *Antiquity* 71.271(1997), pp. 48–62.

Soffer, O., Suntsov, V. Y., Kornietz, N. L., "Thinking mammoth in domesticating Late Pleistocene landscapes," In: Lawrence International Conference on Mammoth Site Studies 1998, *Proceedings of the International Conference on Mammoth Site Studies,* Lawrence: University of Kansas, 2001, pp. 143–151.

Soffer, O., *The Upper Palaeolithic of the Central Russian Plain,* Orlando: Academic Press, 1985.

Soffer, O., Vandiver, P., "Case of the exploding figurines," *Archaeology* 46.1(1993), pp. 36–39.

Sorensen, M. V., Leonard, W. R., "Neanderthal energetics and foraging efficiency," *Journal of Human Evolution* 40.6(2001), pp. 483–495.

Speth, J. D., "Early hominid hunting and scavenging: The role of meat as an energy source," *Journal of Human Evolution* 18.4(1989), pp. 329–343.

Speth, J. D., "Middle Paleolithic large-mammal hunting in the southern Levant," In: Clark, J. L., Speth, J. D. (eds.), *Zooarchaeology and modern human origins,* Dordrecht: Springer, 2013, pp. 19–43.

Speth, J. D., "Seasonality, resource stress, and food sharing in so-called 'egalitarian' foraging societies," *Journal of Anthropological Archaeology* 9.2(1990), pp. 148–188.

Speth, J. D., Clark, J. L., "Hunting and overhunting in the Levantine late Middle Paleolithic," *Before Farming* 3(2006), pp. 1–42.

Speth, J. D., Spielmann, K. A., "Energy source, protein metabolism, and hunter-gatherer subsistence strategies," *Journal of Anthropological Archaeology* 2.1(1983), pp. 1–31.

Speth, J. D., Tchernov, E., "Neandertal hunting and meat-processing in the Near East," In: Stanford, C. B., Bunn, H. (eds.), *Meat-eating and human evolution,* New York: Oxford University Press, 2001, pp. 52–72.

Speth, J. D., *The paleoanthropology and archaeology of big-game hunting: Protein, fat, or politics?,* New York: Springer, 2010.

Starkovich, B. M., "Paleolithic subsistence strategies and changes in site use at Klissoura Cave 1 (Peloponnese, Greece)," *Journal of Human Evolution* 111(2017), pp. 63–84.

Starkovich, B. M., Conard, N. J., "Bone taphonomy of the Schöningen 'Spear Horizon South' and its implications for site formation and hominin meat provisioning," *Journal of Human Evolution* 89(2015), pp. 154–171.

Stephens, D. W., Krebs, J. R., *Foraging theory*, Princeton: Princeton University Press, 1986.

Stiner, M. C., "Carnivory, coevolution, and the geographic spread of the genus Homo," *Journal of Archaeological Research* 10.1(2002), pp. 1–63.

Stiner, M. C., "On in situ attrition and vertebrate body part profiles," *Journal of Archaeological Science* 29.9(2002), pp. 979–991.

Stiner, M. C., "The use of mortality patterns in archaeological studies of hominid predatory adaptations," *Journal of Anthropological Archaeology* 9.4(1990), pp. 305–351.

Stiner, M. C., Barkai, R., Gopher, A., "Cooperative hunting and meat sharing 400–200 kya at Qesem Cave, Israel," *PNAS* 106.32(2009), pp. 13207–13212.

Stiner, M. C., Gopher, A., Barkai, R., "Hearth-side socioeconomics, hunting and paleoecology during the late Lower Paleolithic at Qesem Cave, Israel," *Journal of Human Evolution* 60.2(2011), pp. 213–233.

Stiner, M. C., *Human predators and prey mortality,* New York: Routledge, 2018.

Stiner, M. C., Kuhn, S. L., "Paleolithic diet and the division of labor in Mediterranean Eurasia," In: Hublin,J.-J., Richards, M.P. (eds.), *The evolution of hominid diets: Integrating approaches to the study of Palaeolithic subsistence*, Dordrecht: Springer, 2009, pp. 155–167.

Stiner, M. C., Kuhn, S. L., "Subsistence, technology and adaptive variation in Middle Paleolithic Italy," *American Anthropologist* 94.2(1992), pp. 306–339.

Stiner, M. C., Kuhn, S. L., Surovell, T. A., et al., "Bone preservation in Hayonim Cave (Israel): A macroscopic and mineralogical study," *Journal of Archaeological Science* 28.6(2001), pp. 643–659.

Stiner, M. C., Munro, N. D., "Approaches to prehistoric diet breadth, demography, and prey ranking systems in time and space," *Journal of Archaeological Method and Theory* 9.2(2002), pp. 181–214.

Stiner, M. C., Munro, N. D., "On the evolution of diet and landscape during the Upper Paleolithic through Mesolithic at Franchthi Cave (Peloponnese, Greece)," *Journal of Human Evolution* 60.5(2011), pp. 618–636.

Stiner, M. C., Munro, N. D., Surovell, T. A., "The tortoise and the hare: Small-game use, the broad spectrum revolution, and Paleolithic demography," *Current Anthropology* 41.1(2000), pp. 39–73.

Stiner, M. C., Munro, N. D., Surovell, T. A., et al., "Paleolithic population growth pulses evidenced by small animal exploitation," *Science* 283.5399(1999), pp. 190–194.

Stiner, M. C., Tchernov, E., "Pleistocene species trends at Hayonim Cave," In: Akazawa, T., Aoki, K., Bar-Yosef, O. (eds.), *Neandertals and modern humans in western Asia,* New York: Kluwer Academic Publishers, 2002, pp. 241–262.

Stiner, M. C., *The faunas of Hayonim Cave (Israel): A 200,000-year record of Paleolithic diet, demography and society*, Cambridge, MA: Peabody Museum of Archaeology and Ethnology, Harvard University, 2005, pp. 200–201.

Straus, L. G., "Hunting in Late Upper Paleolithic Western Europe," In: Nitecki, M., Nitecki, Doris V. (eds.), *The evolution of human hunting,* New York: Plenum Press, 1987, pp. 147–176.

Straus, L. G., "Stone Age prehistory of northern Spain," *Science* 230.4725(1985), pp. 501–507.

Straus, L. G., "The emergence of modern-like forager capacities & behaviors in Africa and Europe: Abrupt or gradual, biological or demographic?," *Quaternary International* 247.1(2012), pp. 350–357.

Straus, L. G., "The Upper Paleolithic of Europe: An overview," *Evolutionary Anthropology* 4.1(1995), pp. 4–16.

Stringer, C. B., Finlayson, J. C., Barton, R. N. E., et al., "Neanderthal exploitation of marine mammals in Gibraltar," *PNAS* 105.38(2008), pp. 14319–14324.

Stringer, C. B., Galway-Witham, J., "When did modern humans leave Africa?," *Science* 359.6374(2018), pp. 389–390.

Svoboda, J. A., "Upper Palaeolithic anthropomorph images of northern Eurasia," In: Renfrew, C., Morley, I. (eds.), *Image and imagination,* Cambridge: McDonald Institute Monographs, 2007, pp. 57–68.

Svoboda, J. A., Králík, M., Čulíková, V., et al., "Pavlov VI: An Upper Palaeolithic living unit," *Antiquity* 83.320(2009), pp. 282–295.

Svoboda, J. A., Péan, S., Wojtal, P., "Mammoth bone deposits and subsistence practices during Mid-Upper Palaeolithic in Central Europe: Three cases from Moravia and Poland," *Quaternary International* 126–128(2005), pp. 209–221.

Szabó, K., Brumm, A., Bellwood, P., et al., "Shell artefact production at 32,000–28,000 BP in Island Southeast Asia: Thinking across media?," *Current Anthropology* 48.5(2007), pp. 701–723.

Szabó, K., Koppel, B., "Limpet shells as unmodified tools in Pleistocene Southeast Asia: An experimental approach to assessing fracture and modification," *Journal of Archaeological Science* 54(2015), pp. 64–76.

Tátá, F., Cascalheira, J., Marreiros, J., et al., "Shell bead production in the Upper Paleolithic of Vale Boi (SW Portugal): An experimental perspective," *Journal of Archaeological Science* 42(2014), pp. 29–41.

Taute, W., "Retoucheure aus Knochen, Zahnbein, und Stein vom Mittelpalaeolithikum bis zum Neolithikum," *Fund-berichte aus Schwaben* 17(1965), pp. 76–102.

Tchernov, E., "Evolution of complexities, exploitation of the biosphere and zooarchaeology," *Archaeozoologia* 5.1(1992), pp. 9–42.

Tchernov, E., "The impact of sedentism on animal exploitation in the southern Levant," *Archaeozoology of the Near East* 1(1993), pp. 10–26.

Tejero, J., Rabinovich, R., Yeshurun, R., et al., "Personal ornaments from Hayonim and Manot caves (Israel) hint at symbolic ties between the Levantine and the European Aurignacian," *Journal of Human Evolution,* on-line publication, 2020.

Teyssandier, N., Liolios, D., "Defining the earliest Aurignacian in the Swabian Alp: The relevance of the technological study of the Geissenklösterle (Baden-Württemberg, Germany) lithic and organic productions," In: Zilhão, J., d'Errico, F. (eds.), *The chronology of the Aurignacian and of the transitional technocomplexes: Dating, stratigraphies, cultural implications*, Lisboa: Instituto Português de Arqueologia, 2003, pp. 179–198.

Thieme, H., "Lower Palaeolithic hunting spears from Germany," *Nature* 385.6619(1997), pp. 807–810.

Toth, N., "Behavioral inferences from early stone artifact assemblages: An experimental model," *Journal of Human Evolution* 16.7–8(1987), pp. 763–787.

Toth, N., Woods, M., "Molluscan shell knives and experimental cutmarks on bones," *Journal of Field Archaeology* 16.2(1989), pp. 250–255.

Twiss, K. C., "Transformations in an early agricultural society: Feasting in the southern Levantine Pre-Pottery Neolithic," *Journal of Anthropological Archaeology* 27.4(2008), pp. 418–442.

Ucko, P. J., *Anthropomorphic figurines of predynastic Egypt and Neolithic Crete with comparative material from the prehistoric Near East and mainland Greece Royal Anthropological Institute Occasional Paper, No. 24,* London: Andrew Szmidla, 1968.

Van Kolfschoten, T., Parfitt, S. A., Serangeli, J., et al., "Lower Paleolithic bone tools from the 'Spear Horizon' at Schöningen (Germany)," *Journal of Human Evolution* 89(2015), pp. 226–263.

Vandiver, P., Soffer, O., Klima, B., et al., , "The origins of ceramic technology at Dolní Vĕstonice, Czechoslovakia," *Science* 246.4933(2011), pp. 1002–1008.

Vanhaeren, M., d'Errico, F., Stringer, C., et al., "Middle Paleolithic shell beads in Israel and Algeria," *Science* 312.5781(2006), pp. 1785–1788.

Vehik, S. C. "Bone fragments and bone grease manufacturing: A review of their archaeological use and potential," *Plains Anthropologist* 22(1977), pp. 169–182.

Veil, S., Plisson, H., "The elephant kill-site of Lehringen near Verden on Aller, Lower Saxony (Germany)," *Unpublished manuscript in possession of S. Veil, Niedersächsisches Landesmuseum*, Hanover, Germany, 1990.

Verhoeven, M., "Ritual and ideology in the Pre-Pottery Neolithic B of the Levant and Southeast Anatolia," *Cambridge Archaeological Journal*

12.2(2002), pp. 233–258.

Villa, P., "Conjoinable pieces and site formation processes," *American Antiquity* 47.2(1982), pp. 276–290.

Villa, P., Anzidei, A. P., Cerilli, E., "Bones and bone modification at La Polledrara," In: Römisch-Germanisches Zentralmuseum Mainz (ed.), *The role of early humans in the accumulation of European Lower and Middle Palaeolithic bone assemblages,* Mainz: Verlag des Römisch-Germanisches Zentralmuseums, 1999, pp. 197–206.

Villa, P., Bartram, L., "Flaked bone from a hyena den," *Paléo, Revue d'Archéologie Préhistorique* 8.1(1996), pp. 143–159.

Villa, P., Courtin, J., "The interpretation of stratified sites: A view from underground," *Journal of Archaeological Science* 10.3(1983), pp. 267–281.

Villa, P., d'Errico, F., "Bone and ivory points in the Lower and Middle Paleolithic of Europe," *Journal of Human Evolution* 41.2(2001), pp. 69–112.

Villa, P., Lenoir, M., "Hunting and hunting weapons of the Lower and Middle Paleolithic of Europe," In: Hublin, J., Richards, M. P. (eds.), *The evolution of hominin diets (Vertebrate paleobiology and paleoanthropology series),* Dordrecht: Springer Netherlands, 2009, pp. 59–85.

Villa, P., Mahieu, E., "Breakage patterns of human long bones," *Journal of Human Evolution* 21.1(1991), pp. 27–48.

Villa, P., Soto, E., Santonja, M., et al., "New data from Ambrona: Closing the hunting versus scavenging debate," *Quaternary International* 126(2005), pp. 223–250.

Voigt, M. M., "Çatal Höyük in context: Ritual at early Neolithic sites in central and eastern Turkey," In: Kuijt, I. (ed.), *Life in Neolithic farming communities: Social organization, identity, and differentiation (Fundamental issues in archaeology)*, New York: Kluwer Academic/Plenum, 2000, pp. 253–293.

Voormolen, B., "Ancient hunters, modern butchers: Schöningen 13II–4, a kill-butchery site dating from the northwest European Lower Palaeolithic," Faculty of Archaeology, Leiden University, Ph.D dissertation, 2008.

Wadley, L., "What is cultural modernity? A general view and a South African perspective from Rose Cottage Cave," *Cambridge Archaeological Journal* 11.2(2001), pp. 201–221.

Wadley, L., Hodgskiss, T., Grant, M., "Implications for complex cognition from the hafting of tools with compound adhesives in the Middle Stone Age, South Africa," *PNAS* 106.24(2009), pp. 9590–9594.

Wallace, I. J., Shea, J. J., "Mobility patterns and core technologies in the Middle Paleolithic of the Levant," *Journal of Archaeological Science* 33.9(2006), pp. 1293–1309.

Washburn, S. L., Lancaster, C. S., "The evolution of hunting," In: Lee, R., DeVore, I. (eds.), *Man the Hunter,* Chicago: Aldine, 1968.

Watkins, T., "Architecture and the symbolic construction of new worlds," In: Banning, E., Chazan, M. (eds.), *Domesticating space: Aonstruction, aommunity, and aosmology in the Late Prehistoric Near Eas*t, Berlin: Ex Oriente, 2006, pp.15–24.

Watkins, T., "New light on Neolithic revolution in South-West Asia," *Antiquity* 84.325(2010), pp. 621–634.

Wang, Y., Qu, T., "New evidence and perspectives on the Upper Paleolithic of the Central Plain in China," *Quaternary International* 347(2014), pp. 176–182.

Weissbrod, L., Dayan, T., Kaufman, D., "Micromammal tapho-nomy of el-Wad Terrace, Mount Carmel, Israel: Distinguishing cultural from natural depositional agents in the Late Natufian," *Journal of Archaeological Science* 32.1(2005), pp. 1–17.

Weiner, S., Goldberg, P., Bar-Yosef, O., "Bone preservation in Kebara Cave, Israel using on-site Fourier transform infrared spectrometry," *Journal of Archaeological Science* 20.6(1993), pp. 613–627.

Weiner, S., *Microarchaeology: Beyond the visible archaeological record,* New York: Cambridge University Press, 2010.

Wertz, K., Wilczyński, J., Tomek, T., et al., "Bird remains from Dolní Věstonice I and Predmosti I (Pavlovian, the Czech Republic)," *Quaternary International* 421(2016), pp. 190–200.

White, R., "Systems of personal ornamentation in the Early Upper Palaeolithic: Methodological challenges and new observations," In: Mellars, P., Boyle, K., Bar-Yosef, O., et al. (eds.), *Rethinking the human revolution: New behavioural and biological perspectives on the origin and dispersal of modern humans,* Cambridge: McDonald Institute for Archaeological Research, 2007, pp. 287–302.

White, T. E., "Observations on the butchering technique of some aboriginal peoples: I," *American Antiquity* 17.4(1952), pp. 337–338.

Wilczyński, J., Wojtal, P., Robličková, M., et al., "Dolní Věstonice I (Pavlovian, the Czech Republic)–Results of zooarchaeological studies of the animal remains discovered on the campsite (excavation 1924-52)," *Quaternary International* 379(2015), pp. 58–70.

Wilkins, J., Schoville, B. J., Brown, K. S., et al., "Evidence for early hafted hunting technology," *Science* 338.6109(2012), pp. 942–946.

Wrangham, R. W., "Control of fire in the Paleolithic: Evaluating the cooking hypothesis," *Current Anthropology* 58.S16(2017), pp. S303–S313.

Wrangham, R. W., Jones, J. H., Laden, G., et al., "The raw and the stolen: Cooking and the ecology of human origins," *Current Anthropology* 40.5 (1999), pp. 567–594.

Wu, X. H., Zhang, C., Goldberg, P., et al., "Early pottery at 20,000 years ago in Xianrendong Cave, China," *Science* 336.6089(2012), pp. 1696–1700.

Wu, X. J., Trinkaus, E., "The Xujiayao 14 mandibular ramus and Pleistocene Homo mandibular variation," *Comptes Rendus Palevol* 13.4(2014), pp. 333–341.

Wurz, S., "Modern behaviour at Klasies River," *South African Archaeological Society Goodwin Series* 10(2008), pp. 150–156.

Wurz, S., "Technological trends in the Middle Stone Age of South Africa between MIS7 and MIS," *Current Anthropology* 54.8(2013), pp. 305–319

Wynn, T., "Handaxe enigmas," *World Archaeology* 27.1(1995), pp. 10–24.

Yee, M. K., "The Middle Palaeolithic in China: A review of current interpretations," *Antiquity* 86.333(2012), pp. 619–626.

Yellen, J. E., "Barbed bone points: Tradition and continuity in Saharan and Sub-Saharan Africa," *African Archaeological Review* 15.3(1998), pp. 173–198.

Yeshurun, R., Bar-Oz, G., Weinstein-Evron, M., "Intensification and sedentism in the terminal Pleistocene Natufian sequence of el-Wad Terrace (Israel)," *Journal of Human Evolution* 70.1(2014), pp. 16–35.

Yeshurun, R., Yaroshevich, A., "Bone projectile injuries and Epipaleolithic hunting: New experimental and archaeological results," *Journal of Archaeological Science* 44(2014), pp. 61–68.

Yravedra, J., "New contributions on subsistence practices during the Middle-Upper Paleolithic in northern Spain," In: Clark, J. L., Speth, J. D. (eds.), *Zooarchaeology and modern human origins: Human hunting behavior during the Later Pleistocene,* Dordrecht, Springer, 2013, pp. 77–95.

Yravedra, J., Domínguez-Rodrigo, M., Santonja, M., et al., "Cut marks on the Middle Pleistocene elephant carcass of Áridos 2 (Madrid, Spain)," *Journal of Archaeological Science* 37.10(2010), pp. 2469–2476.

Yravedra, J., Rubio-Jara, S., Panera, J., et al., "Elephants and subsistence. Evidence of the human exploitation of extremely large mammal bones from the Middle Palaeolithic site of PRERESA (Madrid, Spain)," *Journal of Archaeological Science* 39.4(2012), pp. 1063–1071.

Zhang, L. M., Griggo, C., Dong, W., et al., "Preliminary taphonomic analyses on the mammalian remains from Wulanmulun Paleolithic site, Nei Mongol, China," *Quaternary International* 400(2016), pp. 158–165.

Zhang, S. Q., d'Errico, F., Backwell, L., et al., "Ma'anshan cave and the origin of bone tool technology in China," *Journal of Archaeological Science* 65(2016), pp. 57–69.

Zhang, X. L., Ha, B. B., Wang, S. J., et al., "The earliest human occupation of the high-altitude Tibetan Plateau 40 thousand to 30 thousand years ago," *Science* 362.6418(2018), pp. 1049–1051.

Zhang, Y., Gao, X., Pei, S. W., et al., "The bone needles from Shuidonggou locality 12 and implications for human subsistence behaviors in North China," *Quaternary International* 400.2(2016), pp. 149–157.

Zhilin, M., "Mesolithic bone arrowheads from Ivanovskoye 7 (central Russia): Technology of the manufacture and use-wear traces," *Quaternary International* 427(2017), pp. 230–244.

# 北大考古学研究丛书

沈睿文　主编

1. 林梅村:《西域考古与艺术》
2. 孙庆伟:《礼器玉成——早起玉器与用玉制度研究》
3. 林梅村:《波斯考古与艺术》
4. 曲彤丽:《旧石器时代动物考古研究》
5. 陈建立:《先秦时期铸铜业的中原与边疆》
6. 孙华:《考古学研究方法论》
7. 高崇文:《先秦两汉都城礼制文明研究》
8. 崔剑锋:《源与流:古代重要资源开发与流通的科技考古观察》
9. 韦正:《汉晋考古学研究》(暂名)
10. 秦岭:《中国农业起源与早期发展的考古学探索》
11. 杨哲峰:《秦汉墓葬的结构类型与区域变迁研究》
12. 何嘉宁:《军都山古代居民体质、健康与社会——人骨遗存的生物考古研究》
13 方拥:《中国土木营造的制度和思想研究》
14. 孙华:《中国古代铜器研究》
15. 陈凌:《中国境内袄教遗存考古学研究》
16. 雷兴山:《聚邑成都两系一体——周原遗址商周时期聚落与社会研究》
17. 张颖:《长江下游地区新时期时代人地关系的动物考古学研究》
18. 孙庆伟:《绝地天通——中国上古祭祀文化研究》

19. 彭明浩:《中原地区石窟崖面与窟前建筑研究》

20. 倪润安:《拓跋起源的考古发现与研究》

21. 徐怡涛:《崇宁“营造法式”的滥觞与播越研究》

22. 吴小红:《基于碳十四方法的夏商周年代研究》

23. 何嘉宁:《人骨遗存压力指证与古人健康状况重建研究》

24. 方笑天:《两汉之变——两汉陵墓变革的考古学研究》

25. 沈睿文:《中古时期墓葬神煞研究》